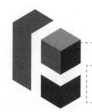

职业教育**新形态**规划教材

国家级教学资源库配套教材

航空材料

HANGKONG CAILIAO

刘劲松　孙红梅　主　编
杨　丰　邓　岚　副主编

U0288539

化学工业出版社

·北京·

内 容 简 介

本书共计 11 章，分为两大模块：模块一，材料基础理论与实践（材料的制备加工与检验、材料的性能、材料的结构与结晶、材料的变形、铁碳合金及其相图、热处理的理论与实践）；模块二，航空工程材料及腐蚀防护（航空金属材料、航空非金属材料、复合材料、航空材料的腐蚀与防护，飞行器典型零件的选材及加工）。

本书以培养航空制造与修理技术应用人才为目标，着重于基本概念和基础理论，内容力求精选，讲求实用，注重在理论知识、素质、能力及技能等方面的全面培养；注重吸取现有相关教材的优点，图文并茂，尽量联系现场实际；各章之前均有工程背景、学习目的、教学重点，主要知识点后附有"答疑解惑""奇闻轶事"及"工程应用典例"，以引导学生的积极思维，培养学习兴趣及分析解决问题的能力。本书还结合地勤人员的工作特点，叙述了航空油料等消耗材料的常用知识，强调了在飞机维修和保养过程中的特别注意事项。

《航空材料》适用于高等职业院校特色专业如飞行器数字化制造技术、飞行器维修技术、航空发动机制造技术、航空发动机维修技术等专业使用，也可作为航空制造与维修企业的上岗培训教材，还可供从事航空材料研究及技术开发的科技工作者参考。

图书在版编目（CIP）数据

航空材料/刘劲松，孙红梅主编. —北京：化学工业
出版社，2021.7（2024.7重印）
职业教育新形态规划教材
ISBN 978-7-122-39149-0

Ⅰ.①航⋯　Ⅱ.①刘⋯　②孙⋯　Ⅲ.①航空材料-职业教育-教材　Ⅳ.①V25

中国版本图书馆 CIP 数据核字（2021）第 092207 号

责任编辑：韩庆利　朱　理　　　　　　文字编辑：宋　旋　陈小滔
责任校对：赵懿桐　　　　　　　　　　装帧设计：王晓宇

出版发行：化学工业出版社（北京市东城区青年湖南街 13 号　邮政编码 100011）
印　　刷：三河市航远印刷有限公司
装　　订：三河市宇新装订厂
787mm×1092mm　1/16　印张 17¼　字数 462 千字　2024 年 7 月北京第 1 版第 4 次印刷

购书咨询：010-64518888　　　　　　售后服务：010-64518899
网　　址：http://www.cip.com.cn
凡购买本书，如有缺损质量问题，本社销售中心负责调换。

定　　价：49.80元

在现代材料科学与技术的发展历程中，航空材料一直扮演着先导和基础作用，代表了一个国家结构材料技术的最高水平。机体材料的进步不仅推动飞行器本身的发展，而且带动了地面交通工具及空间飞行器的进步，发动机材料的发展则推动动力产业和能源行业的推陈出新。由于科学技术的迅猛发展，新材料层出不穷，传统的航空金属材料的应用领域正逐步被一些先进的非金属材料所替代，已经由过去的金属材料占绝对优势发展到现在金属材料、高分子材料、陶瓷材料和复合材料的多角利用时代。

《航空材料》是高等职业院校特色专业如飞行器数字化制造技术、航空发动机维修技术等专业的必修课程，在保证基础知识和基本理论的前提下，本教材对陈旧的课程结构体系进行了整体优化改造，以素质教育为基础，能力培养为主线，在研究总结国内外航空材料的发展趋势和规律的基础上重新构建科学、合理、规范的航空材料课程体系，有机整合所涉及的各种航空材料和多学科知识的复杂内容，并结合多年的教学实践经验及对课程改革的探索编写而成。该教材突出了实用性和综合性，注重对学生基本技能的训练和综合能力的培养。本书可作为高等职业院校特色专业如飞行器数字化制造技术、飞行器维修技术、航空发动机制造技术、航空发动机维修技术等专业的教材，也可作为航空制造与维修企业的上岗培训教材，还可供从事航空材料研究及技术开发的科技工作者参考。

本书为湖南省自然科学基金资助项目（2019JJ7033），由刘劲松、孙红梅主编，杨丰、邓岚任副主编。参加编写的人员有：长沙航空职业技术学院刘劲松（编写绪论、第6章、第7章），5713厂"金牌蓝天工匠"孙红梅和5701厂蒲金魁（编写第11章），湖南大学蒲玉兴（编写第2章部分、第9章）；长沙航空职业技术学院邓岚（编写第10章）、杨丰（编写第2章部分）、谭目发（编写第4章）、吕勤云（编写第5章）、杨坤玉（编写第3章）、谢安（编写第8章）、袁朝桥和魏印红（编写第1章）。全书由陈勇审稿，刘劲松负责总纂定稿。

本书在编写过程中得到了长沙航空职业技术学院的领导和同行们的大力支持和帮助，对本书的修改提出了许多宝贵的意见，在此一并表示衷心的感谢！由于水平有限，编写时间紧迫，书中难免存在不妥之处，恳请各兄弟院校师生和读者批评指正。

编　者

目录

CONTENTS

●●● 绪论 / 001

模块一　材料基础理论与实践

●●●● 第1章　材料的制备加工与检测 / 005
1.1　材料的制备 / 005
1.2　材料的加工 / 012
1.3　材料的检测 / 018
复习思考题（1） / 020

●●●● 第2章　材料的性能 / 021
2.1　力学性能 / 021
2.2　理化性能 / 036
2.3　工艺性能 / 038
复习思考题（2） / 039

●●●● 第3章　金属的结构与结晶 / 040
3.1　概述 / 041
3.2　纯金属的晶体结构与结晶 / 042
3.3　合金的结构与结晶 / 050
3.4　非金属材料的结构简介 / 054
复习思考题（3） / 055

●●●● 第4章　材料的变形 / 057
4.1　概述 / 057
4.2　金属的塑性变形 / 058
4.3　高分子材料的变形 / 065
4.4　陶瓷材料的变形 / 067
复习思考题（4） / 068

●●●● 第5章　铁碳合金相图 / 069
5.1　概述 / 069
5.2　铁碳合金的基本组织 / 070
5.3　铁碳合金相图 / 072
5.4　铁碳合金简介 / 079
复习思考题（5） / 082

●●●● 第6章　热处理的理论与实践 / 083
6.1　热处理原理 / 083
6.2　热处理工艺 / 092
6.3　热处理设备简介 / 113

6.4 热处理操作实例 / 115

复习思考题（6） / 118

模块二　航空工程材料及腐蚀防护

●●● 第7章　航空金属材料 / 119

7.1 概述 / 119

7.2 超高强度钢 / 126

7.3 不锈钢 / 129

7.4 耐热钢与高温合金 / 135

7.5 铝合金 / 144

7.6 镁合金 / 156

7.7 钛合金 / 159

复习思考题（7） / 165

●●● 第8章　航空非金属材料 / 166

8.1 高分子材料 / 166

8.2 密封材料 / 181

8.3 航空涂料 / 182

8.4 航空油料 / 185

复习思考题（8） / 197

●●● 第9章　复合材料 / 198

9.1 概述 / 198

9.2 复合材料的成型方法 / 203

9.3 复合材料的缺陷损伤及其检测 / 207

9.4 常用的复合材料 / 209

复习思考题（9） / 216

●●● 第10章　航空材料腐蚀与防护 / 217

10.1 概述 / 217

10.2 飞机的腐蚀 / 226

10.3 常用航空材料的表面防护 / 236

10.4 飞机的热环境影响及防护 / 240

复习思考题（10） / 242

●●● 第11章　飞行器典型零件的选材及加工 / 243

11.1 零件的失效 / 243

11.2 零件的选材原则与步骤 / 245

11.3 毛坯的选择 / 247

11.4 热处理工艺的应用 / 254

11.5 飞机用材及其热处理特点 / 257

11.6 典型飞机零件选材与工艺分析 / 261

复习思考题（11） / 267

●●● 参考文献 / 268

绪　　论

　　航空材料及其技术是世界各国优先发展和激烈竞争的重要领域，已成为国家安全战略的重要组成部分。"一代材料，一代飞行器"是航空工业发展的生动写照，也是航空材料带动相关领域发展的真实描述，阐明了材料在飞机研制中的重要地位。飞机从一开始的"木、布结构"到现在的"复合材料、铝、钛、钢结构"，足以说明航空材料与飞机一直在相互推动下不断发展。在现代材料科学与技术的发展历程中，航空材料一直扮演着先导和基础作用，反映了结构材料发展的前沿，航空材料代表了一个国家结构材料技术的最高水平。因此，加强先进航空工程材料的设计、制造、性能评价及其应用研究具有非常重要的现实意义。

　　（1）现代航空技术对材料的要求

　　航空航天产品受其使用条件和环境的制约，对材料提出了严格的要求，对结构材料而言，其中最关键的要求是轻质高强和高耐温耐蚀。

　　① 强度。材料强度的增大，可以使飞机随更大的机动过载，获得更大的装载能力。

　　② 重量。在保证足够强度的条件下降低材料重量，保持原飞行性能相同的条件下，可以大大增加飞机的有效载荷能力。航空航天产品在追求轻质和减重方面可以说是"克克计较"，对航天飞机来说，每减轻1kg的经济效益将逾万美元。

　　③ 温度特性。飞机蒙皮的最高温度可达1000℃以上，而发动机的工作温度则高达2000℃。高温材料是制约航空航天产品性能的另一类关键材料，为了满足航空航天产品提高工作温度的要求，许多新型材料如金属间化合物、陶瓷、碳/碳及各种复合材料正在加速发展中。对于航天产品来说，还要考虑材料超高温和超低温能力，以及在空间环境中的耐久性。例如为了提高航天燃料燃烧时的效率和保证重返大气层时的防护，需要有耐高温防热材料；为了保存低温推进剂如液氢、液氧需要有耐低温和超低温材料及绝缘材料。

　　④ 电磁性能。各种雷达吸波材料的进步，直接促进和保障了飞行器隐身；非金属导电材料可能使飞机的蒙皮成为机载电子设备天线的一部分，从而可以省去笨重复杂的机载天线。

　　（2）常用的航空材料

　　航空材料泛指用于制造航空飞行器的材料。一架完整的飞机，通常由机翼、机身、安定和操纵面、起落装置、操纵系统、动力装置、液压冷气系统以及各种机载设备和系统组成。无论是军用飞机还是民用飞机，机体材料和发动机材料都是航空材料中最重要的结构材料，电子信息材料则是航空机载装置中最重要的功能性材料，但一般不直接算作航空材料。飞行器作为一个整体，还用到少量非结构性材料，如阻尼、减振、降噪、密封材料等。

　　① 机身材料。飞机在高空飞行时，机身增压座舱承受内压力，需要采用抗拉强度高、耐疲劳的硬铝作蒙皮材料。机身隔框一般采用超硬铝，承受较大载荷的加强框采用高强度结构钢或钛合金。很多飞机的机载雷达装在机身头部，一般采用玻璃纤维增强塑料做成的头锥将其罩住以便能透过电磁波，驾驶舱的座舱盖和风挡玻璃采用丙烯酸酯透明塑料（有机玻璃）。飞机在着陆时主起落架要在一瞬间承受几百千牛乃至几兆牛（几十吨力至几百吨力）的撞击力，因此必须采用冲击韧性好的超高强度结构钢。前起落架受力较小，通常采用普通合金钢或超硬铝。

　　在飞机上使用的复合材料，已由当初只应用于口盖和舱门等非承力构件，逐步扩大应用到减速板和尾翼等次承力构件，而且正向用于机翼甚至前机身等主承力构件的方向发展。另外，军用飞机为提高突防攻击能力，不被敌方雷达捕获，已采用吸波材料。

② 机翼材料。机翼是飞机的主要部件，早期的低速飞机的机翼为木结构，用布作蒙皮。这种机翼的结构强度低，气动效率差，早已被金属机翼所取代。机翼内部的梁是机翼的主要受力件，一般采用超硬铝和钢或钛合金，翼梁与机身的接头部分采用高强度结构钢。机翼蒙皮因上下翼面的受力情况不同，分别采用抗压性能好的超硬铝及抗拉和疲劳性能好的硬铝。为了减轻重量，机翼的前后缘常采用玻璃纤维增强塑料（玻璃钢）或铝蜂窝夹层（芯）结构，尾翼结构材料一般采用超硬铝。有时歼击机选用硼（碳）纤维-环氧复合材料，以减轻尾部重量，提高作战性能，尾翼上的方向舵和升降舵采用硬铝。

20世纪90年代美国的第四代战斗机 F22，基体结构用材料的主要特点是大量采用高比强度和高比模量的轻质、高强、高模材料，从而提高飞机的结构效率，降低飞机结构重量系数。具体来说就是树脂基复合材料和钛合金用量的增加，传统镁合金和钢材的用量相应减少。F22 树脂基复合材料用量已达到整机结构重量的 24%，而钛合金用量则达到整机结构重量的 41%，与此同时铝合金的用量则下降为只占整机结构重量的 15%，而且主要是高纯、高强、高韧先进铝合金，钢的用量则下降为只占整机结构重量的 5%。

③ 发动机材料。航空发动机是确保飞机使用性能、可靠性和经济性的决定因素，相当于飞机的心脏，提高推力重量比或功率重量比、提高涡轮前进口温度、提高压气机平均级压比和降低油耗是高性能军用发动机的发展方向。航空发动机的性能水平很大程度上依赖于高温材料的性能水平，如发动机推重比的提高有赖于涡轮前进口温度的提高，而涡轮前进口温度的提高又有赖于涡轮转子部件设计结构的改进和材料的更新，所以单晶叶片材料和粉末高温合金涡轮盘材料是发动机的关键材料。

一台先进发动机上，高温合金和钛合金的用量分别要占发动机总结构重量的 55%～65% 和 25%～40%，并对许多新型高温材料提出了更高的需求。航空发动机的发展主要是对各种高温材料的发展需求，尤其是发动机核心机转动部件所需的关键材料，即压气机盘和叶片所需的 550～600℃ 高温钛合金，燃烧室所需高温合金板材，涡轮部分所需的 650～750℃ 粉末涡轮盘材料及 1050～1100℃ 单晶材料等。

④ 机载设备材料。机载设备是保证飞机正常工作及完成各项飞行和作战任务的机上各系统及设备的总称，包括飞行保障设备、辅助动力装置设备、电子设备和武器设备四大类。机载设备品种繁多、组成复杂，人们俗称雷达是飞机的眼睛、电台是飞机的耳朵、计算机是飞机的大脑、电缆是飞机的神经、油管是飞机的血管。总之机载设备是飞机一个极为重要的组成部分，其性能的优劣已成为现代飞机先进性的决定性因素。

机载设备目前正朝着综合化、小型化、模块化、智能化的方向发展，其成本费用也不断增加，一架先进军用飞机的机载设备费已占到整架飞机费用的 30%～40%。

第四代战斗机上机载设备的特点是航空电子发展迅速，已由联合式发展到综合式，所有电子设备均是统一设计、综合集成，而机电系统则朝着公共管理系统的方向发展，即采用公用计算机来管理控制电气、液压、燃油、环控、生命保障、辅助动力、刹车、起落架、综合显示、监视等系统。机载设备中的关键材料主要是各种微电子、光电子、传感器、灯光、声、电、磁、热的高功能及多功能材料。

⑤ 起落装置材料。现代作战飞机上另一个重要的需要特殊航空材料的系统是飞机起落装置。现代飞机的起落架机轮、制动装置、支柱和相应的收放机构，是飞机的主要组成部分之一，大约占飞机总重量的 3.5%～5%，占飞机结构重量的 15%～20%。起落架是飞机上受力较大的部件，工作性能的好坏，直接影响着飞机的起、降性能和安全。飞机起落架对材料的要求首先是结构强度和刚度，以承受飞机起飞、着陆、滑行及停放时给飞机的反作用载荷，承受飞机着陆及在不平地面上运动时的撞击。因此，飞机起落架大多采用特种合金钢材

料如超高强度钢。

（3）航空材料的发展历史

飞机结构材料已经经历了四个发展阶段，正在跨入第五阶段。这五个阶段为：

第一阶段（1903～1919 年）：木、布结构；

第二阶段（1920～1949 年）：铝、钢结构；

第三阶段（1950～1969 年）：铝、钛、钢结构；

第四阶段（1970～21 世纪初）：铝、钛、钢、复合材料结构（以铝为主）；

第五阶段（21 世纪初至今）：复合材料、铝、钛、钢结构（以复合材料为主）。

随着飞机的发展，各种材料在飞机机体上的用量不断变化，总的趋势是复合材料和钛合金的用量逐渐增多，目前航空材料正朝着高性能化、结构功能一体化、智能化、低成本的方向发展。

笔记

先进复合材料是 20 世纪后半期出现的重要发明之一，其作用可与晶体管、芯片和激光等技术创新相媲美。相对于早期的玻璃纤维增强塑料（又称玻璃钢）而言，先进复合材料是在性能上接近或优于铝合金的树脂基复合材料。所谓先进复合材料是指以树脂为基，以有机纤维、碳纤维或玻璃纤维为增强剂的复合体，具有高比强度、比刚度、消振好的一类材料。先进复合材料的出现开辟了航空材料由天然材料、合成材料转向人工设计工程材料的新时代，特别是碳纤维研制成功后，树脂基复合材料的应用迅速扩大，广泛用于各种飞行器，素有"黑色革命"之称（因碳纤维是黑色物质）。20 世纪 70 年代的 B-2 轰炸机，其机身的大部分和机翼的绝大部分均采用碳纤维增强的复合材料。例如美国的 F22 机中先进复合材料用量占 24%，现代民机占 14%左右，现代直升机所占比例更高，有的超过了 50%。长期被铝合金独占的大型民机上也从波音 707 的 2%，攀升到波音 777 的 10%，空中客车系列更胜一筹，已达到 15%。在蓬勃发展的各种类型无人机上，碳纤维材料潜在的用途更不可低估。先进的复合材料还应包括金属基复合材料及陶瓷基复合材料，但目前在航空工业中用量极少。

（4）课程的性质与主要内容

随着航空业的迅猛发展，航空材料的新成果日益增多，航空材料正朝着高性能化、高功能化、多功能化、结构功能一体化、智能化、低成本的方向发展。面对航空材料日新月异的发展速度，航空企业对工程技术人员从业能力的要求也不断提高。为满足行业需求，基于新理念、新思路，开展航空类专业相关课程的教学与改革已极为迫切和重要。

"航空材料"课程是学生掌握航空相关材料知识的重要渠道，在专业基础课程和专业核心课程之间起纽带和桥梁的作用。该课程基于飞机制造工程及维修工程工作过程，介绍航空金属材料、常用航空油料及高分子材料等微观和宏观基础知识，如种类、牌号、性能、用途、飞机零件的材料识别等内容，学习材料研究、分析的基本方法，理解材料结构与性能等基础理论，了解主要材料的制备、加工成型等技术，在整个教学体系中起着承上启下的作用，为后续课程如"飞机构造""飞机维护技术"以及"飞机发动机维修技术"等课程的学习做好知识储备，为以后从事飞机零部件修理、飞机装配与调试、航线维护等工作打下一定的理论基础。"航空材料"课程知识体现应结合航空工程背景，充分体现航空知识和航空文化精神，着重培养学生的专业综合素质。通过航空材料类课程内容的整合，可更系统地向学生传授航空材料的基本知识和未来的发展方向，让学生了解和掌握航空材料的牌号、特点和用途，从而为以后在航空器的设计、制造和维修过程中能正确选择和使用航空材料。

（5）教学建议

本课程具有两大特点：一是课程内容的广泛性、综合性和工艺方法的多样性；二是具有很强的实验性。该课程所涉及的基础理论微观并抽象，基本知识的术语、概念多，图表、工艺方法多，是与物理、化学、力学、材料等密切相关的综合性学科，知识宽泛内容较多，且为理论和实践并重的应用型实验学科，与现役航空装备使用的材料紧密相连。其教学目的是使学生具有航空工程材料和金属材料防腐的基础知识及解决实际问题的能力，以适应职业岗位群对从事航空机电设备维修人员知识和能力进阶的需要。但建设时间较短，教学方法积累的经验较少。因此，有必要对其教学方法进行探讨和整理，以提高教学效果和教学质量。

针对这些特点，本课程开始前必须完成金工实习和机械制图课程的教学内容。在教学时要注意学生素质与综合分析能力的培养，特别注意贯彻启发式的教学方法，破除满堂灌式的教学方法。建议采取灵活多样的教学方式，并辅以现代化的教学手段，使课堂教学既丰富多彩，又可收到良好的效果。为了提高课程的实效，应坚持"贯穿主线、突出重点、强调实用"的原则。"贯穿主线"就是要在课堂教学中，以材料的成分、工艺、组织和性能之间的关系这条主线贯穿始终。课程讲授围绕这条主线展开，分合相济，有利于给学生建立起完整体系的概念。变分散为集中，变模糊为清晰，保证教学内容的基础性和系统性。"突出重点"就是对教学内容采用"删繁就简，削枝保干"的方法进行调整，删减那些与核心理论无关的烦琐的数学推导，着重强调重点内容的物理意义，促进学生对重点内容的掌握。淡化那些与核心理论无关的内容，强调主线，以避免产生见木不见林的感觉。"强调实用"就是坚持实用性原则，对机械类及近机类专业学生，重点培养其对不同材料的选用和制定零件加工工艺的能力，为后续课程打下良好的基础。除教师讲授为主外，教学还应配合课堂讨论、作业和作业讲评以及自学等不同方式完成。在学时锐减的情况下，不应面面俱到，而应对基本内容着重讲清思路，讲好重点，讲明难点，加强对学生的引导和培养学生的自学能力。对于学生在实践教学中未曾见过而又不易理解的内容，要尽可能组织学生到生产现场参观、组织必要的实验或利用现代化的教学手段如录像、CAI 课件和多媒体课件等教学手段，以提高教学质量和教学效益。学生的成绩考核除了采用开卷或闭卷方式外，还可以结合课堂讨论、提问、作业、报告和写小论文等多种方式，综合评价及保证学生的学习效果。

笔记

第1章

材料的制备加工与检测

笔记

工程背景

虽然自然界中铝的资源储量很高，但是铝的工业生产却很晚，直到 19 世纪 20 年代才真正把铝制备出来，比金属铜和铁晚了两千多年。主要原因是铝和氧结合得十分牢固，难以把铝分离出来。目前，在世界上工业生产铝的方法有两种：一种为霍尔-埃鲁熔盐电解法，另一种为矿冶炉碳还原法，但绝大多数是采用电解法。铝产业链是从铝土矿开采、氧化铝提炼、电解铝冶炼到铝的加工过程，采用电解法生产 1t 铝，大约需铝土矿 4t、氧化铝 2t、碳素材料 0.5t、氟化盐 30kg、电耗 15000kW·h 等。

学习目的

1. 了解金属材料、陶瓷及高分子材料的基本制备方法；
2. 了解常用材料的加工工艺与检测。

教学重点

材料的基本制备、加工与检测方法。

1.1 材料的制备

原材料的选用与合成是材料制备的一个重要环节，对常用的三大工程材料而言，通常冶炼是金属材料的基本制备方法，烧结是陶瓷材料的制备手段，而反应合成则是有机聚合物的主要制备方式。

1.1.1 金属材料的制备

冶金是金属材料制备的第一道也是最关键的工序，从含有金属的矿石或其他原料中还原提炼出金属并除去杂质的过程，根据工艺特点的不同可分为：火法冶金、湿法冶金、电冶金以及粉末冶金等。各种金属材料可采用的生产工艺如下。

火法冶金：钢铁、粗铜、锡、镍、铅、锌、钛等；

湿法冶金：铜、锌、铀、稀土、镍、钴、钨等；

电冶金：金、银、钴、镍、铜、铅、锌、锡、铬、锰、铝、镁、钠、铍等；

粉末冶金：各种固态金属。

（1）火法冶金（pyrometallurgy）

火法冶金是指利用超过金属熔点温度的高温从矿物中提取金属或其他化合物的方法，因此工艺无水溶液的参与，故也称干法冶金。火法冶金过程的成本较低，是生产量大面广的金属材料的主要方法，其缺点是冶金过程对环境有较大污染。除了钢铁之外，可采用火法冶炼的还有铜（图1-1）、锡、镍和铅等金属材料。

利用火法从矿石提取金属的流程一般分为三个步骤：

① 矿石准备。除去多余无用的脉石，选出含有较多金属元素的精矿，并再做进一步焙烧或烧结以利使用。大致分为选矿、烧结、焙烧等。选矿得到的细粒精矿不宜直接加入鼓风炉或炼铁高炉。须先加入熔剂，再高温烧结成块；或添加黏合剂压制成形；或滚成小球再烧结成球团；或加水混捏；然后，装入鼓风炉内冶炼。

② 冶炼。火法冶金的主要反应是还原-氧化反应。将处理好的精矿矿石在高温熔融状态下用气体或固体还原剂使矿石中的金属还原出来的过程称为冶炼，其所用还原剂有焦炭、氢及活泼金

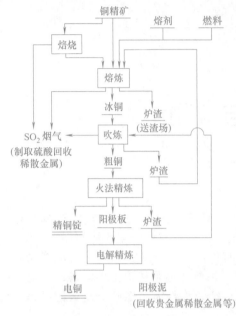

图1-1　火法炼铜过程

属钙、镁、铝、钠等。冶炼时常加入起降低熔点及黏度作用的熔剂如石灰石、萤石（CaF_2）等，并形成熔渣，使还原出来的金属易于与熔渣分离。

③ 精炼。冶炼所得到的金属还含有少量杂质，需要进一步处理以去除杂质，这种对经冶炼过的金属去除杂质以提高纯度的过程称为精炼，常用的有加溶剂法、真空处理法等。对生铁而言，炼钢（转炉炼钢、平炉炼钢或电弧炉炼钢）可以认为是对生铁的精炼。在炼钢过程中，去气（除去铁液内溶解的氢或氮）、脱氧，并除去非金属夹杂物，或进一步脱硫等，均属于精炼的范畴。

（2）湿法冶金（hydrometallurgy）

在接近室温条件下，利用某种溶剂如酸、碱、水、氨、有机溶剂等，借助化学反应（包括氧化、还原、中和、水解及络合等反应），对原料中的金属进行提取和分离的冶金过程叫湿法冶金（图1-2），又称水法冶金。

湿法冶金在锌、铝、铜、铀等工业中占有重要地位，世界上全部的氧化铝、氧化铀，大部分锌和部分铜都

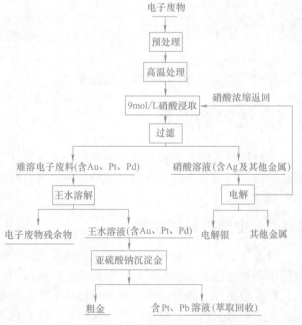

图1-2　湿法冶金提取贵金属的工艺流程

是用湿法生产的。与火法冶金相比，湿法冶金的优点在于材料的周转比较简单，原料中有价金属综合回收程度高，有利于环境保护，并且生产过程较易实现连续化和自动化。

湿法冶金包括4个主要步骤：

① 浸取：用溶剂将原料中有用成分转入溶液。

② 分离：将浸取溶液与不溶的残渣分离的过滤过程，同时将夹带于残渣中的冶金溶剂和金属离子回收。

③ 富集：把分离得到的浸取液净化和富集的过程，常用包括化学沉淀、离子交换、溶剂萃取等方法。

④ 提取：从富集后的净化液中获得纯金属的过程，一般采用下面要讲到的电解法。

📄 笔记

奇闻轶事：世界湿法冶金第一人

　　张潜（1025—1105年），北宋炼铜家，江西省德兴市银城镇新营村吴园人。他结合前人经验和自己的长期实践总结出一套完整的湿法炼铜工艺，于北宋绍圣年间（1094—1098年）写成《浸铜要略》，因而成为世界湿法冶金技术第一人。在《浸铜要略》里，张潜总结出了从浸铜方式、取铜方法到浸铜时间的控制等一套完整的湿法炼铜生产工艺流程，这标志着中国是世界上最早使用化学方法炼铜的国家。这一技术的问世，改变了火法冶炼耗工量大、消耗原料多、生产成本高等缺陷，最大限度地提高了产铜数量。到了宋高宗绍兴年间（1131—1162年），湿法炼铜产量已占全国铜产量的85%以上。当时，中国便成了世界上产铜最多的国家，德兴也因之逐步走上了中国铜都的舞台。

（3）电冶金（electrometallurgy）

电冶金是指应用电能从矿石或其他原料中提取、回收、精炼金属的冶金过程（图1-3）。电冶金方法的采用，特别是电弧炉炼钢和熔盐电解炼铝是近代冶金技术的重大进步。电冶金显然也包括电炉冶炼，但实际工程上所提到的电冶金一般指电解（电化学）冶金，包括水溶液电解和熔盐电解，而把电炉冶炼归入火法冶金的范畴。

① 水溶液电解。水溶液电解过程是以溶有金属离子的水溶液作为电解质，使金属离子在阴极上析出的过程。水溶液电解过程也可以把含杂质的金属作为阳极，电解过程使其不断溶解到水溶液中，并在阴极析出，叫电解精炼（可溶阳极电解），如金、银、钴、镍、铜等贵重金属大多采用电解精炼来获得高纯成分。如果阳极材料本身

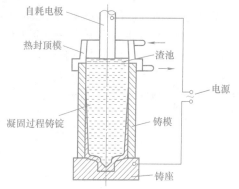

图1-3　电冶金原理图

不参与电解过程，只是把湿法冶金中获得的浸取液中的金属在阴极沉淀析出的过程，则叫电解提取（不溶阳极电解），例如锌、铬、锰的提取。铜的精炼就用水溶液电解法。此时，用火法炼出的铜板作为阳极，以电解产出的薄铜片作阴极，两极置于电解槽中，则高纯度的"电解铜"在阴极上沉积。

② 熔盐电解。以高电导率、低熔点的金属熔盐作为电解质，使金属离子在阴极析出的过程。主要用于不溶于水的金属盐类，如铝、镁、钠等活泼金属。由于金属能溶于熔盐，或者与高价氧化物反应生成低价化合物重新溶入熔盐，熔盐电解的电流效率要低于水溶液电解。

例如：电解熔融 $NaCl$ 可以得到金属钠，$NaCl$ 在高温下熔融，并发生电离：$NaCl =\!=\!=$

$Na^+ + Cl^-$，通直流电后：

阴极：$2Na^+ + 2e^- \xlongequal{} 2Na$

阳极：$2Cl^- - 2e^- \xlongequal{} Cl_2 \uparrow$

总反应：$2NaCl$（熔融电解）$\xlongequal{} 2Na + Cl_2 \uparrow$

氧化铝由原料丰富的铝矾土处理得到的，无法在水溶液中电解，其熔点高达2000℃，又不导电，必须制成具有高电导率、低熔点的熔盐。通常加入可明显降低氧化铝熔点及黏度的冰晶石（Na_3AlF_6）、萤石（CaF_2）等低熔点氟化物，将氧化铝粉倒入盛有上述1000℃左右熔盐的电解槽中熔解，此电解槽底部全为炭制阴极，而槽顶悬有炭制阳极，熔化的熔盐在上、下两电极间产生电解作用，带正电的铝离子沉积到电解槽底部的阴极上，铝液达到一定高度则可出铝，从而得到电解铝。

 笔记

工程应用典例

由于镁合金液很容易氧化，而且表面生成的氧化膜比较疏松，因此熔炼镁合金时，防止氧化至关重要。镁合金的熔体保护主要有两种方法，即熔剂保护和气体保护。

目前国内外常使用的保护熔剂是商品化的RJ系列熔剂。其中，用得最广泛的RJ盐和氟盐。寻找氯盐和氟盐的代用材料或减少氯盐和氟盐的使用量，减少污染，提高保护效果，是开发镁合金熔炼保护熔剂的努力目标。自20世纪60年代以来，人们就开始寻找气体保护剂。通过大量实验，发现了对镁合金液有一定保护作用的气体，如SF_6、BF_3、CF_4、$CClF_2$、CO_2等。通过进一步研究，SF_6的保护性能较好，使用SF_6存在的问题主要是用量的控制问题，生产中根据熔炼保护状态自动调节SF_6的压力、流量，既有利于保护，又减少SF_6用量。

（4）粉末冶金（powder metallurgy）

采用湿法冶金和电冶金获得的金属往往是以颗粒的形式存在，要想得到大块的致密金属和金属零部件，可采用粉末冶金的方法。粉末冶金是金属冶金工艺与陶瓷烧结工艺的结合，不经熔炼和铸造，直接用几种金属粉末或金属粉末与非金属粉末，通过配制、压制成形、烧结和后处理等制成的材料（图1-4）。对于大型的制品，为了获得均匀的密度，还需要采取

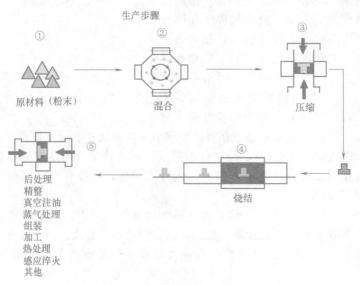

图1-4　粉末冶金工艺流程图

等静压（各方向同时受液压）的方法成形。

① 粉料制备与压制成形。常用机械粉碎、雾化、物理化学法制取粉末，经过筛分与混合，混料均匀并加入适当的增塑剂，再进行压制成形，粉粒间的原子通过固相扩散和机械咬合作用，使制件结合为具有一定强度的整体。压力越大则制件密度越大，强度相应增加。有时为减小压力和增加制件密度，也可采用热等静压成形的方法。

② 烧结。将压制成形的制件放置在采用还原性气氛的闭式炉中进行烧结，烧结温度约为基体金属熔点的 2/3～3/4 倍。由于高温下不同种类原子的扩散，粉末表面氧化物的被还原以及变形粉末的再结晶，使粉末颗粒相互结合，提高了粉末冶金制品的强度，并获得与一般合金相似的组织。经烧结后的制件中，仍然存在一些微小的孔隙，属于多孔性材料。

📄笔记

③ 后处理。一般情况下，烧结好的制件能够达到所需性能，可直接使用。但有时还需进行必要的后处理。如精压处理，可提高制件的密度和尺寸形状精度；对铁基粉末冶金制件进行淬火、表面淬火等处理可改善其力学性能；为达到润滑或耐蚀目的而进行浸油或浸渍其他液态润滑剂；将低熔点金属渗入制件孔隙中去的熔渗处理，可提高制件的强度、硬度、可塑性或冲击韧性等。

粉末冶金工艺发展很快，现在常常用来制作减摩材料、摩擦材料、结构材料、刀具和模

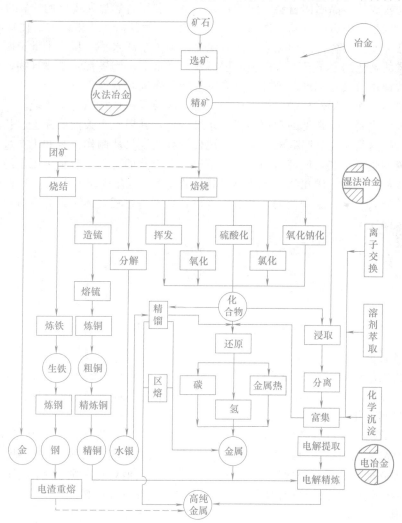

图 1-5　金属材料的制备示意图

具材料、过滤材料等。粉末冶金在技术上和经济上有以下特点：可生产普通熔炼方法无法生产的特殊性能材料，如多孔材料、复合材料等；可避免成分偏析、保证合金具有均匀的组织和稳定的性能；可生产高熔点金属（如钨和钼）和不互熔的合金（如钨-银合金）；可大量减少产品的后续机加工量，节约金属材料，提高劳动生产率，这一点对贵重金属尤其重要；粉末冶金零件的缺点是塑性和韧性较差。

以上讨论了金属材料的各种生产工艺。电冶金是获得高纯度金属的一种有效办法，火法冶金和湿法冶金的产品常常是作为初级产品，通过电冶金工艺进一步提纯。粉末冶金实际上是把金属原料粉制成块状金属和零件的过程，只涉及物理变化过程，是对其他冶金方法的一种补充，在一定程度上也可以看作是一种加工工艺。这些工艺过程可以概括地表示在图 1-5 中。其中火法冶金大量用于钢铁材料的生产，而湿法冶金和电冶金主要用于有色金属（除钢铁以外的金属）的生产。许多有色合金既可以采用湿法冶金也可以采用火法冶金生产，可根据矿石品位、工程条件以及生产成本来选择。

1.1.2　陶瓷的制备

陶瓷是用天然或人工合成的粉状化合物，经过成形和高温烧结制成的、由金属和非金属的无机化合物构成的多晶固体材料。陶瓷是人类最早利用自然界所提供的原料进行加工制造而成的材料，也是我国古代劳动人民的重大发明之一。大约 8000 年以前，住在我国黄河流域的先民们已经使用陶瓷，继而在宋、元时代发展到了很高水平。从二十世纪四五十年代开始，不断发展的现代陶瓷早已一改陶瓷的旧形象，许多先进陶瓷都是既坚且韧，有的甚至放在铁砧上用铁锤用力敲打都难以破碎。另有一些特种陶瓷具有声、电、光、热、磁等其他材料无法替代的多方面的特殊功能，用途极为广泛，遍及现代科技的各个领域。

传统的陶瓷主要是指常见的日用陶瓷、建筑陶瓷，其原料为天然的黏土、长石、石英等硅酸盐矿物，故这类陶瓷又叫硅酸盐陶瓷。现代特种陶瓷虽然制作工艺和生产过程基本上还沿用传统陶瓷的生产工艺，但其所用原料已不仅仅是天然的矿物，有很多则是纯度较高的人工合成原料（如氧化物、碳化物、氮化物、硼化物等），具有特殊的性能。各种陶瓷的生产方法有较大差异，但从整个陶瓷的生产过程来讲，其制备过程大体可以分为备料、成形、烧结三个阶段（图 1-6）。

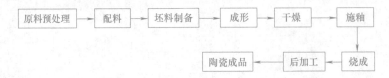

图 1-6　传统陶瓷制品生产工艺流程示意图

（1）泥料制备

传统陶瓷生产中最基本的原料为石英（SiO_2）、长石（主要为钾长石 $K_2O \cdot Al_2O_3 \cdot 6SiO_2$ 和钠长石 $Na_2O \cdot Al_2O_3 \cdot 6SiO_2$）、黏土（主要为 SiO_2、Al_2O_3 和结晶水）三大类，并常加入少量其他化工原料。

尽量除去原料中含有的杂质，以保证产品的质量，常用淘洗法进行预处理。此外，为了控制陶瓷制品晶粒的粗细，要将原料粉碎，磨细到一定的粒度，再按一定比例进行配料。把经粉碎、按配方配好的原料经均匀混合，进一步细碎及其他处理后则制得用于压制成形的粉状原料，可用于塑性成形的可塑泥团及用于注浆成形的浆料等坯料。

（2）成形

成形是采用一定的方法将上面得到的坯料制成具有一定形状和尺寸的坯体的过程。陶瓷制品的成形方法有压制成形、可塑成形和注浆成形三类。

（3）干燥

成形后的坯体含有较多水分或易挥发物，强度不高，搬运时易破坏，为了防止在烧成时裂开，生坯必须进行干燥。同时，干燥后的坯体更易吸附釉料，并利于快速升温烧结。

（4）上釉

釉料是熔融后覆盖在陶瓷表面上的玻璃态薄层，对陶瓷起表面保护、改善性能、增加光泽及美观的作用，像唐三彩、郎窑红、三阳开泰等都是一些名釉。釉料常制成浆料，采用浸、刷、喷等方式进行涂敷。

（5）烧成

坯体在高温下，发生一系列物理、化学反应，形成一定的组成与结构，从而使陶瓷具有所需的性能。烧成的目的是去除坯体内的溶剂、黏结剂、水及高温分解挥发物，产生起骨架作用的晶体相及形成起黏结作用的低熔点玻璃相，并使坯体致密，而挥发性物质的逸出及烧成产生的收缩则会留下一定量的气孔（气相），所以烧成又称为烧结。

烧成后的坯体就称为陶瓷，而烧成前的坯体也称为生坯。烧成温度与坯体及釉的成分有关，一般为主晶相熔点的 $1/2\sim3/4$ 左右，普通陶瓷烧成温度约在 $1000\sim1500℃$ 之间。

（6）陶瓷后加工

一些烧成后的瓷体，还需要进行打磨抛光、表面金属化等才能成为最终产品，如常见的抛光地砖等。

1.1.3 高分子材料的制备

高分子材料是分子量很大的有机化合物的总称，也常称聚合物或高聚物。虽然自然界有大量的天然高分子物质，如蚕丝、纤维素、淀粉、蛋白质、羊毛等，但工程上使用的大量高分子材料如塑料、橡胶和纤维主要是人工合成的各种有机材料，这些材料都是由小分子量的单体通过化学反应合成而形成大分子量的高分子材料的，其生产工艺包括：单体制备、加聚反应和缩聚反应等。高分子材料常见的聚合方式有两种，即加成聚合反应（简称加聚反应）和缩合聚合反应（简称缩聚反应），合成工艺见表1-1。

表 1-1　高分子材料的合成工艺

	简单加合（加聚）	析出低分子（缩聚）
同一种单体（均聚）	均加聚	均缩聚
多种单体（共聚）	共加聚	共缩聚

（1）单体制备

高分子化合物的分子量虽高（一般大于5000），但其化学组成并不复杂，绝大多数是碳氢化合物，每个分子都是由一种或几种较简单的低分子连接起来组成，这类低分子称为单体。单体可以从煤、石油、天然气和农产品中制取，在一定的压力、温度和催化剂的作用下，这些原料通过取代、消去、环化、接枝、配位、降解等有机化学反应过程形成所需要的单体，如乙烯（C_2H_4）、氯乙烯（C_2H_3Cl）、四氟乙烯（C_2F_4）和丙烯（C_3H_6）等。其中有的可以直接用来聚合如乙烯，有的则要再加工成可以聚合的各类单体，如苯乙烯、己二酸等，然后通过聚合反应就可制成聚合物。

（2）加聚反应

在加热、加压、光照或引发剂的条件下，一种或多种单体相互加成而连接成聚合物的反应，称加成聚合反应或加聚反应，其产物叫加聚物。在加聚反应的过程中，没有其他产物析出，所有单体全部连接起来，生成的加聚物是单体的简单叠加，其相对分子量也是单体分子量的整数倍。加聚反应是目前高分子合成工业的基础，80％左右的高分子材料是由加聚反应得到的，例如四大通用塑料（聚乙烯、聚氯乙烯、聚丙烯和聚苯乙烯）和合成橡胶都是加聚物。

加聚反应由一种或几种单体聚合而成高分子化合物，前者称为均聚，得到的产物是均聚物，后者称为共聚，得到的产物是共聚物。大多数加聚物都是均加聚反应的产物，但共聚反应通过不同单体的结合，可以改进性能，创造新品种（如丁苯橡胶、丙烯腈-丁二烯-苯乙烯的共聚物 ABS）。

（3）缩聚反应

单体在每一步聚合的过程中，不断析出某种低分子物质（如水、氨、氯化氢、醇或酚）的反应叫缩聚反应，其产物称缩聚物。缩聚反应相对加聚反应要复杂一些，缩聚物的化学配比也与单体不同。许多工程塑料如聚酰胺（尼龙）和聚碳酸酯等都是通过缩聚反应得到的。缩聚反应对于改善聚合物的性能和发展新品种（如聚酰亚胺和聚苯并咪唑等）具有重要意义。

根据参加反应的单体情况，缩聚反应也分为均缩聚反应（只有一种单体）和共缩聚反应（两种或更多种单体）。

（4）加成缩聚反应

由加成和缩聚两种反应不断反复进行而聚合高分子的方法叫加成缩聚。如酚醛树脂便是两种不同的单体先加成变成新的单体，再缩聚而逐步形成的。图1-7所示为酚醛制品生产过程示意，可看出聚合物制备的大致流程。

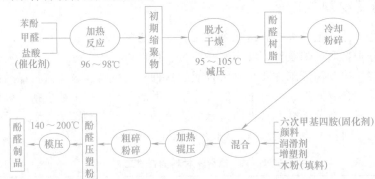

图 1-7　酚醛制品生产过程示意

（5）共混

将以上方法得到的不同的聚合物通过一定的手段再混合到一起，得到多相的高分子合金的过程称共混。包括物理共混（机械混合、溶液浇铸、乳液混合）、和化学共混（交织网络、溶液接枝）等。

1.2　材料的加工

零件是组成机器的基本单元，由符合性能要求的材料制造而成的。材料只有经过各种加工，包括材料的成形、改性、连接等，最终形成机器零件或产品，才能体现其功能和价值。材料的加工就是把材料制备成具有一定形状尺寸和性能的制品的过程，主要指材料的成形加工、内部组织结构的控制以及表面处理等。

产品的设计及材料选择体现了"做什么"的过程，而加工工艺（或制造）则体现了"如何做"的过程。就加工制造而言，其过程又常常是很复杂的，包括成形、连接、切削加工、特种加工、装配、检测及调试等，其间又可能穿插不同的整体和表面的强化或改性等工序。合理选择不同的加工工艺方法并且合理安排好零件的加工工艺路线是使产品最终达到技术经济指标的重要因素之一。

由于陶瓷部件成形后，除了磨削加工外，几乎不能进行任何其他加工，所以这里重点讨论金属材料、高分子材料和复合材料的加工工艺。

1.2.1　常用材料的加工工艺方法

常见产品的材料种类繁多性质各异，产品的结构特征、质量及性能要求，还有具体的生产条件等都决定了加工工艺方法选择的多样性及灵活性。一般加工工艺分以下几类。

（1）成形加工

这类加工是通过加热或加压的方式，使材料在液态或固态下发生流动或连接，从而得到要求的形状、尺寸及性能的产品的方法。其不仅可以改变材料的形状尺寸，而且还常有改变材料性能的作用。成形过程中产生的废料较少，甚至不产生废料，故又称为无屑成形。由成形材料成形时的状态及工艺特点又分液态材料的流动成形（即铸造）、固态材料的塑性成形（即压力加工）、材料的连接成形（即焊接和黏接）、粉末压制成形及一些橡胶、塑料的特殊成形等。

① 铸造。铸造是将材料由液态直接成形的一种通用方法，即将熔融金属浇注到型腔内，凝固后得到一定形状的铸件，如图 1-8 所示。铸造的特点是金属一次成形，可用于各种成分、形状和重量的构件，成本低廉，能经济地制造出内腔形状复杂的零件。对韧性很差的材料如铸铁，只能采用铸造法生产，对高温合金成形复杂形状，铸造也是最经济的方法。铸件的缺点是力学性能一般不如变形组织。

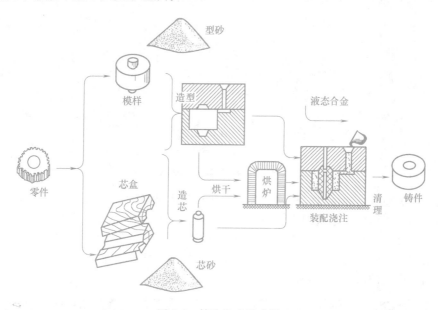

图 1-8　铸造生产示意图

铸件的质量还在很大程度上与铸造工艺和铸件结构设计有关，在铸件中容易出现浇不满、缩孔、夹杂、气孔、裂纹等缺陷，影响铸件的质量，产生较高的废品率。为了提高铸件质量，除了传统的砂型铸造外，人们还发展了很多铸造方法，如金属型铸造、压力铸造、离心铸造和熔模铸造等等。

铸造法是一种广泛应用的重要的加工工艺，如汽车发动机的约 95% 重量都是铸铁件，典型的铸件如汽缸体、汽缸盖、凸轮轴、活塞环、挺杆、进气管、曲轴、摇臂，此外还有机床床身、齿轮箱、水暖管道等等。

 工程应用典例

　　在国防工业部门，飞机上的锻造件重量超过 75%，坦克上的锻造件重量超过 70%，大炮、枪支上大部分零件都是锻制而成的。例如美国 315000kN 模锻水压机模锻 F-102 歼击机上所用的整体大梁，取代了用 272 个零件和 3200 个铆钉组装成的骨架，强度、刚性都较好，节省了高强度合金钢，使飞机重量减轻了（45.5～54.5）kg。

　　许多汽车零件，如气缸体、缸盖、飞轮、变速箱壳体等都是通过铸造生产的方法获得毛坯的，汽车上的铸件的重量约占总重量的 50～70%，铸造生产在汽车制造业中占有极为重要的地位。波音 767 是第一种两次被加长的宽体喷气客机。767-300 比 767-200 加长了 6.43m，而新的 767-400ER 又比 767-300 加长了 6.43m。波音 767-400ER 驾驶舱仪表板的零件比其他 767 飞机减少了 82%。由于采用了铸造件，767-400ER 驾驶舱仪表板上的零件数量从 296 个减少到 53 个，生产时间从 180h 减少到 20h。

　　② 压力加工。对固态金属施加外力，通过塑性变形得到一定形状尺寸和性能的制品的过程就是压力加工。除了在成形上的独特优势之外（如薄板、细丝），压力加工的一个重要特点是可改善金属材料的力学性能。通过再结晶细化晶粒，纤维流线的定向控制，晶粒内偏析组织的均匀化，夹杂物及其他组织的破碎和重新分布以及材料内部缩松的焊合等方式，都可以提高材料的强度和韧性。因此，加工工艺对材料性能有至关重要的影响。

　　根据加工方式的不同，压力加工可分为轧制、挤压、拉拔、锻造、冲压等过程（图 1-9）。

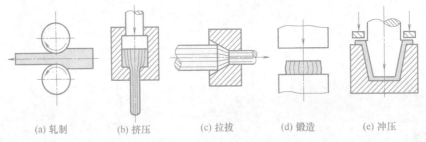

(a) 轧制　　(b) 挤压　　(c) 拉拔　　(d) 锻造　　(e) 冲压

图 1-9　压力加工示意图

　　一般的金属型材、如棒材、板材、管材和线材等大都是通过轧制、挤压和拉拔等形式制成的。如汽车外壳钢板、建筑钢筋、钢轨。拉拔通常是轧制或挤压的后步工序，主要用来生产各种细丝（拉丝）和薄管（拔管），如电线、电缆、钢绞线等。由于锻造可以改善金属内部的组织结构和力学性能，所以工程上的承受载荷的重要零部件必须要用锻造方式制造。如机器的主轴、重要的齿轮、炮弹的弹头、汽车的前桥等。

 奇闻轶事：古代锻打技术

　　在现在伊朗西部艾利库什地区发现公元前七八千年用天然铜卷成的铜珠，以及在伊朗中部纳马克湖南部泰佩锡亚勒克发现了公元前五千年的铜针，都是早期锻打技术应用在自然铜方面的实例。另外出土于尼罗河流域的格泽和幼发拉底河流域乌尔地方的铁珠、匕首是公元前四千年的陨铁器，也是锻打而成的。中国在公元前 14 世纪～公元前 13 世纪时已掌握了锤锻技术，河南安阳出土的殷商文物中可以发现金箔，其厚度为 0.010±0.0001mm。中国商代的铁刃铜钺铁刃是用陨铁锻打后，镶嵌在铜质体上。

③ 焊接。把各种零部件组成一个整体，成为一个有机的结构以完成一定的功能，就需要一定的连接手段。几乎所有的工程结构都是由连接在一起的不同零件组成的。一种方式是机械连接，如螺钉连接、铆接等，这种方式对材料本身的性能几乎没有影响；另一种是在工程上广泛使用的借助于物理化学过程的焊接。

焊接是使两个分离的固态物质借助于原子间结合力而连接在一起的连接方法，这是一种高速高效的连接方法，通过金属间（也可以用于金属和非金属间）的压结、熔合、扩散、合金化、再结晶等现象，而使零件永久地结合，广泛地用于制造桥梁、船舶、车辆、压力容器、建筑物等大型工程结构。根据焊接过程是否施加压力，可以把焊接分为压力焊接和熔化焊接（图1-10），前者主要靠压力作用，在固态下连接，后者则利用热源把母材局部或焊条合金熔化成液态，不加压的情况下，互相熔合在一起。

焊接过程对材料的影响很大，尤其是工程上大量应用的熔化焊接，相当于焊接区的局部重新冶炼和热处理过程，可以显著改变焊接区的成分、组织和性能，处理不当，会导致焊接船舶的脆断事故以及局部腐蚀失效事故等，因此焊接是一个很重要的工艺过程。

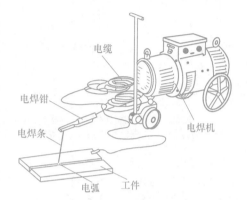

图 1-10　手工电弧焊示意图

工程应用典例

中国商朝制造的铁刃铜钺，就是铁与铜的铸焊件，其表面铜与铁的熔合线蜿蜒曲折，接合良好。战国时期制造的刀剑，刀刃为钢，刀背为熟铁，一般是经过加热锻焊而成的。举世瞩目的三峡工程28台七十万千瓦水轮发电机组，采用的是全焊结构。三峡水轮机转轮直径10.7m，高5.4m，重达440t，为世界最大、最重的不锈钢焊接转轮，分别由上冠、下环和13个或15个叶片焊接而成，每个转轮需要消耗12t焊丝。例如制造一辆小轿车要焊5000～12000个焊点，30Mt油轮要焊1000km长的焊缝，一架飞机的焊点多达数十万甚至百万个，没有高效率的焊接技术是难以完成的，因而对焊接技术现代化和提高生产效率的要求也日益迫切。

近年来新发展了许多新的焊接工艺方法，如等离子弧焊接、电子束焊接、激光焊接和扩散焊等等，广泛地应用到航天、军工、电子等尖端工业领域中，解决了各种铜合金、钛合金、高合金钢、难熔金属等的焊接问题，是焊接技术的新的发展方向。有些新技术也同时应用于切割工艺，如激光切割可以切割各种金属和非金属材料，具有切割精度高、效率高、切缝小、速度快的优点，但切割的厚度有一定的限制；等离子弧常用于切割不锈钢和一些有色合金，切割厚度可达20cm。铸造、锻造和焊接工艺的比较与区别见表1-2。

表 1-2　铸造、锻造和焊接工艺的比较与区别

工艺	热过程及其特点		成形特点	组织特点	性能或应用
铸造	在熔化设备中熔化金属炉料(熔点以上约100℃)，使满足化学成分要求的金属液体具有流动性	短时间保温静置，使金属熔体中气体、夹杂物上浮	在铸型中较为缓慢地冷却凝固，获得铸件	液态凝固成形	非平衡结晶，一般为粗大的柱状晶。冷却速度越大，晶粒越细小	受力不大的形状复杂件

续表

工艺	热过程及其特点			成形特点	组织特点	性能或应用
锻造	在加热设备中加热工件,使其具有良好的塑性,并降低变形抗力	在始锻和终锻温度范围内对工件施以冲击力或压力,使其发生塑性变形,并改善内部组织	在终锻温度以下冷却,得到锻件	固态塑性变形成形	使铸锭原来粗大的晶粒细化,并沿变形方向呈现方向性的特点,减小甚至消除铸锭内部缺陷	受力复杂的形状简单件
焊接	在空气或保护气氛中高能量加热,使构件连接区域快速熔化,形成熔池	基本没保温过程	在熔渣或保护气氛保护下快速冷却凝固,形成焊缝,焊缝以及附近母材冷却速度很不均匀	不可拆卸的连接成形	非平衡结晶特点更为明显,使得焊缝组织的柱状晶的特点更为明显,同时焊缝附近母材金属组织也发生不同程度的变化	接头区域一般为性能薄弱区

笔记

工程应用典例

法国巴黎的国际航空展久负盛名。在第38届国际展览会上,一架银灰色的飞机非常引人注目,它的机头下倾,前机身圆粗的拱形逐渐向后扩展为宽而平的表面,使机身与机翼之间平滑地过渡,与中央机翼融合为一体,后边是两个大立尾,这就是后来人们所熟知的苏-27歼击战斗机。苏-27在航展会上所做的"眼镜蛇"飞行表演,在现代空军发展史上是前所未有的,是一次21世纪的飞行。苏-27飞机标准型的机身基本上是全金属结构材料制造,主要采用了大量的高性能钛合金与铝合金材料。为了减轻重量,还采用了许多新的工艺技术和先进材料。特别是焊接技术的应用,对减轻重量起了很大的作用。对于重要部件大都采用了钛合金的焊接结构,例如带加强筋的中央翼壁板,它是一个支撑整个飞机的关键构件,采用钛合金焊接结构后,可使重量减轻100kg,可见焊接技术促进了钛合金材料的应用。其次除前机身之外,遍布机体的多个次受力部位的框、梁、肋及壁板等,都使用了较多比强度高的铝锂合金材料。复合材料在标准型飞机上总的用量较少,其中机头罩、垂尾前缘、前舱仪表护罩等采用玻璃纤维复合材料。座舱盖保护风挡蒙皮采用碳纤维复合材料。它的动力装置采用两台留里卡设计局研制的AL-31F型涡轮风扇发动机,涡轮叶片采用耐高温合金材料,并应用了新的工艺技术,当燃气温度高于叶片材料100℃时,叶片强度仍可满足使用要求。

（2）切削加工

很多零部件在通过铸造、压力加工和焊接成形之后,还要通过切削加工（也叫机加工）来提高其尺寸精度和表面光洁度,或者获得其他手段不易得到的特殊的形状。切削加工是通过利用比工件材料更硬的刃具或利用光能、声能、电能、化学能等来逐渐去除工件上多余的材料,最终得到符合要求的形状和尺寸的产品的方法,故又称有屑成形,或称机械加工。

由刀具特征及与工件的相对运动关系的差异,切削加工可分为车削加工、铣削加工、刨削加工、磨削加工、钻削加工等（图1-11）;还可分为利用刃具的传统切削加工和利用特殊物理或化学现象的特种加工。特种加工则又分为利用电脉冲的电火花加工及线切割加工,利用电解原理的电化学加工,利用激光热的激光加工,利用超声波振动冲击的超声波加工等,主要用于一些特定的精度要求很高的场合。

切削过程基本上是零件的纯粹形状改变过程,除少量的加工硬化外,一般不引起材料内部组织和性能的变化,因此对各种切削方法的选择主要是从其成形能力和加工精度来考虑的。另外,切削过程生产效率较低,成本相当高,所以经济因素考虑也是一个很重要的指标。如除非精度要求必要,磨削一般尽量避免。

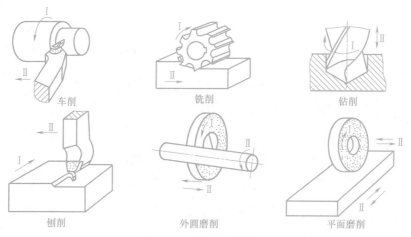

图 1-11　主要的切削方法

（3）热处理

这类加工是通过对工件整体或表面进行一定的加热、保温及冷却操作，有时只有加热和冷却两个过程，这些过程互相衔接，不可间断，从而使工件材料的组织及性能达到要求的方法，如图 1-12 所示。

热处理是机械零件和工模具制造过程中的重要工序之一。与其他加工工艺相比，热处理一般不改变工件的形状和整体的化学成分，而是通过改变工件内部的显微组织，或改变工件表面的化学成分，赋予或改善工件的使用性能。其特点是改善工件的内在质量，而这一般不是肉眼所能看到的。热处理可以保证和提高工件的各种性能如耐磨、耐腐蚀等，还可以改善毛坯的组织和应力状态，以利于进行各种冷、热加工。

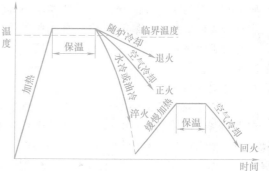

图 1-12　热处理方法

（4）表面改性

这类加工是通过物理、化学或机械的方法，使材料表面的成分或组织改变，从而改变产品表面性能的方法。

很多部件在使用过程中对表面和内部的要求是不同的。对表面的要求常常是耐磨、耐蚀和抗氧化性能等，而对部件内部的要求是韧性好，抗冲击（从经济角度考虑，部件内部材料价格要便宜，成型要容易）。为了满足这样的性能要求，除了传统的表面渗碳、表面热处理等手段外，目前还可以借助许多新技术，如离子束、激光、等离子体等改变材料表面的化学成分、物理结构和相应的使用性能，或者获得新的薄膜材料，这就是表面改性。近年来，表面改性技术发展很快，已经发展为很多种类，包括：离子注入、离子束沉积、物理气相沉积、化学气相沉积、等离子体化学气相沉积和激光表面改性等等。

1.2.2　零件的加工工艺路线

零件所选材料一般应预先制成与成品尺寸形状相近的毛坯，如锻件、铸件、焊接件等，然后再进行加工，零件的加工都是按一定的工艺路线进行的（图 1-13）。工艺路线是材料走向具有使用价值的产品——零件的桥梁，也即在零件的生产过程中，改变生产对象形状、尺

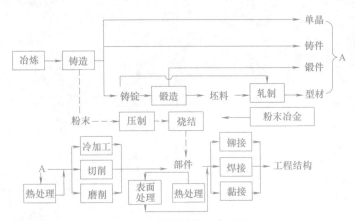

图 1-13　材料的加工流程图

寸、相对位置或性能的工艺过程。

　　在成形方法中，金属材料（钢铁、铝、铜等）最常用的成形工艺方法是铸造、压力加工（也常称锻压）及焊接，这几种工艺常需在加热到高温的状态下进行，故又统称为热加工工艺。由于热加工工艺自身的工艺特点，使制成品的精度及表面质量一般达不到零件的精度或性能要求，所以大部分情况下其制成品只能算是半品品，或称毛坯，还常需进行热处理或切削加工之类的下一步工序。对某些要求不高的零件或采用精密铸造、精密压力加工、精密焊接时，成形后的制成品有时也可直接作为零件使用。

　　对于组织性能达到零件要求的毛坯，可直接进入切除加工阶段（即切除加工工序），以提高尺寸精度，降低表面粗糙度，最终得到零件；或再进行表面强化处理，来达到零件的表面性能要求。

　　如果切除加工后组织性能达不到零件要求的毛坯，则需随后进行热处理来改善性能，并再用精密切削（如磨削）来消除热处理产生的表面缺陷，最终达到零件要求。有时得到的金属毛坯要么硬度太高而切不动；要么塑性、韧性太好而切不光洁，刀具摩擦大；要么有较大内应力而会使工件毛坯发生边切削边变形的现象。此时，应先对毛坯进行热处理（退火来降低硬度、正火来降低刀与毛坯材料的摩擦，消除应力退火来消除毛坯内应力）后才可进入切除加工（工序）中。

　　对部分要求不高的零件，毛坯经过热处理后也可直接成为零件。

　　对于塑料及陶瓷成形后的制成品，其工艺路线同金属类似，但大多有其特殊的成形工艺，其制成品很少进行热处理及切除加工，而多直接成为零件。

1.3　材料的检测

　　在航空制造及维修工业中，材料（及毛坯）的检验是保证产品质量和提高产品使用寿命的重要措施。材料检测范围涉及对黑色金属、有色金属、机械设备及零部件等的力学性能测试、化学成分分析、金相组织分析、精密尺寸测量、无损探伤、耐腐蚀试验和环境模拟测试等。

　　（1）化学成分分析

　　化学成分是决定材料性能和质量的主要因素，化学成分可以通过化学的、物理的多种方法来分析鉴定，目前应用最广的是化学分析法和光谱分析法。此外，设备简单、鉴定速度快的火花鉴定法，也是对钢铁成分鉴定的一种实用的简易方法。

　　① 化学分析法：根据化学反应来确定金属的组成成分，这种方法统称为化学分析法。化学分析法分为定性分析和定量分析两种，通过定性分析，可以鉴定出材料含有哪些元素，

但不能确定它们的含量；定量分析是用来准确测定各种元素的含量，实际生产中主要采用定量分析。

② 光谱分析法：各种元素在高温、高能量的激发下都能产生自己特有的光谱，根据元素被激发后所产生的特征光谱来确定金属的化学成分及大致含量的方法，称光谱分析法。通常借助于电弧、电火花、激光等外界能源激发试样，使被测元素发出特征光谱，经分光后与化学元素光谱表对照，做出分析。

③ 火花鉴别法：主要用于钢铁，在砂轮磨削下由于摩擦、高温作用，各种元素、微粒氧化时产生的火花数量、形状、分叉、颜色等不同，来鉴别材料化学成分（组成元素）及大致含量的一种方法。

（2）组织分析

材料的性能决定于成分、结构和组织，某些微观缺陷的存在也影响材料的性能。因此许多材料在出厂前要进行金相组织检验：利用在专门制备的试样上放大 100～1500 倍来研究金属及合金组织，可以研究金属及合金的组织与其化学成分的关系；可以确定各类合金材料经过不同的加工及热处理后的显微组织；可以判别金属材料的质量优劣，如各种非金属夹杂物——氧化物、硫化物等在组织中的数量及分布情况以及金属晶粒度的大小等。

① 低倍组织检验（宏观检验）：利用肉眼或 10 倍以下的低倍放大镜观察金属材料内部组织及缺陷的检验。

② 高倍组织检验：用放大 100～2000 倍的显微镜对金属材料内部进行观察分析的检验方法（分辨能力为 1.5×10^{-4} cm）。检验内容主要有非金属夹杂物、带状组织、碳化物不均匀性、碳化物液析、α 相 δ 相检验、脱碳层深度测定、球状组织级别评定、网状组织级别评定和奥氏体晶粒度评定等，广泛用于钢材质量优劣的常规检验。

电镜显微组织检验也叫精细组织检验，是用放大几千倍到几十万倍的电子显微镜对金属材料内部进行观察分析（分辨能力达 $10^{-6} \sim 10^{-7}$ cm）。用于检验材料的细微组织结构，由于要求有各种电镜设备，且试样制备比较复杂，故不作为产品的常规检验。

此外，还有用 X 射线衍射方法测定金属和合金内部各种相的晶体结构，用电子探针分析组织中显微区域内的化学成分等的组织检验方法。

（3）无损探伤

无损探伤是在不损坏工件或原材料工作状态的前提下，对被检验部件的表面和内部质量进行检查的一种测试手段，常用的无损检测方法见表 1-3。

表 1-3　常用的无损检测方法

方法	优点	缺点	主要检测缺陷
射线检测（RT）	对被检工件无要求 检验结果显示直观 检验结果可长期保存	检测成本较高 检测速度较慢 射线对人体有害	裂纹、气孔、夹杂、未焊透、未熔合、咬边
超声检测（UT）	对被检材料无要求 不对工件造成影响 设备轻便，方便携带 仅需从一侧接近工件	检测时需要耦合剂 对工件形状有局限 缺陷定性、定位、定量困难	夹杂、裂纹、焊瘤、未焊透、未熔合
磁粉检测（MT）	有很高的检测灵敏度 工艺简单成本低，污染小 检查结果的重复性好	只能检测铁磁性材料 只能检出表面、近表面缺陷	表面、近表面的夹杂、裂纹、折叠
渗透检测（PT）	显示直观，容易判断 操作非常简单方便 设备简单，携带方便，检测费用低	只能检出表面开口缺陷 不适于检测多孔性或疏松材料	表面开口型的气孔、裂纹、折叠

① 射线探伤方法（RT）。目前应用较广泛的射线探伤方法是利用（X、γ）射线源发出的贯穿辐射线穿透焊缝后使胶片感光，焊缝中的缺陷影像便显示在经过处理后的射线照相底片上。主要用于发现焊缝内部气孔、夹渣、裂纹及未焊透等缺陷。

② 超声波探伤（UT）。利用压电换能器件，通过瞬间电激发产生脉冲振动，借助于声耦和介质传入金属中形成超声波，超声波在传播时遇到缺陷就会反射并返回到换能器，再把声脉冲转换成电脉冲，测量该信号的幅度及传播时间就可评定工件中缺陷的位置及严重程度。

超声波比射线探伤灵敏度高，灵活方便，周期短、成本低、效率高、对人体无害，但显示缺陷不直观，对缺陷判断不精确，受探伤人员经验和技术熟练程度影响较大。

③ 渗透探伤（PT）。当含有颜料或荧光粉剂的渗透液喷洒或涂敷在被检焊缝表面上时，利用液体的毛细作用，使其渗入表面开口的缺陷中，然后清洗去除表面上多余的渗透液，干燥后施加显像剂，将缺陷中的渗透液吸附到焊缝表面上来，从而观察到缺陷的显示痕迹。渗透探伤主要用于检查坡口表面、碳弧气刨清根后或焊缝缺陷清除后的刨槽表面、工卡具铲除的表面以及不便磁粉探伤部位的表面开口缺陷。

答疑解惑

如何有效地检测淬火工件的裂纹？

答题要点：淬火后的工件有时会产生肉眼难以观察到的裂纹，此时可采用下面的经验方法加以检验。

① 叩击法：用锤子或铁块轻轻地叩击工件，如工件发出清晰的金属声音，其声音衰减缓慢且尾音悠长，则说明工件未产生裂纹。如工件发出重浊的声音，则说明工件上存在裂纹。较薄或细长的小型工件，应将其吊挂，然后再行敲击，以便能进行准确地判断。操作者应多在实践中多加演练，积累相当经验后才能做出准确的判断。

② 渗透法：将经淬火后的工件浸入煤油中进行仔细清洗，然后将工件取出并用干净的棉纱擦拭工件的表面，待工件表面晾干后用白粉笔末涂在工件表面上，经一段时间后如在白色部位上有油渗出，即在裂纹处有浸润的条纹显现出来，说明工件上有裂纹存在。

④ 磁性探伤（MT）。利用铁磁性材料表面与近表面缺陷会引起磁率发生变化，磁化时在表面上产生漏磁场，并采用磁粉、磁带或其他磁场测量方法来记录与显示缺陷的一种方法。磁性探伤主要用于检查表面及近表面缺陷。该方法与渗透探伤方法比较，不但探伤灵敏度高、速度快，而且能探查表面一定深度下的缺陷。

复习思考题（1）

1-1 填空题

1. 根据工艺特点的不同，金属材料制备工艺可分为：火法冶金、湿法冶金、_____以及粉末冶金等。

2. 在铸造生产中，习惯上将铸造方法分为_____和_____两大类，其中_____应用较广。

3. 根据加工方式的不同，压力加工可分为_____、轧制、挤压、拉拔、冲压等过程。

4. 硬质合金是粉末冶金典型制品，其制造工艺一般为：制粉、混料、成形和_____。

1-2 简答题

1. 简述粉末冶金的主要工艺步骤。

2. 什么是缩聚反应与加聚反应？

3. 试列举一些铸件、锻件及焊接件，并说明铸造、锻压和焊接的主要特点。

第 2 章
材料的性能

用合金钢制造的柴油机连杆螺栓，因对其力学性能要求较高，故提出下列技术要求：

$$\sigma_b \geqslant 931\text{MPa}$$
$$\sigma_s \geqslant 784\text{MPa}$$
$$\delta \geqslant 12\%$$
$$\psi \geqslant 50\%$$
$$\alpha_{kU} \geqslant 78.4\text{J/cm}^2$$
$$300 \sim 350\text{HBW}$$

通过测定该零件试样的一系列力学性能指标值，从而判断该零件是否达到技术要求。

🎯 学习目的

1. 掌握强度和塑性指标的符号、单位及意义；
2. 掌握布氏硬度和洛氏硬度的测定原理、方法、符号及应用；
3. 了解拉伸试验方法和拉伸曲线图；
4. 了解多次冲击试验和疲劳试验的概念。

📚 教学重点

强度、塑性、硬度、韧性和疲劳极限的意义与应用。

2.1 力学性能

　　工程材料在现代工业、农业、国防及科学技术等部门之所以能获得如此广泛的应用，不仅由于其来源丰富，而且还由于具有优良的性能。材料的性能一般分为使用性能和工艺性能。使用性能是指材料制成零件或构件后，为保证其正常工作和一定的工作寿命所必须具备的性能，包括物理性能（如密度、磁性、导电性等）、化学性能（如耐腐蚀性、热稳定性等）、力学性能（如强度、塑性、韧性等）；工艺性能是指材料在冷、热加工过程中，为保证加工过程的顺利进行，材料所必须具备的性能，包括铸造、锻压、焊接、热处理和切削性能等。

　　所有机器结构零件或工具，在使用过程中往往会受到各种形式外力的作用。例如起重机上的钢索，受到悬吊物拉力的作用；一列满载的火车，会给钢轨以很大的压力；柴油机上的连杆是用来传递动力的，在工作时不仅受拉压的作用，还要承受冲击力的作用等等。这些外力作用的结果，对材料有一定的破坏性，使零件或工具不同程度产生变形或断裂。

　　材料在外力作用下抵抗变形或破坏的能力，称为材料的力学性能，力学性能包括强度、塑性、硬度、韧性及疲劳强度等。为了便于理解工程材料的力学性能，先简单介绍载荷的种类和工程材料变形的知识。工程材料在加工及使用过程中所受的外力称为载荷，按其性质不同，可以分为静载荷和动载荷两类。

① 静载荷：指大小不变或变动很慢的载荷。如飞机停放时起落架支柱上受到的载荷便是静载荷。

② 动载荷：主要有冲击载荷和交变载荷两种。冲击载荷指以很大速度作用在物体上的载荷，例如飞机着陆时起落架就承受着巨大的冲击载荷。交变载荷指大小反复变化的载荷，或大小与方向都反复变化的载荷，例如飞机上的单向活门中的弹簧，就受到大小反复变化的交变载荷作用。

工程材料受力会都会变形，即发生形状和尺寸的改变。当受力较小时，变形在外力去掉后会消失，这种在外力去除后能够消失的变形称为弹性变形。当受力增大到一定程度，外力去掉后，其变形有一部分不能消失，这部分在外力去除后不能消失的变形称为塑性变形。如果外力继续增大，最后工程材料将会断裂。

工程材料受外力作用后，为保持其不变形，在材料内部作用着与外力相对抗的力称为内力。单位截面积上的内力称为应力。工程材料受拉伸载荷或压缩载荷作用时，其横截面积上的应力 σ 按式（2-1）计算：

$$\sigma = \frac{F}{S} \tag{2-1}$$

式中　　F——外力，N；

S——横截面积，m^2；

σ——应力，Pa。

在机械设备及工具的设计、制造中选用工程材料时，大多以力学性能为主要依据，因此，熟悉和掌握材料力学性能是非常重要的。

2.1.1　静态力学性能

（1）强度

材料在载荷作用下，抵抗变形和破坏的能力称为强度。由于载荷有拉伸、压缩、弯曲、剪切、扭转等不同形式，相应的强度也分为抗拉强度 σ_b、抗压强度 σ_{bc}、抗弯强度 σ_{bb}、抗剪强度 τ_b 和抗扭强度 τ_t 等，通常用金属的抗拉强度来表示金属的强度。

材料的抗拉强度是通过拉力试验测定的。进行拉力试验时，将制成一定形状的金属试样装在拉伸试验机上（图 2-1），然后逐渐增大拉力，直到将试样拉断为止。试样在外力作用下，开始只产生弹性变形，当拉力增大到一定程度时，就产生塑性变形，拉力继续增大，最终试样将会拉断。

试验前，将被测的金属材料制成一定形状和尺寸的标准试样。拉伸试样的形状一般有圆形和矩形两类，常用的试样截面为圆形。图 2-2 中 d_0 是试样的直径（mm），L_0 为标距长度（mm）。根据标距长度与直径之间的关系，试样可分为长试样（$L_0 = 10d_0$）和短试样（$L_0 = 5d_0$）。

在试验过程中，把外加载荷与试样的相应变形量，画在以载荷 F 为纵坐标，变形

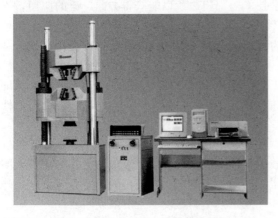

图 2-1　液压式万能电子材料试验机

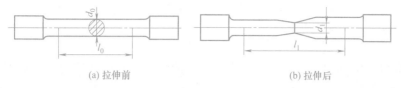

<table>
<tr><td>(a) 拉伸前</td><td>(b) 拉伸后</td></tr>
</table>

图 2-2　圆形拉伸试样

拉伸曲线

量 ΔL 为横坐标的图形上，这就得到了力-伸长关系曲线，或称拉伸曲线。

图 2-3 是低碳钢的力-伸长曲线，图中明显表现出下面几个变形阶段：

Oe——弹性变形阶段。试样在载荷作用下均匀伸长，伸长量与所加载荷成正比关系，试样发生的变形完全是弹性的，卸载后试样即恢复原状，没有残余变形。F_e 为能恢复原始形状和尺寸的最大拉伸力。

es——屈服阶段。当载荷超过 F_e 时，试样除产生弹性变形外，开始出现塑性变形。若卸载的话，试样伸长只能部分地恢复而保留一部分残余变形。当载荷增加到 F_s 时，图上出现水平线段（或锯齿状），即表示载荷不增加，变形继续增加，这种现象称为屈服。s 点叫作屈服点，F_s 称为屈服载荷。屈服后，材料将残留较大的塑性变形。

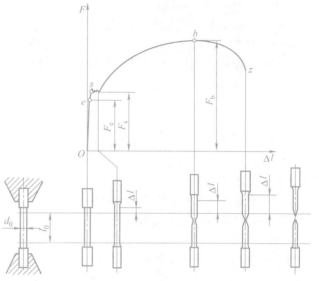

图 2-3　低碳钢的力-伸长曲线

sb——强化阶段。在屈服阶段以后，欲使试样继续伸长，必须不断加载。随着塑性变形增大，试样变形抗力也逐渐增加，这种现象称为形变强化（或加工硬化），F_b 为试样拉伸试验时的最大载荷。

bz——颈缩阶段。当载荷增加到最大达 F_b 时，变形显著地集中在材料最薄弱的部分，试样出现局部直径变细，称为"颈缩"（图 2-4），由于试样断面缩小，载荷也就逐渐降低，当达到 z 点时，试样就在颈缩处拉断。

金属材料的强度指标根据其变形特点分下列几个。

① 弹性极限

材料能保持弹性变形的最大应力，用符号 σ_e 表示。

$$\sigma_e = \frac{F_e}{S_0} \tag{2-2}$$

图 2-4　拉伸试样的颈缩现象

式中　σ_e——弹性极限，MPa；

　　　F_e——弹性极限载荷，N；

　　　S_0——试样原始横截面积，mm^2。

材料在弹性范围内，应力 σ（试样单位横截面上的拉力）与应变 ε（试样单位长度的伸长量）的比值 E 称为弹性模量，即 $E = \sigma / \varepsilon$。

材料弹性变形的能力称为刚度。弹性模量 E 相当于引起单位弹性变形时所需要的应力，金属材料的刚度常用它来衡量。弹性模量愈大，则表示在一定应力作用下能发生的弹性变形愈小，也就是材料的刚度愈大。

②屈服点（屈服极限）

试样在试验过程中，力不增加即保持恒定仍能继续伸长时的应力称为屈服点或屈服极限，用符号 σ_s 表示。

$$\sigma_s = \frac{F_s}{S_0} \qquad (2-3)$$

式中　F_s——试样屈服时载荷，N；

　　　σ_s——屈服点，MPa；

　　　S_0——试样原始横截面积，mm^2。

由于许多工程材料（如铸铁、高碳钢）没有明显的屈服现象，测定很困难。工程技术上规定：试样标距长产生 0.2% 塑性变形时对应的载荷 F 所产生的应力为屈服极限，称为"条件屈服极限"，用 $\sigma_{0.2}$ 表示。

$$\sigma_{0.2} = \frac{F_{0.2}}{S_0} \qquad (2-4)$$

式中　$F_{0.2}$——试样产生永久变形 0.2% 的载荷，N。

一般机械零件不仅是在破断时才造成失效，而往往是在产生少量塑性变形后，零件精度降低或与其他零似的相对配合受到影响而造成失效。所以，σ_s 和 $\sigma_{0.2}$ 就成为零件设计时的主要依据，也是评定金属材料优劣的重要指标。如发动机气缸盖的螺栓受应力都不应高于 σ_s，否则因螺栓变形将使气缸盖松动漏气。

③抗拉强度

材料在拉断前所能承受的最大应力称为抗拉强度，用符号 σ_b 表示。

$$\sigma_b = \frac{F_b}{S_0} \qquad (2-5)$$

式中　F_b——拉断试样的最大载荷，N；

　　　σ_b——抗拉强度，MPa；

　　　S_0——试样原始横截面积，mm^2。

σ_b 越大，表示材料抵抗断裂的能力越大，即强度越高。

屈服极限和抗拉强度在设计机械和选择、评定金属材料时有重要意义，因为金属材料不能在超过其 σ_s 的条件下工作，否则会引起机件的塑性变形；金属材料更不能在超过其 σ_b 的条件下工作，否则会导致机件的破坏。

答疑解惑

被用来拉起重物的链条破坏之后，检查其破坏的链扣，发现会有大量变形及颈缩现象。试举出几个可能的破坏原因。

答题要点：题意提示此链的破坏是因单纯的拉伸载荷过大，并且系以延性方式破坏。有两个因素可能导致这种破坏。载荷超过链条的拉起能力。因此，由于载荷造成的应力大于链条的屈服强度，就发生破坏。将此载荷与原制造说明书作一比较，即会发现该链条不能负荷这么大的载荷，此错在使用者。该链条的成分错误或热处理不适当，结果屈服强度低于制造者原来的预定值，因而无法承受这个载荷，此错在制造者。

金属材料的强度，不仅与材料本身内在因素（如化学成分、晶粒大小等）有关，还会受外界因素如温度、加载强度、热处理状态等的影响而有所变化。要控制和调整材料的强度，可通过细化晶粒、合金化或热处理方法来达到以最大限度地发挥材料内部的潜力，延长其使用寿命，σ_b 愈大，材料抵抗断裂的能力就愈大。

（2）塑性

材料在静载荷作用下，产生塑性变形而不破坏的能力称为塑性。塑性用伸长率和断面收缩率来表示。塑性指标也是由拉伸试验测得的。

① 伸长率。试样拉断后，标距的伸长与原始标距长度的百分比称为伸长率，用符号 δ 表示。

$$\delta = \frac{\Delta L}{L_0} \times 100\% = \frac{L_1 - L_0}{L_0} \times 100\% \tag{2-6}$$

式中　δ——伸长率，%；

L_1——试样拉断后的标距，mm；

L_0——试样的原始标距，mm。

若采用拉伸试样标准不同，测得的伸长率也不相同，长短试样的伸长率分别用符号 δ_{10} 和 δ_5 表示，短试样的伸长率大于长试样的伸长率即 $\delta_5 > \delta_{10}$。习惯上，δ_{10} 也常写成 δ，但 δ_5 不能将右下角 "5" 字省去。

通常 δ 小于 5% 的材料为脆性材料。（用 δ 比较材料的塑性时，只能在相同规格的 δ 之间进行，即试棒应一样）。

② 断面收缩率。试样拉断处的横截面积减小量与试样原来横截面积之比为断面收缩率，用符号 Ψ 表示。

$$\Psi = \frac{\Delta S}{S_0} \times 100\% = \frac{S_0 - S_1}{S_0} \times 100\% \tag{2-7}$$

式中　Ψ——断面收缩率，%；

S_0——试样的原始横截面积，mm^2；

S_1——试样拉断处的横截面积，mm^2。

断面收缩率的数值，在实践中没有发现与试样的尺寸有多大的关系，材料的收缩率和断面收缩率数值越大表示材料的塑性越好。塑性好的金属可以发生大量塑性变形而不破坏，便于通过塑性变形加工成复杂形状的零件。例如，工业纯铁的 δ 可达 50%，ψ 达 80%，可以拉成细丝，轧薄板等。而铸铁的 δ 和 ψ 几乎为零，所以不能进行塑性变形加工。塑性好的材料，在受力过大时，由于首先产生塑性变形而不致发生突然断裂，因此，比较安全。

必须指出，材料的塑性高与低，与使用外力的大小无关，这可从 δ、Ψ 的计算公式中得知。

答疑解惑

某工厂买回一批材料（要求：$\sigma_s \geq 230$MPa；$\sigma_b \geq 410$MPa；$\delta_5 \geq 23\%$；$\psi \geq 50\%$）。做短试样（$L_0 = 5d_0$；$d_0 = 10$mm）拉伸试验，结果如下：$F_s = 19$kN，$F_b = 34.5$kN；$L_1 = 63.1$mm；$d_1 = 6.3$mm；问买回的材料合格吗？

答题要点：$\sigma_s = F_s/s_0 = (19 \times 1000)/(3.14 \times 25) = 242MPa> 230$MPa

$\sigma_b = F_b/s_0 = (34.5 \times 1000)/(3.14 \times 25) = 439.5MPa> 410$MPa

$\delta_5 = [\Delta L/L_0] \times 100\% = [(63.1 - 50)/50] \times 100\% = 26.2\% > 23\%$

$\psi = [\Delta S/S_0] \times 100\% = 60.31\% > 50\%$

根据试验计算结果判断，材料的各项指标均合格，因此买回的材料合格。

（3）硬度

工程材料表面上局部体积内抵抗其他更硬的物体压入其内的能力，叫硬度。硬度是材料性能的一个综合的物理量，表示金属材料在一个小的体积范围内抵抗弹性变形、塑性变形或破断的能力。

硬度是材料的重要力学性能之一，测定硬度的方法有布氏硬度试验、洛氏硬度试验、维氏硬度试验等，各种硬度的压头形状、材料、载荷、运用范围等见表 2-1。

表 2-1　各种硬度的压头形状、材料、载荷、运用范围

实验	压头	压头形状侧视图	压痕形状顶视图	硬度计算公式	备注
布氏硬度	10mm 钢球或碳化钨球			$HB = \dfrac{2F}{\pi D[D - \sqrt{D^2 - d^2}]}$ （F 为载荷）	$0.25D < d < 0.6D$ 有效
维氏（显微）硬度	金刚石棱锥			$HV = 1.854 F / d_1^2$ （F 为载荷）	维氏硬度与显微硬度所用载荷不同
洛氏硬度	金刚石圆锥直径 $\dfrac{1}{16}, \dfrac{1}{8}, \dfrac{1}{4}, \dfrac{1}{2}$in（HRA 或 HRC）			$HR = \dfrac{K - h}{0.002}$ （K 为常数）	应用范围 HRA70～85 HRB25～100 HRC20～67
	钢球（HRB）				

材料硬度的测定，需具备两个条件：

压头：一个标准物体，用于压入被测材料的表面。

载荷：加在压头上的压力。

若压头相同，载荷也相同时，压痕越大或越深则表示被测材料的硬度越低。

硬度试验设备简单、操作方便迅速，硬度值可间接地反映工程材料的强度，又是非破坏性的试验，可作产品成品性能检验。因此它是热处理工件质量检验的主要指标，应用十分广泛。

① 布氏硬度

a. 测试原理。如图 2-5 所示，用一定直径 D 的球体（钢球或硬质合金球），在规定载荷 F 的作用下，压入被测试的工程材料表面，保持一定时间后卸除载荷，材料表面便留下一个压痕，用球面压痕单位表面积上所承受的平均压力作为布氏硬度值，用符号 HBS（当用钢球压头时）或 HBW（当用硬质合金球时）来表示。

$$HBS(W) = \frac{F}{S} = \frac{F}{\pi Dh} = 0.102 \frac{2F}{\pi D(D - \sqrt{D^2 - d^2})} \tag{2-8}$$

式中　F——试验力，N；

　　　D——球体直径，mm；

　　　S——压痕球面积，mm^2；

　　　h——压痕深度，mm；

d——压痕平均直径，mm。

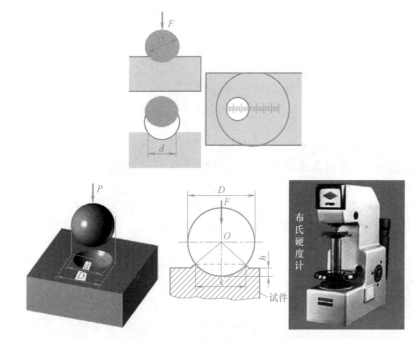

笔记

图 2-5　布氏硬度测试验示意图

从式中得知：当外载荷 F、压头球体直径 D 一定时，只有 d 是变数，布氏硬度值仅与压痕直径 d 的大小有关。d 越小，布氏硬度值越大，材料越硬；d 越大，布氏硬度值越小，硬度也越低，即材料越软。

在实际应用中，布氏硬度值是不标注单位的，也不需要进行计算，而是用专用的刻度放大镜量出压痕直径 d，再根据压痕直径 d 和选定的压力 F 查布氏硬度表，即可得出相应的 HBS（W）值。

b. 试验规范的选择。当使用不同大小的载荷和不同直径的球体进行试验时，只要能满足 F/D^2 为一常数，那么对同一种金属材料当采用不同的 F、D 进行试验时可保证得到相同的布氏硬度值。国标规定 F/D^2 的比值有 30、15、10、5、2.5、1.25、1，共七种比值。布氏硬度试验时，根据被测材料的种类、工件硬度范围和厚度的不同，选择相应的压头球体直径 D 试验力 F 及试验力保持时间 t。

常用的压头球体直径 D 有 1mm、2mm、2.5mm、5mm 和 10mm 五种。试验力 F 可从 $9.80\sim29.42$kN（$1\sim3000$kgf）范围内，试验力保持时间，一般黑色金属为 $10\sim15$s；有色金属为 30s，布氏硬度值小于 35 时为 60s。

c. 布氏硬度的符号及表示方法。用淬火钢球压头测得的布氏硬度以 HBS 表示，用硬质合金球压头测得的以 HBW 表示。HBS 用于 HB<450 的材料，HBW 用于 HB 在 $450\sim650$ 的材料。

布氏硬度的表示方法规定为：符号 HBS 或 HBW 之前的数字为硬度值，符号后面按以下顺序用数字表示试验条件：

（a）球体直径；

（b）试验力；

（c）试验力保持的时间（$10\sim15$s 不标注）。

例如 120HBS10/1000/30 表示用直径 10mm 钢球在 1000kgf 试验力作用下保持 30s 测得

布氏硬度为 120。

500HBW5/750 表示用直径 5mm 硬质合金球在 750kgf 试验力作用下保持 10～15s 测得的布氏硬度值为 500。

d. 应用范围及特点

布氏硬度主要用于测定铸铁、有色金属及合金、各种退火及调质钢材的硬度，特别对于软金属，如铝、铅、锡等更为适宜。布氏硬度的特点：

（a）硬度值较精确，因为压痕直径大，能较真实地反映出金属材料的平均性能，不会因组织不匀或表面略有不光洁而引起误差。

（b）可根据布氏硬度近似换算出金属的强度，因而工程上得到广泛应用。

（c）测量过程比较麻烦且压痕较大，不宜测量成品及薄件，只适合测量硬度不高的铸铁，有色金属、退火钢的半成品或毛坯。

（d）用钢球压头测量时，硬度值必须小于 450，用硬质合金球压头时，硬度值必须小于 650，否则球体本身会发生变形，使测量结果不准确。

② 洛氏硬度。洛氏硬度试验是目前工厂中应用最广的试验方法。与布氏硬度一样也是一种压入硬度试验。不同的是，洛氏硬度不是测量压痕的面积，而是测量压痕的深度，以深度的大小来表示材料的硬度值。

a. 测试原理。如图 2-6 所示，在压头（金刚石圆锥体或钢球）上施加初始试验力 $F_0 = 10$kgf，使金属很好和压头接触，并压入深度为 h_0，再加主试验力 F_1 作用于压头，则总试验力 $F_0 + F_1$ 施于被测工件表面上，经规定保持时间卸去主载荷 F_1 后，测量其压入深度 h_1。用 h_1 与 h_0 之差 h 来计算洛氏硬度值。h 越大，表示材料硬度越低，实际测量时硬度可直接从洛氏硬度计表盘上读得。根据压头的种类和总载荷的大小，洛氏硬度常用的表示方式有 HRA、HRB、HRC 三种。

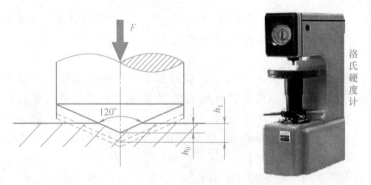

图 2-6　洛氏硬度测试验示意图

显然，h 越大，金属的硬度越低，反之则越高。考虑到数值越大，表示金属的硬度越高的习惯，故采用一个常数 K 减去 h 来表示硬度的高低，并用每 0.002mm 的压痕深度为一个硬度单位，由此获得的硬度值称为洛氏硬度值。

$$HR = \frac{K - h}{0.002} \tag{2-9}$$

式中　K——常数（用金刚石圆锥体作压头时 $K = 0.2$mm，用淬火钢球作压头时 $K = 0.26$mm）；

　　　h——压入金属表面塑性变形的深度，mm。

所有的洛氏硬度值都没有单位，在试验时一般均由硬度计的指示器上直接读出。

答疑解惑

使用洛氏硬度计应注意些什么？

答题要点：① 被测定工件或样品表面粗糙度值不得高于 $Ra3.2\mu m$，仲裁试样的表面粗糙度值一般不得高于 $Ra1.6\mu m$。

② 被测表面与支撑面要平整，光洁，不得带有油脂、氧化皮、毛刺、铁屑等污物。测定时两平面要平行，保证压头垂直压入试样表面。

③ 试样表面要防止受热软化或冷作硬化而引起材料硬度的变化。

④ 应在室温状态下 10～35℃测量。

⑤ 对微观结构粗糙的（如铸铁）不宜用。

⑥ 检测曲面或球面时，必须测试其最高点，使压头受力均匀地压入试样表面。

⑦ HRC 测量范围应在 20～67HRC 之间。

b. 常用洛氏硬度标尺及适用范围。为了扩大硬度计测定硬度的范围，以便测定不同金属材料从软到硬的各种硬度值，常采用以不同的压头和总载荷组成不同的洛氏硬度标尺来测定不同硬度的金属材料。常用的洛氏硬度标尺是 HRA、HRB、HRC 三种，其中 HRC 应用最为广泛。三种洛氏硬度标尺的试验条件和适用范围见表 2-2。

表 2-2　常用洛氏硬度标尺的试验条件和适用范围

硬度标尺	压头类型	试验载荷/N		硬度值有效范围	应用举例
		F_0	F_1		
HRC	120°金刚石圆锥体	98	1373	20～67HRC	一般淬火件
HRB	$\Phi'' \frac{1}{10}$ 淬火钢球	98	883	25～100HRB	软钢退火钢、铜合金
HRA	120°金刚石圆锥体	98	490	60～85HRA	硬质合金、表面淬火钢

应注意：各种不同标尺的洛氏硬度值不能直接进行比较，但可用试验测定的换算表相互比较。

c. 特点

（a）测量硬度的范围大，可测从很软到很硬的金属材料。

（b）测量过程简单迅速，能直接从刻度盘上读出硬度值。

（c）压痕较小；可测成品及薄的工件。

（d）精确度不如布氏硬度高，当材料内部组织和硬度不均匀时，硬度数据波动较大，结果不够准确。通常需要在不同部位测量数次，取其平均值代表金属材料的硬度。

③ 维氏硬度。上述两种硬度试验方法因载荷大和压痕深，所以不能用来测量很薄工件的硬度，而维氏硬度试验法可以解决这个问题。

a. 测试原理。维氏硬度试验原理基本上和布氏硬度试验相同，只是维氏硬度用的压头是相对面夹角为 136°的正四棱锥体金刚石压头，负荷较小（常用的载荷 F 有 5、10、20、30、100 和 120kgf 几种）。

如图 2-7 所示，试验时，在规定载荷 F 作用下压入被测试的金属表面，保持一定时间后卸除载荷，然后再测量压痕投影的两对角线的平均长度 d，进而可以计算出压痕的表面积 S，最后求出压痕表面积上的平均压力，以此作为被测试金属的硬度值，称为维氏硬度，用符号 HV 表示。

$$HV = \frac{F}{S} = 0.1891\frac{F}{d^2} \tag{2-10}$$

式中　HV——维氏硬度；

　　　F——试验力，N；

　　　d——压痕两对角线长度算术平均值，mm。

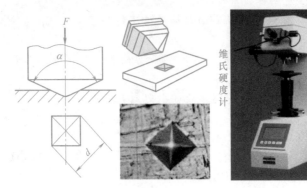

维氏硬度压痕

图 2-7　维氏硬度测试验示意图

当所加载荷 F 选定，维氏硬度 HV 值只与压痕投影的两对角线的平均长度 d 有关，d 愈大，则 HV 值愈小；反之，HV 值愈大。

在实际工作中，维氏硬度值同布氏硬度值一样，不用计算，而是根据 d 的大小查表得所测的硬度值。

b. 特点及应用。维氏硬度可测定极软到极硬的各种材料。由于所加压力小，压入深度较浅，故可用于测量极薄零件表面硬化层及经化学热处理的表面层（如渗氮层）的硬度，但测量手续较繁。

用维氏硬度测量有如下特点：

（a）因压头 136° 锥角很浅不致压穿试件，故可测量硬度高而薄的试件。

（b）因压痕的面积较浅而大，试件硬度的高低在压坑对角线的长度上很敏感。故维氏硬度测量值比较精确。

（c）测定过程较麻烦并且压痕小，对试件表面质量要求较高。

各种硬度试验法测得的硬度值不能直接进行比较，必须通过专门的硬度换算成同一种硬度值后才能比较其大小。

硬度是检验毛坯、成品、热处理工件的重要性能指标，零件图中都注有零件的硬度要求。如一般刀具、量具等要求 HRC＝60～63，机器结构零件要求 HRC＝25～45，弹簧零件要求 HRC＝40～52，适宜切削加工的硬度 HRC＝18～35。

2.1.2　动态力学性能

（1）韧性

许多机器零件和工具在工作过程中，往往受到冲击载荷的作用，如加工零件的突然吃刀，冲床的冲头、铆钉枪等。由于冲击载荷的加载速度高，作用时间短，它的破坏能力比静载荷要大得多，故对承受冲击载荷的零件的性能要求，仅具有高的强度和一定的硬度是不够的，还必须具有足够的抵抗冲击载荷的能力。

材料在冲击载荷作用下抵抗破坏的能力叫作冲击韧性，冲击韧性通常是在冲击试验中测定的。

① 冲击试样。为了使试验结果可以互相比较，试样必须采用标准试样。常用的试样类型有 10mm×10mm×55mm 的 V 形缺口和 U 形缺口试样。

② 冲击试验的原理及方法。冲击试验利用了能量守恒原理：试样被冲断过程中吸收的能量等于摆锤冲击试样前后的势能差。测定冲击韧性的步骤如图 2-8 所示：

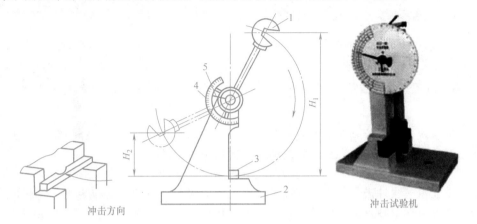

冲击方向 冲击试验机

图 2-8 冲击试验示意图

1—摆锤；2—机架；3—试样；4—刻度盘；5—指针

a. 将标准规格的待测材料试件，置放在冲击试验机的支座上。注意使试样缺口背向摆锤冲击方向。

b. 将具有一定重力 G 的摆锤举起至一定高度 H_1。

c. 使摆锤自由落下，冲断试件，并向反向升起一定高度 H_2。

试样被冲断所吸收的能量即是摆锤冲击试样所做的功，称为冲击吸收功，用符号 A_k 表示。

$$A_k = GH_1 - GH_2 = G(H_1 - H_2) \qquad (2\text{-}11)$$

式中　A_k——冲击吸收功，J；

　　　G——摆锤的重力，N；

　　　H_1——摆锤举起的高度，m；

　　　H_2——冲断试样后，摆锤回升的高度，m。

实际上，冲击功值可由冲击试验机的刻度盘上的直接读出，不需计算。

用冲击吸收功 A_k 除以试样缺口处的横截面积 S_0 即可得到材料的冲击韧性，用符号 a_k 表示，即

$$a_k = \frac{A_k}{S_0} \qquad (2\text{-}12)$$

式中　a_k——冲击韧性，J/cm^2；

　　　A_k——冲击吸收功，J；

　　　S_0——试样缺口处横截面积，cm^2。

冲击韧性 a_k 值愈大，表明材料的韧性愈大。韧性大的金属，在冲击载荷作用下不易损坏。飞机上承受冲击和震动的机件，如起落架等，就需选择韧性较好的材料制造。

必须说明，使用不同类型的试样（U 形缺口或 V 形缺口）进行试验时，其冲击吸收功应分别称为 A_{ku} 或 A_{kv}，冲击韧性则标为 a_{ku} 和 a_{kv}。

③ 小能量多次冲击试验。工程上许多承受冲击载荷的零件，很少因一次大能量冲击而破坏，而是要经过千百万次小能量多次冲击才发生断裂，如凿岩机风镐上的活塞、冲模的冲头等。它们的破坏是由于多次冲击损伤的积累，导致裂纹的产生与发展的结果，其破坏的形

笔记

式与大能量一次冲击载荷下的破坏过程不同。

工程应用典例

模锻锤锤杆，用 40Cr 制造，当热处理后 HRC＝20～23，$a_k＝130J/cm^2$ 时，其使用寿命只有一个月；而当热处理后硬度 HRC＝45，$a_k＝40J/cm^2$ 时，其使用寿命长达 9 个月。所以不能用 a_k 值来衡量材料抵抗冲击的能力，应采用小能量多次冲击抗力来衡量。

笔记

小能量多次冲击试验是在落锤式试验机上进行的，多次冲击抗力指标一般以某种冲击吸收功作用下，开始出现裂纹和最后断裂的冲击次数来表示的。

实践证明，金属材料受大能量的冲击载荷作用时，其冲击抗力主要取决于冲击韧性的大小，而在小能量多次冲击条件下，其冲击抗力主要取决于材料的强度和塑性。材料的强度大小或塑性高低不能单独说明韧性的优劣，材料的韧性较高说明材料兼有较高的强度和塑性，因而不易发生断裂。

冲击韧性一般只作为选材的参考，有不少机器零件，冲床连杆、冲头、锻模、锤头、火车挂钩、汽车变速齿轮等，工作时还要承受冲击载荷的作用，如果仅用强度来计算就不能保证这些零件工作时的安全可靠性，这就要考虑韧性。

（2）疲劳强度

许多机械零件，如曲轴、齿轮、弹簧，在工作过程中受到大小、方向随时间呈周期性变化的交变应力的作用。这些零件发生断裂时的应力，远小于该材料的 σ_b，有的甚至低于 σ_s，这种现象称为疲劳或疲劳断裂。

疲劳破坏是机械零件失效的主要原因之一。据统计，大约有 80％以上的机械零件失效属于疲劳破坏。疲劳断裂与静载荷作用下的断裂不同，无论是脆性材料还是韧性材料，疲劳断裂都是突然发生的，事先没有明显的塑性变形，很难事先观察到，因此具有很大的危险性。

答疑解惑

钢丝绳是由许多细的钢丝所组成，它穿挂在一直径 5cm 的滑轮上。数月之后该钢丝绳断了，使得悬挂的重物跌落在地上。请提出一个可能的破坏原因。

答题要点：在破坏发生前该钢丝绳已使用了一段时间，这提示我们疲劳最有嫌疑。每次当钢丝绳通过滑轮时，外侧的钢丝就经受到一高应力。这个应力可能超过钢丝的耐久限。在使用很长时间之后，钢丝开始因疲劳而破坏。这样一来将会造成其他钢丝中的应力增大，加速它们的破坏，直到钢丝绳不堪载荷而断裂为止。采用直径较大的滑轮可使其外侧钢丝的应力低于其耐久限，而能使该钢丝绳不致发生破坏。

① 零件产生疲劳断裂的原因。产生疲劳破坏的原因，一般认为是由于材料有杂质、表面划痕及其他能引起应力集中的缺陷。通过对断口的总结与分析得知，由于材料表面或内部存在缺陷如夹杂、划痕、夹角等，工作时这些地方容易产生应力集中，往往使零件局部造成大于 σ_s 甚至 σ_b 的应力而使零件产生局部塑性变形以至裂痕，这种裂痕随反复交变应力次数的增加而逐渐扩大，导致未裂有效的截面积大大减小，最终因承受不了所加的载荷而产生突然断裂。

② 疲劳破坏的特点

a. 疲劳断裂时并没有明显的宏观塑性变形，断裂前没有预兆，而是突然破坏。

b. 引起疲劳断裂的应力很低，常常低于材料的屈服点。

c. 疲劳破坏的宏观断口由两部分组成，即疲劳裂纹的策源地及扩展区（光滑部分）和最后断裂区（毛糙部分），如图 2-9 所示。

（3）疲劳曲线和疲劳极限

疲劳曲线（图 2-10）是指交变应力与循环次数的关系曲线。曲线表明，当承受的交变应力 σ 越大，断裂前应力循环的周次就越小。应力循环周次随承受的交变应力下降而增加，当交变应力低于某一值时，应力循环周次可达无限多次而不发生疲劳断裂。所谓疲劳极限是指金属材料在无限多次交变载荷作用下，而不致发生断裂的最大应力，又称为疲劳强度，用 σ_{-1} 表示。实际上，材料不可能作无限次交变载荷试验。对于黑色金属，一般规定应力循环 10^7 周次而不断裂的最大应力称为疲劳极限。有色金属、不锈钢等为 10^8 周次。

 笔记

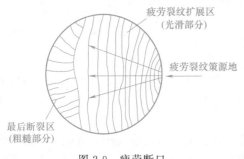

图 2-9 疲劳断口

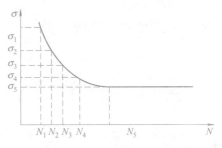

图 2-10 疲劳曲线示意图

 奇闻轶事：历史上发生的疲劳断裂事故

在历史上，曾多次发生过因疲劳断裂造成的重大事故。1995 年，日本敦贺市一台运转中的高速核反应堆，由于二次冷却系统热电偶装置的不锈钢板在高温下发生金属疲劳，导致作为核反应堆冷却剂的钠泄漏，并引发火灾。德国的高速列车"伦琴"号在埃舍德脱轨颠覆，100 多人遇难身亡，现场惨不忍睹。这是近半个世纪以来最惨重的铁路交通事故之一。事后，经周密调查，事故原因是一个车轮轮箍发生"疲劳断裂"，导致此次惨重的车祸。1954 年，英国有两架新型喷气式客机"彗星号"先后在地中海上空爆炸，就是由于机舱疲劳裂纹扩展而解体，损失惨重。我国台湾"华航"一架波音 747-200 客机在台湾海峡空域突然解体，据美国联邦航空局调查团初步确定事故是"金属疲劳"引起的。

那么，金属为什么会"疲劳"呢？早在 100 多年以前，人们就发现了金属疲劳给各个方面带来的损害。但由于技术的落后，还不能查明疲劳破坏的原因。直到显微镜和电子显微镜相继问世之后，人类在揭开金属疲劳秘密的道路上不断取得新的成果，并且有了巧妙的办法来对付这个大敌。金属疲劳所产生的裂纹会给人类带来灾难。然而，也有另外的妙用。现在，利用金属疲劳断裂特性制造的应力断料机已经诞生。可以对各种性能的金属和非金属在某一切口产生疲劳断裂进行加工，这个过程只需要 1～2s 的时间，而且，越是难以切削的材料，越容易通过这种加工来满足人们的需要。

材料的疲劳强度值大小受许多因素的影响，如工作条件、表面质量状态、材料的本质以及内部残余内应力等。所以，降低零件表面的粗糙度，避免断面形状上出现应力集中，采取各种表面强化方法（表面喷丸、表面渗氮、表面淬火、表面冷轧等），使零件表面产生残余压应力，均可有效地提高零件的疲劳强度。力学性能的基本指标及其含义小结如下。

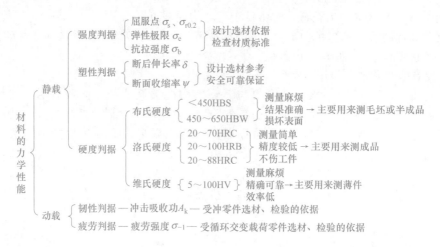

2.1.3 高温力学性能

很多机件是在高温下运转，如航空发动机、高压蒸汽锅炉、汽轮机、化工炼油设备等。"高温"或"低温"是相对该金属的熔点而言，常采用约比温度即 T/T_m（T 为试验或工作温度，T_m 为金属熔点，均为热力学温度），当约比温度大于 0.5 时为高温，反之为低温。

由于随温度增加，原子的扩散加快，因此高温对材料的力学性能有很大影响。一般随温度的升高，金属材料的强度和弹性模量降低而塑性增加。但当高温长时负载时，金属材料的塑性却显著降低，往往出现脆性断裂现象。由此可见，对于高温材料的力学性能，不能使用常温下短时拉伸的应力-应变曲线来评定，还必须加入温度与时间两个因素。

（1）蠕变极限

蠕变是高温下金属力学行为的一个重要特点，当材料在高于一定温度下受到应力作用时，即使应力小于屈服强度，但随着时间的延长也会缓慢地产生塑性变形的现象称为蠕变，这种变形最后导致的材料断裂称为蠕变断裂。对于不同的材料发生蠕变的温度不同，高分子材料通常在室温下就存在蠕变现象，金属材料产生蠕变的温度要高一些。

金属材料的蠕变过程可用蠕变曲线表示。蠕变曲线是材料在一定温度和应力作用下，伸长率随时间变化的曲线，典型的金属蠕变曲线可分为三个阶段，如图 2-11 所示：

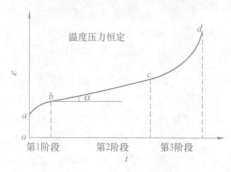

图 2-11 典型的蠕变曲线

ab 部分——蠕变减速阶段。包括瞬时变形 oa 和蠕变变形 ab，ab 部分称蠕变起始阶段。这部分的蠕变速度是逐渐减小的。

bc 部分——恒速蠕变阶段。这部分的蠕变变形与时间呈线性关系，在整个蠕变过程中，这部分的蠕变速度最小并维持恒定，一般指的蠕变速率就是这一阶段曲线的斜率。

cd 部分——加速蠕变阶段。由于试样出现缩颈或材料内部产生空洞、裂纹等，使蠕变速率急剧增加，直至 d 点材料断裂。

同一材料蠕变曲线形状与温度高低与应力大小有很大关系，显然，温度高、应力大，蠕变速率增加，蠕变第三阶段提前。

蠕变极限是高温长期负荷作用下，材料抵抗塑性变形的能力，一般采用以下两种表示方法：

① 在给定温度和规定时间内达到规定的变形量的蠕变极限，以 $\sigma_{\delta/\tau}^{t}$ 表示，单位为 MPa。其中 t 为温度（℃），δ 为变形量（%），τ 为持续时间（h）。如 $\sigma_{0.2/1000}^{800}=60\text{MPa}$，表示试件在 800℃ 的工作、试验条件下，经过 1000h，产生 0.2% 的变形量的应力为 60MPa。这种蠕变极限的表示方法一般用于需要提供总蠕变变形量的构件设计。

② 在给定温度下，恒定蠕变速度达到规定值时的蠕变极限，以 σ_{v}^{t} 表示，单位为 MPa。其中 t 为温度（℃），v 为恒定蠕变速度，也是蠕变速度最小的阶段，即稳态蠕变阶段的蠕变速度（%/h）。如 $\sigma_{1\times10^{-5}}^{600}=60\text{MPa}$，表示试件在 600℃ 条件下，恒定蠕变速度为 1×10^{-5}%/h 时的蠕变应力为 60MPa。这种蠕变极限一般用于受蠕变变形控制的运行时间较长的构件设计。

（2）持久强度

材料在高温下的变形抗力和断裂抗力是两种不同的性能指标。持久强度是指材料在高温长时载荷作用下抵抗断裂的能力，用在给定温度下材料经过规定时间发生断裂的应力值 σ_{τ}^{t} 来表示。这里所指规定时间是以机组的设计寿命为依据的，锅炉、汽轮机等机组的设计寿命为数万至数十万小时，而航空喷气发动机的寿命则为一千或几百小时。例如某材料在 700℃ 条件下承受 30MPa 的应力作用，经 1000h 后断裂，则称这种材料在 700℃、1000h 的持久强度为 30MPa，写成 $\sigma_{1000}^{700}=30\text{MPa}$。

对于设计某些在高温运转过程中不考虑变形量大小，而只考虑在承受给定应力下使用寿命的零件来说，金属材料的持久强度是极其重要的性能指标。

对于持久断裂的试样，还可进一步测量试样在断裂后的延伸率 δ 和断面收缩率 ψ，以反映材料的持久塑性。持久塑性也是耐热材料的一个重要性能指标，过低的持久塑性会使材料在设计使用期间发生脆性断裂，对于制造汽轮机、燃气轮机紧固件用的低合金钢，一般希望 $\delta\geqslant3\%\sim5\%$。

（3）松弛稳定性

在高温下，具有恒定总变形的零件中，随着时间的延长而应力减低的现象，称为应力松弛。例如，当用螺栓把两个零件紧固在一起时，需转动螺帽使螺杆产生一定的弹性变形，这样相应地在螺杆中就产生了拉应力，而螺杆作用于螺帽的力就使两个零件连为一体了。但在高温下会发现，经一段时间后，虽然螺杆总变形没变，但这种拉应力却逐渐自行减小。这是由于随时间延长，弹性变形会不断地转变为塑性变形，使得弹性应变不断减小。根据胡克定律可知，应力会相应降低。

材料的应力松弛过程，可通过松弛曲线来描述，松弛曲线是在给定温度 T 和给定初应力 σ_0 条件下，应力随时间而变化的曲线，如图 2-12 所示。整个曲线可分为两个阶段，第一阶段持续时间较短，应力随时间急剧降低；第二阶段持续时间很长，应力下降逐渐缓慢，并趋于恒定。

材料抵抗松弛的性能，称为松弛稳定性。松弛稳定性评价指标有多种，其中常用的是以在一定温度 T 和一定初应力作用下，经过 t 时间后的"残余应力" σ 来表示。对不同材料，在相同 T 和 σ_0 条件下，残余应力值越高的材料松弛稳定性越好。

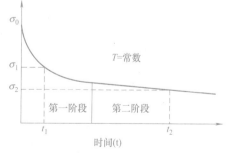

图 2-12　松弛曲线

2.2　理化性能

2.2.1　物理性能

金属材料的物理性能是指金属固有的属性，包括密度、导电性、熔点、热导率、线胀系数和磁性等。常用金属材料的物理性能如表 2-3 所示。

表 2-3　常用金属材料的物理性能

金属名称	符号	密度(20℃) /(kg/m³)	熔点/℃	热导率 λ /[W/(m·K)]	线胀系数 α_1 /(10^{-6}℃$^{-1}$)(0～100℃)	电阻率 ρ /(10^{-6}Ω·cm)
银	Ag	10.49×10^3	960.8	418.6	19.7	1.5
铜	Cu	8.96×10^3	1083	393.5	17	1.67～1.68(20℃)
铝	Al	2.7×10^3	660	221.9	23.6	2.655
镁	Mg	1.74×10^3	650	153.7	24.3	4.47
钨	W	19.3×10^3	3380	166.2	4.6(20℃)	5.1
镍	Ni	4.5×10^3	1453	92.1	13.4	6.84
铁	Fe	7.87×10^3	1538	75.4	11.76	9.7
锡	Sn	7.3×10^3	231.9	62.8	2.3	11.5
铬	Cr	7.19×10^3	1903	67	6.2	12.9
钛	Ti	4.508×10^3	1677	15.1	8.2	42.1～47.8
锰	Mn	7.43×10^3	1244	4.98(-192℃)	37	185(20℃)

（1）密度

密度是物体的质量与其体积之比值。密度的表达式如下：

$$\rho=\frac{m}{V} \tag{2-13}$$

式中　ρ——物质的密度，kg/m³；

m——物质的质量，kg；

V——物质的体积，m³。

根据密度大小，可将金属分为轻金属和重金属。一般将密度小于 4.5g/cm³ 的金属称为轻金属，而把密度大于 4.5g/cm³ 的金属称为重金属。抗拉强度与相对密度之比称为比强度；弹性模量与相对密度之比称为比弹性模量。这两者也是考虑某些零件材料性能的重要指标，如飞机和宇宙飞船上使用的结构材料，对比强度的要求特别高。航天航天产品在追求轻质和减重方面可以说是"克克计较"，图 2-13 为飞行器每减重 1kg 所取得的经济效益与飞行速度的关系。对航天飞机来说，每减重 1kg 的经济效益将近十万美元。

材料的密度，直接关系到由它所制成设备的自重和效能，航空工业为了减轻飞行器的自重，应尽量采用密度小的材料来制造，如钛及钛合金在航空工业中应用很广泛。

（2）熔点

熔点是指材料从固态转变为液态的转变温度。工业上一般把熔点低于 700℃ 的金属或合金称为易熔金属或易熔合金，把熔点高于 700℃ 的金属或合金称为难熔金属或难熔合金。高温下工

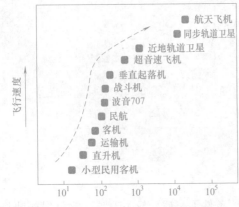

图 2-13　飞行器每减重 1kg 后所得经济效益与飞行速度的关系

作的零件，应选用熔点高的金属来制作，而焊锡、保险丝等则应选用熔点低的金属制作。

纯金属都有固定的熔点，合金的熔点决定于它的成分。例如钢和生铁虽然都是铁和碳的合金，但由于含碳量不同，熔点也不同。熔点对于金属和合金的冶炼、铸造、焊接是重要的工艺参数。通常，材料的熔点越高，高温性能就越好。陶瓷熔点一般都显著高于金属及合金的熔点，所以陶瓷材料的高温性能普遍比金属材料好。由于玻璃不是晶体，所以没有固定熔点，而高分子材料一般也不是完全晶体，所以也没有固定熔点。

（3）导电性

导电性是指工程材料传导电流的能力。衡量材料导电性能的指标是电阻率 ρ，ρ 越小，工程材料的导电性越好。纯金属中，银的导电性最好，其次是铜、铝。合金的导电性比纯金属差。导电性好的金属如纯铜、纯铝，适宜作导电材料。导电性差的某些合金如 Ni-Cr 合金，Fe-Cr-Al 合金可用作电热元件（电阻丝等）。

笔记

（4）导热性

导热性是指工程材料传导热量的能力。导热性的大小用热导率 λ 来衡量，λ 越大，工程材料的导热性越好。金属中银的导热性好，铜、铝次之。纯金属的导热性又比合金好。金属的导热性与导电性之间有密切的联系，凡是导电性好的金属其导热性也好。

材料导热性的好坏直接影响着材料的使用性能，如果零件材料的导热性太差，则零件在加热或冷却时，由于表面和内部产生温差，膨胀不同，就会产生变形或断裂。一般导热性好的材料（如铜、铝等）常用来制造热交换器等传热设备的零部件。维护工作中应注意防止导热性差的物质如油垢、尘土等黏附在这些零件的表面，以免造成散热不良。

（5）热膨胀性

热膨胀性是指工程材料的体积随受热而膨胀增大，冷却而收缩减小的特性。工程材料的热膨胀性的大小可用线胀系数 α 来衡量，线胀系数计算公式如下：

$$\alpha = \frac{l_2 - l_1}{l_1 \Delta t} \tag{2-14}$$

式中　α——线胀系数，K^{-1} 或 $℃^{-1}$；

　　l_1——膨胀前长度，m；

　　l_2——膨胀后长度，m；

　　Δt——温度变化量 $\Delta t = t_2 - t_1$，K 或 ℃。

在实际工作中应考虑材料的热胀性的影响。工业上常用热胀性来紧密配合组合件，如热压铜套筒就是利用加温时孔径扩大而压入衬套，待冷却后孔径收缩，使衬套在孔中固紧不动；铺设钢轨时，在两根钢轨衔接处应留有一定的间隙，以便使钢轨在长度方向有膨胀的余地。但热胀性对精密零件不利，因为切削热、摩擦热等，都会改变零件的形状和尺寸，有的造成测量误差，精密仪器或精密机床的工作常需要在标准温度（20℃）或规定温度下加工或测量就是这个原因。

（6）磁性

磁性是指工程材料能否被铁吸引和被磁化的性质。磁性材料又分为软磁性材料和硬磁性材料两种。软磁性材料（如电工用纯铁、硅钢片等）容易被磁化，导磁性能良好，但外加磁场去掉后，磁性基本消失。硬磁性材料（如淬火的钴钢、稀土钴等）在去磁后仍然能保持磁场，磁性也不易消失。

许多金属材料如铁、镍、钴等均具有较高的磁性，而另一些金属材料如铜、铝、铅等则是无磁性的。非金属材料一般无磁性。磁性不仅与材料自身的性质有关，而且与材料的晶体结构有关。比如铁，在处于铁素体状态时具有较高磁性，而在奥氏体状态则是无磁性的。

2.2.2　化学性能

化学性能指金属抵抗周围介质侵蚀的能力，包括耐腐蚀性和热稳定性。

（1）耐腐蚀性

耐腐蚀性是指工程材料在常温下，抵抗氧、水蒸气及其他化学介质腐蚀破坏作用的能力。

腐蚀作用对材料危害极大，因此，提高工程材料的耐腐蚀性能，对于节约工程材料、延长工程材料的使用寿命，具有现实的经济意义。船舶上所用的钢材须具有抗海水腐蚀的能力，贮藏及运输酸类用的容器、管道应有较高的耐酸性能。

笔记

（2）热稳定性

热稳定性是指工程材料在高温下抵抗氧化的能力。在高温条件下工作的设备，如锅炉、加热设备、喷气发动机上的部件需要选择热稳定性好的材料制造。

2.3　工艺性能

工艺性能是指工程材料接受各种工艺方法加工的能力，包括铸造性、锻压性、焊接性、切削加工性等。材料工艺性能的好坏，直接影响到制造零件的工艺方法和质量以及制造成本。所以，选材时必须充分考虑工艺性能（图2-14）。

图2-14　"维克斯"3坦克原型车（炮塔前半部分铸造而成，后半部分则为焊接结构）

（1）铸造性

将熔化的金属浇注到铸型内，待其冷却后获得所需毛坯或零件的形状和尺寸的工艺方法称为铸造，材料是否适合于铸造的性质叫作铸造性。

对金属材料而言，铸造性主要包括流动性、收缩率、偏析倾向等指标。熔点低、流动性好、收缩率小、偏析倾向小的材料其铸造性也好，铸件组织紧密，成分均匀。各种铸铁、黄铜、青铜、铸铝等，都具有良好的铸造性。对某些工程塑料而言，在其成型工艺方法中，也要求有较好的流动性和小的收缩率。

（2）锻压性

使工程材料在外力作用下产生塑性变形而得到所需要的形状和尺寸的工艺方法称为压力加工。工程材料是否适合于压力加工的性质，叫作锻压性。塑性良好、变形抗力低的工程材料其锻压性就好。锻压性包括锻造性和冲压性。

低碳钢、纯铝、纯铜具有很好的锻压性，适宜压力加工。热塑性塑料可经过挤压和压塑成型。

（3）焊接性

把工程材料局部快速加热，使接缝部分迅速呈熔化或半熔化状态（需加压力），从而使接缝牢固地结合成一体的工艺方法称为焊接。工程材料是否易于焊接的性质，叫作焊接性。在焊接熔化时容易氧化、吸气，导热性过高或过低，热胀冷缩严重、塑性差，以及在焊接加热时焊缝附近金属容易引起组织、性能改变的金属材料，焊接性都较差。

低碳钢、低碳合金钢的焊接性较好，而铸铁、铝合金焊接较困难。某些工程塑料也有良好的可焊性，但与金属的焊接机制及工艺方法并不相同。

（4）切削加工性

工程材料是否易于用刀具（车刀、刨刀、铣刀、钻头等）进行切削加工的性质称为切削加工性。在切削加工时（图 2-15），切削刀具不易磨损，切削力较小，切削后零件表面光滑，这种材料的切削加工性就比较好。铸铁、青铜、铝合金有较好的切削加工性能。

一般认为材料具有适当硬度（170～230HBS）和足够的脆性时较易切削。所以铸铁比钢切削加工性能好，一般碳钢比高合金钢切削加工性能好。改变钢的化学成分和进行适当的热处理，是改善切削加工性的重要途径。

图 2-15　切削加工

📖 笔记

复习思考题（2）

2-1　填空题

1. 机械设计时常用_____和_____两种强度指标。

2. 材料主要的工艺性能有_____、_____、_____和_____。

3. 低碳钢拉伸应力-应变图中，σ-ε 曲线上对应的最大应力值称为_____，材料开始发生塑性变形的应力值叫作材料的_____。

4. 测量淬火钢件及某些表面硬化件的硬度时，一般应用_____。

5. 圆钢的 $\sigma_s = 360\text{MPa}$，$\sigma_b = 600\text{MPa}$，横截面积为 50mm^2，当拉伸力达到_____ N 时，圆钢出现屈服现象，当拉伸力达到_____ N 时，圆钢出现颈缩并断裂。

2-2　判断题

1. 因为 $\sigma_b = K\text{HB}$，所以一切材料的硬度越高，其强度也越高。　　　　（　　）

2. 退火工件常用 HRC 标尺标出其硬度。　　　　（　　）

3. 材料硬度越低，其切削加工性能就越好。　　　　（　　）

2-3　简答题

1. 零件设计时，选取 $\sigma_{0.2}$（σ_s）还是选取 σ_b，应以什么情况为依据？

2. 常用的测量硬度方法有几种？其应用范围如何？

3. δ 与 ψ 这两个指标，哪个更准确地表达材料的塑性？为什么？

4. 某低碳钢拉伸试样，直径为 10mm，标长为 50mm，屈服时应力为 18840N，断裂前的最大拉力 35320N，拉断后将试样接起来，标距之间的长度为 73mm，断口处截面直径为 6.7mm。问该低碳钢的 σ_s、σ_b、δ、ψ 各是多少？

5. 疲劳破坏是怎样形成的？提高零件疲劳寿命的方法有哪些？

6. 举例说明机器设备选材中物理性能、化学性能、工艺性能的重要性？

第 3 章
金属的结构与结晶

笔记

工程背景

如果说航空发动机是飞机的心脏，那么涡轮叶片就是心脏的"主动脉"。现代航空发动机 F119 发动机涡轮前温度高达 1900～2050K，每个叶片承受的作用力就相当于 1 辆 F1 赛车的产生的马力。传统工艺铸造的涡轮叶片根本无法承受如此高的温度，甚至会被熔化，无法有效地工作。

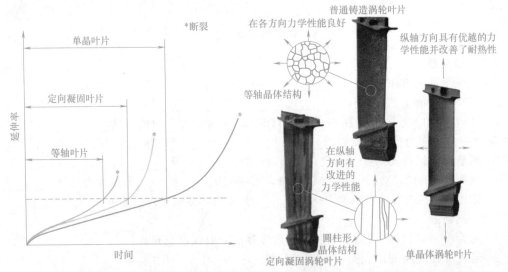

目前全球先进的燃气涡轮发动机涡轮部位几乎都采用单晶空心叶片，定向结晶叶片消除了对空洞和裂纹敏感的横向晶界，使全部晶界平行于应力轴方向，从而改善了合金的使用性能。正常浇铸的同时，利用电磁铁产生强大的定向磁场，未凝固高温合金在定向磁场的作用下向同方向慢慢凝固，最后形成所有原子排列一致的单晶体，而不是一般的钢材等是多晶体。这样排列整齐的材料才能承受高温，这就是单晶高温合金制造的秘密所在。目前中国已经成功研制了第五代含铼高温单晶合金，歼-10B 和歼-11 的太行发动机使用的就是国产单晶叶片，大修间隔从 300h 增加到 750h，使用寿命达到了 2000h 以上。

学习目的

1. 掌握金属晶体的三种常见晶格类型，掌握实际金属点、线、面缺陷与金属性能的关系；
2. 掌握过冷度与晶粒大小对性能的影响及细化晶粒的措施，纯铁的同素异构转变；
3. 理解固溶体与金属间化合物的本质区别及性能特点。

教学重点

典型金属材料的晶体结构，各类晶体缺陷对结构及性能的影响，合金相结构，同素异构转变。

3.1　概述

不同的材料具有不同的力学性能，即使是同一种材料，在不同的条件下其力学性能也是不同的。材料力学性能的这些差异，从本质上来说，是由其内部结构所决定的。因此，掌握材料的内部结构及其对材料性能的影响，对于选用和加工工程材料，具有非常重要的意义。

在外界条件固定时，材料的性能取决于材料内部的构造。这种构造便是组成材料的原子种类和分量，以及它们的排列方式和空间分布。习惯上将前者叫作成分，后者叫作组织结构，而我们把这两者统称为结构。物质通常具有三种存在形态：气态、液态、固态，而在使用状态下的材料通常都是固态。所以，要研究材料结构与性能之间的关系，首先必须弄清楚材料在固态下结合方式及结构特点。

金属材料的结合键主要是金属键。由于自由电子的存在，当金属受到外加电场作用时，其内部的自由电子将沿电场方向作定向运动，形成电子流，所以金属具有良好的导电性；金属除依靠正离子的振动传递热能外，自由电子的运动也能传递热能，所以金属的导热性好；随着金属温度的升高，正离子的热振动加剧，使自由电子的定向运动阻力增加，电阻升高，所以金属具有正的电阻温度系数；当金属的两部分发生相对位移时，金属的正离子仍然保持金属键，所以具有良好的变形能力；自由电子可以吸收光的能量，因而金属不透明；而所吸收的能量在电子回复到原来状态时产生辐射，使金属具有光泽。金属中也有共价键（如灰锡）和离子键（如金属间化合物 Mg_3Sb_2）。

当原子或分子通过结合键结合在一起时，依结合键的不同以及原子或分子的大小可在空间组成不同的排列，即形成不同的结构。即使材料类型和化学键都相同，但是原子排列结构不同，其性能可以有很大的差别。一般而论，若固态下原子或分子在空间呈有序排列，则称之为晶体，反之则为非晶体。

几乎所有的金属，大部分的陶瓷以及一些聚合物在其凝固时都要发生结晶，也就是原子本身沿三维空间重复排列成有序的结构，即所谓的长程有序结构，这种结构称为晶体。晶体具有以下特点：

① 原子在空间呈有序、有规则排列；

② 具有固定的熔点；

③ 性能表现呈各向异性。

除此之外，金属晶体还具有金属光泽、可塑性，并有正的温度系数，即金属随温度的升高，其电阻值也增大。

非晶体的结构是原子无序排列，这一点与液体的结构很相似，所以非晶体往往被称为过冷液体。典型的非晶体材料是玻璃，所以非晶体也被称为玻璃体。虽然非晶体在整体上是无序的，但在很小的范围内观察，还是有一定的规律性，所以在结构上称之为短程有序。非晶体材料的特点：

① 结构无序；

② 物理性质表现为各向同性；

③ 没有固定熔点；

④ 热导率和热胀系数小；

⑤ 塑性形变大；

⑥ 组成的范围变化大。

晶体结构是短程有序，即在很小的尺寸范围内存在着有序性，而晶体内部也有缺陷，在很小的尺寸范围内也存在着无序性。所以两者之间也有共同特点。而物质在不同条件下，既可形成晶体结构，也可形成非晶体结构。比如，金属液体在高速冷却条件下可以得到非晶态金属，即所谓的金属玻璃；而玻璃经过适当处理，也可形成晶态玻璃。有些物质可以看成是有序和无序的中间状态，如塑料、液晶、准晶态等。

工程应用典例

1960 年美国科学家杜维茨首先发现：某液态金属合金以薄带或细丝的形式以每秒 100 万℃的冷却速度急速冷却时，由于冷却速度过快，使金属原子来不及整齐排列成晶体，结果得到一种非晶态的无定形固体，人们称之为非晶态金属或金属玻璃。非晶态金属具有许多优异的性能，用途相当广泛。首先，非态材料的硬度和机械度卓越。例如拉丝后纤维化的非晶态铁钽硅硼合金线材，拉伸强度高达 4000MPa，为钢琴丝的 1.4 倍，为一般钢丝的 10 倍，并且非晶态金属具有很高的韧性，其金属丝即使弯曲到接近 180°也不会断裂破损。因此，可用非晶态金属作为一些结构加强材料，如制作高强度控制电缆、橡胶轮胎的增强带和高强火箭壳件等。其次，非晶态金属具有良好的软磁性，即在外磁场作用下易磁化，当外磁场消失后，磁性很快消失；并且磁阻很小，只有常用磁材料硅钢片的 1/10～1/3。因此，用非晶态金属代替电气设备中的硅钢片，可以大大减小电气设备中铁芯发热所造成的电能损耗。另外，大多数非晶态金属的耐腐蚀性能比最好的不锈钢还要高 100 多倍。若含有一定量的铬和磷，抗腐蚀能力就更强。因此非晶态金属可作为刀具、电极、表面保持等材料。

3.2 纯金属的晶体结构与结晶

3.2.1 纯金属的晶体结构

（1）基本概念

① 晶格和晶胞。晶体内部原子是按一定的几何规律排列的。为了便于理解，把原子看成是一个小球，则金属晶体就是由这些小球有规律地堆积而成的物体，如图 3-1（a）所示。

将原子简化成一个点，用假想的线将这些点连接起来，就构成了有明显规律性的空间格子。这种表示原子在晶体中排列规律的空间格架，叫作晶格，如图 3-1（b）所示。

由图可见，晶格是由许多形状、大小相同的最小几何单元重复堆积而成的。能够完整地反映晶格特征的最小几何单元称为晶胞，如图 3-1（c）所示。

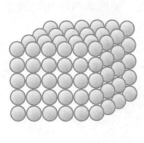
(a) 晶体结构

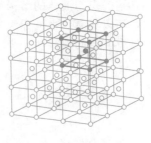
(b) 晶格

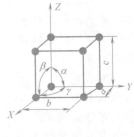
(c) 晶胞

图 3-1 晶体结构、晶格与晶胞示意图

原子在晶格结点上并不是固定不动的，而是以结点为中心作高频率振动。随着温度升高，原子振动的幅度也增大。

② 晶格常数。不同元素的原子半径大小不同，在组成晶胞后，晶胞大小是不相同的，晶胞的大小和形状可用棱边长度 a、b、c 及棱边夹角 α、β、γ 表示。晶胞的棱边长度称为晶格常数，晶格常数的单位 Å（埃，$1Å=10^{-10}m$）。

③ 晶面和晶向。金属晶体中通过原子中心的平面，称为晶面。通过原子中心的直线，可代表晶格空间的一定方向，称为晶向。由于在同一晶格的不同晶面和晶向上原子排列的疏密程度不同，因此原子结合力也就不同，从而在不同的晶面和晶向上显示出不同的性能，这就是晶体具有各向异性的原因。

（2）金属晶格的类型

金属的晶格类型很多，但绝大多数（占85％）金属属于下面三种晶格。

① 体心立方晶格。体心立方晶胞是一个立方体，其晶格常数 $a=b=c$，$\alpha=\beta=\gamma=90°$。在体心立方晶胞中，原子位于立方体的八个顶角上和立方体的中心，如图3-2所示。属于这种晶格类型的金属有 α-铁（α-Fe）及铬（Cr）、钒（V）、钨（W）、钼（Mo）等金属。

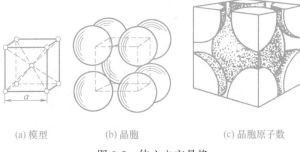

(a) 模型　　　(b) 晶胞　　　(c) 晶胞原子数

图 3-2　体心立方晶格

② 面心立方晶格。其晶胞也是一个立方体，原子位于立方体的八个顶角上和立方体六个面的中心，如图3-3所示。属于这种晶格类型的金属有 γ-铁（γ-Fe）及铝（Al）、铜（Cu）、铅（Pb）、镍（Ni）等金属。

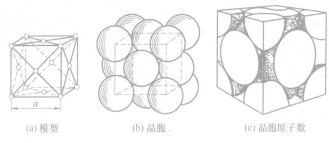

(a) 模型　　　(b) 晶胞.　　　(c) 晶胞原子数

图 3-3　面心立方晶格

③ 密排六方晶格。其晶胞是一个正六方柱体，原子排列在柱体的每个角顶上和上、下底面的中心，另外三个原子排列在柱体内，如图3-4所示。属于这种晶格类型的金属有镁（Mg）、铍（Be）、镉（Cd）及锌（Zn）等金属。

不同元素组成的金属晶体因晶格形式及晶格常数的不同，表现出不同的物理、化学和力学性能。有些金属虽然具有相同的晶格类型，但由于原子直径的大小及晶格常数不相同，各原子所包含的电子数不同，其性能仍有很大的区别。金属的晶体结构可用 X 射线结构分析技术进行测定。

（3）实际晶体结构

① 单晶体与多晶体。通常使用的金属都是由很多小晶体组成的，这些小晶体内部的晶

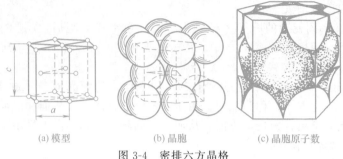

(a) 模型　　　　　　(b) 晶胞　　　　　(c) 晶胞原子数

图 3-4　密排六方晶格

笔记

格位向是均匀一致的，而它们之间，晶格位向却彼此不同，这些外形不规则的颗粒状小晶体称为晶粒。每一个晶粒相当于一个单晶体［图 3-5（a）］。这种由许多晶粒组成的晶体称为多晶体［图 3-5（b）］，晶粒与晶粒之间的界面称为晶界。

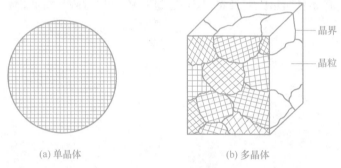

(a) 单晶体　　　　　　　　　　　　(b) 多晶体

图 3-5　单晶体和多晶体结构示意图

多晶体的性能在各个方向基本上是一致的，这是由于多晶体中，虽然每个晶粒都是各向异性的，但由于多晶体内各晶粒的晶格位向互不一致，它们自身的"各向异性"彼此抵消，故显示出"各向同性"，称为"伪无向性"。

奇闻轶事：神奇的金属晶须

1945 年，美国贝尔电话研究所的专家们在检查电话系统出现的障碍时发现蓄电池电极板表面长出一些针状的晶体。这些晶体和极板虽属于同种金属，但强度大、弹性好。在显微镜下观察其形状，犹如动物的胡须，故取名为晶须，也称"须晶"。经过现代 X 射线衍射技术显示，晶须内部的原子完全按照同样的方向和部位排列，构成了一种完全没有任何缺陷的理想晶体，因此能够具有很高的抗拉强度。目前，人们已经利用 30 多种单质体材料和几十种化合物制出了晶须、其中包括铁、铜、镍等金属和碳化硅、氮化硅、三氧化二铝等化合物以及石墨等非金属单质，直径一般从几微米到几十微米。晶须的发现，为金属材料的应用开拓了一条新的途径。

通过提高金属材料强度实验证实，金属晶须的抗拉强度确实令人惊讶。一种直径为 1.6μm 的铁晶须，抗拉强度竟可以达到工业纯铁抗拉强度的 70 倍以上，而且比经过特殊处理的超高强度钢还要高出 4～10 倍。如果用这样的铁晶须编织成直径为 2mm 的钢丝绳，足可以吊起一辆 4t 重的载重汽车。现已能制造出的金属晶须，主要用来和其他材料一起编织成较大的线材，或让晶须作为增强材料与其他材料组成复合材料，这些均已在人类生产和生活中加以应用。纤细的金属晶须，显示了进一步提高金属强度的可能性，为人类科学技术的发展提出了一系列新的课题。

② 晶体缺陷。在实际应用的金属材料中,由于金属材料加进了其他种类的外来原子以及材料在冶炼后的凝固过程中受到各种因素的影响,使本来该有规律的原子堆积方式受到干扰,总是不可避免地存在着一些原子偏离规则排列的不完整性区域,这就是晶体缺陷。金属晶体中位置偏离很大的原子数目至多占原子总数的千分之一。因此,从总体来看,其结构还是接近完整的。尽管如此,这些晶体缺陷不但对金属及合金的性能有重大影响,而且还在扩散、相变、塑性变形和再结晶等过程中扮演重要角色。常见的晶体缺陷有以下几种。

a. 空位和间隙原子。晶格中某个原子脱离了平衡位置,形成空结点,称为空位。某个晶格间隙挤进了原子,称为间隙原子。材料中总存在着一些其他元素的杂质,它们可以形成间隙原子,也可能取代原来原子的位置,成为置换原子,图 3-6 为空位、间隙原子及置换原子的示意图。

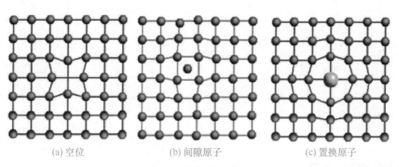

(a) 空位　　　　　　(b) 间隙原子　　　　　　(c) 置换原子

图 3-6　点缺陷示意图

空位附近的原子受张力而使晶格常数略有增加,间隙原子所产生的效果是使周围原子受到挤压而使晶格常数略有缩小。以上这些缺陷都使晶格产生变形,这种现象称为晶格畸变。点缺陷造成局部晶格畸变,使金属的电阻率、屈服强度增加,降低了材料的塑性和韧性,密度发生变化。

b. 位错。晶体中最普通的线缺陷就是位错,体中某处有一列或若干列原子发生有规律的错排现象叫作位错。这种错排现象是晶体内部局部滑移造成的,根据局部滑移的方式不同,可以形成不同类型的位错,图 3-7 所示为常见的一种刃型位错。由图可见,在这个晶体的某一水平面(ABCD) 的上方,多出一个半原子面(EFGH),它中断于 ABCD 面上的 EF 处,这个半原子面如同刀刃一样插入晶体,故称刃型位错。在位错的附近区域,晶格发生了畸变。

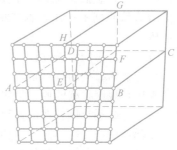

图 3-7　刃型位错示意图

位错的特点之一是很容易在晶体中移动,金属材料的塑性变形便是通过位错运动来实现的。

位错的存在对金属的强度有着重要的影响,如图 3-8 所示。当金属为理想晶体或仅含极少量位错时,金属的屈服强度 σ_s 很高;当含有一定量的位错时,强度降低;当进行形变加工时,位错密度增加,σ_s 将会增高。由于没有缺陷的晶体很难得到,所以生产中一般依靠增加位错密度来提高金属强度,但塑性随之降低。

c. 晶界和亚晶界。面缺陷包括晶界和亚晶界。晶粒与晶粒之间的接触界面称为晶界,由于晶界原

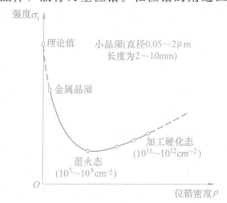

图 3-8　位错对金属的强度的影响

子需要同时适应相邻两个晶粒的位向，就必须从一种晶粒位向逐步过渡到另一种晶粒位向，成为不同晶粒之间的过渡层，因而晶界上的原子多处于无规则状态或两种晶粒位向的折衷位置上（图 3-9）。另外，晶粒内部也不是理想晶体，而是由位向差很小的称为嵌镶块的小块所组成，称为亚晶粒，亚晶粒的交界称为亚晶界（图 3-10）。亚晶界处的原子排列与晶界相似，也是不规则的。

面缺陷能提高金属材料的强度和塑性，细化晶粒是改善金属力学性能的有效手段。

晶体中由于存在了空位、间隙原子、位错、亚晶界及晶界等结构缺陷，都会造成晶格畸变，引起塑性变形抗力的增大，从而使金属的强度提高。

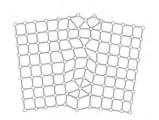

图 3-9 晶界的过渡结构示意图

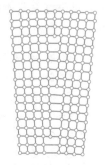

图 3-10 亚晶界示意图

3.2.2 纯金属的结晶

金属材料通常都需要经过冶炼和铸造，由液态变成为固态，这是一个从不完整、无规则的原子群向有规则的完整晶体的转变过程。不同的结晶过程，晶体的结构和性能也不相同。了解金属结晶的过程及规律，对于控制材料内部组织和性能是十分重要的。为了揭示结晶的基本规律，本节将先从结晶的宏观现象入手，进而再去研究结晶过程的微观本质。

（1）纯金属的结晶过程

液态金属结构的特点是"远程无序，近程有序"。即在液态金属中的微小范围内，存在着紧密接触规则排列的原子集团，称为近程有序。但在大范围内原子是无序分布的，称为远程无序。这些小范围存在的近程有序的原子集团随着原子的热运动不断地消失，又不断地产生，此起彼伏，变化不定，这种不断变化着的近程有序原子集团称为结构起伏，或称为相起伏，这是金属结晶重要的结构条件。

① 金属结晶的宏观现象。金属的结晶过程可以通过热分析法进行研究。将纯金属加热熔化成液体，然后缓慢地冷却下来。测定液体金属冷却时温度和时间的变化关系，作出冷却曲线，通过分析其变化，就可以了解结晶过程的基本规律。图 3-11 所示为纯金属冷却曲线的绘制过程。

摩尔物质从一个相转变为另一个相时，伴随着放出或吸收的热量称为相变潜热。金属熔化时从固相转变为液相是吸收热量，而结晶时从液相转变为固相则放出热量，前者称为熔化潜热，后者称为结晶潜热。由冷却

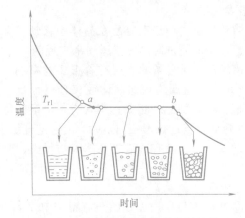

图 3-11 纯金属冷却曲线的绘制过程

曲线可见，液体金属随着冷却时间的延长，所含的热量不断向外散失，温度也不断下降。当冷却到 a 点时，液体金属开始结晶。由于结晶过程中释放出来的结晶潜热，补偿了散失在空气中的热量，因而温度并不随时间的延长而下降，直到 b 点结晶终了时才继续下降。$a \sim b$ 两点之间的水平线段即为结晶阶段，它所对应的温度就是纯金属的结晶温度。理论上金属冷却时的结晶温度（凝固点）与加热时的熔化温度二者应在同一温度，即金属的理论结晶温度（T_0）。

金属（树枝状）结晶过程的电子显微镜图像

📝 笔记

　　实际上液态金属总是冷却到理论结晶温度（T_0）以下才开始结晶，实际结晶温度（T_1）低于理论结晶温度（T_0），这一现象称为"过冷现象"。理论结晶温度和实际结晶温度之差称为过冷度（$\Delta T = T_0 - T_1$）。金属结晶时过冷度的大小与冷却速度有关，冷却速度越快，金属的实际结晶温度越低，过冷度也就越大。

　　② 金属结晶的微观过程。从微观的角度看，金属结晶是由晶核的形成和长大这两个基本过程组成。图 3-12 是金属的结晶过程示意图。

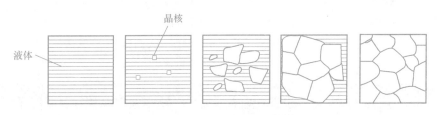

图 3-12　金属的结晶过程示意图

　　a. 晶核的形成。液态金属的结晶是在一定过冷度的条件下，从液体中首先形成一些微小而稳定的固体质点开始的，这些固体质点称为晶核。

　　b. 晶核的长大。微小晶核形成后，随后不断长大成为晶体，直到它们互相接触，液体完全消失为止。晶核长大的实质，就是原子由液体向固体表面的转移。

　　晶核向着不同位向按树枝生长方式长大，当成长的枝晶与相邻晶体的枝晶互相接触时，晶体就向着尚未凝固的部位生长，直到枝晶间的金属液全部凝固、液态金属完全消失为止，最后得到由许多形状、大小和晶格位向都不相同的小晶粒组成的多晶体。

　　(2) 晶粒大小对力学性能的影响

　　工业上通常采用晶粒度等级来表示晶粒大小。晶粒度是表示晶粒大小的指标，可用晶粒的平均面积或平均直径来表示。标准晶粒度分为八级，一级最粗，八级最细。

　　一般地说，在室温下，细晶粒金属具有较高的强度和韧度，所以细化金属晶粒是提高其常温性能的最佳手段之一。在高温下工作的金属材料，晶粒过大或过小都不好，但对于制造电动机和变压器的硅钢片来说，其晶粒越大性能越好。图 3-13 是退火态黄铜的晶粒尺寸与硬度的关系。从图中可以看出，晶粒大小对硬度影响很大，晶粒越细，硬度越高。

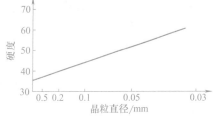

图 3-13　黄铜晶粒尺寸与硬度的关系

　　分析结晶过程可知，每个晶核都长大形成一个晶粒，所以在长大速度相同的情况下，形核越多，晶粒越细。金属晶粒大小取决于结晶时的形核率 N（单位时间、单位体积内所形成的晶核数目）与晶核的长大速度 v（单位时间内生长的长度），其比值 N/v 越大，晶粒越细小。因此，细化晶粒的根本途径是控制形核率。常用的细化晶粒方法有以下几种：

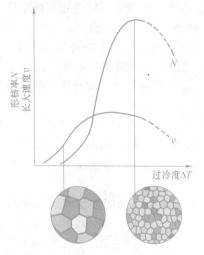

图 3-14 形核率 N 和长大速度 v 与过冷度的关系示意图

① 增加过冷度。如图 3-14 所示，形核率和长大速度都随过冷度 ΔT 增长而增大，但在很大的范围内形核率比晶核长大速度增长更快，因此，增加过冷度总能使晶粒细化，但这种方法只适用中、小型铸件，对于大型零件则需要用其他方法使晶粒细化。

② 变质处理。在液态金属结晶前加入一些细小的形核剂（又称变质剂或孕育剂），使它分散在金属液中作为人工晶核，可使晶粒显著增加，这种细化晶粒方法称为变质处理。钢中加入钛、硼、铝等，铸铁中加入硅铁、硅钙等都能起到细化晶粒的作用。

③ 振动处理。在结晶时，对金属液加以机械振动、超声波振动和电磁振动等措施，把生长中的枝晶破碎，从而提供了更多的结晶核心，也可达到细化晶粒的目的。

奇闻轶事：纳米材料鼻祖——"中国墨"

1 纳米仅为十亿分之一米，肉眼根本就看不见。用尺寸只有几个纳米或几十个纳米的极微小的颗粒组成的材料具有许多特异性能，因此科学家又把它们称为"超微粒材料"和"21 世纪的新材料"。用金属制成的纳米材料硬度会提高数倍，而且竟然会变成不导电的绝缘体；纳米陶瓷很有韧性，可以重击而不碎；纳米材料的熔点会大大降低，金的熔点是 1063℃，制成纳米材料后熔点会降为 330℃；纳米铁的抗断裂应力比普通铁提高 12 倍；纳米药粉可以直接作血液注射……

纳米材料并不是最近才出现的。最原始的纳米材料早在公元前 12 世纪就在我国出现了，那就是中国的文房四宝之一：墨。墨中的重要成分是烟，而烟其实就是许多超微粒炭黑形成的。烟是那么轻，那么细，能在空气中袅袅升起，又可以在空气中消散。我们的祖先就是把桐油或优质松油在密闭不透风的情况下，使其不完全燃烧气化，然后冷凝成烟，再拌以牛皮胶等黏结剂和其他添加剂制成墨的。例如，1978 年在安徽祁门出土的一枚北宋时代的墨锭，虽然在墓穴的水中浸泡了 800 多年，其质地和外形都没有发生明显变化，这就是徽墨。徽墨质量如此之好，是由于对制墨工艺进行了重大改革，主要是用桐油炼制的烟炱取代了用松油炼制的烟炱，并严格控制炼烟的火候、出入风口、掌握收烟时间，以保证烟炱的黑度、细度、油分和灰分符合要求。这种工艺和现代制造纳米粒子的工艺有异曲同工之妙。当然，墨的质量除了烟炱的质量要好外，还要求连接料（如牛皮胶之类）的配比恰当和制作精细等。

3.2.3 同素异构转变

有些金属在固态下，存在着两种以上的晶格形式。这类金属在冷却或加热过程中，随着温度的变化，其晶格形式也要发生变化。这种在固态下随温度的变化由一种晶格转变为另一种晶格的现象称为同素异构转变。

具有同素异构转变的金属有铁、钴、钛、锡、锰等。以不同晶格形式存在的同一金属元素的晶体称为该金属的同素异晶体，同一金属的同素异晶体按其稳定存在的温度，由低温到高温依次用希腊字母 α、β、γ、δ 等表示。

奇闻轶事：军衣纽扣失踪之谜

　　1867 年冬天，俄国彼得堡军用仓库中运出棉衣向俄军发放冬装。奇怪的是这次发放的军大衣全都没有扣子，官兵们非常不满，逐级上告到沙皇那里。沙皇听了大发雷霆，要严厉处罚监制军衣的大臣。大臣恳求宽限几天，以对此事进行调查。大臣到军用仓库查看，翻遍整个仓库，确实发现件件大衣都没有扣子。但据部下汇报，这些军衣入库时都钉有锡质扣子。扣子哪里去了呢？大家迷惑不解。后来，有位科学家用锡的性质解开了这个谜。他说，这是由于天气奇冷，锡扣子变成粉末脱掉了！军部大臣们不相信，于是科学家做了这样一个实验：他拿了一把锡壶放到花园的一个石凳上。几天后，科学家请军部大臣们一起到花园去看，锡壶仍放在那里，从表面粗粗一看，同原来没有什么两样，但用手指轻轻一捅，奇迹发生了，锡壶顷刻变成粉末。大臣们看得目瞪口呆，后经科学家说明原因，才恍然大悟。原来，锡具有两种同素异晶体性质，当温度在 −13.2℃ 以下时，其晶体结构改变，密度由 7.298g/cm^3 一下子减少到 5.846g/cm^3，也就是说它变松了，体积增加 20% 左右。由于体积的急剧膨胀，产生了很大的内应力，最后被"炸"成粉末；温度到 −33℃ 时，这种变化速度就会大大加快。那年冬天，俄国彼得堡地区气温下降到 −33℃ 以下，所以，军大衣上银光闪闪的扣子不见了，只在钉纽扣的地方留下一些粉末。

　　锡"怕冷"的毛病有没有办法治好呢？有的，那就是打"预防针"，这里的所谓"预防针"，是指在制造锡用具时，先在里头加上 5‰ 的金属铋就成了，铋这种金属能使锡在低温下保持稳定，再冷的天也不会得"锡疫"。

　　图 3-15 为纯铁的冷却曲线。由图可见，液态纯铁在 1538℃ 进行结晶，得到具有体心立方晶格的 δ-Fe，继续冷却到 1394℃ 时发生同素异构转变，δ-Fe 转变为面心立方晶格的 γ-Fe，再冷却到 912℃ 时又发生同素异构转变，γ-Fe 转变为体心立方晶格的 α-Fe。如再继续冷却到室温，晶格的类型不再发生变化。这些转变可以用下式表示：

$$\delta\text{-Fe} \xrightarrow{1394℃} \gamma\text{-Fe} \xrightarrow{912℃} \alpha\text{-Fe}$$
（体心立方晶格）　　（面心立方晶格）（体心立方晶格）

　　控制冷却速度，可以改变同素异构转变后的晶粒大小，从而改变金属的性能，这种方法具有极其重要的意义。

　　金属的同素异构转变与液态金属的结晶过程有许多相似之处：有一定的转变温度；转变时有过冷现象；放出和吸收潜热；转变过程也是一个形核和晶核长大的过程，新晶格的晶核最容易在原子活动能力较高的晶界处形成。但同素异构转变属于固态相变，又具有本身的特点。例如转变需要较大的过冷度，晶格的变化伴随着金属体积的变化，转变时会产生较大的内应力：当 γ-Fe 转变为 α-Fe 时，铁的体积会膨胀约 1%，这是钢在淬火时引起的应力，导致工件变形和开裂的重要因素。

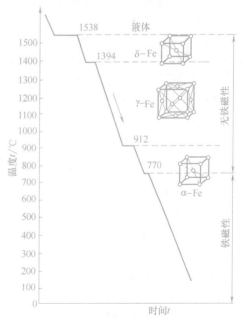

图 3-15　纯铁的冷却曲线图

答疑解惑

如果其他条件相同，试比较在下列铸造条件下铸件晶粒的大小：（1）金属型浇注与砂模浇注；（2）变质处理与不变质处理；（3）铸成薄件与铸成厚件；（4）浇注时采用振动与不采用振动。

答题要点：（1）金属型浇注铸件晶粒小，金属铸型导热性好，增大冷却速度；（2）变质处理晶粒小，增加形核数目；（3）铸成薄件晶粒小，薄件的冷却速度快；（4）浇注时采用振动晶粒小，破碎的晶块也能到晶核作用。

笔记

3.3　合金的结构与结晶

3.3.1　合金的结构

纯金属虽然得到一定的应用，但它的强度、硬度一般都较低，而且冶炼困难，价格较高，在使用上受到很大的限制。合金的强度、硬度、耐磨性等力学性能比纯金属高许多，某些合金还具有特殊的电、磁、耐热、耐蚀等物理、化学性能，因此合金的应用比纯金属广泛得多。

合金：在工业生产中广泛使用的是合金，合金是一种金属元素与其他金属元素或非金属元素，通过熔炼或其他方法结合成的具有金属特性的物质。例如普通黄铜是由铜和锌两种金属元素组成的合金，碳素钢是由铁和碳组成的合金。与组成合金的纯金属相比，合金除具有更好的力学性能外，还可以调整组成元素之间的比例，以获得一系列性能各不相同的合金，从而满足工业生产上对不同性能的合金的要求。

组元：组成合金的最基本的独立物质称为组元，简称元。组元可以是金属元素、非金属元素或稳定的化合物。根据合金中组元数目的多少，合金可分为二元合金、三元合金和多元合金。例如普通黄铜就是由铜和锌两个组元组成的二元合金。硬铝是由铝、铜和镁组成的三元合金。

相：在合金中具有相同的物理和化学性能并与其他部分以界面分开的一种物质部分称为相。液态物质称为液相，固态物质称为固相。在固态下，物质可以是单相的，也可以是多相组成的。由数量、形态、大小和分布方式不同的各种相组成了合金的组织。

在液态时，大多数合金的组元都能相互溶解，形成一个均匀的液溶体。在结晶时，由于各个组元之间相互作用的不同，在固态时合金中可能出现固溶体、金属化合物或混合物。固态合金中有两类基本相：固溶体和金属化合物。若相的晶体结构与某一组成元素的晶体结构相同，这种固相称为固溶体；若相的晶体结构与组成合金元素的晶体结构均不相同，这种固相称为金属化合物。

（1）固溶体

固溶体是合金中一组元溶解其他组元，或组元之间相互溶解而形成的一种均匀固相。其所溶解的物质，即使在显微镜下也不能区别开来。合金中与固溶体晶格相同的组元为溶剂，在合金中含量较多；另一组元为溶质，含量较少。

根据溶质原子在溶剂晶格中所处位置不同，固溶体可分为间隙固溶体和置换固溶体两类。

① 间隙固溶体。溶质原子分布于溶剂晶格间隙之中而形成的固溶体，称为间隙固溶体。图 3-16（a）是间隙固溶体结构示意图。由于溶剂晶格的空隙尺寸很小，故能够形成间隙固

溶体的溶质原子，通常都是一些原子半径小于 0.1nm 的非金属元素。例如碳、氮、硼等非金属元素溶入铁中形成的固溶体即属于这种类型。由于溶剂晶格的空隙有限，所以间隙固溶体能溶解的溶质原子数量也是有限的。

② 置换固溶体。溶质原子置换了溶剂晶格中某些结点位置上的溶剂原子而形成的固溶体，称为置换固溶体。图 3-16（b）是置换固溶体结构示意图。

溶质原子溶入固溶体中的数量称为固溶体的浓度，在一定条件下的极限浓度叫作溶解度。一般说，若两者原子半径差别较小，周期表中位置相近，晶格类型相同，则这些组元能以任何比例互相溶解。反之，则溶质在溶剂中的溶解度是有限的。有限固溶体的溶解度与温度有密切关系。一般说，温度越高，溶解度越大。固溶体中，溶质的含量即固溶体的浓度，用质量百分数或原子百分数来表示。

无论是置换固溶体还是间隙固溶体，由于溶质原子尺寸与溶剂原子不同，其晶格都会产生畸变，如图 3-17 所示。由于晶格畸变增加了位错移动的阻力，使晶格间的滑移变得困难，从而提高了合金抵抗塑性变形的能力，使金属材料的强度、硬度升高，而塑性下降。这种通过溶入某种溶质元素来形成固溶体而使金属的强度、硬度提高的现象称为固溶强化，它是提高金属材料力学性能的重要途径之一。

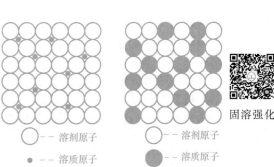

固溶强化

笔记

○ —— 溶剂原子　　　　○ —— 溶剂原子
● —— 溶质原子　　　　● —— 溶质原子
（a）间隙固溶体　　　（b）置换固溶体

图 3-16　固溶体结构示意图

（a）间隙固溶体　　　　　　　　　　（b）置换固溶体

图 3-17　晶格畸变

（2）金属化合物

合金组元间发生相互作用而形成一种具有金属特性的物质称为金属化合物。金属化合物的组成一般可用化学分子式来表示，金属化合物也可以溶入其他元素的原子，形成以金属化合物为基的固溶体。

金属化合物是许多合金的重要组成相，一般有较高的熔点、较高的硬度和较大的脆性。合金中含有金属化合物后，其强度、硬度和耐磨性有所提高，而塑性和韧性则降低。

（3）混合物

两种或两种以上的相按一定质量百分数组成的物质称为混合物。混合物中各组成部分可以是纯金属、固溶体或化合物各自的混合，也可以是它们之间的混合。混合物中各组成部分，仍保持自己原来的晶格。在显微镜下可以明显辨别出各组成部分的形貌。

混合物的性能取决于各组成相的性能，以及它们分布的形态、数量及大小。

3.3.2　合金的结晶

合金的组织比纯金属复杂：同一个合金系，因成分的变化，组织也不同；另外同一成分的合金，其组织随温度的不同而变化。因此为了掌握合金的组织与性能之间的关系，必须了解合金的结晶过程，了解合金中各组织的形成及变化的规律。相图就是研究这些问题的一种工具。

（1）相图的建立

相图是通过实验方法建立起来的，目前测绘相图的方法很多，最常用的是热分析法。图3-18是用热分析法建立 Cu-Ni 合金相图的示意图。

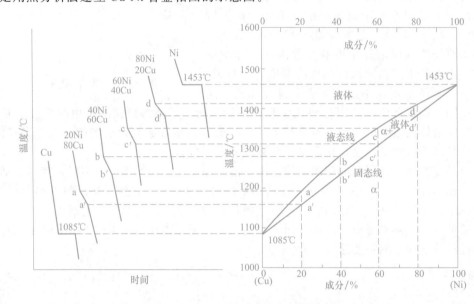

图 3-18　Cu-Ni 二元合金相图的绘制

现以 Cu-Ni 二元合金为例，说明测绘合金相图的方法及步骤：

① 配制一系列不同成分的 Cu-Ni 合金（100％Ni、20％Cu＋80％Ni、40％Cu＋60％Ni、60％Cu＋40％Ni、80％Cu＋20％Ni、100％Cu）。

② 用热分析法测定作出各组合金的冷却曲线。

③ 找出各冷却曲线上的相变点（合金的结晶开始及终了温度）。

④ 将找出的相变点标于成分、温度坐标系的坐标图上，将开始结晶的各相变点连起来成为液相线，将结晶终了的各相变点连起来成为固相线，即绘成了 Cu-Ni 二元合金相图。

（2）二元相图的基本类型

① 匀晶相图。匀晶相图中两组元在液态、固态下都能无限互溶，具有这类相图的二元合金系有 Cu-Ni、Cu-Au、Au-Ag、Fe-Ni、W-Mo、Cr-Mo 等。

② 共晶相图。两组元在液态无限互溶，固态有限互溶、或完全不互溶，且冷却过程中发生共晶反应的相图，称为共晶相图。属于这类相图的有：Pb-Sn、Cu-Ag、Al-Ag、Al-Si、Pb-Bi 等。

（3）合金的结晶过程

现以 Pb-Sb 合金为例，对共晶相图及其合金的结晶过程进行分析。在图 3-19 铅锑二元合金的相图中：

ACB 线——合金液体开始结晶温度的连线，称为液相线，在此线以上的合金全部为液相。

DCE 线——合金液体结晶终止温度的连线，称为固相线，在此线以下的合金全部为固相。

A 点——铅的熔点（327℃）。

B 点——锑的熔点（631℃）。

C 点——共晶点，此点的成分是 Sb11％＋Pb89％，温度是 252℃。

共晶点 C 具有特殊含义：当含 Sb11％的铅锑合金液体冷却到 252℃时，在恒温下从一个液相中同时结晶出铅和锑两个固相，这种反应称为共晶反应。共晶反应的产物称为共晶体（Pb＋Sb）。

C 点这一成分的合金称为共晶合金，如图 3-19 中的合金Ⅰ；凡是成分在 C 点以左（Sb＜11％）的合金称为亚共晶合金，如图 3-19 中的合金Ⅱ；合金成分在 C 点以右（Sb＞11％）的合金称为过共晶合金，如图 3-19 中的合金Ⅲ。

笔记

① 合金Ⅰ（共晶合金：Sb11％＋Pb89％）的结晶过程。如图 3-20 所示，在 C 点以上，合金处于液体状态，当缓慢冷却到 C 点时，在恒温下从液相中同时结晶出 Pb 和 Sb 两种固相的混合物（共晶体）。继续冷却，共晶体不再发生变化，可用下式表示：

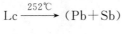

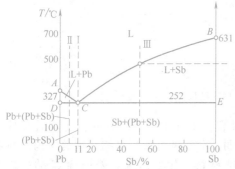

图 3-19　Pb-Sb 合金相图

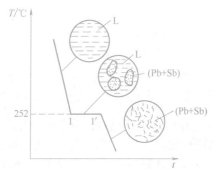

图 3-20　Pb-Sb 合金Ⅰ的结晶过程示意图

② 合金Ⅱ（亚共晶合金）和合金Ⅲ（过共晶合金）的结晶过程。与共晶合金的结晶过程所不同的是：从液相线到共晶转变温度之间，亚共晶合金要先结晶出 Pb 晶体，过共晶合金要先结晶出 Sb 晶体，因而它们的室温组织分别为 Pb＋（Pb＋Sb）和 Sb＋（Pb＋Sb）。

合金Ⅱ、Ⅲ的冷却曲线和组织转变过程如图 3-21 和图 3-22 所示。

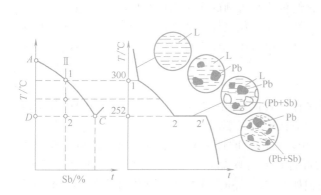

图 3-21　Pb-Sb 合金Ⅱ的结晶过程示意图

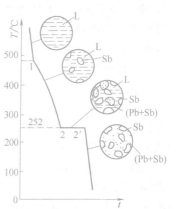

图 3-22　Pb-Sb 合金Ⅲ
结晶过程示意图

3.4　非金属材料的结构简介

长期以来，工程材料一直以金属材料为主，而且在相当长的时间内仍是如此。这是由于金属材料具有良好的力学性能和工艺性能，不仅价格低廉而且容易获得。但是，随着科学技术的进步，人们对材料提出了更严格的要求，如要求强度更高，相对密度更小，耐高、低温，加工性更好，能满足特殊性能要求的新材料。因此，近几十年来，有机高分子材料、工程陶瓷以及复合材料等获得迅速发展，预料今后还会有更大的发展。

非金属材料包括高分子材料、陶瓷材料以及复合材料三大类。

（1）高分子材料的结构

高分子化合物的结构有三种，即线型分子结构、支链型分子结构和体型结构（图 3-23）。

(a) 线型　　　　　　　　　(b) 支链型　　　　　　　　　(c) 体型

图 3-23　高分子化合物的结构

① 线型分子结构。分子中的原子以共价键相结合，由许多链节组成的长链，通常是卷曲成线团状。但遇到热或溶剂的作用，则结合力减弱。分子链可伸、可缩。这类结构的高聚物特点是良好的塑性，高弹性、硬度低，是热塑性材料。如聚乙烯、聚丙烯等就是此类结构。

② 支链型分子结构。在主链上带有一些或长或短的小支链，整个分子呈树枝状。具有支链结构的高聚物的特点是一般也能溶解在适当的溶剂中，加热也能熔融，但由于分子排列不规整，分子作用力较弱。同线型分子相比较、支链型分子溶液的黏度、强度和耐热性都较低。所以支链化一般对高聚物的性能有不利的影响，支链越复杂和支化程度越高，则影响越大。具有这类结构的有高压聚乙烯、接枝型 ABS 树脂和耐冲击型聚苯乙烯等。

③ 体型分子结构。大分链之间通过支链或化学链连接成一体的所谓交联结构，形成网状或向空间发展而得到体型大分子结构。它们对热和溶剂的作用都比线型高聚物稳定，呈不熔、溶的特性，且具有较好的耐热性、难溶性、尺寸稳定性和强度，但弹性、塑性低、脆性大，因而不能塑性加工，成形加工只能在网状结构形成之前进行。材料不能反复使用，称为热固性材料。如酚醛树脂、环氧树脂等。

（2）陶瓷材料的结构

陶瓷材料是多相多晶材料，结构中同时存在着晶体相、玻璃相和气相（气孔）。各组成相的结构、数量、形态、大小和分布均对陶瓷性能有显著影响。

① 晶相。晶相是陶瓷材料的主要组成相，对陶瓷的性能起决定性作用。晶相一般是由离子键和共价键结合而成，常是两种键的混合键。有些晶相如 CaO、MgO、Al_2O_3、ZrO_2 等以离子键为主，属于离子晶体；有些晶相如 Si_3N_4、SiC、BN 等以共价键为主，属于共价晶体。不论哪种晶相都具有各自的晶体结构，最常见的是氧化物结构和硅酸盐结构。

大多数氧化物结构是氧离子排列成简单立方、面心立方和密排六方晶体结构，金属离子位于其晶隙中。硅酸盐的基本结构单元都是硅氧四面体，四个氧离子构成四面体，硅离子居四面体的间隙中。

由于晶相是离子键和共价键的结合，决定了陶瓷具有高熔点、高耐热性、高化学稳定性、高绝缘性、高脆性。

② 玻璃相。玻璃相是一种非晶态固体，在陶瓷烧结时，各组成相与杂质产生一系列物理化学反应后形成的液相，冷却凝固成非晶态玻璃相。玻璃相是陶瓷材料中不可缺少的组成相，其作用是将分散的晶相黏结在一起，降低烧结温度，抑制晶相的晶粒长大和填充气孔。

③ 气相。气相是指陶瓷孔隙中的气体即气孔，它是在陶瓷生产过程中不可避免地形成并保留下来的，陶瓷中的气孔率通常约有 $5\%\sim10\%$。气孔对陶瓷性能有显著影响，使陶瓷强度降低，介电损耗增大，电击穿强度下降，绝缘性降低。应控制工业陶瓷中气孔的数量、形状、大小和分布，一般希望尽量降低气孔率，并力求气孔细小呈球形、均匀分布。

（3）复合材料的结构

复合材料就是用两种或两种以上不同性能、不同形态的组分材料通过复合手段组合而成的一种多相材料，目的是通过复合来提高单一材料所不能发挥的各种特性。

复合材料由基体材料和增强材料两部分组成，如钢筋水泥和玻璃钢便是当前用量最多的两种。"复合材料"一词正式使用，是在第二次世界大战后开始的，当时在"比铝轻、比钢强"这一宣传口号下，玻璃纤维增强塑料被美国空军用于制造飞机的构件，并在 1950～1951 年传入日本，随后便开始了复合材料在民用领域的开发和利用。复合材料产生单一材料不具备的新功能。如在一些塑料中加入短玻璃纤维及无机填料提高强度、刚性、耐热性，同时又发挥塑料的轻质、易成型等特点。再如，添加炭黑使塑料具有导电性，添加铁氧体粉末使塑料具有磁性等等。大量复合包装材料用贴合方法构成。如冷冻食品、罐头等的纸包装，各种汁液的纸包装。这类纸包装一般都采用复合膜。在常温可以保存一年的无菌果汁袋，从里到外是由聚乙烯/铝箔/聚乙烯/纸/聚乙烯共 5 层材料贴合而成的。聚乙烯袋热封可防止水透过；铝箔可保护袋内所盛的东西避开光照并能隔绝氧气。复合膜中的纸作为结构材料，既可保持形状又可印上商标。

从复合材料的组成与结构分析，其中有一相是连续的称为基体相，另一相是分散的、被基体包容的称为增强相。增强相与基体相之间有一个交界面称为复合材料界面，复合材料的各个相在界面上可以物理地分开。通过在微观结构层次上的深入研究，发现复合材料界面附近的增强相和基体相由于在复合时复杂的物理和化学的原因，变成具有既不同于基体相又不同于增强相组分本体的复杂结构，同时发现这一结构和形态会对复合材料的宏观性能产生影响，所以界面附近这一结构与性能发生变化的微区也可作为复合材料的一相，称为界面相。因此确切地说，复合材料是由基体相、增强相和界面相组成的。

复习思考题（3）

3-1　选择题

1. 晶体中的位错属于_____。

A. 体缺陷　　　　　B. 点缺陷　　　　　C. 面缺陷　　　　　D. 线缺陷

2. 纯铁在 912℃ 以下叫 α-Fe，它的晶格类型是_____。

A. 体心立方晶格　　B. 面心立方晶格　　C. 密排六方晶格　　D. 简单立方晶格

3. 金属结晶时，冷却速度越快，其实际结晶温度_____。

A. 越高
B. 越低
C. 越接近理论结晶温度
D. 不受影响

4. 过冷度越大，则_____。

A. N 增大、V 减少，所以晶粒细小　　B. N 增大、V 增大，所以晶粒细小

C. N 增大，V 增大，所以晶粒粗大　　　　D. N 减少、V 减少，所以晶粒细小

3-2　简答题

1. 实际金属晶体中存在哪些晶体缺陷，它们对金属的性能有什么影响？

2. 试从过冷度对金属结晶时基本过程的影响，分析细化晶粒，提高金属材料常温力学性能的措施。

3. 何谓同素异构现象？试以 Fe 为例阐述之。试分析 γ-Fe 向 α-Fe 的体积变化情况。

笔记

第 4 章
材料的变形

工程背景

按重量计算飞机上有 85% 左右的构件是锻件，它们是飞机的"骨骼"。飞机锻件多用高强度耐磨、耐蚀的铝合金、钛合金、镍基合金等贵重材料制造，航空发动机的涡轮盘、后轴颈（空心轴）、叶片、机翼的翼梁，机身的肋筋板、轮支架、起落架的内外筒体等都是涉及飞机安全的重要锻件。航空锻造件直接关系到飞行安全，2008 年 1 月份，由于金属纵梁锻件断裂，美国一架 F-15 战斗机坠毁，并引发了 F-15 的大面积的停飞，一度令其国土防空吃紧。

近年，随着我国空军建设的持续加速，装备建设不断实现突破，军用航空锻件市场欣欣向荣。另一方面，民用航空锻件市场潜力则更大，每年仅国际民用航空锻造市场就超过 150 亿美元。西安三角投资建设的一台 400MN（4 万 t）大型航空模锻液压机和一套大型模锻件加工生产线是国家科技部的重点项目，该设备为大飞机项目配套的国家战略核心装备。除了大飞机各类框、梁整体化生产外，还可用于生产航空发动机用高合金钢、钛合金、超高强度钢涡轮盘、压气机盘以及其他航空、航天、电力、船舶等大型结构件，具有广阔的发展空间。

学习目的

1. 了解滑移、位错在塑性变形中的作用，能够用位错理论解释晶体的滑移过程；
2. 掌握金属常温下塑性变形时组织性能变化，回复及再结晶对金属组织与性能的影响；
3. 了解冷、热加工的概念。

教学重点

塑性变形的机理，塑性变形对组织与性能的影响，回复与再结晶。

4.1 概述

当金属因受外力而发生变形，卸载后仍不能消失的那部分变形称为塑性变形。塑性变形是一种不可逆的永久变形，塑性变形量比弹性变形量大得多。塑性变形在生产上主要作为一种重要的加工工艺应用于金属的成形加工。常温下或冷态下的塑性成形，因产品表面质量好，尺寸精度高，强度高，应用很广。但是，多数产品特别是厚大、变形量大和塑性不好的金属产品，常需在加热状态下塑性成形，因为金属在高温下塑性变形抗力小、塑性好，不用很高吨位的设备，即可很快达到塑性成形加工的目的，所以热塑性成形应用更广。这样，金属塑性变形的加工方法就主要有冷加工和热加工两种。

金属在承受塑性加工时，产生了塑性变形。塑性变形不仅改变了金属的外形，把金属材料加工成各种形状和尺寸的制品，而且还使其内部组织与性能产生一系列的变化。一般金属材料在较大的塑性变形后，变形部位的强度、硬度增大，导电性下降，抗腐蚀能力降低，例如钢板或铁丝、铜丝经弯折多次后，弯折部位的硬度明显提高，使继续弯曲困难。

因此，研究金属的塑性变形，对于选择金属材料的加工工艺，提高生产率，改善产品质量，合理使用材料等方面都有重要的意义。

在工业生产中，金属材料通过冶炼、铸造，获得铸锭后，可通过轧制、挤压、冷拔、锻造、冲压等压力加工方法（图 4-1），获得具有一定形状、尺寸和力学性能的型材、板材、管材或线材，以及零件毛坯或零件。

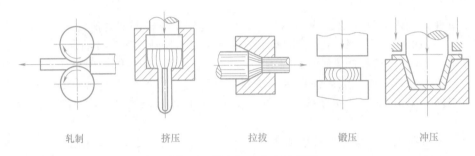

| 轧制 | 挤压 | 拉拔 | 锻压 | 冲压 |

图 4-1　压力加工方法示意图

各种材料的变形特性可以有很大的不同，一般地说，金属材料有良好的塑性变形能力，具有较高的强度，因此被制备加工成各种形状的产品零件；高分子材料在玻璃化温度 T_g 以下是脆性的，在 T_g 以上可以加工成形，但其强度很低；而陶瓷材料则很脆，很难加工成形，虽然陶瓷材料有很高的强度、耐磨性能和抗腐蚀性能，但陶瓷材料的脆性是阻碍其应用的主要原因。各种材料在力学性能上的差别主要取决于结合键和晶体或非晶体结构。

 奇闻轶事：古代冷锻技术

公元 1041 年，北宋李焘在《续资治通鉴长编》中记载了青堂羌族（古代居住在青海西宁一带的民族）人民利用冷锻加工硬化锻造铁甲的先进技术。沈括的《梦溪笔谈》中也有冷锻技术的记载，他说这种铁甲"去之五十步，强弩射之，不能入"。

4.2　金属的塑性变形

金属在承受塑性加工时，产生塑性变形，这会对金属的组织结构和性能产生重要的影响。

4.2.1　塑性变形的基本规律

金属塑性变形最基本的方式是滑移。多晶体的塑性变形过程比较复杂，为了说明塑性变形的基本规律，有必要先了解单晶体的塑性变形。

（1）单晶体的塑性变形

晶体的塑性变形，主要是以滑移的方式进行的。

所谓滑移，是指晶体在切应力的作用下，晶体的一部分沿一定的晶面（滑移面）上的一定方向（滑移方向）相对于另一部分发生滑动。当原子滑移到新的平衡位置时，晶体就产生了微量的塑性变形，许多晶面滑移的总和，就产生了宏观的塑性变形。图 4-2 表示晶体在切应力（τ）的作用下发生滑移产生变形的过程。

滑移变形具有以下特点：

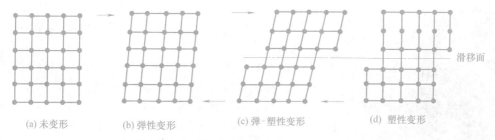

(a) 未变形　　(b) 弹性变形　　(c) 弹-塑性变形　　(d) 塑性变形

图 4-2　单晶体在切应力作用下的变形

① 滑移在切应力作用下产生，不同金属产生滑移的最小切应力（称滑移临界切应力）大小不同。钨、钼、铁的滑移临界切应力比铜、铝的要大。

② 滑移总是沿着晶体中原子密度最大的晶面（滑移面）和其上密度最大的晶向（滑移方向）进行，这是由于密排面之间、密排方向之间的间距最大，结合力最弱。

③ 滑移时两部分晶体的相对位移是原子间距的整数倍。

④ 滑移时晶体发生转动。

⑤ 滑移是通过位错在滑移面上的运动来实现的。晶体滑移时，并不是整个滑移面上的全部原子一起移动的，因为那么多原子同时移动，需要克服的滑移阻力十分巨大（据计算比实际大千倍），实际上滑移是借助位错的移动来实现的，如图 4-3 所示。大量位错移出晶体表面，就产生了宏观的塑性变形。

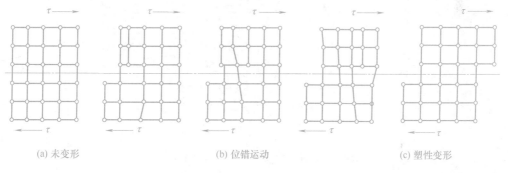

(a) 未变形　　　　　(b) 位错运动　　　　　(c) 塑性变形

图 4-3　位错的运动

（2）多晶体的塑性变形

多晶体金属的塑性变形与单晶体比较并无本质上的区别，即每个晶粒的塑性变形仍然以滑移等方式进行。但由于晶界的存在和每个晶粒中晶格位向不同，故多晶体的塑性变形（图 4-4）要比单晶体复杂得多。

① 多晶体塑性变形过程。多晶体由位向不同的许多小晶粒组成，在外加应力作用下，有的晶粒处于有利于滑移的位置，有的晶粒处于不利位置，只有处在有利位向的晶粒中的那些取向因子最大的滑移系才能首先开动。当有晶粒塑变时，就意味着其滑移面上的位错源将不断产生位错，大量位错将沿滑移面源源不断运动，必然受到周围位向不同的其他晶粒的约束，使滑移的阻力增加。由于晶界上原子排列比较紊乱，阻碍了滑移，运动着的位错不能越过晶界，从而提高了塑性变形的抗力。

② 晶粒大小对塑性变形的影响。晶粒越细，单位体积所包含的晶界越多，不同位向的晶粒就越多，因而塑性变形抗力也就越大，其强化效果越好，这种用细化晶粒提高金属强度的方法叫细晶强化（图 4-5）。细

图 4-4　多晶体的塑性变形

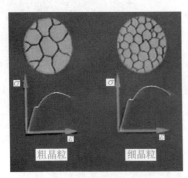

图 4-5 细晶强化

晶强化是金属的一种很重要的强韧化手段。由于细晶粒金属具有较好的强度、塑性与韧性，故生产中都尽一切努力细化晶粒。

细晶粒的多晶体不仅强度较高，而且塑性和韧性也较好。因为晶粒越细，金属的变形越分散，减少了应力集中，推迟裂纹形成和发展，金属在断裂前可发生较大的塑性变形，金属塑性提高。又因晶粒越细，晶界就越多，越曲折，故不利于裂纹的传播，从而在其断裂前能承受较大的塑性变形，需要消耗较多的功，因而韧性也较好。

4.2.2 塑性变形对金属组织结构的影响

金属塑性变形时，在外形变化的同时，晶粒内部组织也发生了一系列的变化，即晶格畸变严重，位错密度增加，晶粒碎化，并因金属各部分变形不均匀，引起金属内部残留内应力，这都使金属处于不稳定状态。

（1）晶粒发生变形

金属发生塑性变形后，晶粒沿变形方向被压扁或拉长（图 4-6），晶格与晶粒均发生扭曲，晶格畸变较严重，产生内应力。

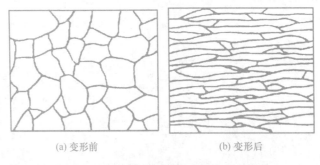

(a) 变形前   (b) 变形后

图 4-6 塑性变形前后晶粒形状变化示意图

（2）形成纤维组织

当变形量很大时，晶粒和金属中的夹杂物将被拉长，形成纤维组织，晶界变得模糊不清。此时，金属的性能具有明显的方向性。

（3）亚结构形成

金属经大的塑性变形时，由于位错的密度增大和发生交互作用，大量位错堆积在局部地区，并相互缠结，形成不均匀的分布，使晶体内部嵌镶块尺寸细碎化，分化成许多位向略有不同的小晶块，而在晶粒内产生亚晶粒。

4.2.3 塑性变形对金属性能的影响

（1）加工硬化

塑性变形对金属性能的主要影响是造成加工硬化，随着变形程度的增加，金属的强度、硬度提高，而塑性、韧性下降，这一现象称为"加工硬化"或"形变强化"，图 4-7 表示低碳钢的强度和塑性随变形程度增加而变化的情况。

金属发生塑性变形时，位错密度增加，位错间的交互作用增强，相互缠结，造成位错运动阻力的增大，引起塑性变形抗力提高；另一方面由于晶粒破碎细化，使强度得以提高。

形变强化在生产中具有很重要的意义，在生产中可通过冷轧、冷拔提高金属的强度，尤其对于那些不能热处理强化的金属材料显得更为重要。例如 18-8 型奥氏体不锈钢，变形前强度不高（$\sigma_{0.2} = 196N/mm^2$），但经 40% 轧制变形后、屈服强度提高了 3～4 倍（$\sigma_{0.2} = 784 \sim 980N/mm^2$），抗拉强度也提高了一倍。但由于材料塑性的降低，形变强化给金属材料进一步冷塑性变形带来困难。为了使金属材料能继变形加工，必须进行中间热处理，以消除形变强化。这就增加了生产成本，降低了生产率。

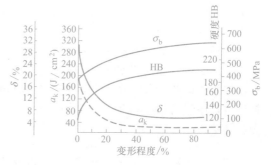

图 4-7　常温下塑性变形对低碳钢力学性能的影响

（2）各向异性

由于纤维组织和形变织构的形成，使金属的性能产生各向异性，纤维组织的存在造成了锻压件力学性能的各向异性，即纵向（平行于纤维方向）上的塑性、韧性高于横向（垂直于纤维方向）。因此，应使零件所受的最大拉应力方向与纤维方向一致，而最大切应力方向与纤维方向垂直。

（3）理化性能变化

塑性变形除了影响力学性能以外，也会使金属某些物理、化学性能发生变化，如电阻增加，化学活性增大，而耐蚀性则降低等。

工程应用典例

测硬度时，压头压过以后，压坑部位材料变得致密，局部产生加工硬化，使材料的强度硬度提高，如果两个测量点之间靠得太近，还可能使后一次测量时压头滑落到前一次测量造成的压坑中，导致影响测量的精确度，因此要求两个压痕之间有一定的距离。

（4）残余内应力

由于金属在发生塑性变形时，金属内部变形不均匀，位错、空位等晶体缺陷增多，金属内部会产生残余内应力。

残余内应力会使金属的耐腐蚀性能降低，严重时可导致零件变形或开裂。但齿轮等零件，如果表面通过喷丸处理，则可产生较大的残余压应力，提高了疲劳强度。

答疑解惑

用手来回弯折一根铁丝时，开始感觉省劲，后来逐渐感到有些费劲，最后铁丝被弯断。试解释过程演变的原因？

答题要点：弯折一根铁丝时，开始感觉省劲，后来逐渐感到有些费劲，是由于在外力的作用下，铁丝随着外形的变化，其内部组织也要发生变化，晶粒破碎和位错密度增加，使金属的强度和硬度提高，塑性和韧性下降，产生了所谓加工硬化（或冷作硬化）现象，金属的加工硬化，给进一步加工带来困难，所以后来逐渐感到有些费劲。再进一步变形时，由于金属的强度和硬度提高，塑性和韧性下降，很快铁丝就因为疲劳而发生断裂。

4.2.4　回复与再结晶

金属材料在冷变形加工以后，处于不稳定的状态，具有恢复稳定状态的趋势。常温下原子活动能力弱，恢复过程很难进行。如果对其加热，则原子活动能力增强，会产生一系列组织与性能的变化。

　　将冷塑性变形的金属材料加热到$0.5T_熔$温度附近，随时间的延长进行保温。第一阶段显微组织无变化，晶粒仍是冷变形后的纤维状，称为回复阶段。第二阶段完全变成新的等轴晶粒，称为再结晶阶段。第三阶段称为晶粒长大阶段。回复、再结晶与晶粒长大是冷变形金属加热过程中经历的基本过程，如图4-8所示。

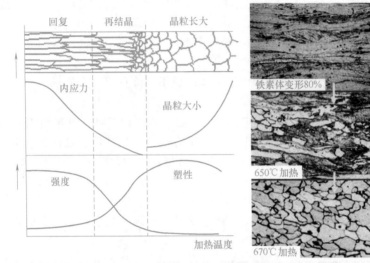

图 4-8　加热温度对冷塑性变形金属组织和性能的影响

　　（1）回复

　　变形后的金属在较低温度进行加热，原子活动能力有所增加，原子已能做短距离的运动，故晶格畸变程度大为减轻，从而使内应力有所降低，这个阶段称为回复。产生回复的温度$T_回$为：

$$T_回 = (0.25 \sim 0.3)T_熔 \tag{3-1}$$

　　式中，$T_熔$为该金属的熔点，K。

　　在回复阶段原子活动能力还不是很强，因而金属的显微组织无明显的变化，晶粒仍保持变形后的形态。金属的力学性能也无明显的改变，强度和硬度只略有降低，塑性有增高，但残余应力则大大降低。

　　工业上利用回复过程对变形金属进行去应力退火以降低残余内应力，保留加工硬化效果。例如冷拔钢丝弹簧加热到$250 \sim 300℃$，青铜丝弹簧加热到$120 \sim 150℃$，就是进行回复处理，其目的是使弹簧的弹性增强，同时消除加工时带来的内应力。

答疑解惑

　　采用冷拔铜丝线制作导线，冷拔之后应如何处理，为什么？

　　答题要点：应采取回复退火（去应力退火）处理；即将冷变形金属加热到再结晶温度以下某一温度，并保温足够时间，然后缓慢冷却到室温的热处理工艺。

　　（2）再结晶

　　冷变形金属加热到一定温度之后，由于原子扩散能力增大，被拉长（或压扁）、破碎的晶粒通过重新生核、长大变成新的均匀、细小的等轴晶，其力学性能也发生了明显的变化，并恢复到完全软化状态，这个过程称为再结晶。

再结晶首先在晶粒碎化最严重的地方产生新晶粒的核心，然后晶核吞并旧晶粒而长大，直到旧晶粒完全被新晶粒代替为止。再结晶后的晶粒内部晶格畸变消失，位错密度下降，因而金属的强度、硬度显著下降，而塑性则显著上升，使变形金属的组织和性能基本上恢复到冷塑性变形前的状态（图 4-9）。

金属的再结晶过程是在一定的温度范围内进行的，能进行再结晶的最低温度称为再结晶温度（$T_{再}$）。最低再结晶温度与该金属的熔点有如下关系：

$$T_{再} = (0.35 \sim 0.4) T_{熔}$$

式中　$T_{再}$——金属的再结晶温度，K；

　　　$T_{熔}$——金属的熔点，K。

笔记

实验证明，再结晶温度与金属的变形程度有关，变形程度越大，再结晶温度越低。

经形变后的金属加热到再结晶温度以上，保持适当时间，使形变晶粒重新结晶为均匀的等轴晶粒，以消除形变强化和残余应力的退火，称为再结晶退火。

生产中对于深冲压、多次拉丝、冷轧等工艺，必须在多次变形工序之间，安排再结晶退火工序，以恢复塑性继续加工。例如生产铁铬铝电阻丝时，在冷拔到一定的变形度后，要进行氢气保护再结晶退火，以继续冷拔获得更细的丝材。

答疑解惑

某厂对高锰钢制碎石机鄂板进行固溶处理时，经过 1100℃ 加热后，用冷拔钢丝吊挂，由起重吊车送往淬火水槽，行至途中钢丝突然断裂。此钢丝是新的，试分析钢丝绳断裂的原因。

答题要点：冷拉钢丝由于有加工硬化，故其强度较高，承载能力较强，当其被红热的鄂板加热的时候，当温度上升到了再结晶温度以上，会发生再结晶，使得强度下降，不能承受鄂板重量，故会发生断裂。

（3）晶粒长大

再结晶刚刚完成，一般得到细小的无畸变等轴晶粒。如果继续升高温度或延长保温时间，再结晶后的晶粒之间便会相互吞并而长大，最后得到粗大晶粒的组织，使金属的强度、硬度、塑性、韧性等力学性能都显著降低。这一阶段称为晶粒长大，黄铜再结晶后晶粒的长大如图 4-9 所示，这种使晶粒长大而导致晶粒粗化、力学性能变坏的情况应当注意避免。

580℃保温8s后的组织　　580℃保温15min后的组织　　700℃保温10min后的组织

图 4-9　黄铜再结晶后晶粒的长大

4.2.5　金属的热加工与冷加工

金属塑性变形的加工方法有热加工和冷加工两种。从金属学的角度来看，所谓热加工是指在再结晶温度以上的加工过程，而在再结晶温度以下的加工过程称为冷加工。例如钨的最低再结晶温度为 1200℃，对钨来说，在低于 1200℃的高温下加工仍属于冷加工；而锡的最低再结晶温度约为－7℃，锡在室温下进行加工，已属热加工了。

（1）热加工

热加工时，温度处于再结晶温度以上，金属材料发生塑性变形后，随即发生再结晶（图4-10）。塑性变形引起的加工硬化随即消除，使材料保持良好的塑性状态，因此其塑性变形要比低温时容易得多。

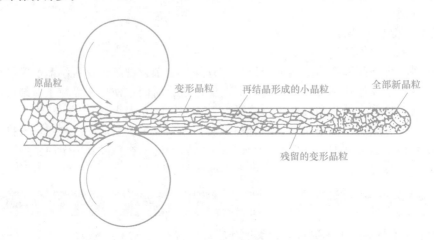

图 4-10　金属在热轧时变形和再结晶的示意图

热加工过程中，在金属内部同时进行着加工硬化与回复再结晶软化两个相反的过程。热加工虽然不致引起加工硬化，但也会使金属的组织和性能发生很大的变化。

① 消除铸态金属的组织缺陷。热加工能使铸态金属中的气孔、疏松、微裂纹焊合，提高金属的致密度，减轻甚至消除树枝晶偏析和改善夹杂物、第二相的分布等，因此，金属的力学性能得到提高。

② 细化晶粒。热加工能打碎铸态金属中的粗大树枝晶和柱状晶，并通过再结晶获得等轴细晶粒，因而可以提高金属的力学性能。

③ 形成带状组织。如果钢在铸态组织中存在比较严重的偏析，或热加工时终锻（终轧）温度过低时，钢内会出现与热形变加工方向大致平行的诸条带所组成的偏析组织，这种组织形态称为带状组织。带状组织也是一种缺陷，它会引起钢材力学性能的各向异性。带状组织一般可用热处理方法加以消除。

④ 形成锻造流线。在热加工过程中，由于铸态组织中残存的枝晶偏析、可变形夹杂物和第二相沿金属流动方向被拉长，形成锻造流线（又称纤维组织）。

由于锻造流线的出现，使金属的力学性能具有明显的方向性。通常沿流线的方向，其抗拉强度及韧性高，而抗剪强度低；在垂直于流线方向上，抗剪强度较高，而抗拉强度较低。因此热加工时应力求工件流线分布合理，以保证金属材料的力学性能。

由于热加工可使金属的组织和性能得到显著改善，所以受力复杂、载荷较大的重要工件，一般都采用热加工方法来制造。

（2）冷加工

低碳钢的冷轧、冷拔、冷冲等均属于冷加工，由于加工温度处于再结晶温度以下，金属材料发生塑性变形时不会伴随再结晶过程。因此冷加工对金属组织和性能的影响即是前面的所述塑性变形的影响规律，与冷加工前相比，金属材料的强度和硬度升高，塑性和韧性下降，产生加工硬化的现象。

4.3　高分子材料的变形

（1）高聚物的物理状态

① 线型无定型高聚物的三种物理状态。塑料的变形特性随温度变化，这类聚合物在恒定应力下的温度-形变曲线见图 4-11。由图可见，热塑性塑料在不同的温度下呈现出三种物理状态。

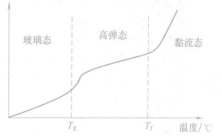

T_g—玻璃化温度；T_f—黏流温度

图 4-11　非晶态高聚物的温度-形变曲线

a. 玻璃态。T_g 是高聚物的重要特征温度，叫玻璃化温度。它不是一个固定的温度值，而是随测试方法和条件不同而变化的。当温度低于 T_g 时，高聚物是刚硬的，处于玻璃态。

b. 高弹态。当高聚物温度高于玻璃化温度 T_g，低于黏流温度 T_f 时，存在着一种很难得的物理状态即高弹态（也叫橡胶态）。处于高弹态的高聚物有以下重要特性：

（a）可回复的弹性变形量高达 $100\% \sim 1000\%$，但变形的回复不是瞬时完成的。

（b）弹性模量比普通弹性材料小三个数量级。

（c）高弹态高聚物变形时生热，回弹时放热。

c. 黏流态。当温度超过黏流温度 T_f 时，分子链作为一个整体可以相对滑动，在外力的作用下，聚合物像液体一样黏性流动，形变变得不可逆了，这称为黏流态。

② 结晶高聚物的物理状态，如图 4-12 所示。

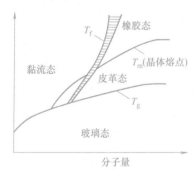

图 4-12　部分结晶高聚物的物理状态和温度、分子量的关系

③ 高聚物的交联结构对其物理状态的影响。不同的组成、分子量大小、结晶度和交联密度的高分子材料，对各种外部条件如应力、温度、环境介质等的反应特性不同，其敏感性及变化幅度都比金属材料的大。

（2）高聚物的变形特点

① 高聚物的弹性变形。轻度交联的高聚物在玻璃化温度以上，具有典型的高弹性，即弹性变形大，弹性模量小，而且随着温度升高而增大。而低于玻璃化温度时，弹性体则又脆又硬。

高聚物具有高弹性的必要条件是要有柔性链，但是柔性好的链容易引起链间滑动而造成黏性流动，所以必须采用分子链间的适当交联来防止链间的滑动。交联点密度应该既保证链间部滑动，又保证两相邻交联点间链段有足够的活动性以产生高弹性。交联点间链段太短时，柔性降低，弹性下降直至消失。与此同时，弹性模量增大，橡胶硬度增加。施加应力时，橡胶分子通过其构象的变化，使扭结的分子变为伸展，产生极大的弹性变形，而当应力去除后，由于键的旋转，分子迅速地再度扭结，弹性变形消除。

图 4-13 是橡胶的拉伸曲线，从中可以看出，橡胶单向拉伸时，可发生很大的变形，而在应力去除后能迅速回到以前的形状。需要注意的是，橡胶虽然是弹性变形，其变形量可以很大，但和应力没有线性关系，这是和金属弹性变形不同的地方。

② 高聚物的黏弹性变形。对线型无定型高聚物而言，当温度超过 T_g 时，由于分子键的破坏，聚合物分子的变形呈黏弹性，即由弹性变形和黏性流动两部分组成。当外力去除时，

聚合物可逐渐缓慢地恢复到原来形状，在这段温度范围内其弹性模量也是受温度和时间两个因素的共同影响。黏弹性和橡胶态都是弹性变形，而黏弹性和橡胶态变形主要的差别只是弹性回复快慢不同，黏弹性变形后是逐渐恢复，而橡胶态变形是立即恢复。

高聚物受力后产生的宏观变形，通过调整内部分子链构象来实现。显然，这种分子链构象的改变需要时间，这就是高分子材料黏弹性特别突出的原因。

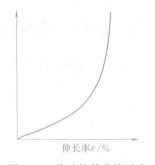

图 4-13　橡胶拉伸曲线示意

③ 线型高聚物的变形特点。线型高聚物冷变形时在性能和机制上都有与金属不同的特点。所谓冷变形，对于不易结晶的无定形塑料大约在低于其 T_g 以下 50℃ 左右，而对结晶态的塑料则是在晶体相熔点以下。

对于容易结晶的玻璃化温度较低的塑料，如聚乙烯、聚丙烯和尼龙等，在室温下呈高弹态，拉伸时的应力-应变曲线如图 4-14（a）所示。由图可见，当变形量很小时为弹性变形，变形量更大就开始屈服。塑料的屈服点对应的应变量一般在 5%～10% 左右，比金属屈服点的应变量大得多。过了屈服点之后，材料开始在局部区域出现颈缩，好像塑性好的金属材料一样，但金属材料一旦出现颈缩，很快就会断裂。而塑料出现颈缩以后，再继续变形，其变形不是集中在原颈缩处，而是颈缩区扩大，不断沿着试样长度方向延伸，直到整个试样的截面尺寸都均匀减小。这一阶段的变形过程中应力几乎不变，其应变量最大可达 200%～300%。当颈缩消失后，应力急剧升高，最后断裂。

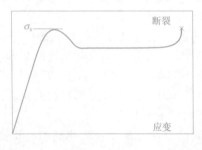
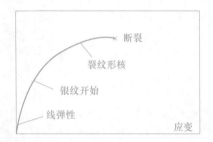

(a) 易结晶，T_g低的高聚物　　　　　　(b) 无定形，T_g高的高聚物

图 4-14　线型高聚物的应力-应变行为

对于不易结晶的玻璃化温度较高的高聚物，如聚苯乙烯、聚碳酸酯等，在室温下呈玻璃态，拉伸时的应力-应变曲线如图 4-14（b）所示。这类材料开始变形时就不是均匀的而是聚集的，形成一种叫作"银纹"的变形区。银纹在肉眼下就可看见，在该处存在着明显的体积膨胀，可发生光的反射与散射。实际上"银纹"只是一些空穴状的区域，并不是裂纹而只是裂纹将要萌生的早期阶段，在随后的变形过程中，这些空穴区域逐渐演变为裂纹，造成断裂。

由上述可见，线型高聚物的变形行为主要取决于玻璃化温度 T_g，表 4-1 是部分热塑性塑料的 T_g。

④ 体型高聚物的变形特点。热固性塑料因为是刚硬的三维网络结构，分子不易运动，所以在通常拉伸试验时，它们表现出像脆性金属一样的变形特性。但是，在压应力下它们仍能发生大量的塑性变形。图 4-15 为环氧树脂在室温下单向拉伸和压缩时的应力-应变曲线。环氧树脂的玻璃化温度 T_g 为 100℃，这种交联作用很强的聚合物，在室温下因呈刚硬的玻璃态，拉伸时好像典型的脆性材料，而压缩时则容易剪切屈服，并有大量的变形。值得注意

表 4-1　热塑性塑料的玻璃化温度

聚合物	代号	玻璃化温度/℃	聚合物	代号	玻璃化温度/℃
聚乙烯	PE	−33	聚苯乙烯	PS	100
聚丙烯(全同)	PP	−20	聚偏二氯乙烯	PVC[2]	15
聚丙烯(无规)	PP	−20	尼龙 6-10	6-10	40
硅橡胶	—	−123	尼龙 6-6	6-6	50
聚碳酸酯	PC	150	聚氯乙烯	PVC	87
天然橡胶	NR	−72	聚四氯乙烯	PTFE	−33
有机玻璃(全同)	PMMA	45	聚丙烯腈	PAN	104
有机玻璃(间规)	PMMA	115	聚甲醛	POM	−70

的是，在屈服之后有"应变软化"现象，即在屈服之后真应力下降。然而，这并不意味着产生了颈缩，因为在压应力作用下是不发生颈缩的。因此，这种在压缩时的"应变软化"现象是材料本身固有的软化特性。

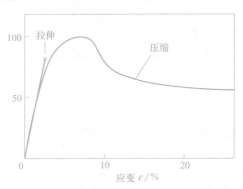

图 4-15　环氧树脂在室温下拉伸和压缩时的应力-应变曲线

4.4　陶瓷材料的变形

（1）陶瓷材料的弹性变形

材料在静拉伸载荷下，一般都要经过弹性变形、塑性变形及断裂三个阶段。然而陶瓷材料在室温静拉伸（或静弯曲）载荷下，不出现塑性变形阶段，即弹性变形阶段结束后，立即发生脆性断裂。

弹性模量 E 是描述弹性变形阶段材料力学行为的重要性能指标，即为 σ-ε 曲线中直线部分的斜率。与金属材料相比，陶瓷材料的弹性模量有如下特点：

① 陶瓷材料的弹性模量比金属大得多，常相差数倍，这是因为陶瓷材料具有强固的离子键和共价键的缘故。

② 与金属材料不同，陶瓷材料的弹性模量，不仅与结合键有关，而且还与构成陶瓷材料的种类、分布比例及气孔率有关。金属材料的弹性模量是一个极为稳定的力学性能指标，合金化、热处理、冷热加工等均难以改变其数值，但是陶瓷的工艺过程却对陶瓷材料的弹性模量有着重大影响。例如气孔率较小时，弹性模量随气孔率的增加而线性降低。

③ 陶瓷材料压缩状态的弹性模量一般大于拉伸状态的弹性模量。一般说来，在弹性范围内，金属的 σ-ε 曲线，无论是拉还是压，其弹性模量相等，即拉伸与压缩两部分的 σ-ε 曲线为一条直线。而陶瓷材料压缩时的弹性模量一般大于拉伸时的弹性模量，这与陶瓷材料显微结构的复杂性和不均匀性有关。

（2）陶瓷材料的塑性变形

由于陶瓷材料脆性大，在常温下基本不出现或极少出现塑性变形。金属材料容易滑移而产生塑性变形，原因是金属键没有方向性。陶瓷材料的结合键是共价键和离子键，共价键有明显的方向性和饱和性，而离子键的同号离子接近时斥力很大，所以主要由离子晶体和共价晶体组成的陶瓷，滑移系很少，一般在产生滑移以前就发生断裂。因而大多数陶瓷在室温下几乎不能产生塑性变形，这是陶瓷力学行为的最大特点。

（3）陶瓷材料的蠕变

随着温度的升高和时间的延长，有些陶瓷材料可表现出一定的塑性变形能力。此时，陶瓷材料的塑性变形主要是以蠕变的形式发生。通常，含有玻璃相的陶瓷材料，在高温下承受一定载荷时，会发生蠕变现象，这种行为对于高温结构陶瓷是非常重要的。

（4）陶瓷材料的强度、硬度和断裂

结合键和晶体构造决定了陶瓷具有很高的抗压强度和硬度，而抗拉强度和剪切强度则很低。陶瓷的实际断裂强度小得多，一般差 $2\sim3$ 个数量级，主要原因是内部存在许多不同大小、形状和分布的裂纹。

由于陶瓷的塑性变形能力极差，所以受力时在裂纹尖端容易产生很高的应力集中，并且材料的裂纹扩展抗力很低，在应力峰值超过一定的大小时，裂纹很快扩展，发生脆性断裂。

为了提高陶瓷材料的实际强度，改善其脆性，目前有以下几种办法：

① 制造颗粒细的、致密度高的、均匀的、较纯净的陶瓷，以尽量减少组织中的各种杂质和缺陷。例如用热压法制造的 Si_3N_4 陶瓷，几乎没有气孔，密度和强度都接近于理论值。

② 将陶瓷制成纤维，甚至晶须，可以大大减小各种缺陷产生的概率，能使强度提高 $1\sim2$ 个数量级。

③ 在陶瓷表面造成一个残余应力层，在某些受力情况下（可承受横向弯曲载荷的板材），可以抵消一部分表面拉应力，从而降低了材料表面实际承受的拉应力峰值。由于断裂往往从表面的受拉应力处开始，所以这种残余压应力可以提高陶瓷的强度。制造钢化玻璃就是利用这种方法。

硬度也是陶瓷材料的一个重要性能指标。陶瓷材料的硬度一般都很高，典型的共价键晶体金刚石的硬度最高。陶瓷和矿物常采用莫氏硬度，或叫划痕硬度，仅反映材料硬度的相对大小。硬度按大小顺序分十级或十五级。滑石最软，金刚石最硬。石英为十级莫氏硬度中的第七级。

复习思考题（4）

4-1　判断题

1. 在室温下，金属的晶粒愈细，则其强度愈高和塑性愈低。　　　　　　　　　（　　）

2. 金属的热加工是指在室温以上的塑性变形过程。　　　　　　　　　　　　（　　）

3. 在 $800℃$ 温度下对纯钨进行塑性变形的加工属于热加工，钨的熔点为 $3380℃$。

（　　）

4. 在冷拔钢丝时，如果总变形量很大，中间需安排几次退火工序。　　　　　（　　）

4-2　简答题

1. 何谓加工硬化？有何利弊？如何消除形变强化？

2. 当钛加热到 $500℃$ 及铅在室温下进行加工，试问它们各属于冷加工还是热加工？（钛的熔点为 $1677℃$，铅的熔点为 $327℃$）

3. 热加工对金属的组织与性能有何影响？

笔记

第 5 章
铁碳合金相图

工程背景

《国际歌》中唱到：快把那炉火烧得通红，趁热打铁才能成功！为什么要"烧得通红"，还要"趁热打铁"？在一般情况下，奥氏体是一种高温组织，稳定存在的温度范围为 $727 \sim 1394℃$，故奥氏体的硬度低，塑性较高，$\sigma_b = 400\text{MPa}$，硬度为 $170 \sim 220\text{HBS}$，$\delta = 40\% \sim 50\%$。当钢铁加热到高温时，得到单相奥氏体相比较多，奥氏体热塑性良好，这样用较小的外力可使坯料发生较大的变形。通常在对钢铁材料进行热变形加工，如锻造、热轧等时，都应将其加热成奥氏体状态，可减少加热次数，节省能源，减少烧损和氧化皮厚变，节能增效。所谓"趁热打铁"正是这个意思。

学习目的

1. 牢固掌握铁碳合金的基本组织（铁素体、奥氏体、渗碳体、珠光体）的定义、结构、形成条件和性能特点；

2. 牢固掌握简化的铁碳合金状态图，熟练分析不同成分的铁碳合金的结晶过程；掌握铁碳合金状态图各相区的组织及性能，以及铁碳合金状态图的实际应用。

教学重点

铁碳合金的基本组织；铁碳合金状态图的特征点、线和区域组织；铁碳合金状态图的实际应用。

5.1 概述

一切客观事物都是互相联系的和具有内在规律性的。人们在长期的生产实践和科学实验过程中，发现合金在不同的成分和不同的温度下，有不同的组织，亦即成分、温度和组织之间有着一定的关系。

钢铁即铁碳合金是由铁和碳两种元素组成的。由于成分不同，组织不同，因此力学性能也就不同。例如纯铁的硬度约为 80HBS，加入 0.8％碳组成铁碳合金后，硬度约为 270HBS；含碳 0.45％的铁碳合金硬度约为 220HBS，而含碳 1.2％的铁碳合金硬度可达 300HBS；若在铁中加入 18％铬和 9％镍组成合金，就成为不锈钢，可抗酸、抗碱、耐腐蚀，并具有较好的力学性能，工艺性能也很好。由此可见，金属材料的力学性能与成分及组织有着十分密切的关系。

钢铁材料是现代工业中应用最广泛的金属材料，由于含碳量不同，具有不同的组织，因此性能也不相同，应用也不一样。钢和铁是发展工农业不可缺少的物质，钢铁的产量和使用量已经成为一个国家工农业发展水平的重要标志。在建设工厂、矿井、水坝、发电站、铁路、桥梁和港湾时，都离不开建筑用钢。工厂里的机器，农田用的拖拉机、收割机，油田中的钻井机，铁路上的机车，海洋中的轮船，都要用钢制造。另外，化工设备、医疗器械、科学仪器需要不锈钢，电力工业需要硅钢。制造枪筒、炮筒要用耐高温的钨钢，坦克的外壳要用强度很高和防弹能力强的铬锰硅钢。

5.2 铁碳合金的基本组织

在固态铁碳合金中，铁和碳的相互作用有两种：一是碳原子溶解到铁的晶格中形成固溶体，如铁素体与奥氏体；二是铁和碳原子按一定的比例相互作用形成金属化合物，如渗碳体。

（1）铁素体（F）

碳溶解在 α-Fe 中形成的间隙固溶体称为铁素体，用符号 F 来表示，其晶胞如图 5-1 所示。由于 α-Fe 是体心立方晶格，晶格间隙较小，所以碳在 α-Fe 中的溶解度较低。在 727℃时，α-Fe 中的最大溶碳量仅为 0.0218%，随着温度的降低，α-Fe 中的溶碳量逐渐减少，在室温时碳的溶解度降低到 0.0008%。由于铁素体的含碳量低，所以铁素体的性能与纯铁相似，即具有良好的塑性和韧性，而强度和硬度却较低。图 5-2 为铁素体的显微组织。

图 5-1 铁素体晶胞示意图

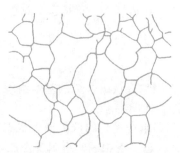

图 5-2 铁素体的显微组织

（2）奥氏体（A）

碳溶解在 γ-Fe 中所形成的间隙固溶体，称为奥氏体，常用符号 A 来表示。图 5-3 为奥氏体的晶胞示意图。由于 γ-Fe 是面心立方晶格，晶格的间隙较大，故奥氏体的溶碳能力较强。在 1148℃时溶碳量可达 2.11%，随着温度的下降，溶解度逐渐减小，在 727℃时溶碳量为 0.77%。

图 5-3 奥氏体的晶胞示意图

图 5-4 奥氏体的显微组织

奥氏体的强度和硬度不高，但具有良好的塑性，是绝大多数钢在高温进行锻造和轧制时所要求的组织。图 5-4 是奥氏体的显微组织。

（3）渗碳体

渗碳体是含碳量为 6.69% 的铁与碳的金属化合物，其分子式为 Fe_3C。渗碳体具有复杂的斜方晶体结构（图 5-5）。渗碳体与铁和碳的晶体结构完全不同，其熔点应为 1227℃。渗碳体的

笔记

硬度很高，塑性很差，是一个硬而脆的组织。

渗碳体常以片、球、粒、网状等不同形态出现在钢的组织中，其形态、大小、数量和分布对钢的力学性能有很大的影响。

渗碳体在适当条件下（如高温长期停留或缓慢冷却过程），能按下式分解为铁和石墨，这一过程对研究铸铁有重要意义：

$$Fe_3C \rightarrow 3Fe + C(石墨)$$

（4）珠光体（P）

珠光体是铁素体和渗碳体的混合物，用符号 P 来表示。它是渗碳体和铁素体片层相间、交替排列而成的混合物，图 5-6 是珠光体的显微组织。

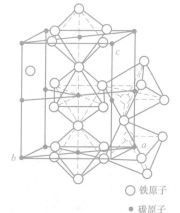

○ 铁原子
● 碳原子

图 5-5　渗碳体的晶胞示意图

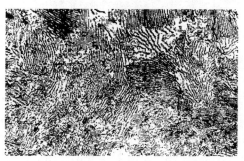

(a) 光学显微镜观察组织

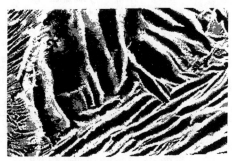

(b) 电子显微镜观察组织

图 5-6　珠光体显微组织

在缓慢冷却条件下，珠光体的含碳量为 0.77%。由于珠光体是由硬的渗碳体和软的铁素体组成的混合物，所以其力学性能取决于铁素体和渗碳体的性质以及它们各自的特点。大体是两者性能的平均值，故珠光体的强度较高，硬度适中，具有一定的塑性。

 工程应用典例

光学显微镜的发明，被人们利用来研究金属内部的显微组织，18 世纪以来，引发一系列的创新。首先是 Widmanstatten 于 1808 年将铁陨石（铁镍合金）切成试片，抛光，再用硝酸水溶液腐刻，在光学显微镜下观察到片状规则分布的魏氏组织。魏氏是金相学的启蒙、开路先锋。1863 年英国的 H. C. Sorby 用金相显微镜发现了钢中的一种组织，后来被命名为"索氏体"。索氏对钢铁进行显微镜观察发现了铁素体、渗碳体、珠光体、石墨和夹杂物，基本上搞清楚了钢铁的显微组织与热处理过程的关系。因此，索氏是国际上公认的金相学创建人。1863 年，英国金相学家展示了钢铁在显微镜下的六种不同的金相组织，证明了钢在加热和冷却时，内部会发生组织改变，钢从高温急冷后转变为一种较硬的相。

法国人奥斯蒙德确立的铁的同素异构理论，以及英国人奥斯汀最早制定的铁碳相图，为现代热处理工艺初步奠定了理论基础。接着，德国的 Adolf Martens 于 1878 年相继观察研究钢铁的各种显微组织，特别是发现了钢的淬火组织，1895 年，该组织被命名为马氏体。随后，他将碳在 γ 铁中的固溶体命名为奥氏体。到了 20 世纪初，他陆续出版了金相学杂志和专著。

（5）莱氏体（Ld）

莱氏体是含碳量为 4.3% 的合金，在 1148℃时从液相中同时结晶出奥氏体和渗碳体的混合物。由于奥氏体在 727℃时还将转变为珠光体，所以在室温下的莱氏体由珠光体和渗碳体组成，这种混合物仍叫莱氏体，用符号 Ld′ 来表示。

莱氏体的力学性能和渗碳体相似，硬度很高，塑性很差。铁碳合金基本组织的力学性能见表 5-1。在上述五种组织中，铁素体、奥氏体和渗碳体是铁碳合金的基本相，珠光体、莱氏体则是基本组织。

笔记

表 5-1　铁碳合金的基本组织的性质及性能特点

名称	符号	定义	最大含碳量	性能特点
铁素体	F	碳溶于体心立方晶格的 α-Fe 中形成的间隙固溶体，是铁碳合金的基本相	0.02%	由于铁素体溶碳量很小，其性能与纯铁相近，强度和硬度低，而塑性和韧性好，常作为基体
奥氏体	A	碳溶于面心立方晶格的 γ-Fe 中所形成的间隙固溶体，是铁碳合金的基本相	2.11%	存在于高温，高塑性，低的变形抗力，常作为锻造形态组织
渗碳体	Fe_3C	铁与碳以一定的比例形成的具有复杂晶格的间隙化合物 Fe_3C，也是基本相	6.69%	硬度很高，脆而硬，但强度很低，塑性、韧性几乎为零，是钢中主要的强化相
珠光体	$P(P=F+Fe_3C)$	共析反应产物，是含碳 0.77% 的奥氏体冷却到 727℃时，在固态下同时析出的铁素体和渗碳体所组成的机械混合物	0.77%	其性能介于铁素体和渗碳体之间，具有较高的强度和足够的韧性
莱氏体	Ld（高温）	1148℃奥氏体和渗碳体的共晶组织（$A+Fe_3C$）	4.3%	因含大量的渗碳体，所以脆而硬，塑性极差，基本无利用价值
	Ld′（低温）	低于 727℃时，转变为珠光体和渗碳体的共晶组织（$P+Fe_3C$）		

5.3　铁碳合金相图

铁碳合金相图是表示在缓慢冷却（或缓慢加热）的条件下，不同成分的铁碳合金的状态

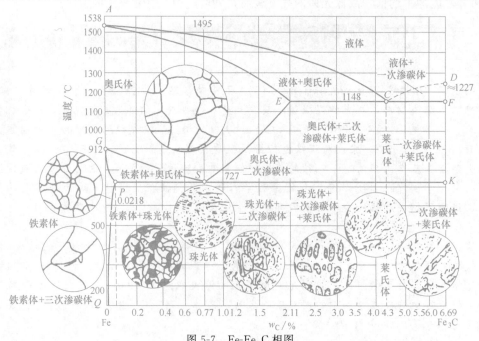

图 5-7　Fe-Fe_3C 相图

或组织随温度变化的图形。纵坐标为温度，横坐标为含碳量的质量百分数。工业用铁碳合金的含碳量一般不超过 5%，因此，我们研究的铁碳合金只限于 $Fe-Fe_3C$（$w_C = 6.69\%$）范围内，故铁碳合金相图也可以认为是 $Fe-Fe_3C$ 相图（图 5-7）。

5.3.1　铁碳合金相图分析

（1）图形特征

为了便于研究和分析，将相图上左上角部分以及左下角部分予以省略，经简化后的 $Fe-Fe_3C$ 相图如图 5-8 所示。

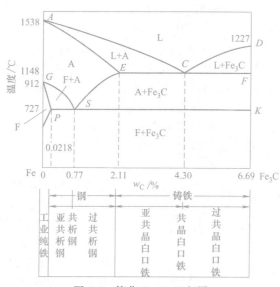

图 5-8　简化 $Fe-Fe_3C$ 相图

① 主要特性点的含义见表 5-2。

表 5-2　$Fe-Fe_3C$ 相图的主要特性点

点的符号	温度/℃	含碳量/%	含　义
A	1538	0	纯铁的熔点
C	1148	4.3	共晶点，$L_c \Leftrightarrow A + Fe_3C$
D	1227	6.69	渗碳体的熔点
E	1148	2.11	碳在 $\alpha\text{-Fe}$ 中的最大溶解度
G	912	0	纯铁的同素异构转变点，$\alpha\text{-Fe} \Leftrightarrow \gamma\text{-Fe}$
S	727	0.77	共析点，$A_s \Leftrightarrow F + Fe_3C$

② 主要特性线的含义见表 5-3。

表 5-3　$Fe-Fe_3C$ 相图的特性线

特性线	含义
ACD	液相线
$AECF$	固相线
GS	常称 A_3 线，不同含碳量奥氏体中结晶出铁素体的开始线
ES	常称 A_{cm} 线，碳在奥氏体中的固溶线
ECF	共晶线，$L_c \Leftrightarrow A + Fe_3C$
PSK	共析线，常称 A_1 线。$A_s \Leftrightarrow F + Fe_3C$

③ 相区与组织。根据特性点和线的分析，$Fe-Fe_3C$ 相图有四个单相区，即：

ACD 以上——液相区（L）； AESG——奥氏体区（A）；
GP——铁素体区（F）； DFK——渗碳体区（Cm）。

相图上其他区域的组织如图 5-7 所示。

（2）铁碳合金的分类

根据 Fe-Fe$_3$C 相图，铁碳合金可分为三类：

① 工业纯铁 $[w_C \leq 0.0218\%]$

② 钢 $[w_C = 0.0218\% \sim 2.11\%]$，其特点是高温时都有单相奥氏体。根据其含碳量及室温组织的不同，又可分为：

亚共析钢 $0.0218\% < w_C < 0.77\%$

共析钢 $w_C = 0.77\%$

过共析钢 $0.77\% < w_C \leq 2.11\%$

③ 白口铸铁 $[w_C = 2.11\% \sim 6.69\%]$，特点是金属液结晶时都将发生共晶反应生成莱氏体。根据其含碳量及室温组织的不同，根据其含碳量及室温组织的不同，又可分为：

亚共晶白口铸铁 $2.11\% < w_C < 4.3\%$

共晶白口铸铁 $w_C = 4.3\%$

过共晶白口铸铁 $4.3\% < w_C < 6.69\%$

（3）典型铁碳合金的结晶过程

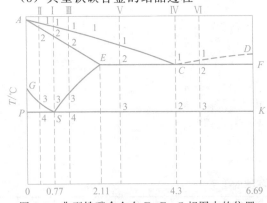

图 5-9 典型铁碳合金在 Fe-Fe$_3$C 相图中的位置

① 共析钢。图 5-9 中合金 Ⅰ 为含碳量 0.77% 的共析钢，冷却曲线和结晶过程如图 5-10 所示。当金属液冷却到和 AC 线相交的 1 点时，开始从液相（L）中结晶出奥氏体（A），到 2 点时金属液全部结晶终了，此时合金全部由奥氏体组成。在 2 点到 3 点间，组织不发生变化。当合金冷却到 3 点时，奥氏体发生共析反应：

$$A_{0.77\%} \xrightarrow{727℃} P(F + Fe_3C)$$

共析反应的产物为珠光体。温度再继续下降，珠光体不再发生变化。共析钢在室温时的组织是珠光体（图 5-10），P 呈层片状。

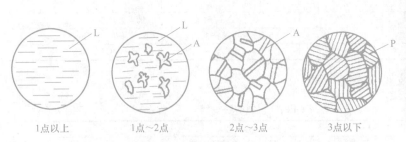

图 5-10 共析钢结晶过程示意图

② 亚共析钢。图 5-9 中合金 Ⅱ 含碳量为 0.45% 的亚共析钢，其冷却曲线和结晶过程如图 5-11 所示。金属液冷却到 1 点时开始结晶出奥氏体，到 2 点结晶完毕。2 点到 3 点间为单相奥氏体的冷却，当奥氏体冷却到与 GS 线相交的 3 点时，奥氏体开始向铁素体转变。由于铁素体中含碳量很低，原来溶解的过多的碳将溶入奥氏体中而使其含碳量增加。随着温度下降，析出的铁素体量增多，剩余的奥氏体量减少，而奥氏体的含碳量沿 GS 线增加。当温度

降至和 PSK 线相交的 4 点时，奥氏体的含碳量达到 0.77％，此时剩余奥氏体发生共析反应，转变成珠光体。4 点以下至室温，合金组织不再发生变化。

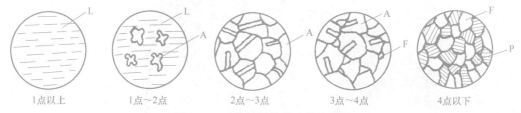

图 5-11　亚共析钢结晶过程示意图

亚共析钢的显微组织如图 5-12 所示，F 呈白色块状，P 呈层片状，放大倍数不高时呈黑色块状。所有亚共析钢的结晶过程都相似，在室温下的组织均由珠光体和铁素体组成，只因含碳量不同，珠光体和铁素体的相对量也不同。钢中含碳量越多，珠光体也越多。

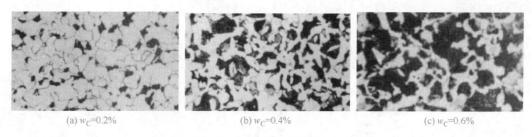

(a) $w_C = 0.2\%$　　　(b) $w_C = 0.4\%$　　　(c) $w_C = 0.6\%$

图 5-12　亚共析钢的显微组织

③ 过共析钢。图 5-9 中合金Ⅲ为含碳量 1.2％的过共析钢，其冷却曲线和结晶过程如图 5-13 所示。金属液冷却到 1 点时，开始结晶出奥氏体，到 2 点结晶完毕。2 点到 3 点间为单相奥氏体的冷却。当合金冷却到与 ES 线相交的 3 点时，奥氏体中的含碳量达到饱和，继续冷却，由于碳在奥氏体中的溶解度减少，所以从奥氏体中结晶出二次渗碳体（Fe_3C_{II}），沿奥氏体晶界呈网状分布。继续冷却，析出的二次渗碳体的数量增多，剩余奥氏体中的含碳量降低。随着温度下降，奥氏体中的含碳量沿 ES 线变化，当奥氏体温度降至 PSK 线相交的 4 点时，剩余奥氏体中的含碳量达到 0.77％，于是发生共析反应，转变成珠光体。从 4 点以下至室温，合金组织不再发生变化，最后得到珠光体和网状二次渗碳体组织。

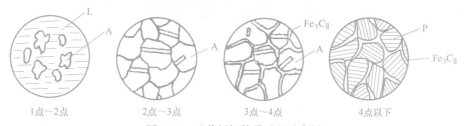

图 5-13　过共析钢结晶过程示意图

过共析钢的显微组织如图 5-14 所示，Fe_3C_{II} 呈网状分布在层片状 P 周围。所有过共析钢的结晶过程都相似，室温组织由于含碳量不同，组织中的二次渗碳体和珠光体的相对量也不同。钢中含碳量越多，二次渗碳体也越多。

根据冷却曲线和结晶过程，钢组织变化过程总结如下：

共析钢：L→L+A→A→P

亚共析钢：L→L+A→A→A+F→P+F

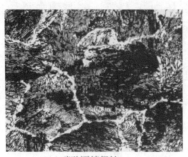 

(a) 硝酸酒精侵蚀　　　　　　　　　　(b) 苦味酸侵蚀

图 5-14　过共析钢的显微组织

过共析钢：$L \rightarrow L+A \rightarrow A \rightarrow A+Fe_3C_{II} \rightarrow P+Fe_3C_{II}$

④ 白口铸铁。图 5-9 中合金Ⅳ为含碳量 4.3% 的共晶白口铸铁，其冷却曲线和结晶过程如图 5-15 所示，其室温平衡组织为莱氏体 Ld，由黑色条状或粒状 P 和白色 Fe_3C 基体组成。

图 5-16 为共晶白口铸铁的显微组织。

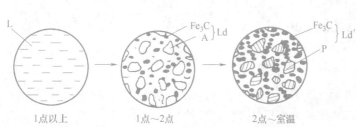

图 5-15　共晶白口铸铁结晶过程示意图

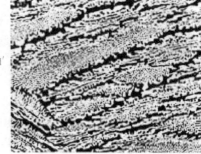

图 5-16　共晶白口铸铁显微组织

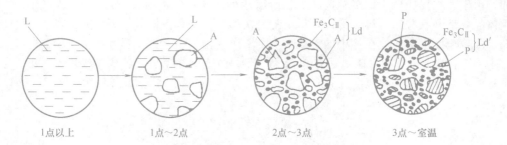

图 5-17　亚共晶白口铸铁的结晶过程示意图

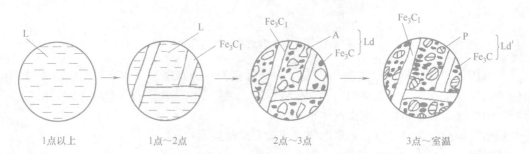

图 5-18　过共晶白口铸铁的结晶过程示意图

图 5-17 和图 5-18 是亚共晶白口铸铁 V 和过共晶白口铸铁Ⅵ的结晶过程。

亚共晶白口铸铁从共晶转变开始到室温，基本上和共晶白口铸铁相类似，所不同的是从液相线（AC、CD）到共晶转变线（ECF）之间，亚共晶白口铸铁先从金属液中结晶出奥氏体，过共晶白口铸铁先从金属液中结晶出一次渗碳体。

亚共晶白口铸铁（图 5-19）的室温组织为珠光体 P ＋二次渗碳体 Fe_3C_{II} ＋莱氏体 Ld，网状 Fe_3C_{II} 分布在粗大块状 P 的周围，Ld 则由条状或粒状 P 和 Fe_3C 基体组成。

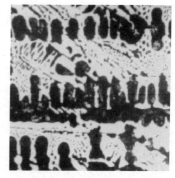

图 5-19　亚共晶白口铸铁显微组织

🗒笔记

过共晶白口铸铁（图 5-20）的室温组织是一次渗碳体 Fe_3C_I ＋莱氏体 Ld 。Fe_3C_I 呈长条状，Ld 由黑色条状或粒状 P 和白色 Fe_3C 基体组成。

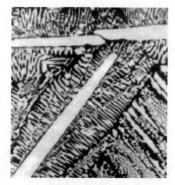

图 5-20　过共晶白口铸铁显微组织

（4）铁碳合金的成分、组织和性能的关系

根据铁碳合金相图的分析，铁碳合金在室温的组织都是由铁素体和渗碳体两相组成。随着含碳量的增加，铁素体的量逐渐减少，而渗碳体的量则有所增加，而且相互组合的形态也发生变化，如图 5-21 所示。

图 5-22 为含碳量对碳素钢的力学性能的影响。由图可以知道，改变含碳量可以在很大范围内改变钢的力学性能。总之，含碳量越高，钢的强度和硬度越高，而塑性和韧性越低。这是由于含碳量越高，钢中的硬脆相 Fe_3C 越多的缘故。而当含碳量超过 0.8％时，由于网状渗碳体的出现，使钢的强度有所降低。

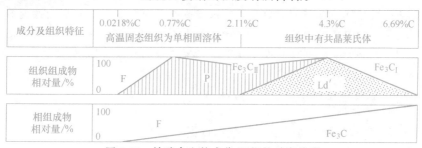

图 5-21　铁碳合金的成分-组织的对应关系

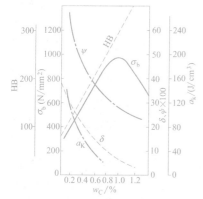

图 5-22　含碳量对碳素钢的力学性能的影响

为了保证工业上使用的钢具有足够的强度，并具有一定的塑性和韧性，钢中的含碳量一般都不超过 1.4％。

根据铁碳合金相图分析，铁碳合金在室温的组织都是由铁素体和渗碳体组成。随着含碳量的增加，铁素体的量逐渐减少，而渗碳体的量则有所增加，合金的组织变化顺序如下：

$$F \rightarrow F+P \rightarrow P \rightarrow P+Fe_3C_{II} \rightarrow$$
$$P+Fe_3C_{II}+Ld' \rightarrow$$
$$Ld' \rightarrow Ld'+Fe_3C_I$$

即：含碳量越高，钢的强度和硬度越高，而塑性韧性越低。

5.3.2 铁碳合金相图的应用

Fe-Fe$_3$C 相图在生产实践中具有重大的现实意义，主要应用在钢铁材料的选用和热加工工艺的制订两方面（图 5-23）。

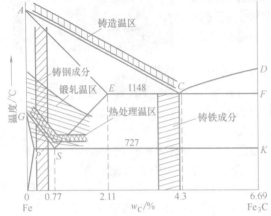

笔记

图 5-23 Fe-Fe$_3$C 相图在生产实践中的主要应用

（1）作为选用钢铁材料的依据

铁碳合金相图所表明的成分、组织和性能的规律，为钢铁材料的选用提供了依据。例如建筑结构和各种型钢需用塑性、韧性好的材料，选用碳含量较低的钢材；机械零件需要强度、塑性及韧性都较好的材料，应选用碳含量适中的中碳钢；工具要用硬度高和耐磨性好的材料，则选碳含量高的钢种；纯铁的强度低，不宜用做结构材料，但由于其磁导率高，矫顽力低，可作软磁材料使用如电磁铁的铁芯等。

白口铸铁硬度高、脆性大，不能切削加工，也不能锻造，但其耐磨性好，铸造性能优良，适用于作要求耐磨、不受冲击、形状复杂的铸件，例如拔丝模、冷轧辊、货车轮、犁铧、球磨机的磨球等。

答疑解惑

为什么锯断 T10 钢比锯断 10 钢费力？

答题要点：根据铁碳合金相图的分析，改变含碳量可以在很大范围内改变钢的力学性能，含碳量越高，钢的强度和硬度越高，而塑性和韧性越低。这是由于含碳量越高，钢中的硬脆相 Fe$_3$C 越多的缘故。T10 钢属高碳钢（碳的平均质量分数为 1.0%），强度较高、硬度高和耐磨性好，所以锯削时费力，锯条也易磨损；而 10 钢属低碳钢（碳的平均质量分数为 0.1%），强度和硬度低，塑性、韧性好，所以锯削时省力。

（2）制订铸、锻和热处理等热加工工艺的依据

① 在铸造生产上的应用。参照铁碳相图可以找出不同成分的铁碳合金的熔点，从而确定合适的熔化、浇注温度，通常浇注温度在液相线以上 50～60℃，钢的熔化与浇注温度都要比铸铁高。从相图上可看出，纯铁和靠近共晶成分的铁碳合金不仅熔点低，而且凝固温度区间也较小，因而流动性好，分散缩孔少，具有良好的铸造性能，可以获得致密的铸件，所以铸铁在生产上总是选在共晶成分附近。

② 在锻造工艺上的应用。钢经加热后获得奥氏体组织时强度较低，塑性较好，便于塑性变形加工，因此锻造或轧制选在单一奥氏体组织范围内。其选择原则是开始轧制或锻造的温度不得过高，以免钢材氧化严重，甚至发生奥氏体晶界部分熔化，使工件报废。而终止温度也不能过低，以免钢材塑性差，在锻造过程中导致产生裂纹。

③ 在热处理工艺上的应用。热处理与 Fe-Fe$_3$C 相图有着更为直接的关系，从铁碳相图可知，铁碳合金在固态加热或冷却过程中均有相的变化，所以钢和铸铁可以进行有相变的退火、正火、淬火和回火等热处理。根据对工件材料性能要求的不同，各种不同热处理方法的加热温度都是参考 Fe-Fe$_3$C 相图选定的。

5.4　铁碳合金简介

5.4.1　碳素钢

含碳量小于 1.5% 的铁碳合金称为碳素钢，简称碳钢。碳素钢不含特意加入的合金元素，而含有少量的硫、磷、硅、锰等杂质，由于具有良好的力学性能和工艺性能，且冶炼方便，价格便宜，故在机械制造、建筑、交通运输及其他各个工业部门中得到广泛的应用。

（1）钢中碳与杂质对性能的影响

① 碳。碳是决定钢性能最主要的元素。在亚共析钢中，随着含碳量增加，钢中的珠光体增加，铁素体减少，珠光体的强度、硬度比铁素体高，而塑性、韧性较铁素体低。所以，亚共析钢中，含碳量愈多，钢的强度、硬度愈高，塑性、韧性则愈低。

当含碳量超过共析成分 0.77% 以后，由于析出的网状渗碳体，围绕在珠光体晶粒周围即晶界上，削弱了晶粒间的结合力，降低了强度，增加了脆性。因此，含碳量超过 1.0% 以后，随着含碳量的增加，硬度虽然继续增加，但强度反而降低。

② 磷和硫。硫和磷是钢中的有害杂质。硫与铁元素形成 FeS，FeS 与铁形成低熔点（985℃）的共晶体，多存在于晶界，当钢在 1200~800℃ 进行热加工时，由于共晶体熔化，而使钢沿晶界开裂，这种现象称为钢的"热脆性"。磷在常温下，降低钢的塑性和韧性，特别是易使钢脆裂，产生"冷脆性"，使钢的冷加工性能和焊接性能变坏。磷不仅降低塑性，同时还提高钢的脆性转化温度，给钢材在低温下使用造成潜在的威胁。

但硫和磷有时也有有利的一面。例如 MnS 对断屑有利，而且起润滑作用，降低刀具磨损，所以在自动切削车床上用的易切削钢，其硫含量高达 0.15%，用以改善钢的切削加工性，提高加工光洁度。硫还有减摩作用，有些钢制零件或工具，进行表面渗硫后，可提高耐磨性。在炮弹钢中，含磷量高，其目的在于提高钢的脆性，增加弹片的碎化程度，提高炮弹的杀伤力。但对碳钢来说，总希望这两种元素愈少愈好，它们的含量是评定钢质量的主要标志。

③ 锰和硅。硅和锰是作为脱氧剂而进入钢中的。一般认为锰 0.5%~0.8% 和硅 0.17%~0.37% 是有益元素，它们能溶于铁素体中，具有固溶强化效果，可提高钢的强度和硬度。锰还能与硫化合成 MnS，减轻了硫的有害作用。另外，锰具有一定的脱氧能力，使钢中的 FeO 还原，降低了钢的脆性。

④ 非金属夹杂物。钢中的非金属夹杂物有氧化物（FeO、Fe_3O_4、MnO、SiO_2、Al_2O_3）、硫化物（MnS、FeS）和硅酸盐等。这些夹杂物是炼钢反应产生而未能完全排除钢液之上，或是从炉渣、炉体、铸锭设备等耐火材料中带入的。

非金属夹杂物降低钢的强度、塑性，因而夹杂物越少，钢的质量越好。

（2）碳钢的牌号、性能及用途

碳钢的品种繁多，为了生产、选用、加工、处理及交流的需要，国家标准规定碳钢的牌号采用汉语拼音字母、化学元素及阿拉伯数字相结合的方法命名。

碳钢主要有碳素结构钢、优质碳素结构钢、碳素工具钢及碳素铸钢，碳钢的分类、牌号及用途见表 5-4。

① 普通碳素结构钢。普通碳素结构钢的牌号以"Q+数字+字母+字母"表示。其中，"Q"字母是钢材的屈服强度"屈"字的汉语拼音首字母，紧跟后面的是屈服强度值，再其后分别是质量等级符号和脱氧方法。牌号中规定了 A、B、C、D 四种质量等级表示钢材质量依次提高，A 级含硫、磷量最高，质量最差，D 级质量最好。按脱氧制度，沸腾钢在钢号后加"F"，半镇静钢在钢号后加"b"，镇静钢则不加任何字母。例如，Q235AF 即表示屈服

强度值为 235MPa 的 A 级沸腾钢。普通碳素结构钢简称普碳钢，产量约占钢总产量的 70%。由于普碳钢易于冶炼、价格低廉，性能也基本满足了一般工程构件的要求，所以在工程上用量很大。

普碳钢常在热轧状态下使用，不再进行热处理，只保证力学性能及工艺性能便可。对某些小零件，也可以进行正火、调质、渗碳等处理，以提高其使用性能。

② 优质碳素结构钢。这类钢的牌号直接用平均含碳量的万分数（两位数字）表示，脱氧方法表示法同碳素结构钢，但镇静钢符号省略。例如，"08F"表示平均含碳量为 0.08% 的优质碳素结构钢（脱氧方法为沸腾钢）。含锰较高的钢（0.7%～1.00%Mn）末尾标出锰元素符号，如 "65Mn" 为含锰较高平均含碳量为 0.65% 的优质碳素结构钢。

优质碳素结构钢随钢号数字增加，其碳的含量增加，组织中的珠光体量增加，铁素体量减少，因此钢的强度也随之增加，而塑性指标越来越低。优质碳素结构钢比碳素结构钢性能优良，应用很广泛，可以制造比较重要的机械零件。

优质碳素结构钢含有较少的有害杂质，使用前一般要经过热处理以提高力学性能。

③ 碳素工具钢。碳素工具钢的碳质量分数在 0.65%～1.35% 之间，用来制造各种刃具、量具、模具等，这些工具都要求高硬度、高耐磨性及一定的韧性。为了满足这些要求，工具钢必须是优质的或高级优质的高碳钢。

碳素工具钢的钢号用平均碳质量分数的千分数的数字表示，数字之前冠以 "T"（"碳"的汉语拼音字头）。碳素工具钢均为优质钢，若含硫、磷更低，则为高级优质钢，在钢号后标注 "A" 字。例如，T12A 表示碳质量分数为 1.2% 的高级优质碳素工具钢。

碳素工具钢在机械加工前一般进行球化退火，组织为球 P＋细小均匀分布的粒状渗碳体，硬度≤217HBS。作为刃具，最终热处理为淬火（一般为 760～780℃）＋低温回火（180℃），组织为回火马氏体＋粒状渗碳体＋少量残余奥氏体，硬度可达 60～65HRC，耐磨性和加工性都较好，价格又便宜，生产上得到广泛应用。

碳素工具钢的缺点是热硬性差，当刃部温度高于 250℃ 时，其硬度和耐磨性会显著降低。此外，钢的淬透性也低，水中淬透临界直径约为 20mm 并容易产生淬火变形和开裂。因此，碳素工具钢大多用于制造刃部受热程度较低的手用工具和低速、小进给量的机用工具，亦可制作尺寸较小的模具和量具。所有碳素工具钢，只有经过热处理后，才能提高硬度。碳素工具钢使用前都要进行热处理（淬火＋低温回火）。

④ 铸钢。在生产中，有些机械零件，例如水压机横梁、轧钢机机架、重载大齿轮等，因受力复杂、形状也复杂，难以用锻压方法成形，若采用铸铁铸造则不能满足力学性能要求，因此常采用铸钢来生产。碳素铸钢中含碳量为 $w_C=0.15\%～0.60\%$，碳的质量分数过高则塑性差，易产生裂纹。

铸造碳钢的牌号的表示方法是，在数字前冠以 ZG（"铸钢"汉语拼音字首），后面两组数字表示力学性能，第一数字表示 σ_s，第二组数字表示 σ_b。例如 ZG200-400 表示屈服点值不小于 200MPa、抗拉强度不小于 400MPa 的碳素铸钢。

表 5-4　碳钢的分类、牌号及用途

分类	编号方法		常用牌号	用途
	举例	说明		
碳素结构钢	Q235-A F	屈服点为 235MPa、质量为 A 级的沸腾钢	Q195、Q215A，Q235B、Q255A、Q255B、Q275 等	一般以型材供应的工程结构件，制造不太重要的机械零件及焊接件（参见 GB/T 700—2006）

分类	编号方法		常用牌号	用途
	举例	说明		
优质碳素结构钢	45	表示平均 w_C 为 45‰的优质碳素结构钢	08F、10、20、35、40、50、60、65	用于制造曲轴、传动轴、齿轮、连杆等重要零件(参见 GB/T 699—2015)
碳素工具钢	T8、T8A	表示平均 w_C 为 8‰的碳素工具钢,A 表示高级优质	T7、T8Mn、T9、T10、T11、T12、T13	制造需较高硬度、耐磨性、又能承受一定冲击的工具,如手锤、冲头等(参见 GB/T 1299—2014)
一般工程用铸造碳钢件	ZG200-400	表示屈服强度为 200MPa、抗拉强度为 400MPa 的碳素铸钢	ZG230-450、ZG270-500、ZG310-570、ZG340-640	形状复杂的需要采用铸造成形的钢质零件(参见 GB/T 11352—2009)

合金铸铁应用实例

可锻铸铁浇注

5.4.2　铸铁

同钢一样,铸铁也是以 Fe、C 元素为主的铁基材料,但是含碳量很高(>2.11%),还含有较多硫、磷等杂质元素。根据碳在铸铁中的存在形式及石墨的形态(图 5-24),可将铸铁分为白口铸铁、灰铸铁、球墨铸铁、蠕墨铸铁和可锻铸铁等五大类。

碳在白口铸铁中完全以碳化物的形式存在,没有石墨,这种铸铁脆性特别大,又特别坚硬,作为零件在工业上很少用,只有少数的部门采用,例如农业上用的犁,除此之外多作为炼钢用的原料,作为原料时,通常称它为生铁。为了进一步提高铸铁的力学性能或特殊性能,还可以加入铬、钼、钒、铜、铝等合金元素,或提高硅、锰、磷等元素的含量,这种铸铁称为合金铸铁,凡具有耐热、耐蚀、耐磨等性能的铸铁又称为特殊性能铸铁。铸铁的分类、性能及用途等见表 5-5。

可锻铸铁的应用实例

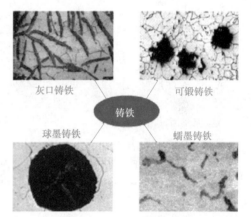

灰口铸铁　　可锻铸铁

铸铁

球墨铸铁　　蠕墨铸铁

图 5-24　铸铁中石墨的形态

球状石墨组织

笔记

表 5-5　铸铁的分类、性能及用途

分类(牌号)	石墨形态	生产方法	性能	应用
普通灰铸铁(HT)	片状	铁液在共析温度及以上温度区间时缓慢冷却,使石墨化充分进行而获得	抗拉强度低,塑性、韧性低,石墨片数量越多、尺寸越大、分布越不均匀,抗拉强度越低。抗压强度、硬度主要取决于基体,石墨影响不大	制作箱体、机座等承压零件
球墨铸铁(QT)	球状	在铁液中加入球化剂使石墨呈球状,在出铁液时加入孕育剂促进石墨化而获得	由于球状石墨对基体的割裂作用和引起应力集中现象明显减小,故其力学性能比灰铸铁高得多	制造受力复杂、性能要求高的重要零件。如珠光体球墨铸铁制造拖拉机曲轴、齿轮;铁素体球墨铸铁制造阀门、汽车后桥壳等
可锻铸铁(KTH 或 KTZ)	团絮状	先浇注成白口铸件,再经石墨化退火,使渗碳体分解为团絮状石墨	与灰铸铁比,强度高、塑性和韧性好,但不能锻造。与球铁比,具有质量稳定、铁液处理简单、易组织流水线生产等优点	制造形状复杂、有一定塑性、韧性、承受冲击和振动、耐蚀的薄壁铸件,如汽车、拖拉机的后桥、转向机构等

续表

分类(牌号)	石墨形态	生产方法	性能	应用
蠕墨铸铁（RuT）	蠕虫状	在铁液中加入蠕化剂,使石墨成蠕虫状,再加孕育剂进行孕育处理	性能介于灰铁与球铁之间,强度接近于球铁,具有一定的塑性和韧性。耐热疲劳性、减振性和铸造性能优于球铁,接近灰铁,切削性能和球铁相似,比灰铁稍差	制作形状复杂、组织致密、强度高、承受较大热循环载荷的铸件,如柴油机的汽缸盖、汽缸套、进(排)气管,阀体等

蠕墨铸铁浇注

蠕墨铸铁的应用实例

球墨铸铁的应用实例

　　铸铁是历史上使用得较早的材料,也是最便宜的金属材料之一。铸铁成本低廉,生产工艺简单并具有优良的铸造性能和切削加工性能,还有很高的耐磨减摩性和消振性以及低的缺口敏感性等,目前仍然是机械制造业中最重要的材料之一。例如,机床的床身、床头箱、尾架、内燃机的气缸体、缸套、活塞环以及凸轮轴、曲轴等都是铸铁制造的。在农用机械、汽车、机床等行业中,铸铁件约占总重量的 $40\%\sim90\%$。

复习思考题（5）

5-1　选择题

1. 制作一把手用锉刀,可选用_____。

A. $w_C=0.1\%$　　　　B. $w_C=0.45\%$　　　　C. $w_C=1.2\%$　　　　D. $w_C=3.0\%$

2. 具有共晶反应的二元合金,其中共晶成分的合金_____。

A. 铸造性能好　　　B. 锻造性能好　　　C. 焊接性能好　　　D. 切削性能好

3. 二次渗碳体是从_____。

A. 钢液中析出的　　　　　　　　　　B. 铁素体中析出的

C. 奥氏体中析出的　　　　　　　　　D. 珠光体中析出的

4. $w_C=1.2\%$钢一般比 $w_C=0.77\%$钢_____。

A. 强度高硬度高　　B. 强度高硬度低　　C. 强度低硬度低　　D. 强度低硬度高

5-2　简答题

1. 何谓铁素体、奥氏体、渗碳体、珠光体和莱氏体?试比较铁素体、渗碳体和珠光体的组织和性能特点。

2. 何谓钢?根据含碳量和室温组织,钢分为哪几类?试述它们的含碳量范围及组织特点。

3. 绘制简化 $Fe\text{-}Fe_3C$ 相图中钢的部分,说明各主要特性点和线的含义。

4. 何谓共晶转变?何谓共析转变?

5. 试分析 $w_C=0.45\%$的钢,从 $1200℃$冷却到室温的组织转变。

笔记

第 6 章

热处理的理论与实践

工程背景

热处理可以大幅度提高金属材料的强度。例如结构钢，工业上很多都是用调质钢（淬火以后高温回火），强度约为 600～1000MPa。第二次世界大战期间曾经有过一个很大的飞跃，苏联把飞机起落架由调质处理变成淬火以后低温回火，使它的抗拉强度提高到 1600MPa，苏联战机安装新的起落架以后，自重减轻，灵活性提高，在技术上领先了德国空军，从此有超高强度钢的热处理诞生。随后经过持续研究，结构钢的强度达到 1800MPa。

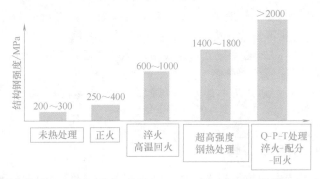

近年来，徐祖耀院士带领他的团队研究 Q-P-T 处理（淬火-配分-回火），使得结构钢强度提高到 2100MPa，比原来调质处理后的强度提高了三倍。北京钢研院正在研究 2600MPa 钢种，强度的提高不仅取决于钢的成分，而且取决于热处理工艺，从此可以看出热处理的关键作用。

学习目的

1. 掌握钢在加热和冷却过程中的组织转变；
2. 牢固掌握钢的退火、正火、淬火、回火等热处理工艺；
3. 掌握钢的表面热处理及化学热处理。

 教学重点

钢的热处理基本原理；钢的普通热处理和表面热处理方法。

6.1 热处理原理

热处理是将固态金属或合金采用适当的方式进行加热、保温和冷却以获得所需组织结构与性能的工艺。热处理不仅可用于强化材料，提高机械零件的使用性能，而且还可以用于改善材料的工艺性能。不同热处理工艺共同点是：只改变内部组织结构，不改变表面形状与尺寸。

热处理有三大基本要素：加热、保温、冷却。这三大基本要素决定了材料热处理后的组织和性能。加热是热处理的第一道工序，其目的是获取奥氏体。奥氏体的晶粒大小、成分及均匀程度，对钢冷却后的组织和性能有直接的影响；保温的目的是要保证工件烧透，防止脱碳、氧化等。保温时间和介质的选择与工件的尺寸和材质有直接的关系，一般工件越大，导热性越差，保温时间就越长；冷却是热处理的最终工序，也是热处理最重要的工序。钢在不同冷却速度下可以转变为不同的组织。

奇闻轶事：中国古代的热处理

笔记

早在公元前 770～222 年，中国人在生产实践中就已发现，钢铁的性能会因温度和加压变形的影响而变化，白口铸铁的柔化处理就是制造农具的重要工艺。1974 年，河北易县燕下都出土了一批战国中晚期钢铁兵器，据专家分析，金相组织中都有马氏体存在，这是我国看到的最早淬火器件，说明在战国中晚期，我国已发明了钢铁淬火技术。中国出土的西汉（公元前 202～公元 8）中山靖王墓中的宝剑，芯部含碳量为 0.15%～0.4%，而表面含碳量却达 0.6% 以上，说明其已应用了渗碳工艺。但当时作为个人"手艺"的秘密，不肯外传，因而发展很慢。在史书上也有关于淬火的文字记载。例如《史记·天官书》说"火与水合为焠"；王褒《圣主得贤臣颂》说"巧冶铸干将之璞，清水淬其锋"。其中"焠""淬"都是淬火之意。"干将"是指传说中的春秋名剑。尤其值得注意的是刘胜佩剑和错金书刀，只进行了剑刃局部渗碳和局部淬火，这充分说明了当时淬火技术的高水平。

6.1.1　钢在加热时的组织转变

钢的热处理多数需要先加热得到奥氏体，然后以不同速度冷却使奥氏体转变为不同的组织，得到钢的不同性能。因此了解钢在加热时组织结构的变化规律，合理制订加热规范，是保证热处理工件质量的首要环节。

实际热处理中，加热时相变温度偏向高温，冷却时偏向低温，且加热和冷却速度愈大偏差愈大。通常将加热时的临界温度标为 A_{c_1}、A_{c_3}、$A_{c_{cm}}$，冷却时标为 A_{r_1}、A_{r_3}、$A_{r_{cm}}$，见图 6-1。

（1）奥氏体的形成

现以共析钢为例，说明钢在加热时的组织转变过程。

共析钢（含 0.77%C）加热前为珠光体组织，一般为铁素体相与渗碳体相相间排列的层片状组织。当加热到稍高于 A_{c_1} 的温度，便会发生珠光体向奥氏体的转变，这一转变可表示为：

$$P(F+Fe_3C) \xrightarrow{A_{c_1}} A$$

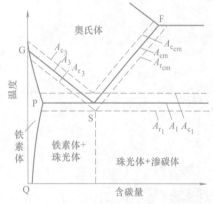

图 6-1　钢在加热和冷却时的临界温度

这一转变过程遵循结晶过程的基本规律，也是通过形核和晶核长大过程来实现的，可以认为是通过下列四个阶段（图 6-2）完成的。

① 奥氏体的晶粒形成与长大。实验证明，奥氏体的晶核最初出现在 F 与 Fe_3C 的相界面上。这是由于相界面上原子排列紊乱，处于不稳定状态而具有较高的能量为奥氏体的形成提供了有利条件。形成微小晶核后，通过原子扩散，使晶核逐渐向两侧扩展，使两侧的 F 和 Fe_3C 不断转变为奥氏体，在奥氏体晶核成长的过程中，又不断有新的奥氏体晶核产生并长

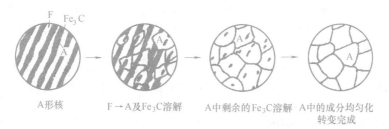

图 6-2　共析钢中奥氏体的形成过程示意图

大，直至珠光体全部消失。

　　② 残余 Fe_3C 的溶解。在奥氏体形成过程中，F 比 Fe_3C 先消失。故在铁素体 F 完全转变为奥氏体后，还有残留渗碳体 Fe_3C 尚未溶解。随着时间的延长，残余 Fe_3C 继续不断地向奥氏体溶解，直至全部消失为止。

　　③ 奥氏体的均匀化。当残余 Fe_3C 溶解时，实际上奥氏体的成分还是不均匀的。碳的浓度在原来 Fe_3C 处较高，而在原来 F 处较低，还需要延长保温时间，通过碳原子的扩散，才能使奥氏体中含碳量渐趋均匀。因此，热处理保温的目的，是使工件的组织转变完全以及使奥氏体成分均匀，以便在冷却后得到良好的组织和性能。

　　亚共析钢要加热到 A_{c_3} 以上，同样对于过共析钢需加热到 $A_{c_{cm}}$ 以上才能获得单相的奥氏体组织。

　　(2) 奥氏体晶粒的长大

　　当 P→A 转变刚完成时，所得到的奥氏体晶粒是细小的。当温度增高或保温时间延长，细小的奥氏体晶粒便通过晶粒之间的相互吞并逐渐长大。一般根据标准晶粒度等级图确定钢的奥氏体晶粒大小，标准晶粒度等级分为 8 级（图 6-3），1～4 级为粗晶粒度，5～8 级为细晶粒度。

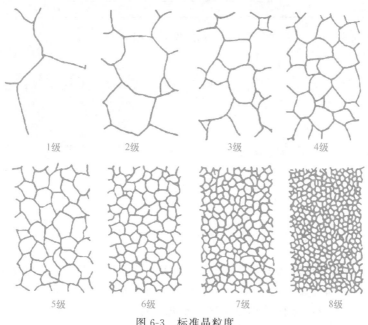

图 6-3　标准晶粒度

　　① 实际晶粒度和本质晶粒度。钢在某一具体加热条件下，实际获得的奥氏体晶粒的大小称为奥氏体的实际晶粒度，它决定钢的性能。奥氏体晶粒细小，冷却后产物组织的晶粒也

细小。一般细小晶粒钢有较高的强度和塑性，尤其是钢的冲击韧性远比粗大晶粒的钢要高得多。因此，钢在加热时，必须严格控制加热温度及保温时间，从而获得细小而均匀的组织，保证产品的热处理质量。

钢在加热时奥氏体晶粒长大的倾向用本质晶粒度来表示。钢加热到 930℃±10℃、保温 8h、冷却后测得的晶粒度叫本质晶粒度。如果测得的晶粒细小，则该钢称为本质细晶粒钢，反之叫本质粗晶粒钢。

② 影响奥氏体晶粒度的因素。

a. 加热温度和保温时间。随加热温度升高晶粒将逐渐长大。温度越高，或在一定温度下保温时间越长，奥氏体晶粒越粗大。

b. 钢的成分。奥氏体中碳含量增高，晶粒长大倾向增大。未溶碳化物则阻碍晶粒长大。钢中加入钛、钒、铌、锆、铝等元素，有利于得到本质细晶粒钢，因为碳化物、氧化物和氮化物弥散分布在晶界上，能阻碍晶粒长大。锰和磷促进晶粒长大。

6.1.2 钢在冷却时的组织转变

钢经加热获得奥氏体组织后，如在不同的冷却条件下冷却，最终可使钢获得不同的力学性能。如 45 钢制造的直径为 15mm 的轴，经 840℃加热后，由于冷却条件不同，在性能上会产生明显差别，如表 6-1 所示。为了弄清这些差别的原因，必须了解奥氏体在冷却过程中的组织变化规律。

表 6-1　45 钢经不同热处理后的性能（试样直径为 15mm）

热处理方法	力学性能				
	σ_b/MPa	σ_s/MPa	δ/%	ψ/%	A_k/J
退火（随炉冷却）	600～700	300～350	15～20	40～50	32～48
正火（空气冷却）	700～800	350～450	15～20	45～55	40～64
淬火（水冷）低温回火	1500～1800	1350～1600	2～3	10～12	16～24
淬火（水冷）高温回火	850～900	650～750	12～14	60～66	96～112

各种热处理工艺的冷却方式，归纳起来有两种（图 6-4）。

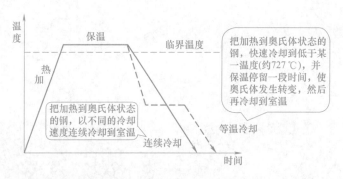

图 6-4　两种冷却方式示意图

① 等温冷却：将奥氏体化的钢迅速冷却到 A_{r_1} 以下某一温度，并等温停留一段时间，让奥氏体在此温度下完成其转变过程，然后再冷却到室温。

② 连续冷却：将奥氏体化的钢以不同的冷却速度（如炉冷、空冷、油冷、水冷等）连续冷却到室温。

下面仍以共析钢为例，说明冷却方式对钢组织及性能的影响。

（1）奥氏体等温冷却时的转变

当温度在 A_1 以上时，奥氏体是稳定的。当温度降到 A_1 以下后，奥氏体即处于过冷状态，这种奥氏体称为过冷奥氏体。过冷奥氏体是不稳定的，会转变为其他的组织，但并不是一旦冷却到 A_1 温度以下就立即转变，而在转变前需停留一定时间，这段时间称为孕育期。

将高温奥氏体迅速冷却到低于 A_1 的某一温度，并保持恒定，让过冷奥氏体在恒定温度下完成转变，称为过冷奥氏体的等温转变。

① C 曲线图的概况。全面表达过冷奥氏体的等温转变温度与转变产物之间关系的图形称为奥氏体的等温转变图，因其形状如 C 字母，故称为 C 曲线图或 TTT 图（图 6-5）。可见，在 A_1 以上是奥氏体稳定区域，其中：

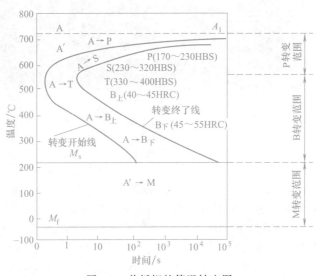

图 6-5　共析钢的等温转变图

a. 两条曲线：左曲线为过冷奥氏体转变的开始线，它的左方是过冷奥氏体区（这一段时间为孕育期）；右曲线为过冷奥氏体转变终止线，它的右方转变已经完成，是奥氏体转变产物区。在两条曲线之间是过渡区，转变正在进行。

b. 两条水平线：M_s 称为上马氏体点，表示过冷奥氏体转变为马氏体的开始温度，共析钢约为 230℃；M_f 为下马氏体点，表示过冷奥氏体转变为马氏体的终止温度，共析钢约为 −50℃。

c. 一个特征：在 C 曲线拐弯处（约 550℃）俗称"鼻子"，孕育期最短，此时奥氏体最不稳定，最容易分解。

② 影响 C 曲线的因素

a. 含碳量：过共析钢随含碳量增加或亚共析钢随含碳量减少都使 C 曲线左移（即过冷奥氏体越不稳定），故碳钢中以共析钢的过冷奥氏体最为稳定。

b. 合金元素：常用合金元素（除 Co 外），溶入奥氏体中都会使 C 曲线向右移（即增加过冷奥氏体的稳定性），合金元素的影响比碳更为显著。

c. 其他因素：奥氏体晶粒越粗大，或奥氏体成分越均匀，C 曲线越向右移（即过冷奥氏体越稳定）；奥氏体中残存的未溶质点越多，C 曲线越向左移（即降低过冷奥氏体的稳定性）。

③ 奥氏体等温转变产物的组织与性能

a. 高温转变→P 型转变

在 A_1～550℃ 温度范围内，奥氏体等温转变的产物均为珠光体（F 和 Fe_3C 片层状混合物)。转变温度越低即过冷度越大,所得到的珠光体越细。根据所形成的珠光体片层间距的大小,分别称为珠光体、索氏体和托氏体。其中珠光体片层较粗,索氏体片层较细,托氏体片层更细,需用电子显微镜才能分辨出它们的层片状(图 6-6)。

珠光体的力学性能主要取决于片层间距的大小,片层间距越小,则珠光体的塑性变形抗力越大,钢的强度和硬度越高,韧性越好。

(a) 珠光体(3800倍)　　　　(b) 索氏体(8000倍)　　　　(c) 托氏体(8000倍)

图 6-6　珠光体型组织

b. 中温转变→B 型转变

在 550℃～M_s(230℃)温度范围之内将发生贝氏体转变。贝氏体也是 F 和 Fe_3C 的机械混合物,但由于转变温度低,原子活动能力较弱,碳原子扩散不够充分。过冷奥氏体虽然分解成 F 和 Fe_3C 的混合物,但铁素体 F 中溶解的碳超过了正常的溶解度,转变后得到的组织为含碳量具有一定过饱和程度的铁素体 F 和极分散的渗碳体 Fe_3C 所组成的混合物即贝氏体。

奥氏体向贝氏体的转变属于半扩散型转变,铁原子不扩散而碳原子有一定扩散能力。通常把在 550～350℃范围内转变的产物称为上贝氏体(B$_上$),上贝氏体呈羽状,硬度为 40～45HRC,塑性很差,没有实用价值,在热处理时应避免出现。在 350～230℃之间等温转变的产物称为下贝氏体 B$_下$,下贝氏体呈黑色竹叶状,其硬度高,45～55HRC,韧性也比较好(图 6-7)。上贝氏体与下贝氏体的特征比较见表 6-2。

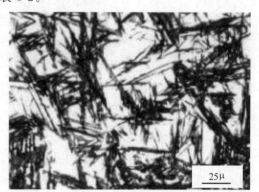

(a) 上贝氏体　　　　　　　　　　　(b) 下贝氏体

图 6-7　贝氏体的显微组织

表 6-2　上贝氏体与下贝氏体的特征比较

组织名称	形成温度/℃	显微组织特征	硬度(HRC)	其他
上贝氏体	550～350	铁素体呈平行扁平状,细小渗碳体条断续分布在铁素体之间,在光学显微镜下呈暗灰色羽毛状特征	40～45	韧性差
下贝氏体	350～230	铁素体呈针叶状,细小碳化物呈点状分布在铁素体中,在光学显微镜下呈黑色针叶状特征	45～55	韧性较好

综上所述，过冷奥氏体在 A_1 以下不同的温度区域进行等温转变，得到的转变产物及特性均不相同（表 6-3）。

表 6-3　过冷奥氏体等温转变的产物组织及性能

组织名称	符号	形成温度范围/℃	显微组织特征	硬度（HRC）
珠光体	P	A_1～650	粗片状混合物	＜25
索氏体	S	650～600	细片状混合物	25～35
托氏体	T	600～550	极细片状混合物	35～40
上贝氏体	$B_上$	550～350	羽毛状	40～45
下贝氏体	$B_下$	350～M_s	黑色针状	45～55

c. 低温转变→M 型转变。当奥氏体以极大的过冷度，急剧冷却到 M_s 线以下，便进入了马氏体转变区。马氏体是碳在 α-Fe 中的过饱和固溶体，是单相亚稳定组织。过饱和碳使 α-Fe 的体心立方晶格被歪曲成体心正方晶格（图 6-8），发生了很大畸变，产生很强的固溶强化。

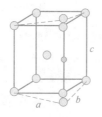

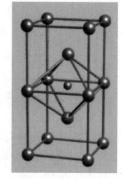

$a = b \neq c$

○ —— 碳原子

图 6-8　马氏体晶格示意图

马氏体转变有如下特点：

（a）过冷奥氏体转变为马氏体是一种非扩散型转变。由于转变温度低，原子扩散能力小，在马氏体转变过程中，钢中的碳原子已不能扩散，被迫全部保留在铁的晶格中，仅仅只有铁的晶格改组，即铁原子由面心立方晶格向体心立方晶格重新排列而未发生碳的扩散和析出。

（b）马氏体的形成速度很快。马氏体转变是在一定温度范围（M_s～M_f）内进行，无孕育期，速度极快。马氏体的数量随温度下降而不断增多，如果冷却在中途停止，则奥氏体向马氏体转变也立即停止。

（c）马氏体转变不能进行到底。即使过冷到 M_f 以下的温度仍有一定量奥氏体存在，这部分未发生马氏体转变的奥氏体称为残余奥氏 A′。奥氏体中的碳含量越高，则 M_s、M_f 越低，A′ 含量越高。只在碳质量分数少于 0.6% 时，A′ 可忽略。为减少残余奥氏体，将淬火后的工件冷却到室温以下（-50～-80℃）处理，这种操作称为冷处理。

（d）马氏体形成时体积膨胀。马氏体比容（容积/密度）比奥氏体的比容大，转变时体积将会发生膨胀，在钢中造成很大的内应力，严重时导致开裂。

实验证明，当奥氏体中的含碳量高于 1.0% 的钢淬火后几乎只形成呈针状的马氏体，故针状马氏体又称为高碳马氏体，其性能是高强度、高硬度，但塑性、韧性很低，脆性大。而奥氏体中的含碳量低于 0.20% 的钢淬火后几乎全部形成一束束细条状的马氏体，称之为板条马氏体或低碳马氏体，低碳马氏体具有较高的强韧性。奥氏体中碳的含量介于 0.2%～1.0% 时，淬火后呈针片状和板条状的混合物，奥氏体中含碳量越高，淬火组织中针状马氏体量越多，板条马氏体量越少。马氏体显微组织如图 6-9 所示。

马氏体的硬度主要取决于马氏体中的含碳量，马氏体中由于溶入过多的碳而使 α-Fe 晶格发生畸变，增加其塑性变形的抗力，故马氏体的含碳量越高，其硬度也越高。但当钢中含碳量大于 0.6% 时，淬火钢的硬度增加很慢，这是因为淬火钢中存在残余奥氏体。

钢在冷却时，过冷奥氏体的转变产物根据其转变温度的高低可分为高温转变产物珠光体、索氏体、托氏体，中温转变产物上贝氏体、下贝氏体，低温转变产物马氏体等几种。随

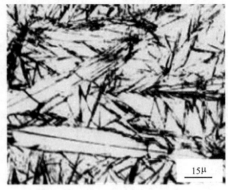

(a) 针状马氏体　　　　　　　　　　　　　　　(b) 板条马氏体

图 6-9　马氏体的显微组织

着转变温度的降低，其转变产物的硬度增高，而韧性的变化则较为复杂。

工程应用典例

以前人们普遍认为，马氏体是硬而脆的组织，但是，实验研究和生产实践说明，低碳钢淬火成马氏体状态后，既具有高的强度，又有较好的塑性和韧性，将其简称为低碳马氏体。经过人们对马氏体形态学和晶体学的深入研究，认为存在孪晶和位错马氏体（板条马氏体），其中孪晶马氏体硬而脆，而板条马氏体为低碳马氏体的主要结构和形态。这为低碳钢通过淬火、低温回火后作为构件使用，提供了新的理论依据。

我国石油机械长期沿用苏联的设计规范选用高冲击韧性、低强度材料制造零部件，使用强度低，造成产品结构"傻大笨粗"、使用寿命不长的弊端。例如石油钻机的轻型吊环原用苏联进口图纸，选材为 35 钢，正火后使用，吊环组织为索氏体，抗拉强度只有520MPa，所以吊环尺寸庞大，达 296kg，十分笨重。现改用低碳马氏体钢20CrMn2MoVA，淬火、低温回火后使用，组织为综合性能好的低碳马氏体，抗拉强度高达 1500MPa，质量较前减轻了两倍，只有98kg，深受用户欢迎。

（2）奥氏体连续冷却时的转变

在生产实际中，多数热处理都是在连续冷却下完成的，如在水、油、盐溶液中及在空气中自然冷却等，只是在特殊工艺要求下，有的热处理才采用等温淬火或等温退火。

① 奥氏体连续冷却的特点。奥氏体的连续冷却转变与等温转变有一定的区别，奥氏体的分解不是在恒温下进行的，开始分解的温度比分解终了时的温度高，在整个分解过程中，分解出来的组织没有等温分解时那样一致。如共析钢以缓慢速度连续冷却时，虽获得的组织是珠光体，但其中肯定有些珠光体层片粗，有的细些。

② 奥氏体连续转变产物的组织与性能。由于连续冷却转变曲线测定较困难，而目前等温转变曲线资料较多，为方便起见，常把代表连续冷却的冷却速度线（如 v_1、v_2、v_3 等）画在 C 曲线上。根据它们与 C 曲线相交的位置近似地估算出组织及性能。

过冷奥氏体连续冷却转变产物的组织与性能见表 6-4。

下面仍以共析钢为例，用等温度转变图近似分析钢在连续冷却时的过程。如图 6-10 所示，共析碳钢过冷奥氏体连续冷却转变产物的组织和性能如下

a. v_1（炉冷）：根据它与 C 曲线相交的位置，接近过冷奥氏体等温转变为珠光体的温度范围 700～650℃，故可判断转变产物为珠光体组织 170～220HBS。

b. v_2（空冷）：冷速较快一些，在较低一点的温度范围 650～600℃穿过 C 曲线，使奥

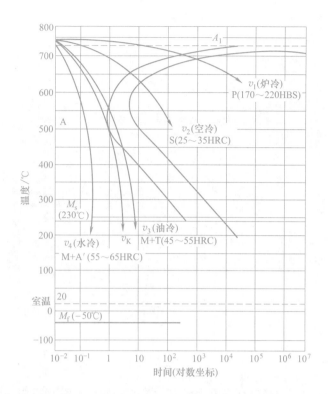

等温转变图在连续冷却中的应用

笔记

图 6-10　在 C 曲线上近似分析钢在连续冷却时的组织转变

氏体分解得到以索氏体为主的组织。

c. v_3（油冷）：冷却曲线只穿过奥氏体开始分解曲线，所以奥氏体中只有部分分解成了托氏体，而另一部分来不及分解，便过冷到 M_s 线以下向马氏体转变，结果得到托氏体与马氏体的混合组织 45～55HRC。

d. v_4（水冷）：冷却曲线已不再与 C 曲线相交，而最多只是相切，故奥氏体在 M_s 温度线以上未发生任何转变，全部过冷到 M_s 线以下转变为马氏体 55～65HRC。

表 6-4　过冷奥氏体连续冷却转变产物的组织与性能

冷却速度	速度值	相当于冷却条件	转变产物	符号	硬度
v_1	10℃/min	炉冷	珠光体	P	170～220HBS
v_2	10℃/s	空冷	索氏体	S	25～35HRC
v_3	150℃/s	油冷	托氏体＋马氏体	T＋M	45～55HRC
v_4	600℃/s	水淬	马氏体＋少量残余奥氏体	M＋A′	55～65HRC
v_k	马氏体临界冷却速度		马氏体＋少量残余奥氏体	M＋A′	55～65HRC

③ 临界冷却速度。v_C 在图中恰好与 C 曲线的"鼻部"相切，表示奥氏体在连续冷却中途不发生分解，而全部过冷到 M_s 以下向马氏体转变，这个全部转变为马氏体的最小冷却速度 v_C 称为临界冷却速度。v_C 与钢的成分有关，含碳量愈高及含有多数合金元素时，C 曲线右移，即奥氏体稳定性增加，孕育期加长，故要获得马氏体的 v_C 可小些。如中碳钢在水中冷却才能获马氏体，而合金中碳钢在油中冷却就能获得马氏体。

正火与退
火的区别

笔记

热处理基本原理总结如下。

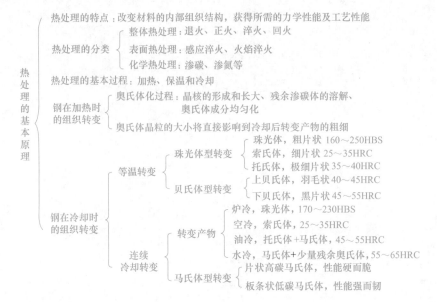

热处理的基本原理
- 热处理的特点：改变材料的内部组织结构，获得所需的力学性能及工艺性能
- 热处理的分类
  - 整体热处理：退火、正火、淬火、回火
  - 表面热处理：感应淬火、火焰淬火
  - 化学热处理：渗碳、渗氮等
- 热处理的基本过程：加热、保温和冷却
- 钢在加热时的组织转变
  - 奥氏体化过程：晶核的形成和长大、残余渗碳体的溶解、奥氏体成分均匀化
  - 奥氏体晶粒的大小将直接影响到冷却后转变产物的粗细
- 钢在冷却时的组织转变
  - 等温转变
    - 珠光体型转变
      - 珠光体，粗片状 160～250HBS
      - 索氏体，细片状 25～35HRC
      - 托氏体，极细片状 35～40HRC
    - 贝氏体型转变
      - 上贝氏体，羽毛状 40～45HRC
      - 下贝氏体，黑片状 45～55HRC
  - 连续冷却转变
    - 转变产物
      - 炉冷，珠光体，170～230HBS
      - 空冷，索氏体，25～35HRC
      - 油冷，托氏体+马氏体，45～55HRC
      - 水冷，马氏体+少量残余奥氏体，55～65HRC
    - 马氏体型转变
      - 片状高碳马氏体，性能硬而脆
      - 板条状低碳马氏体，性能强而韧

6.2　热处理工艺

热处理工艺是指通过加热、保温和冷却来改变材料组织以获得所需性能的方法。根据钢在实际操作中加热温度、冷却条件以及对钢结构和性能的要求可将热处理工艺分为退火、正火、淬火、回火和表面热处理。

6.2.1　钢的退火与正火

退火与正火是应用非常广泛的热处理，在机械零件或工量模具等工件的制造过程中，通常作为预先热处理工序，安排在铸造或锻造之后、切削粗加工之前，用以消除前一工序（锻、铸、冷加工等）所造成的某些缺陷，并为随后的工序（热处理、拉拔等）作好准备。

车床主轴零件用 45 钢制造，为了消除锻造留下的内应力，有利于切削加工，调整组织，便于后续热处理工艺，往往在锻造后选用正火。

（1）退火

退火就是将钢加热到一定温度（图 6-11），保温一定时间，然后随炉一起缓慢冷却下来，以得到稳定组织的一种热处理方法。

① 退火目的

a. 细化晶粒，均匀钢的组织及成分，改善钢的性能或为随后的热处理作好组织准备。

b. 降低钢的硬度，提高塑性，以利于切削加工及冷变形加工。

c. 消除在前一工序（如锻造、轧制、铸造等）中所产生的内应力，防止变形和开裂。

② 常用的退火方法

a. 完全退火。将钢加热至 A_{c_3} 以上 30～50℃，完全奥氏体化后保温一段时间，随之缓

图 6-11　各种退火的加热温度

慢冷却，获得接近平衡状态组织的工艺称为完全退火．

完全退火又称重结晶退火，在加热过程中，钢的组织全部转变为奥氏体，而在冷却过程奥氏体又转变为细小而均匀的平衡组织（珠光体＋铁素体），从而降低钢的硬度，细化了钢的晶粒，提高了塑性，充分消除了内应力。

完全退火主要适用于亚共析钢，用于锻、轧、铸、焊等热加工后的钢件毛坯，退火后的组织为铁素体和珠光体。

低碳钢和过共析钢不宜采用完全退火。低碳钢完全退火后硬度偏低，不利于切削加工。过共析钢加热至 $A_{c_{cm}}$ 以上奥氏体状态在缓慢冷却时，将沿晶界析出网状二次渗碳体，使钢的强度、塑性和冲击韧性显著降低。

b. 球化退火。将钢加热至 A_{c_1} 以上 20～30℃，保温一段时间，以不大于 50℃/h 的冷却速度冷却下来的工艺称为球化退火，如图 6-12 所示。

球化退火的目的在于使过共析钢获得球状珠光体，如图 6-13 所示。球状珠光体是其中的渗碳体呈球形的颗粒，弥散分布在铁素体基体之内的混合物。球状珠光体与片状珠光体比较，硬度较低，切屑易于断开，便于切削加工，并且在淬火加热时，奥氏体晶粒不易粗大，冷却时工件变形、开裂倾向小。

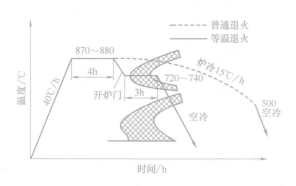

图 6-12　球化等温退火工艺

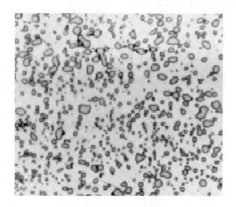

图 6-13　球状珠光体

球化退火主要用于制造刀具、量具、模具等的共析钢和过共析钢，如碳素工具钢、合金工具钢、轴承钢。主要目的是降低硬度，改善切削加工性，并为淬火作好组织准备。

若钢的原始组织中有网状渗碳体或其他组织缺陷时，应先用正火消除后再球化退火。

c. 去应力退火：将钢加热到低于 A_1 的某一温度，保温一定时间后缓慢冷却的工艺称为去应力退火。去应力退火主要用于消除铸铁、锻件、焊接件、冲压件及机加零件的残余应力，稳定尺寸，减少使用过程中的变形。

零件中存在的内应力是十分有害的，如不及时消除，将使零件在加工及使用过程中发生变形，影响工件的精度。另外，内应力与外加载荷叠加在一起还会引起材料发生意外断裂。因此，锻造、焊接以及切削加工后（精度要求高）的工件应进行去应力退火，以消除加工过程中产生的内应力。常用的退火方法比较见表 6-5。

表 6-5　常用的退火方法

名称	目的	工艺	组织	应用
完全退火	细化晶粒,消除铸造偏析,降低硬度,提高塑性	加热到 A_{c_3} ＋（30～50）℃,炉冷至 550℃左右空冷	F＋P	亚共析钢的铸、锻、轧件,焊接件

续表

名称	目的	工艺	组织	应用
等温退火	细化晶粒,消除铸造偏析,降低硬度,提高塑性	亚共析钢加热到 $A_{c_3}+(30\sim50)℃$,共析钢或过共析钢加热到 $A_{c_3}+20\sim40℃$,较快冷却到 A_{r_1} 以下某温度,等温一段时间,再空冷	F+P,P,P+Fe₃C	合金钢,大型铸钢件
球化退火	降低硬度,改善切削性能,提高塑性韧性,为淬火作组织准备	加热到 $A_{c_1}+(20\sim30)℃$,保温然后缓冷至 500℃ 左右空冷	片状珠光体和网状渗碳体组织转变为球状	共析、过共析钢及合金钢的锻件、轧件等
均匀退火	改善或消除枝晶偏析,使成分均匀化	加热到 A_{c_3} 以上 100~200℃,长时间保温(10~15h)后缓冷	粗大组织(组织严重过烧)	合金钢铸锭及大型铸钢件或铸件
去应力退火	消除残余应力,提高尺寸稳定性	加热至 500~650℃ 保温缓冷至 200℃空冷	无变化	铸、锻、焊、冷压件及机加工件

（2）正火

将钢加热到临界点 A_{c_3} 或 $A_{c_{cm}}$ 以上 30~50℃，进行完全奥氏体化后在空气中冷却，这种热处理工艺称为正火（图 6-14）。

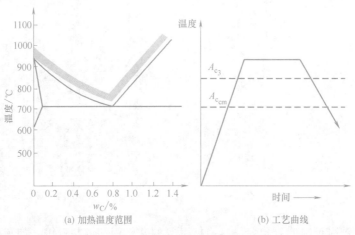

(a) 加热温度范围   (b) 工艺曲线

图 6-14　正火工艺示意图

① 正火目的：细化晶粒，均匀组织，调整硬度等。

② 正火组织：共析钢 S、亚共析钢 F+S、过共析钢 Fe₃C$_{Ⅱ}$+S。

③ 正火工艺：正火保温时间和完全退火相同，应以工件透烧，即心部达到要求的加热温度为准，还应考虑钢材、原始组织、装炉量和加热设备等因素。正火冷却方式最常用的是将钢件从加热炉中取出在空气中自然冷却。对于大件也可采用吹风、喷雾和调节钢件堆放距离等方法控制钢件的冷却速度，达到要求的组织和性能。

④ 正火的应用

a. 改善钢的切削加工性能。碳的含量低于 0.25% 的碳素钢和低合金钢，通过正火处理，可以减少自由铁素体，获得细片状珠光体，使硬度提高，可以改善钢的切削加工性，提高刀具的寿命和减小表面粗糙度。

b. 消除热加工缺陷。中碳结构钢铸、锻、轧件以及焊接件在加热加工后易出现粗大晶粒等过热缺陷和带状组织。通过正火处理可以消除这些缺陷组织，达到细化晶粒、均匀组织、消除内应力的目的。

c. 消除过共析钢的网状碳化物，便于球化退火。当过共析钢中存在严重网状碳化物时，将达不到良好的球化效果，通过正火处理可以消除网状碳化物，改善力学性能，并为以后的热处理作好准备。

d. 提高普通结构零件的力学性能。一些受力不大、性能要求不高的碳钢和合金钢普通结构零件，采用正火处理，达到一定的综合力学性能，可以代替调质处理，作为零件的最终热处理。

（3）退火与正火的选择

退火与正火在某些方面有相似之处，正火实质上是退火的一个特例，二者加热温度相同，二者目的基本相同，均能消除内应力，细化晶粒。不同之处在于冷却速度不同，正火的冷却速度比退火稍快，生产周期短、成本低。故正火后钢的组织比较细，强度、硬度、韧性都比退火后的高，并且塑性也不降低，故在实际选用时可从以下三方面考虑。

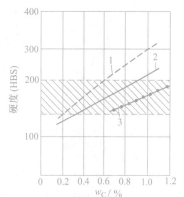

图 6-15　钢退火与正火后的
硬度值范围
1—正火；2—完全退火；3—球化退火

① 从切削加工性考虑。一般认为钢材硬度在 170～230HBS 时，其切削加工性最好。硬度过高，刀具容易磨损，难以加工。硬度过低，切削时容易"粘刀"，使刀具发热而磨损，而且加工后的工件表面不光滑，粗糙度大。因此，作为预先热处理低碳钢正火优于退火，而高碳钢正火后硬度过高，必须采用退火，如图 6-15 所示。

② 从使用性能上考虑。对于亚共析钢制的零件来说，正火处理比退火具有较好的力学性能（表 6-6）。若零件性能要求不高，可用正火作为最终热处理。但当零件形状复杂时正火的冷却速度较快，易引起开裂，此时采用退火为宜。

表 6-6　45 钢正火、退火状态的力学性能

状态	σ_b/MPa	δ/%	a_k/(J/cm²)	硬度（HBS）
退火	650～700	15～20	40～60	180
正火	700～800	15～20	50～80	220

③ 从经济上考虑。正火比退火的生产周期短，成本低，生产效率高，操作方便，故在可能的条件下应优先采用正火。各种退火，正火的加热温度范围和工艺曲线如图 6-16 所示。

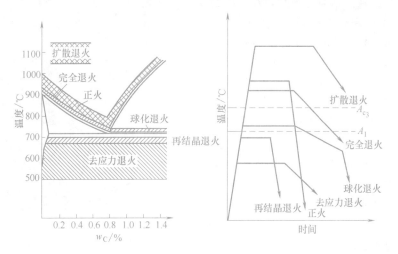

图 6-16　各种退火与正火的工艺示意图

6.2.2　淬火与回火

（1）淬火

将钢加热到 A_{c_1} 或 A_{c_3} 以上 30～50℃，在此温度下保持一段时间，然后快速冷却下来，以获得高硬度的热处理工艺方法称为淬火。

① 淬火的目的。淬火后可得到以马氏体为主的不稳定组织，然后和不同的回火温度相配合，获得所需的力学性能。

② 淬火温度的确定。原始组织为球状珠光体的 T8 钢，如淬火加热温度为 600℃（< A_{c_1}），则淬火后的硬度与淬火前的退火状态基本相同；如淬火加热温度为 780℃ [A_{c_3}＋（30～50）℃]，则淬火后的硬度能达到 63HRC；如淬火温度提高至 1000℃（> A_{c_3}），虽然淬火后硬度能达到 63HRC，但是冲击韧性却显著降低。钢的淬火温度主要由化学成分和 $Fe\text{-}Fe_3C$ 相图来选择，如图 6-17 所示。

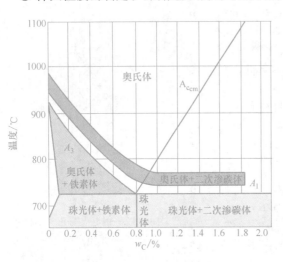

图 6-17　碳钢淬火温度范围

a. 亚共析钢 A_{c_3}＋（30～50）℃。在此温度下可获得全部为细晶粒的奥氏体组织，淬火后可获得细小均匀的马氏体。如果温度过高则有晶粒粗化现象，淬火后获得粗大的 M，使钢的脆性增大；如果温度过低在 A_{c_1} 与 A_{c_3} 之间，则有部分铁素体未能全部溶入奥氏体，则淬火后的组织为 M＋F，柔软的铁素体保存下来，淬火硬度不足。

b. 过共析钢 A_{c_1}＋（30～50）℃。

c. 共析钢的淬火温度为 A_{c_1} 以上 30～50℃。

答疑解惑

比较下列材料经不同热处理后硬度值的高低，并说明其原因。

① T12 钢加热到 700℃后，投入水中快冷；② T12 钢加热到 750℃后，投入水中快冷；③ T12 钢加热到 900℃后，投入水中快冷。

答题要点：① T12 钢加热到 750℃后，投入水中快冷后硬度值最高；② T12 钢加热到 700℃后，投入水中快冷后硬度值最低。

过共析钢 T12 钢的淬火温度，选择在 A_{c_1} 以上 30～50℃（即 750℃左右），在此温度下的组织为奥氏体和次生渗碳体，即有部分渗碳体未溶入奥氏体中，因而淬火后的组织中，就有很硬的渗碳体保留下来，使钢的硬度和耐磨性大大增加（图 6-18）。

反之，若加热到 $A_{c_{cm}}$（900℃）以上后，一方面因渗碳体的溶解，提高了奥氏体中的含碳量，使淬火

图 6-18　T12 钢（含 1.2%C）
正常淬火组织

后的残余奥氏体量增加，引起硬度的降低。另一方面加热温度太高，会促使奥氏体的晶粒长大，同时还会出现严重的脱碳现象。因此，过共析钢的淬火温度只能选择在 A_{c_1} 以上 $30\sim50℃$。T12 钢加热到 $700℃$ 后，投入水中快冷，组织未改变，硬度值最低。

③ 淬火介质。能使钢在加热后得到一定冷却速度的介质称为淬火介质。冷却速度应保证淬火后马氏体的形成，如果冷速过高，容易引起淬火内应力造成工件的变形或开裂，如果冷速太低，则淬火后硬度不足。对于冷却速度的控制，实际上是通过冷却介质来实施的。

常用的淬火介质有水、盐水、油、熔盐、空气等（表 6-7）。水和盐水的优点是在 $650\sim550℃$ 范围内，冷却较快，缺点是在 $300\sim200℃$ 范围内冷却速度仍然过快，容易引起变形和开裂。因此，水冷一般用于形状简单的碳钢零件淬火。矿物油的优点是在 $200\sim300℃$ 范围内冷却速度慢，缺点是在 $650\sim550℃$ 范围内冷却速度也慢，碳钢用油冷却，有珠光体和铁素体生成，钢不能淬硬，故矿物油主要用于合金钢零件的淬火。

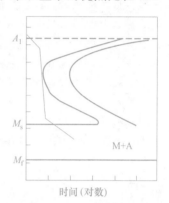

图 6-19　理想淬火冷却速度

由钢的奥氏体等温转变曲线可知：为避免生成珠光体，在 C 曲线"鼻尖"附近（约 $550℃$）需要快冷，而在 $650℃$ 以上或 $400℃$ 以下温度内并不需要快冷，特别是在 M_s 线附近发生马氏体转变时，不能快冷，否则会引起工件的变形与开裂。实际上，很难找到合乎理想的冷却介质（图 6-19），但可以根据不同淬火介质的特性正确使用，以符合工件在冷却时的要求。某国应用浓度为 15% 聚乙烯醇、0.4% 抗黏附剂、0.1% 防泡剂的淬火介质，以及国内使用比较广泛的新型淬火介质有过饱和硝盐水溶液等，它们的共同特点是冷却能力介于水、油之间，接近于理想淬火介质。

表 6-7　淬火介质比较

淬火介质		水	油	盐水	碱浴	硝盐浴
冷速	$550\sim650℃$	$600℃/s$　快	$150℃/s$　太慢	$1000\sim1200℃/s$	比油快	比油稍弱
	$200\sim300℃$	$270℃/s$　太快	$30℃/s$　慢	$300℃/s$	比油弱	比油弱
特点		• 高温冷速快,可保证工件淬硬 • 低温冷速快,工件易变形开裂 • 冷却能力对水温敏感 • 杂质使冷却能力下降	• 低温冷速慢,工件不易变形、开裂 • 高温冷速慢,工件易分解,淬不硬 • 易老化、易燃 • 油温增加,冷却能力增加(20～80℃)	• 冷却能力强 • 工件表面质量好,硬度均匀 • 易变形开裂 • 易腐蚀	• 既能保证工件淬硬,又能使变形开裂程度减少 • 流动性好 • 工作环境差	
用途		碳钢	合金钢 小截面碳钢	形状简单、截面尺寸大的碳钢	小件、形状复杂、精度要求高的工件	

一般对碳素钢而言，低、中碳钢用 10% 的食盐溶液淬火，高碳钢水淬油冷，而合金钢用矿物油淬火。

奇闻轶事：蒲元锻制"神刀"

　　随着淬火技术的发展，人们逐渐发现淬火介质对淬火质量的影响。三国时期蒲元为诸葛亮锻制出能够"斩金断玉，削铁如泥"的"神刀"三千口，不仅运用当时先进的炒钢冶炼技术，最后一道工序淬火也至关重要。所谓"淬火"，就是先把打好的钢刀放在炉火上烧红，然后立刻放入冷水中适当蘸浸，让它骤然冷却。这样反复几次，钢刀就会变得坚韧而富有弹性了。淬火工序看起来容易，但操作起来极难掌握得恰到好处，烧热的火候、冷却的程度、水质的优劣，都有很大关系。淬火淬得不够，则刀锋不硬，容易卷刃；淬火淬过头，刀锋会变脆，容易折断。据《蒲元别传》上讲，蒲元对淬火用的水质很有研究。他认为"蜀江爽烈"，适宜于淬刀，而"汉水钝弱"，不能用来淬火。他专门派士兵到成都去取江水。由于山路崎岖，坎坷难行，所取的江水打翻了一大半，士兵们就掺入了一些活水。水运到以后，当即就被蒲元识破了。在 1700 年前，蒲元就发现了水质的优劣会影响淬火的效果，这实在是了不起的成就。而在欧洲，到近代才开始研究这个问题。

　　虽然三国制刀能手蒲元等人已经认识到用不同的水作淬火的冷却介质，可以得到不同性能的刀，但仍没有突破水的范围。而北齐冶炼家綦毋怀文则实现了这一突破，他使用了动物尿和动物油脂作为冷却介质。动物尿中含有盐分，冷却速度比水快，用它作淬火冷却介质，淬火后的钢比用水淬火的钢坚硬；而动物油脂冷却速度则比水慢，淬火后的钢比用水淬火的钢有韧性。这是对钢铁淬火工艺的重大改进，一方面扩大了淬火介质的范围，另一方面可以获得不同的冷却速度，以得到不同性能的钢。綦毋怀文还可能使用了一种比较复杂双液淬火法，即先在冷却速度大的动物尿中淬火，以保证工件的硬度；然后再在冷却速度小的动物油脂中淬火，以防止工件开裂和变形，使其有一定的韧性。这样可以得到性能比较好的钢，避免单纯使用一种淬火介质淬火（即单液淬火）的局限。綦毋怀文能在 1400 多年前，在钢铁冶炼、制刀、淬火工艺等方面作出如此杰出的成就，是中华民族的骄傲。

　　④ 淬火方法。为了保证淬火质量，最大限度地减少变形和避免开裂，除正确选用淬火冷却介质外，还应采用正确的淬火方法不同淬火方法的特点及适用范围见表6-8。

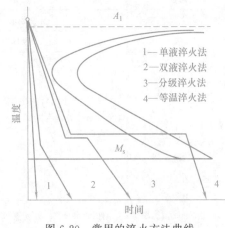

图 6-20　常用的淬火方法曲线

1—单液淬火法
2—双液淬火法
3—分级淬火法
4—等温淬火法

　　a. 单液淬火。将加热后的工件浸入一种淬火介质（通常为水或油），直到零件冷至室温为止的方法称为单液淬火方法，如图 6-20 中 1 所示。

　　此法优点是操作简便，便于实现机械化与自动化，缺点是使零件产生较大的内应力，容易产生变形甚至裂纹，只适用于形状简单、变形要求不大的工件。通常，碳钢淬火采用水，盐水等作淬火介质，合金钢一般临界冷却速度较低，采用油作淬火介质。

　　b. 双液淬火。将加热后的工件，先放在一种冷却速度较大的淬火介质如水中进行冷却，待冷却到 300～400℃时，躲过了奥氏体最不稳定的温度区间 500～600℃，再迅速转移到另一种冷却速度较小的淬火介质如油中进行冷却，使过冷奥氏体转变为马氏体，如图 6-20 中 2 所示，这种"先水后油"或"先油后空气"的冷却方法称为双液淬火。

双液淬火优点是可以减小零件的内应力及由此而引起的变形和开裂的可能性，缺点是不易掌握零件在水中的时间，若时间过短，中心部分淬不硬，时间过长，失去了双液淬火的意义。这种方法主要应用于碳素工具钢制造的易开裂的工件，如丝锥板牙等。

c. 马氏体分级淬火。将加热后的工件，浸入一种温度较 M_s 稍高或稍低的冷却介质如 $150 \sim 260℃$ 熔盐浴或碱浴中并停留约 $2 \sim 5min$，使零件内外层温度均匀一致，并在奥氏体开始分解之前，迅速转入另一种冷却介质如油或空气中冷却至室温，使奥氏体转变为马氏体，这种冷却方法称为马氏体分级淬火，如图 6-20 中 3 所示。

马氏体分级淬火的主要优点是通过在 M_s 附近保温，使工件内外温差减至最小，可以减轻淬火应力，防止工件变形和开裂。但也有一个停留时间的问题，时间太短，无法减少热应力，太长则发生贝氏体转变，将使硬度降低。这种方法一般用于形状复杂碳钢或合金钢的小型零件。

表 6-8　不同淬火方法的特点及适用范围

序号	淬火方法	适用范围及特点
1	单液淬火	尺寸小、形状简单的碳钢、合金钢件
2	双液淬火	尺寸较大碳钢件
3	分级淬火	稍高于 M_s，盐浴； 小尺寸工模具、变形小、精密件
4	等温淬火	淬火热应力、组织应力小，变形小； 形状复杂、尺寸精密件
5	冷处理	高碳轴承钢

d. 贝氏体等温淬火。将加热后的工件浸入一种稍高于 M_s 点的冷却介质如熔盐中，并停留足够的时间，使过冷奥氏体在此温度下发生等温转变得到贝氏体，然后取出空冷至室温，如图 6-20 中 4 所示，这种冷却方法称为贝氏体等温淬火。

下贝氏体组织具有较高的硬度和韧性，故此法的优点是能够使零件得到较高的硬度，且具有良好的韧性，并可以减少或避免工件的变形和开裂，一般情况下不必再回火．缺点是零件的直径或厚度不能过大，否则心部将会因为冷却速度慢而产生珠光体型转变达不到淬火之目的。

贝氏体等温淬火常用于形状复杂，强度及冲击韧性要求高的各种小型模具、成型刀具。

⑤ 钢的淬透性。实际淬火时零件截面上各点的冷速是不一样的，表面冷得快，心部冷得慢，其截面上的冷速是从表面向心部逐渐降低，如图 6-21（a）所示。如果工件表面及中心的冷却速度都大于该钢的临界冷却速度，则整个截面都能获得马氏体组织，即钢被完全淬透了。若表面的冷却速度大于临界冷却速度，而心部的冷却速度小于临界冷却速度，则表面得到马氏体，心部获得非马氏体的组织，如图 6-21（b）所示，表示工件未被淬透。

钢淬火时形成马氏体的能力叫作钢的淬透性。钢的淬透性与钢的临界冷却速度有密切的关系，临界冷却速度越低，钢的淬透性越好。

a. 影响淬透性的因素。影响淬透性的主要因素是化学成分，除 Co 以外，所有溶于奥氏体中的合金元素都提高淬透性。另外，奥氏体的均匀性、晶粒大小及是否存在第二相等因素都会影响淬透性。

b. 淬透性表示方法。钢的淬透性可用临界直径来衡量，临界直径是指钢材在某种介质中淬火后，心部得到全部马氏体（或 50％马氏体）组织的最大直径，用 D_0 表示。在同一冷却介质中，D_0 越大，其淬透性越好；但同一钢种在冷却能力大的介质中，比冷却能力小的介质中所得的 D_0 要大些（表 6-9）。

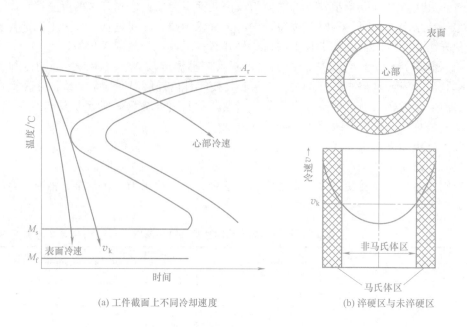

(a) 工件截面上不同冷却速度　　　　　(b) 淬硬区与未淬硬区

图 6-21　工件淬硬层与冷却速度的关系

表 6-9　钢的临界直径比较　　　　　　　　单位：mm

牌号	水淬	油淬
45	13~16.5	5~9.5
20Cr	12~19	6~12.5

　　c. 淬透性的实用意义。淬透性好的钢棒整个截面力学性能一致均匀，强度高，韧性好，而淬透性差的钢心部强韧性差。

　　钢的淬透性和淬硬性是有区别的。淬硬性是指工件经过淬火后能达到的最高硬度值，主要取决于钢的含碳量。低碳钢淬火最高硬度值低，淬硬性差，而高碳钢淬火最高硬度值高，淬硬性好。淬透性则受钢中合金元素的影响很大，淬透性好的钢，淬硬性不一定高，而淬透性较差的钢淬火后可有高的硬度。

答疑解惑

　　直径为 25mm 的 40CrNiMo 棒料毛坯，经正火处理后硬度高很难切削加工，这是什么原因？设计一个最简单的热处理方法以提高其机械加工性能。

　　答题要点：合金元素如钼、锰、铬、镍、硅和硼等溶解于奥氏体中以后，都能增加过冷奥氏体的稳定性，推迟珠光体类型的转变，使 C 曲线右移，提高了钢的淬透性，合金钢高温轧制或锻造后，空冷下来能获得马氏体组织。40CrNiMo 棒料毛坯经正火处理后硬度高很难切削加工，这是因为该钢材淬透性极好，正火空冷后即可得到马氏体和珠光体组织，故采用正火＋高温回火方法降低硬度，改善切削加工性能。

　　⑥ 淬火缺陷简介。

工程应用典例

　　某厂在热处理一批 W18Cr4V 钢制模数为 $m＝12$，外径为 $\phi170mm$ 的盘形齿轮铣刀时，工艺规定的淬火加热温度为 $1270℃$，但由于控温仪表失灵，表指温度比实际炉温低 $35℃$，幸亏操作者发现炉温的变化，立即采取终止生产进行重新测温的措施，避免了大批过热产品的发生，但仍有少量齿轮铣刀出现了过热引起的裂纹，金相检查发现淬火晶粒粗大，裂纹均发生于网状碳化物处，由此可见裂纹系加热温度过高所致，因过热形成的共晶碳化物沿晶界呈网状分布，在晶界上形成一层硬壳使钢产生了很大的脆性，阻碍了钢的塑性变形，在淬火冷却时产生的极大应力作用下引起淬火裂纹。

　　另一工厂生产的柴油机气门弹簧在使用中发生疲劳裂纹，弹簧材料为 50CrVA 钢丝，$860℃$ 淬火油冷，$460℃$ 回火，硬度为 $43\sim49HRC$，对断裂的弹簧钢丝进行金相检查，发现有表面脱碳，而这种脱碳在原材料钢丝中并未发现，这说明弹簧脱碳是在热处理淬火加热时产生的，可见弹簧疲劳裂纹与表面脱碳有关，因为表面脱碳后使表层强度降低，容易发生疲劳裂纹甚至发展到疲劳断裂。

　　在淬火过程中，不正确的淬火工艺和操作可能造成下列各种缺陷（表 6-10）。

表 6-10　淬火缺陷成因及防治措施

淬火缺陷	成因	防治措施
硬度不足	含碳量低；加热温度不足或保温不够；冷却速度不够大；淬火介质陈旧有杂质；表面严重脱碳等	正火后重新淬火
软点	水蒸气泡使零件局部不能与水直接冷却；工件表面未清理干净，钢的组织不匀，或淬火操作不当等	正火后重新淬火（氧化脱碳引起的则无法补救）
过热	加热温度过高或保温时间过长	正火或退火后重新淬火
过烧	加热温度接近于熔化温度，奥氏体晶界处产生熔化或氧化	无法补救，零件报废
氧化	零件表面与空气中的氧发生氧化	改善加热炉的密封性或在炉中放置能产生防护性气体的物质如木炭或某些惰性气体；盐浴炉、真空电炉加热，或工件表面涂防氧化剂涂料等
脱碳	加热时的密封性差，使空气大量进入炉膛内，表面层的碳被氧烧损	
变形	淬火内应力超过钢的屈服点	校正
开裂	淬火内应力超过钢的强度极限	工件报废

（2）回火

工件经淬火后得到的马氏体性能很脆，并存在很大的内应力，不能满足使用性能的要求，如不及时回火，时间久了工件就会有发生开裂的危险。将淬火后的钢件重新加热到 A_{c_1} 以下的某一温度，经过保温后在空气中自然冷却的操作过程称为回火。

①回火的目的。

a. 降低脆性，消除内应力，防止工件在使用过程中产生变形和开裂。

b. 提高钢的韧性，适当调整钢的强度和硬度，以满足各种工件的使用要求。

c. 减少或消除残余奥氏体，以稳定工件尺寸，保证工件的精度等级。

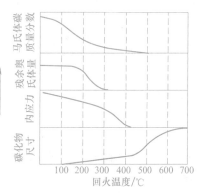

图 6-22　淬火钢随回火温度转变示意图

低温回火
的应用

②回火时组织和性能的变化。根据加热温度的不同，淬火钢的回火组织转变可分为四个阶段（见表6-10和图6-22）：

第一阶段（200℃以下）：马氏体分解。

第二阶段（200～300℃）：残余奥氏体分解。

第三阶段（250～400℃）：碳化物的转变。

第四阶段（400℃以上）：渗碳体的聚集长大与α相的再结晶。

在回火过程中，由于组织发生了变化，钢的性能也随之改变，总的变化规律是随加热温度的升高，钢的强度、硬度下降，而塑性、韧性提高。表6-11是不同回火组织的性能特点。

笔记

表6-11　不同回火组织的性能及其特点

工艺	回火温度/℃	回火后组织	回火后硬度（HRC）	性能特点	用途
低温回火	150～250	M$_回$	58～64	硬度高,耐磨性高;脆性、内应力降低	工具钢、滚动轴承、渗碳件等
中温回火	250～500	T$_回$	35～50	较高的弹性极限和屈服极限,有一定的塑性和韧性	弹簧钢、热作模具
高温回火	500～600	S$_回$	25～35	良好的综合性能	重要结构件

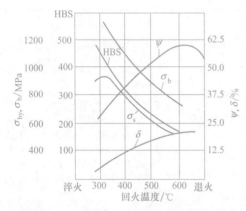

图6-23　40钢的力学性能与回火温度的关系

40钢的力学性能与回火温度的关系如图6-23所示。由图可见，40钢的屈服强度σ_s在300℃以下加热时，随回火温度的升高而提高，这主要是由于淬火内应力的消除和高度分散的极细碳化物的强化作用。钢的韧性在400℃以下还较低，以后随着温度升高而迅速上升，到600℃左右可达到最高值，而后因晶粒的粗化有所下降。

一般地说回火钢的性能只与加热温度的高低有关而与冷却速度无关。值得注意的是，回火后有些钢自538℃以上慢冷下来其韧性反而显著降低，这种现象称为高温回火脆性，也称为第二类回火脆性。这种脆性主要发生在含Cr、Ni、Si、Mn等合金元素的结构钢中。碰到这种情况，可以用回火后快冷的方法加以避免。

淬火钢在250～350℃范围内回火时出现的脆性叫作低温回火脆性，也叫第一类回火脆性。几乎所有的钢都存在这类脆性，这是一种不可逆回火脆性，目前尚无有效办法完全消除这类回火脆性，所以一般都不在250～350℃这个温度范围内回火。

③回火的种类及应用

根据加热温度的不同，回火可分为低温、中温和高温回火三类。

a.低温回火（150～250℃）。低温回火后组织是回火马氏体（图6-24），其性能特点具有高的硬度58～64HRC和高的耐磨性及一定的韧性。低温回火主要用于切削刀具（钻头、铣刀、铰刀等）、滚珠轴承、模具以及各种表面热处理的零件。

b.中温回火（350～500℃）。中温回火后的组织是回火托氏体，其性能特点是钢的弹性极限和屈服强度比较高，硬度达35～45HRC，并具有适当的韧性。中温回火主要用于弹簧、发条及热锻模等。

c.高温回火（500～600℃）。高温回火后的组织是回火索氏体（图6-25），回火索氏体综合力学性能最好，即强度、塑性和韧性都比较好，硬度一般为25～35HRC。工业生产中，常把淬火

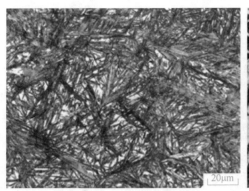

中温回火
的应用

笔记

(a) 马氏体 ⟨20μm⟩　　　(b) 回火马氏体

图 6-24　马氏体与回火马氏体

后再加高温回火的联合工艺称为调质。调质处理
主要用于各类重要的结构零件,特别是那些在交
变载荷下工作的连杆、螺栓、齿轮及轴类等。

　　调质与正火处理相比,不仅强度较高,而
且塑性、韧性远高于正火钢,这是由于调质后
钢的组织是回火索氏体,其渗碳体呈球粒状,
而正火后组织为索氏体,且索氏体中渗碳体呈
薄片状,当工件受载荷作用时,片状渗碳体尖
端会引起应力集中,因而影响了钢的力学性能,
故重要零件应采用调质。表 6-12 为 40 钢经正
火与调质后力学性能比较。

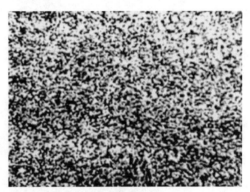

图 6-25　回火索氏体

表 6-12　40 钢正火及调质后力学性能比较

热处理工艺	σ_b/MPa	σ_s/MPa	δ/%	ϕ/%	a_k/(J/cm^2)
正火	575	313	19.9	36.3	68.4
调质	595	346	30	65.4	139.5

　　回火时间一般为 1~3h,回火冷却一般为空冷。一些重要的机器和工模具,为了防止重
新产生内应力和变形、开裂,通常都采用缓慢的冷却方式。对于有高温回火脆性的钢件,回
火后应进行油冷或水冷,以抑制回火脆性。

6.2.3　钢的表面热处理

　　车床主轴箱里的齿轮,表面需具有高硬度和耐磨性,而心部需要足够的塑性及韧性。如
何来满足这样的性能要求呢?显然,如果单从材料方面去考虑是满足不了要求的,若采用高
碳钢,经热处理后表面硬度和耐磨性较高但心部韧性不足,遇到冲击载荷,就会有断裂的危
险;若采用低碳钢,虽然韧性较高,能承受冲击载荷,但极易磨损。解决这个问题,应使这
类零件的工作表面与心部具有不同的性能,必须采用表面热处理的方法。

　　常用的表面热处理方法(图 6-26)有两种:一种是表面淬火,主要是改变零件的表面
层组织,另一种是化学处理,可以同时改变零件表面层的化学成分和组织。

　　(1) 表面淬火

　　表面淬火是通过快速加热与立即淬火两道工序,钢的表面层被淬火成马氏体组织,获得
硬而耐磨的使用性能,心部仍保持原来的退火、正火或调质状态。表面淬火一般用于中碳钢

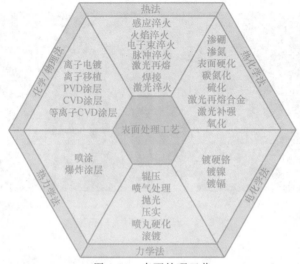

图 6-26　表面处理工艺

和中碳低合金钢，如 45、40Cr、40MnB 钢等，用于齿轮（图 6-27）、轴类零件的表面硬化，提高耐磨性。

图 6-27　齿轮感应加热淬火示意图

① 感应加热表面淬火。利用感应电流通过工件所产生的热效应，使工件表面受到局部加热，并进行快速冷却的淬火工艺称为感应加热淬火（图 6-28）。

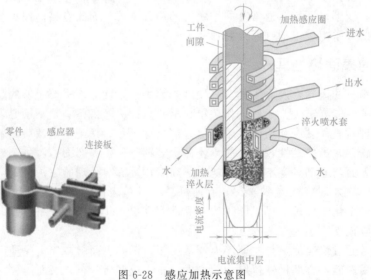

图 6-28　感应加热示意图

a. 感应加热淬火原理

感应线圈通以交流电时，就会在其内部和周围产生与交流频率相同的交变磁场。若把工件置于感应磁场中，则工件内部将产生感应电流并由于电阻的作用被加热。感应电流在工件表层密度最大，而心部几乎为零，这种现象称为集肤效应。交流电的频率越高，集肤效应越显著，故感应加热层就越薄。在生产中，为了得到不同的淬硬层深度，可采用不同频率的电流进行加热，电流频率与淬硬层深度的关系见表 6-13。

感应加热的基本原理

笔记

表 6-13　感应加热淬火的频率选择

类别	频率范围	淬硬层深度/mm	应用举例
高频感应加热	200～300kHz	0.5～2	在摩擦条件下工作的零件，如小齿轮、小轴
中频感应加热	1～10kHz	2～8	承受扭曲、压力载荷的零件，如曲轴、主轴
工频感应加热	50Hz	10～15	承受扭曲、压力载荷的大型零件，如冷轧辊

感应加热淬火工艺过程是，在加热器通入电流，工件表面在几秒钟之内迅速加热到远高于 A_{c_3} 以上的温度，采用水、乳化液或聚乙烯醇水溶液喷射冷却（合金钢浸油淬火），零件表面层被淬硬。淬火后进行 180～200℃ 低温回火，以降低淬火应力，并保持高硬度和高耐磨性。

b. 感应加热淬火特点

（a）加热速度快，因而过热度大。一般只要几秒到几十秒的时间就把零件加热到淬火温度，生产率高，便于实现机械化、自动化，适宜于成批生产。

（b）工件不易氧化和脱碳，且由于内部未被加热，淬火变形小、质量好，淬硬层深度也易于控制。但形状复杂的感应器不易制造，设备费用高。

（c）表层易得到细小的隐晶马氏体，因而硬度比普通淬火提高 2～3HRC，且脆性较低。表面层淬得马氏体后，由于体积膨胀在工件表面层造成较大的残余压应力，显著提高工件的疲劳强度。

零件在高频加热淬火前，一般要经过预备热处理，如正火、调质等，目的是增加零件心部的韧性，感应加热淬火后也应根据硬度的要求，及时进行回火。工件感应加热淬火工艺流程图如图 6-29 所示。

锻造→退火或正火→粗加工→调质或正火→加工→感应加热表面淬火→

低温回火→粗磨→明效处理→精磨

| 消除锻造应力；调整硬度，便于机加工 | 细化晶粒，提高心部综合性能，为淬火做准备 $T_加 : A_{c_3}+30\sim50℃$ | 强化表面，获得M $T_加 : A_{c_3}+30\sim50℃$ | 降低淬火应力，稳定表面组织 $T_加 : 160\sim200℃$ | 进一步降低应力，稳定组织，防止工件变形开裂 |

图 6-29　感应加热淬火工艺流程图

② 火焰加热表面淬火。利用乙炔-氧等高温火焰将零件表面迅速加热到淬火温度，随即喷水快速冷却，获得所需的表面淬硬层，如图 6-30 所示。

火焰加热温度很高（约 3000℃ 以上），能将工件迅速加热到淬火温度，通过调节烧嘴的位置和移动速度，可以获得不同厚度的淬硬层。火焰淬火的淬硬层深度一般为 2～6mm，主要适用于单件、小批量生产及大型零件（如大型齿轮、轴、轧辊等）的表面淬火。

火焰淬火的特点是设备、操作简单，但温度不易控制准确，易出现过热、过烧、淬火质量不稳定。

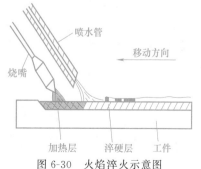

图 6-30　火焰淬火示意图

化学热处理的过程

笔记

尺寸为 $\phi 30mm \times 250mm$ 的轴，用 30 钢制造，经高频表面淬火（水冷）和低温回火，要求摩擦部分表面硬度达 50～55HRC，但使用过程中摩擦部分严重磨损。试分析失效原因，并提出解决问题的办法。

答题要点：使用过程中摩擦部分严重磨损的原因是表面硬度不够，30 钢经表面淬火和低温回火后硬度达不到 50～55HRC，这是因为 30 钢的含碳量太低，可选择含碳量高些的钢。

（2）化学热处理

对于表面承受剧烈摩擦，承受很大动载荷条件下工作的零件，表面要求耐蚀性好、耐热性好，就不能采用表面淬火的方法解决，而应采用钢的化学热处理达到上述性能的要求。化学热处理的特点是除组织变化外，表面层的化学成分也发生变化。根据渗入元素的不同，可将化学热处理分为渗碳、渗氮、碳氮共渗及渗金属等多种。

无论哪一种化学热处理工艺，元素的渗入过程基本相同，有着共同的规律，整个化学热处理过程就是下面三个过程不间歇进行的结果。

分解：介质在一定温度下，发生化学分解，产生渗入钢中的活性原子。

吸收：分解出来的活性原子被工件表面吸收。

扩散：当零件表面吸收的活性原子达到一定浓度时，活性原子则继续向心部扩散，并力图达到均匀。

① 渗碳。渗碳是向钢的表层渗入碳原子的过程，目的是提高钢件表层的含碳量并形成一定的碳浓度梯度。与表面淬火相比，渗碳主要用于那些对表面有较高耐磨性要求，并承受较大冲击载荷的零件。渗碳用钢为低碳钢及低碳合金钢，如 20、20Cr、20CrMnTi、20CrMnMo、18Cr2Ni4W 等。含碳量提高，将降低工件心部的韧性。

奇闻轶事：渗碳炼制钢针

明朝宋应星著《天工开物》卷十《锤锻》中明确记载了渗碳炼制钢针的方法，把冷加工制成的针放入锅中"慢火炒熬"，即为现代的退火，消除内应力，为下一步渗碳做准备，针经退火后，用泥粉、松木炭和豆豉三种东西掩盖，密封后加热。留两三根针露在外面作观察火色（候）使用。当外面的针已氧化到能用手捻成粉末时，表明其下的渗碳火候已足，然后开封淬火，钢针制成。

根据渗碳剂的不同，渗碳方法可分为固体渗碳、液体渗碳、气体渗碳三种，目前采用最多的是气体渗碳（图 6-31）。

气体渗碳是将零件放入密封的渗碳炉中，加热至 900～950℃，通入含碳的气体或直接滴入含碳的液体（如煤油、甲醇等），这些渗碳剂在高温下分解，产生活性原子，其分解反应式如下：

$$2CO \longrightarrow CO_2 + [C]$$
$$CH_4 \longrightarrow 2H_2 + [C]$$
$$C_2H_4 \longrightarrow 2H_2 + 2[C]$$

活性碳原子被零件表面所吸收后，溶入铁的晶格中形成间隙固溶体，也可与铁形成化合物 Fe_3C，并向内部扩散。表面含碳量可达 0.85%～1.05%，且含碳量从表面到心部逐渐减

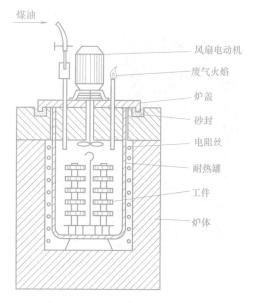

煤油

风扇电动机

废气火焰

炉盖

砂封

电阻丝

耐热罐

工件

炉体

笔记

图 6-31　气体渗碳法示意图

少，心部仍保持原来低碳钢的含碳量，最后形成一定深度的渗碳层。一般渗碳层深度为 0.5～2.0mm，渗碳层深度主要取决于保温时间（图 6-32），一般可按 0.2～0.25mm/h 的速度进行估算。

若要使表层具有高硬度、高耐磨性，心部具有良好的韧性，应进行渗碳后淬火和低温回火处理 150～200℃，以消除淬火应力和提高韧性。此时表层组织为细针状回火马氏体和均匀分布的细粒渗碳体，硬度高达 58～64HRC，耐磨性较好，如图 6-33（a）所示；心部因仍为低碳钢，其显微组织是铁素体和珠光体（某些低碳合金如 20CrMnTi，心部组织是全部的板条状马氏体或板条状马氏体＋铁素体），硬度较低，可达 30～45HRC，因而具有较高的韧性和适当的强度，如图 6-33（b）所示。

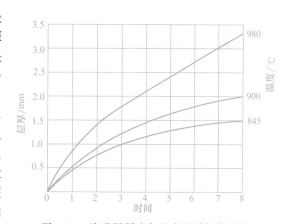

图 6-32　渗碳层厚度与温度和时间的关系

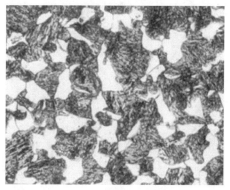

(a) 表层组织　　　　　　　　　　　(b) 心部组织(F+P)

图 6-33　渗碳淬火后的组织示意图

② 渗氮（氮化）。渗氮的主要目的是提高零件表层含氮量以更大地增强表面硬度和耐磨

离子氮化效果

笔记

图 6-34 井式气体渗氮炉

性、提高疲劳强度，同时还能提高工件的耐蚀性。飞机上的一些表面需要具有极大硬度的零件如活塞式发动机的气缸筒内壁，喷气式发动机的涡轮轴球形球头部分，以及一些齿轮等都是经过渗氮处理的。

目前常用的渗氮方法有气体渗氮和离子渗氮等。气体渗氮是工件在气体介质中进行渗氮，工艺过程是将工件放入密闭的井式气体渗氮炉（图 6-34）内，加热到 500～600℃通入氨气 NH_3，氨气在高温下分解出活性氮原子，被零件表面所吸收，然后向内扩散，形成氮化层，其化学反应式为：

$$2NH_3 \longrightarrow 3H_2 + 2[N]$$

由于氨气的分解在 200℃以上就开始，同时铁素体对氮原子有一定溶解能力，所以氮化的温度较低，一般为 500～600℃。渗氮层一般深度为 0.1～0.6mm。渗氮用钢是含有 Al、Cr、Mo 等合金元素的钢，因为这些元素与氮所形成的氮化物颗粒很细，硬度很高，均匀分布在钢的基体中，对提高氮化层的性能起决定性的作用。常用的渗氮用钢有 35CrAlA、38CrMoAlA、38CrWVAlA 等，38CrMoAl 钢氮化工艺曲线图见图 6-35。

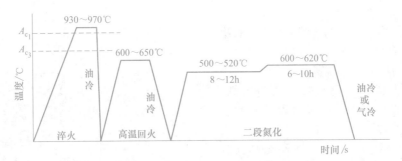

图 6-35 38CrMoAl 钢氮化工艺曲线图

渗氮具有表面硬度比渗碳的高（850～1100 HV）、渗氮温度低，零件变形小的特点，故主要适合于要求处理精度高、冲击载荷小、抗磨损能力强的零件（图 6-36），如精密机床的主轴、丝杠、齿轮等。但由于氮化层很薄而且很脆，渗氮的生产周期长，一般为 20～50h，必须用特殊的合金钢等，使渗氮的应用受到很大的限制。

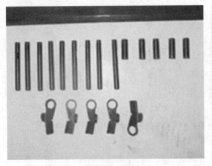

(a) 缝纫机用氮化件

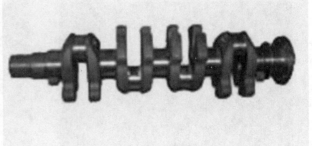

(b) 经氮化的机车曲轴

图 6-36 氮化工艺的应用

由于氮化后零件表层硬度很高，不须再进行淬火等其他热处理。但为使氮化的零件心部获得良好的力学性能，氮化前必须进行调质处理。形状复杂或精度要求高的零件，氮化前精加工后要进行消除内应力的退火，以减少氮化时的变形。

③ 碳-氮共渗。碳-氮共渗是指同时向零件表面渗入碳和氮的方法，这种方法兼有渗碳和渗氮的优点：加热温度不太高（820～870℃），生产周期短（一般为 1～3h），可直接淬火，所用的钢种不受限制，且渗层具有较高的硬度、耐磨性和疲劳强度，目前工厂里常用来处理汽车和机床上的齿轮、蜗杆和轴类等零件。

以渗氮为主的液体碳氮共渗，也称为"软氮化"。常用的共渗介质是尿素，处理温度一般不超过 570℃，处理时间仅为 1～3h。与一般渗氮相比，渗层硬度较低，脆性较小，软氮化常用来处理模具、量具、高速钢刀具等。

 笔记

④ 渗金属。钢的表层吸收金属原子的过程称为渗金属，其实质上是使钢的表层合金化，从而具有特殊性能（如耐热、耐磨、耐蚀等），生产上常用的渗金属法有渗铝、渗硼、渗铬等。渗铝可提高零件的抗高温氧化性，渗硼可提高零件的耐磨性、耐腐蚀性和硬度，渗铬可提高零件的耐腐蚀、抗高温氧化及耐磨性。

在 900℃左右采用固体或液体方式向钢渗入硼元素，钢表面形成几百微米厚以上的 Fe_2B 或 FeB 化合物层，其硬度较氮化的还要高，一般为 1300HV 以上，有的高达 1800HV，抗磨损能力很高。渗铬、渗钒后，钢表层一般形成一层碳的金属化合物，如 Cr_7C_3、V_4C_3 等，硬度很高，如渗钒后硬度可高达 1800～2000HV，适合于工具、模具增强抗磨损能力。

由于金属原子的直径比碳、氮原子的大得多，其扩散、迁移较困难，故渗金属加热温度较高，时间更长，成本也高。

表面热处理和化学热处理的比较见表 6-14。

表 6-14　表面热处理和化学热处理的比较

处理方法	表面淬火	渗碳	氮化	碳氮共渗
处理工艺	表面淬火，低温回火	渗碳，淬火，低温回火	氮化	碳氮共渗，淬火，低温回火
生产周期	很短，几秒到几分	长，约 3～9h	很长，约 30～50h	短，约 1～2h
表层深度/mm	0.5～7	0.5～2	0.3～0.5	0.2～0.5
硬度（HRC）	58～63	58～63	65～70(1000～1100HV)	58～63
耐磨性	较好	良好	最好	良好
疲劳强度	良好	较好	最好	良好
耐蚀性	一般	一般	最好	较好
热处理变形	较小	较大	最小	较小

 答疑解惑

某柴油机凸轮轴，要求凸轮表面有高的硬度（>50HRC），而心部具有良好的韧性（a_k>40J）。原来用 w_C=0.45% 的碳钢调质，再在凸轮表面进行高频淬火，最后低温回火。现因库存钢材用完，拟用 w_C=0.15% 的碳钢代替。试说明：（1）原 w_C=0.45% 钢的各热处理工序的作用。（2）改用 w_C=0.15% 钢后，仍按原热处理工序进行，能否满足性能要求？为什么？（3）改用 w_C=0.15% 钢后，采用何种热处理工艺能达到所要求的性能？

答题要点：（1）调质——提高心部综合力学性能；高频淬火＋低温回火——提高 HRC、耐磨性，降低脆性，保证要求的硬度值。（2）不能。因为含碳量为 0.15% 淬不硬，表面硬度不足，耐磨性不够。（3）渗碳＋淬火＋低温回火。

热处理基本工艺总结如下（表 6-15）。

表 6-15 常用热处理方法的特点及应用

名称		加热温度	冷却方式	目的	应用范围	说明
退火	完全退火	A_{c_3} 以上 20～40℃	随炉冷却	降低硬度，细化晶粒，消除应力，为最终热处理作组织准备	亚共析碳钢和合金钢的铸件、锻件、热轧型材、焊件等	不能用于过共析钢
	等温退火	A_{c_3}（或 A_{c_1}）以上 20～40℃	在珠光体转变区等温冷却	同完全退火，但可提高生产效率，得到均匀的组织和性能	同完全退火和球化退火	
	球化退火	A_{c_3} 以上 20～40℃	随炉冷却	使网状和片状渗碳体球化，降低硬度，便于切削加工，为淬火作组织准备	过共析碳钢和合金工具钢、轴承钢等	网状渗碳体严重的钢，在球化退火前应先进行正火
	去应力退火	A_{c_1} 以下温度，一般 500～600℃	随炉冷却	消除应力，稳定尺寸，减少变形	铸件、锻压件、焊件、切削加工件等	加热温度低于 A_{c_1}，不发生相变
	均匀化退火	1050～1150℃	随炉冷却	减少化学成分偏析和组织不均匀性	质量要求高的合金钢铸锭、铸件和锻坯等	加热温度高，晶粒粗大
正火		A_{c_3} 或 A_{ccm} 以上 20～40℃	空气中冷却	与退火基本相同	低碳钢和中碳钢的预先热处理；对合金调质钢，为调质处理作组织准备；对过共析钢，为球化退火作组织准备	对性能要求不高的零件、大型或形状复杂的零件，可用作最终热处理
淬火	单介质淬火	A_{c_3} 或 A_{c_1} 以上 20～40℃	水或油中冷却	获得马氏体组织，提高钢的强度、硬度和耐磨性	一般碳钢水淬，合金钢及尺寸较小的碳钢件油淬	操作简便，易机械化和自动化；淬油后需清洗
	双介质淬火	A_{c_3} 或 A_{c_1} 以上 20～40℃	先水后油或先油后空气中冷却	获得马氏体组织，提高钢的强度、硬度和耐磨性	形状复杂的高碳钢工件，尺寸较大的合金钢工件	可有效减少淬火应力，但对操作技术要求高；淬油后需清洗
	马氏体分级淬火	A_{c_3} 或 A_{c_1} 以上 20～40℃	在稍高或稍低于 M_s 点的盐浴或碱浴中分级冷却	获得马氏体组织，提高钢的强度、硬度和耐磨性	形状复杂的碳钢和合金钢小型工件	可显著减少零件的变形和开裂；分级淬火后零件要清洗
	马氏体等温淬火	A_{c_3} 或 A_{c_1} 以上 20～40℃	在贝氏体温区等温冷却	获得贝氏体组织，强度、韧性和耐磨性较好	形状复杂，要求尺寸精确、较高韧性的小型工模具和弹簧等	生产效率低；等温淬火后零件要清洗
回火	低温回火	250℃以下	—	保持淬火工件高的硬度和耐磨性，降低淬火残留应力和脆性	刃具、量具、模具、滚动轴承、渗碳及表面淬火的零件等	回火后的组织是回火马氏体，58～64HRC，高的硬度和耐磨性
	中温回火	350～500℃	—	得到较高的弹性和屈服点，适当的韧性	弹簧、锻模、冲击工具等	回火后的组织是回火托氏体，35～50HRC，较高的弹性极屈服点和一定的韧性
	高温回火	500℃以上	—	得到强度、塑性和韧性都较好的综合力学性能	广泛用于各种较重要的受力构件，如齿轮、轴、连杆、螺栓等	回火后的组织是回火索氏体，具有较好的综合力学性能，硬度 200～350HBS

名称		加热温度	冷却方式	目的	应用范围	说明
表面热处理	感应淬火	A_{c_3} 以上 100℃	喷水或乳化液	使工件表层具有高硬度(52~58HRC)、耐磨性,心部具有足够的强度和韧性	主要适用于中碳结构钢和中碳低合金钢,也可用于工具钢制作承受小载荷冲击和交变载荷的工具、量具等	表层获得极细马氏体,比普通淬火高出2~3HRC,心部为原始组织。生产率高,适于大批生产
	火焰淬火	A_{c_3} 以上 100℃	喷水		用于单件小批生产、局部淬硬的工具、大型轴、齿轮类零件	设备简单、成本低,生产效率低,质量控制比较困难
化学热处理	渗碳	900~950℃	渗碳后必须淬火、低温回火处理	提高工件表面的硬度(58~64HRC)、耐磨性和疲劳强度,心部良好的塑性、韧性和足够的强度	主要适用于低碳钢及低碳合金钢,制作承受较大冲击载荷和严重磨损条件下工作的零件	渗碳后表层的 w_C 可达 0.85%~1.05%
	渗氮	500~600℃	—	提高工件表面的硬度(1000~1200HV)、耐磨性、热硬性、疲劳强度和耐蚀性	主要用于耐磨性和精度要求高的精密零件、承受交变载荷的重要零件和较高温度下工作的耐磨零件	渗氮层很薄,脆性大,不宜承受集中重载荷。氮化时间长,成本高

6.2.4　热处理新工艺简介

当前热处理新工艺和新技术主要是围绕提高产品性能、节能、少或无氧化脱碳、减少公害、保护环境、减少零件变形、降低成本、提高经济效益等方面发展的,并取得了许多成果。

（1）可控（保护）气氛热处理

在热处理时,由于炉内存在氧化气氛,使钢表面氧化与脱碳,严重降低了钢的表面质量和力学性能。为了有效控制,可向热处理炉中加入某种经过制备的气体介质（保护气氛）,以减少或消除氧化脱碳现象。应用可控气氛进行热处理的方法称为可控气氛热处理。

常用的保护气体有高纯度的中性气体氮气以及惰性的氩气和氦气等。也可以是 CO、H_2、N_2 和 CO_2 等混合气体,或按比例滴入有机试剂甲醇＋丙酮等,高温分解后即可形成保护气氛。当这些混合气体中的成分调节得当时,会使氧化与还原、脱碳与渗碳的速度相等,就能实现无氧化脱碳加热。

（2）真空热处理

真空热处理是将工件置于 0.0133~1.33 Pa 的真空中进行的热处理工艺,在真空炉内可以完成退火、正火、淬火及化学热处理等工艺。金属材料在进行热处理时,真空有以下几方面的作用:防氧化作用;表面净化作用;脱气作用;加热速度缓慢均匀。

下面简单介绍几种真空热处理工艺的应用。

① 真空退火。真空退火用于钢和铜及其合金,以及与气体亲和力强的钛、钽、铌、锆等合金。主要目的是进行回复与再结晶、提高塑性、排除其所吸收的氢、氮、氧等气体;防止氧化,去除污染物,使之具有光洁表面,省去脱脂和酸洗工序。

② 真空淬火。真空淬火加热时的真空度一般为 1~10^{-1} Pa,淬火冷却采用高压、气冷或真空淬火油冷却。真空淬火后钢件的硬度高且均匀,表面光洁,无氧化脱碳,变形小,钢件的强度、耐磨性、抗咬合性、疲劳强度及寿命等均有所提高。真空淬火应用于承受摩擦、接触应力的工、模具。

③ 真空渗碳。真空渗碳是在压力约为 $3×10^4$ Pa 的 CH_4-H_2 低压气体中,温度为 930~

1040℃的条件下进行的气体渗碳工艺，又称为低压渗碳。真空渗碳的优点是真空下加热，高温下渗碳，渗速快，可显著缩短渗碳周期（约为普通气体渗碳的一半）；减少渗碳气体的消耗，能精确控制工件表面层的碳含量、碳浓度梯度和有效渗碳层深度，不产生氧化和内氧化等缺陷，环境污染小。真空渗碳零件具有较高的力学性能。

（3）复合热处理

为了强化金属材料，将几种不同的热处理工艺加以适当的组合和交叉，从而发挥更大的强化效果，减少或简化热处理工序方法称为复合热处理。

单一的热处理工序可以组合成很多热处理工艺。表 6-16 是热处理工序及其组成的复合热处理工艺举例。

表 6-16　热处理的复合

整体淬火	表面硬化	表面润滑油	复合热处理（举例）
（1）淬火、高温回火（调质）（合金钢） （2）淬火、低温回火（工具钢）	（1）渗碳淬火 （2）渗氮 （3）液态氮碳共渗 （4）高频淬火 （5）火焰淬火	（1）渗硫（高温） （2）渗硫（低温） （3）渗硫（渗氮）	（1）渗氮＋整体淬火 （2）渗氮＋高频淬火 （3）液态氮碳共渗＋整体淬火 （4）液态氮碳共渗＋高频淬火 （5）蒸汽处理＋渗氮 （6）渗碳＋高频淬火 （7）渗碳淬火＋低温渗硫 （8）高频淬火＋低温渗硫 （9）调质＋渗硫 （10）调质＋低温渗硫

（4）形变热处理

在金属材料或机器零件的制造过程中，将压力加工（如锻、轧等）与热处理工艺有效结合起来，则可同时发挥形变强化和热处理强化的作用，获得单一强化方法所不能达到的综合力学性能。这种复合的强化新工艺称为形变热处理（又称为热机械处理或加工热处理）。形变热处理工艺除了能获得优良力学性能外，还可以省去热处理时的重新加热工序，从而节省大量能源、加热设备和车间面积，减少材料氧化损失及脱碳、挠曲等热处理缺陷，可获得很大的经济效益。下面介绍相变前的高温形变及低温形变热处理（图 6-37）。

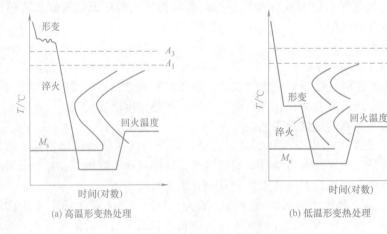

图 6-37　形变热处理工艺示意图

① 高温形变热处理。将工件加热到奥氏体化温度以上，保温后进行塑性变形，然后立

即淬火、回火，如图 6-37 (a) 所示。对亚共析钢，变形温度一般在 A_3 线以上，对过共析钢则在 A_1 线以上。锻热淬火、轧热淬火都属于这一类，它利用锻造或轧制的余热直接淬火。此工艺对结构钢、工具钢均适用。与普通淬火相比能提高抗拉强度 $10\%\sim30\%$，提高塑性 $40\%\sim50\%$，冲击韧度的提高更为显著。

② 低温形变热处理。把钢加热到奥氏体状态，过冷至临界点以下进行塑性变形（变形量为 $70\%\sim80\%$），随即淬火并进行低温回火或中温回火的工艺称为低温形变热处理，如图 6-37 (b) 所示。这种热处理主要用于 C 曲线鼻温有较长的孕育期的合金钢以及要求强度极高的零件，如高速钢、模具钢以及弹簧、飞机起落架等。低温形变热处理与普通热处理（淬火）相比，在不降低塑性和韧性的条件下，能大幅度提高钢的强度、疲劳强度和抗磨损能力，如抗拉强度就能提高 $300\sim1000MPa$。

（5）气相沉积

气相沉积是利用气相中发生的物理、化学过程，在工件表面形成具有特殊性能的金属或化合物涂层。它是一种优化工件性能的新工艺，如在工件表面分别沉积 Si、Ni、Ta 或 TiC、TiN 等覆盖层后，可获得良好的耐热、耐腐蚀、耐磨等方面的性能。根据成膜原理不同，气相沉积可分为化学气相沉积（CVD）和物理气相沉积（PVD）两种工艺方法。

气相沉积层的特点：

① 沉积层组织。在钢和硬质合金表面以 CVD 或 PVD 法形成的覆盖层，其表面光滑，能保持处理前工件的表面粗糙度，与基体的分界呈平直状态。

② 沉积层性能。沉积层的组织结构决定了其性能，所以，可通过沉积不同的金属或化合物来满足耐磨、耐浊、抗氧化等要求。

③ 气相沉积的应用。因沉积层具有附着力强、均匀、快速、质量好、公害小、选材广，可以得到全包覆盖镀层等比常规方法优越的特点，并能制备各种耐磨膜、耐蚀膜、润滑膜、磁性膜以及其他功能薄膜。因此，在机械制造、航天、原子能、电器、轻工等部门得到了广泛的应用。

（6）计算机在热处理中的应用

计算机在热处理中的应用日益广泛并不断发展。目前主要有以下几方面的应用：

① 设计计算及计算机辅助设计。设计计算涉及控制气氛平衡常数计算、热处理炉热平衡计算等。计算机辅助设计涉及热处理设备设计和热处理车间设计等。

② 热处理工艺过程控制。建立热处理工艺过程的数学模型，利用计算机对温度、时间、气氛、压力等参数进行控制，并对整个热处理工艺过程进行监测与控制。

③ 集散控制计算机系统。由一台中央计算机控制分散各处的若干设备的工艺过程，实现对整个车间的自动化控制。

④ 热处理计算机仿真技术。建立热处理工艺数学模型，通过计算机仿真技术进行试验，预测试验结果，验证并修改数学模型，进行最优化设计等。

6.3　热处理设备简介

热处理设备是对工件进行退火、回火、淬火、加热等热处理工艺操作的设备（图 6-38），主要包括加热设备（如各类加热炉），冷却设备（如各种冷却介质槽）。校直设备（压力机、淬火压床等），以及辅助设备（比如吊车，检验设备等），热处理设备分类如表 6-17 所示。

选用的热处理设备应在满足热处理工艺要求的基础上，应有较高的生产率，热效率和低能耗。通常当产品有足够批量时，选用专用设备有最好的节能效果。

加热   保温

冷却

图 6-38 热处理操作与设备

表 6-17 热处理设备分类

主要设备		辅助设备	
	热处理炉		清洗清理设备
	加热装置		炉气氛、加热介质、渗剂制备设备
	表面改性装置		淬火介质循环冷却装置
	表面氧化装置		起重运输设备
	表面机械强化装置		质量检测设备
	淬火冷却设备		动力输送管路及辅助设备
	冷处理设备		防火、除尘等生产安全设备
	工艺参数检测、控制仪表		夹具等

6.3.1 加热设备

热处理加热炉是以燃料（如天然气、油、煤）及电力作热源的，其中以电作热源的炉子在生产中用得较多，如图 6-39 所示。

箱式热处理炉

连续式热处理炉

台车式热处理炉

图 6-39 热处理加热炉

笔记

通用热处理电阻炉在我国已有系列产品，其型号采用汉语拼音字母和数字的组合来表示。它们的一般格式为：

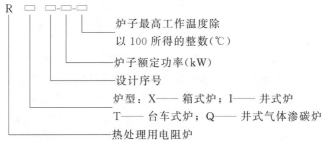

例如 RJ2-65-9，井式电阻加热炉，其额定功率为 65kW，最高使用温度为 950℃。有的型号最后还可以加上表示炉子气氛种类的字母，如 Q 表示可以通保护气体；D 表示可用滴注式保护气氛等。

6.3.2　冷却设备

冷却设备也是热处理车间的主要设备，热处理生产中普遍采用空气、水及一些物质的水溶液、油和盐浴等作为冷却介质，以获得所要求的组织与性能，满足不同的加工要求。

根据工件要求冷却速度的不同，常采用的冷却设备有缓冷设备、淬火冷却设备及冷处理设备，其中应用最普遍的是淬火冷却设备，如淬火槽等。

缓冷设备主要用于退火冷却，也用于正火冷却和渗碳后预冷。较常用的缓冷设备有箱式电阻炉、燃料炉（用于退火）、冷却室或冷却坑等。淬火冷却设备主要是淬火槽，另外还有用于分级淬火和等温淬火的中、低温盐浴炉及硝盐槽。

6.3.3　测温设备

时间和温度是最重要最基本的两个热处理工艺参数，生产中经常要对其进行测量和控制。时间的测量比较简单，目视计时可采用钟表，自动计时一般使用时间继电器。常用的测温控温装置有热电偶、光学高温计、电子电位差计、毫伏计等。

热处理设备的测控技术有长足发展，主要表现在温度测控、气氛测控和工艺程序控制等，不断采用新技术，先进的高质量的元器件和仪表陆续开发出来，大量应用于热处理炉，计算机控制几乎扩展到所有领域。

6.4　热处理操作实例

（1）工作平台去应力退火

① 铸件情况。

工件名称：工作平台；

材料：灰铸铁，牌号 HT150；

工件尺寸：如图 6-40 所示。

② 分析技术要求和使用性能。该工作平台既是工作台面，又是计量检查时作为基准用平面，是高精度铸件，要求变形小，几何尺寸稳定性好。通常进行二次时效，其工艺路线如下：铸造→粗加工→去应力→半精加

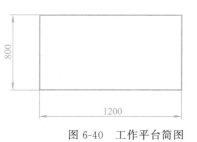

图 6-40　工作平台简图

工→去应力→精加工。

③ 确定工艺规范。该铸件去应力的目的是消除铸造后的残余应力，并消除机加工应力以保持尺寸的稳定性。为此从以下几方面考虑并选择工艺规范：

a. 铸件尺寸较大，原始应力大，避免温差造成更大的变形，故以冷炉装料，升温速度应尽可能小一些，确定加热速度小于或等于 80℃/h。

b. 按普通铸铁加热温度为 530～550℃。

c. 为使铸件烧透，要有足够的保温时间使残余应力尽可能地松弛，保温时间为 8～10h。

d. 冷却速度是决定去应力退火质量的关键因素，对精度要求高的铸件尽量冷得慢些，避免因冷却速度过快产生二次应力，故确定小于或等于 20℃/h 的速度冷至室温。

④ 操作注意事项

a. 装炉时，把铸件放置在有效加热区位置，尽量使加热温度均匀一致。

b. 为使透烧良好，把铸件放在垫铁上，应安放平稳。两件以上加热时，要注意垫铁位置。

c. 装炉完毕，关闭炉门，四周缝隙用泥沙封严。

d. 退火过程要经常检查和观察炉温，避免跑温，造成铸件严重变形和氧化而报废。

e. 出炉后铸件应放平，不得受雨、水浸淋。

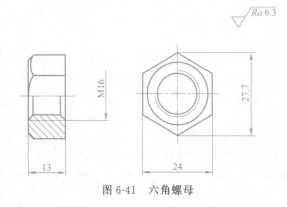

图 6-41　六角螺母

（2）六角螺母的淬火-回火操作

① 分析技术要求及选用设备。

工件尺寸：如图 6-41 所示。

材料：45 钢。

技术要求：硬度 35～40HRC；螺纹不得脱碳。

螺母和螺钉是机械零件常用的紧固件，要求中等硬度并且有一定的韧性。热处理后螺母不再加工，因此螺纹不得有脱碳，这样才能达到紧固作用，而且不容易断裂。根据技术要求和使用情况，选用盐浴炉比较适宜，可避免脱碳。螺母淬火后进行中温回火，可达到所需硬度要求。回火设备可采用低温箱式和井式电阻炉，也可在硝盐浴炉中回火。

② 生产准备工作

a. 查对工作卡的工件数量，并进行火花鉴别工件的钢种，检查是否错料。

b. 用卡具或用 18♯ 或 20♯ 铁丝（22♯ 双股铁丝）绑扎螺母，每串 12 件，每炉 8 串。

c. 按操作规程检查指示和控温仪表的运转情况，做好升温、脱氧，测温工作。

d. 检查冷却水槽和油槽管路畅通情况及冷却介质温度情况。

e. 准备回火炉的升温、控温工作。

③ 工艺规范及操作注意事项

a. 工艺规范

（a）淬火：预热　650～700℃，8min，装量 96 件；

加热：840～850℃，8min，装量 96 件；

冷却：水淬-油淬（双液冷却），水温≤35℃　　油温≤80℃。

（b）清洗：热水槽中煮沸清洗。

（c）回火：330～380℃，2h。

（d）检查硬度：锉刀和洛氏硬度计。

b. 操作注意事项

（a）穿戴好工作服、手套、眼镜等劳保用品。

（b）将工件先放在炉膛边烘烤，也可用低温电阻炉将工件烤干。

（c）炉温达到淬火温度时，用铁钩将工件吊起缓慢进炉，防止盐浴溅射。

（d）加热后，取出工件，迅速进入水槽冷却，手提铁钩上下窜动，使冷却均匀，待手感工件在水中振动减弱时，迅速移至油中冷却至油温取出工件准备清洗。

（e）待清洗后，进行回火。回火后检查硬度，用锉刀检查工件表面和里面硬度是否有区别，可以检查表面是否脱碳，用洛氏硬度计抽查工件是否达到 35～40HRC 的技术要求。

（f）工件检验合格就转下序。工作班内完成任务后，进行捞渣，整理工作岗位，打扫清洁，并进行交接班。

（3）阀座气体渗碳操作

① 工件材料和技术要求。工件形状和尺寸如图 6-42 所示，材料为 15CrMo，要求渗碳层深度（1.2～1.5）mm，表面硬度 58～63HRC。

② 渗碳及热处理工艺。在 RJJ-35-9T 井式气体渗碳炉中用煤油作渗剂进行处理。工件于（930±10）℃渗碳（5～6）h 后出炉预冷至 840℃左右直接淬入（160±10）℃硝盐浴中，然后于（190±10）℃回火 1.5h 空冷，工艺曲线如图 6-43 所示。

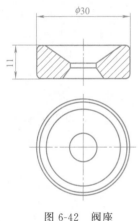

图 6-42 阀座

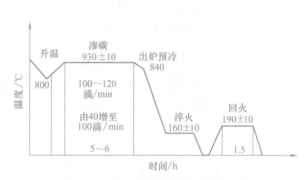

图 6-43 阀座渗碳及热处理工艺曲线

③ 渗碳淬火操作

a. 检查设备、校温。

b. 装卡清洗，工件装入专用筐具后在清洗效果较好的除油液中仔细清洗，再用热水漂洗和冲洗。

c. 装炉。把筐具吊入已到温的炉子中，同时把准备好的试棒放在便于拿取的适当位置上。

d. 渗碳。盖好炉盖，炉温回升到 800℃时开始按工艺规定滴注煤油，并在炉温回升到工艺规定温度时开始计算渗碳保温时间。渗碳 5h，取出第一根试棒检查渗层深度，以确定出炉时间。

e. 预冷淬火 渗碳结束后吊出一筐工件，在空气中预冷至约 840℃时直接淬入硝酸浴中，直至将整炉工件淬完。

④ 回火。渗碳筐连同工件一道在沸水中洗净残盐，然后将工件转入回火筐中，按工艺进行回火。

⑤ 交检。工件清洗后装入产品盒中，按工作票清点数量，然后交检查人员进行质量检查。

复习思考题（6）

6-1　判断题

1. 所谓本质细晶粒钢，就是一种在任何加热条件下晶粒均不粗化的钢。 （　　）
2. 高合金钢既具有良好的淬透性，又具有良好的淬硬性。 （　　）
3. 低碳钢为了改善组织结构和力学性能，改善切削加工性，常用正火代替退火工艺。

（　　）

4. 马氏体转变时的体积胀大，是淬火钢件容易产生变形和开裂的主要原因之一。

（　　）

5. 由于钢回火时的加热温度在 A_1 以下，所以淬火钢在回火时没有组织变化。 （　　）

6-2　简答题

1. 在 T7 钢、10 钢、45 钢及 65 钢中选择合适的钢种制造汽车外壳（冷冲成型）、弹簧、车床主轴及木工工具。并回答下列问题：

① 采用哪些热处理？加热温度多少？

② 组织和性能如何？

2. 确定下列钢件的退火方法，并指出退火目的及退火后的组织：

① 经冷轧后的 15 钢钢板，要求降低硬度。

② ZG35 的铸造齿轮。

③ 锻造过热的 60 钢锻坯。

④ 具有片状渗碳体的 T12 钢坯。

3. 某汽车齿轮选用 20CrMnTi 制造，其工艺路线为：下料→锻造→正火①→切削加工→渗碳②→淬火③→低温回火④→喷丸→磨削。请说明①、②、③、④四项热处理工艺的目的及大致工艺参数。

笔记

模块二 航空工程材料及腐蚀防护

第 7 章
航空金属材料

 工程背景

自从莱特兄弟实现飞行的梦想以来，航空和航天器发生了巨变。为了飞得快和远，必须采用强度高和密度小的材料，重视材料的比强度，即强度/密度之比。20世纪初第一架载人上天的飞机是用木材、布和钢制造的，硬铝的出现给机体结构带来巨大的变化。1910～1925年开始用钢管代替木材作机身骨架，用铝作蒙皮，制造全金属结构的飞机。金属结构飞机提高了结构强度，改善了气动外形，使飞机性能得到了提高。20世纪40年代全金属结构飞机的速度已超过 600km/h。50年代末喷气式飞机的速度已超过2倍音速，给飞机材料带来了热障问题。铝合金耐高温性能差，在200℃时强度已下降到常温值的1/2左右，需要选用耐热性更好的钛或钢。60年代出现3倍音速的 SR-71 全钛高空高速侦察机和不锈钢占机体结构重量 69％的 XB-70 轰炸机，苏联的米格-25 歼击机机翼蒙皮也采用了钛和钢。70年代以后，越来越多地使用以碳或硼纤维增强的复合材料，铝、钛、钢和复合材料已成为飞机的基本结构材料。

 学习目的

1. 掌握合金结构钢和合金工具钢的分类、牌号、热处理工艺、性能、用途及典型钢种的举例分析；
2. 了解不锈钢、耐热钢、耐磨钢的牌号、成分、性能及应用。

 教学重点

钢材编号，常用航空合金钢的性能及主要用途。

7.1 概述

飞机性能的改善有 2/3 依靠材料，材料的先进性决定了飞机的性能。飞机材料的范围较广，分为机体材料（包括结构材料和非结构材料）、发动机材料和涂料，其中最主要的是机体结构材料和发动机材料。结构材料应具有高的比强度和比刚度，以减轻飞机的结构重量，改善飞行性能或增加经济效益，还应具有良好的可加工性，便于制成所需要的零件。

飞行器结构所采用的主要钢种包括高强度的结构钢和耐高温耐腐蚀的不锈钢，高强度合金钢具有较高的比强度、工艺简单、工作温度一般不超过350℃；不锈钢中一般铬的含量均在12％以上，此外还有镍、钼等，价格低廉，是制造承受大载荷的接头、起落架和主梁等构件的最合适的结构材料。与钛合金相比，采用钢制造发动机零件增加结构的重量，未来的高推重比发动机将进一步减少钢的用量，但由于钢的成本显著低于钛合金，也不会像钛合金那样在一定条件下可能发生燃烧，因此在结构重量指标允许的情况下，设计师们还会或多或少地选用一些钢制造零件的。

（1）合金元素在钢中的作用

笔记

合金元素对钢的组织和性能产生很大影响，在钢中的作用，也是非常复杂的，下面仅简述其几个方面最基本的作用。一般按与碳亲和力的大小，可将合金元素分为碳化物形成元素与非碳化物形成元素两大类。常用的合金元素有以下几种。

非碳化物形成元素：Ni、Co、Cu、Si、Al、N、B，它们不和碳形成碳化物，而溶于铁素体和奥氏体中，形成合金铁素体和合金奥氏体。

碳化物形成元素：Mn、Cr、Mo、W、V、Ti、Nb、Zr。

奇闻轶事："魔高一丈"的坦克

1916年，第一次世界大战期间，法国索玛河畔的战场上，英、德两军用猛烈的炮火互相射击，双方的士兵都隐蔽在战壕里，谁也不敢"越雷池一步"。9月15日黎明，英军又开始炮击，德军照常还击。突然，从英军阵地发出一阵隆隆的怪声。不一会儿，许多像大铁盒似的庞然大物向德军阵地直冲过来。这些大家伙没有轮子却能跑，炮弹不断从它的两侧飞出来。德军慌忙向它射击，可是子弹一碰上去就反弹回来。这种能攻能防又能跑的怪物就是坦克，它一出现就在战场上显示出巨大的威力。可是过了不久，所向披靡的英国坦克，出乎意料地被德国的一种特殊炮弹击穿了。英方很恼火，经过反复化验才知道德军炮弹壳里含有少量的金属钨W，钨和钢中的碳结合，生成很硬的碳化钨WC，用这种钢制成的炮弹穿透力很强，所以能摧毁坦克。然而，"道高一尺，魔高一丈"。英国人在制造坦克装甲的钢中加入少量的铬、锰、镍和钼后，硬度超过了钨钢炮弹。这种合金钢板仅有原来钢板厚度的1/3，但防弹能力很强，德军的炮弹再也打不透了。

① 合金元素对基本相的影响

a. 溶于铁素体。除铅外，大多数合金元素都能溶于铁素体，形成合金铁素体。由于合金元素与铁的晶格类型和原子半径不同而造成铁素体的晶格畸变，另外合金元素易分布于位错线附近，对位错线的移动起牵制作用，降低位错的易动性，从而提高塑变抗力，产生固溶强化，使铁素体的强度、硬度提高，而塑性和韧性下降。

b. 形成合金碳化物。碳化物是钢中的重要相之一，碳化物的类型、数量、大小、形状及分布对钢的性能有很重要的影响。合金渗碳体是渗碳体中一部分铁被碳化物形成元素置换后所得到的产物，其晶体结构与渗碳体相同，但比渗碳体略稳定，硬度也略高，可表达为(Fe，Me)₃C，Me代表合金元素。

当钢中合金元素含量超过一定限度时，可以生成一些碳钢中没有的新相，其中最重要的是由强碳化物形成元素生成的合金碳化物，与碳亲和力强的钒、铌、锆和钛等几乎都是形成特殊碳化物如TiC、VC、NbC、WC等。合金碳化物比合金渗碳体的稳定性更高，熔点和硬度也更高。合金碳化物加热时很难溶于奥氏体中，回火时加热到较高温度才能从奥氏体中析出并聚集，长大也较慢。

综上所述，合金元素在钢中可以两种形式存在：一是溶解于碳钢原有的相中，另一种是形成某些碳钢中所没有的新相。

工程应用典例

　　汽车大王亨利·福特曾经说：假如没有钒（V），也就没有汽车的今天。福特曾经从车祸现场拣到一块从法国汽车阀轴上掉下来的碎片，碎片的亮度和硬度引起了他的注意，拿回去分析后发现碎片是含钒的特殊钢。从此，福特开始用钒钢来制造汽车的发动机、阀、弹簧、传动轴、齿轮等汽车配件，这样汽车的重量大大减轻了，许多原材料被节省下来，成本大大降低，而汽车销量大增。

　　在钢中加入不到 1％的钒，制成的钒钢晶粒细化，弹性显著增加，韧性好，坚硬结实，有良好的抗冲击和抗弯曲能力，不易磨损和断裂，制成的活塞环、铸模、轧辊和冷锻模，结实耐用，坚硬耐磨。可以延长使用寿命，所以人们赋予钒"钢铁的维生素"的美称。

　　② 合金元素对铁碳相图的影响

　　a. 扩大奥氏体区。镍、锰、碳、氮等元素使 A_1 和 A_3 温度降低，使 S 点、E 点向左下方移动，从而使奥氏体区域扩大，图 7-1 是锰对奥氏体区的影响。若镍或锰的含量较多时，可使钢在室温下以奥氏体单相存在而成为一种奥氏体钢。如 Ni％＞9％的不锈钢和 Mn％＞13％的 ZGMn13 耐磨钢均属奥氏体钢。

　　由于 A_1 和 A_3 温度降低，就直接地影响热处理加热的温度，所以锰钢、镍钢的淬火温度低于碳钢，同时由于 S 点的左移，使共析成分降低，与同样含碳量的亚共析钢相比，组织中的珠光体数量增加，而使钢得到强化。由于 E 点的左移，又会使发生共晶转变的含碳量降低，在含碳量较低时，使钢具有莱氏体组织。如在高速钢中，虽然含碳量只有 0.7％～0.8％，但是由于 E 点的左移，在铸态下会得到莱氏体组织，成为莱氏体钢。

　　b. 缩小奥氏体区。铬、钼、硅、钨等，使 A_1 和 A_3 温度升高，使 S 点、E 点向左上方移动，从而使奥氏体区域缩小。当加入的元素超过一定含量后，则奥氏体可能完全消失，此时，钢在包括室温在内的广大温度范围内获得单相铁素体，通常称之为铁素体钢。如含17％～28％Cr 的 Cr17、Cr25、Cr28 不锈钢就是铁素体不锈钢。由于 A_1 和 A_3 温度升高了，这类钢的淬火温度也相应地提高了。图 7-2 表示铬对奥氏体区域位置的影响。

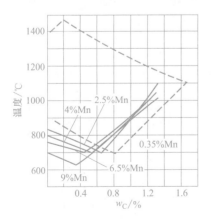

图 7-1　锰对奥氏体区的影响

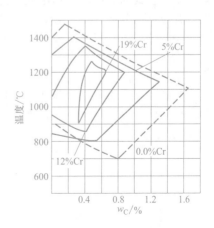

图 7-2　铬对奥氏体区的影响

③ 合金元素对热处理的影响。主要表现在对加热、冷却和回火过程中的相变等方面。

a. 阻碍奥氏体的晶粒长大。几乎所有的合金元素（除锰以外）都能减缓钢的奥氏体化过程、阻止奥氏体晶粒的长大，尤其是碳化物形成元素钛、钒、钼、钨、铌、锆等。在元素周期表中，这些元素都位于铁的左侧，越远离铁，越易形成比铁的碳化物更稳定的碳化物，如 TiC、VC、MoC 等，这些碳化物在加热时很难溶解，能强烈地阻碍奥氏体晶粒的长大。因此，合金钢在热处理时，应相应地提高加热温度或延长保温时间，才能保证奥氏体化过程的充分进行，并且与相应的碳钢相比，在同样加热条件下，合金钢的组织较细，力学性能更高。

b. 提高淬透性。大多数合金元素（除钴以外）当它们溶解于奥氏体中以后，都能提高过冷奥氏体的稳定性，使 C 曲线位置右移，临界冷却速度减小，从而提高钢的淬透性，如图 7-3 所示。

合金元素对钢的淬透性的影响，由强到弱可以排列成下列次序：钼、锰、钨、铬、镍、硅、钒，微量的硼（0.0005%～0.003%）也能明显提高淬透性。所以对于合金钢就可以采用冷却能力较低的淬火剂淬火，如采用油淬，以减小零件的淬火变形和开裂倾向。

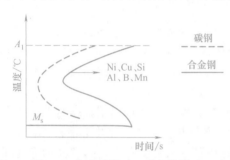

图 7-3 合金元素对 C 曲线的影响

此外，多数合金元素（除钴、铝）溶入奥氏体后，使马氏体转变温度 M_s 和 M_f 点下降，淬火后钢中残余奥氏体含量增加。

c. 提高回火稳定性。合金元素在回火过程中，由于合金元素的阻碍作用，推迟了马氏体的分解和残余奥氏体的转变，提高了铁素体的再结晶温度，使碳化物不易聚集长大，而保持较大的弥散度。因此，提高了钢对回火软化的抗力，即提高了钢的回火稳定性。和碳素钢相比，在相同的回火温度下，合金钢比同样含碳量的碳素钢具有更高的硬度和强度，对工具钢和耐热钢尤为重要；在达到相同强度的条件下，合金钢可以在更高的温度下回火，以充分消除内应力，而使韧性更好，这对结构钢尤为重要。

除此之外，一些碳化物形成元素如铬、钨、钼、钒等，在回火过程中又析出了新的更细的特殊碳化物，发挥了第二相的弥散强化作用，使硬度又进一步提高。这种二次硬化现象在合金工具钢中是很有价值的；而含铬、镍、锰、硅等元素的合金结构钢，在（450～600）℃范围内长期保温或回火后缓冷均出现高温回火脆性，应在回火后采用快冷。

（2）合金钢的分类

合金钢的分类方法很多，但最常用的是下面两种分类方法。

① 按用途分类

合金结构钢：用于制造机械零件和工程结构的钢。

合金工具钢：用于制造各种加工工具的钢。

特殊性能钢：具有某种特殊物理、化学性能的钢，如不锈钢、耐热钢、耐磨钢等。

② 按所含合金元素总含量分类

低合金钢：合金元素总含量<5%。

中合金钢：合金元素总含量 5%～10%。

高合金钢：合金元素总含量>10%。

（3）合金钢牌号及应用

① 合金结构钢。采用"两位数字（含碳量）＋元素＋数字＋…"的方法表示，前面两位数字表示钢的平均含碳量的万分之几，元素符号表明钢中含有的主要合金元素，其后的数字

则表示该元素的含量，一般以百分之几表示。凡合金元素的平均含量小于 1.5% 时，钢号中一般只标明元素符号而不标明其含量。如果平均含量 ≥1.5%、≥2.5%、≥3.5%······时，则相应地在元素符号后面标以 2、3、4······。如为高级优质钢，则在其钢号后加"高"或"A"。钢中的 V、Ti、Al、B、RE 等合金元素，虽然它们的含量很低，但在钢中能起相当重要的作用，故仍应在钢号中标出。例如 45 钢表示平均含碳量为 0.45% 的优质碳素结构钢；20CrMnTi 表示平均含碳量为 0.20%，主要合金元素 Cr、Mn 含量均低于 1.5%，并含有微量 Ti 的合金结构钢；60Si2Mn 表示平均含碳量为 0.60%，主要合金元素 Mn 含量低于 1.5%，Si 含量为 1.5%～2.5% 的合金结构钢。

合金结构钢按用途可分为：普低钢和机械制造用钢两类。普低钢又称低合金高强度钢，英文缩写 HSLA 钢。这类钢是在碳素结构钢的基础上加入少量合金元素形成的，主要用于各种工程结构（如大型桥梁，压力容器及船舶等）。机械制造用钢按照用途和热处理特点可分为渗碳钢、调质钢、弹簧钢、滚动轴承钢，通常都是优质或高级优质钢，一般须经热处理，以发挥材料的力学性能潜力，主要用于制造各种机械零件。

 笔记

 工程应用典例

说起"Q460"钢材，大多数人可能都不了解。但就是这种不为人知的钢材，成为北京奥运会主体育场"鸟巢"钢结构的主要用材。2008 年奥运会主体育场"鸟巢"结构设计奇特新颖，国内在建筑结构上首次使用 Q460 规格的钢材，厚度达到 110mm，以前绝无仅有的，在国家标准中，Q460 的最大厚度也只是 100mm。

为"鸟巢"量身定做的 Q460，在国内从未生产，更没有应用在建筑结构上。我国科研人员经过攻关，终于研制出 Q460 来。通过改进工艺，在保证低碳当量的基础上，适当地增加了微合金元素的含量。良好的焊接性能要求钢材碳当量低，而微合金元素的增加在增加钢材强度的同时，也会增加钢材的碳当量。但好在增加的碳当量很少，所以不会影响钢材的可焊性。

② 合金工具钢。采用"一位数字（或没有数字）＋元素＋数字＋···"表示。其编号方法与结构钢的区别仅在于碳含量的表示方法，采用一位数字表示平均含碳量的千分之几，当碳含量 ≥1% 时，则不予标出。例如 9CrSi 钢，平均含碳量为 0.90%，主要合金元素为铬、硅，含量都小于 1.5%。又如 Cr12MoV 钢，含碳量为 1.45%～1.70%，，主要合金元素为 11.5%～12.5% 的铬，0.40%～0.60% 的钼和 0.15%～0.30% 的钒。9CrSi 钢为工具钢，平均含碳量为 0.90%，主要合金元素为铬、硅，含量都小于 1.5%。

工具钢是用来制造刀具、模具和量具的钢。工具钢按成分可分为碳素工具钢和合金工具钢两种，碳素工具钢硬度可达 60～65HRC，耐磨性和加工性都较好，价格便宜，但缺点是红硬性差，当刃部温度大于 200℃ 时，硬度、耐磨性会显著降低。另外，由于淬透性差（直径厚度在 15～20mm 以下的试样在水中才能淬透），尺寸大的就淬不透。形状复杂的零件，水淬容易变形和开裂，所以碳素工具钢大多用于钳工、木工和形状简单受力不大的手工工具及低速、小走刀量的机用工具，也可做尺寸较小的模具和量具。

 奇闻轶事：綦毋怀文的制刀工艺

北齐冶炼家綦毋怀文在制刀和热处理方面做出了杰出贡献，他做出的刀极其锋利，能够斩断铁甲 30 札。在綦毋怀文之前，我国古代的钢刀整把全部用百炼钢制成，因此价格昂贵且制作刀剑费时费力，一把东汉时期的名钢剑的价钱可以购买当时供 7 个人吃两年 9

个月的粮食。三国时，曹操命有司制作宝刀5把，用了3年时间。一般来说，刃口主要起刺杀作用，因而要求有比较高的硬度，这样才能保证刀的锋利，所以应该选择含碳量较高、硬度较大的钢来制造；刀背主要起一种支撑作用，要求有比较好的韧性，使刀在受到比较大的冲击时不致折断，这样就要选择含碳量较低、韧性较大的熟铁。綦毋怀文在制作刀具时将熟铁和钢巧妙结合起来，用灌钢法炼制的钢做成刀的刃部，而用含碳量低的熟铁作刀背，将二者恰到好处地用在合适的地方，这样制成的刀具刃口锋利而不易折断，刚柔兼备、经久耐用。既满足了钢刀的不同部分的不同要求，又节省大量昂贵钢材，利于钢刀的推广和普及。这种制刀工艺，今天还在沿用。

笔记

合金工具钢按用途分为刃具钢、模具钢和量具钢，但实际应用界限并非绝对。一般来说，工具钢的加工工艺过程为：坯料→锻造→预备热处理→机械加工→最终热处理→精加工及表面处理→装配。

由于工具钢一般含有较高的碳含量，其铸态组织常含有网状碳化物等缺陷；而当合金元素含量高时甚至出现共晶组织，因此工具钢必须进行严格而充分的锻造热加工，以完全消除其铸造缺陷。预备热处理一般为球化退火，当锻后组织不均匀或有网状碳化物时，预备热处理应为正火＋球化退火，这主要是为获得球状珠光体，降低材料硬度，以利于切削加工。工具钢的最终热处理工艺则主要由工具使用时的性能需求而定。

低合金刃具钢基本上解决了碳素工具钢淬透性低、耐磨性不足的缺点，红硬性也有一定程度提高，但仍满足不了高速切削和高硬度材料加工的生产需求。为适应高速切削，发展了高速钢（高合金刃具钢），红硬性可达600℃以上，强度比碳素工具钢提高30％～50％。常用低合金工具钢的钢号、热处理及用途见表7-1。

表7-1　常用低合金刃具钢的钢号、热处理及用途

钢号	淬火			回火		用途举例
	温度/℃	介质	HRC	温度/℃	HRC	
Cr2	830～860	油	62	150～170	60～62	锉刀、刮刀、样板、量规、冷轧辊等
9SiCr	850～870	油	62	190～200	60～63	板牙、丝锥、绞刀、搓丝板、冷冲模等
CrWMn	820～840	油	62	140～160	62～65	长丝锥、长绞刀、板牙、拉刀、量具、冷冲模等
9Mn2V	780～820	油	62	150～200	58～63	丝锥、板牙、样板、量规、中小型模具、磨床主轴、精密丝杠等

答疑解惑

某厂采用T10A钢制造的麻花钻头加工一批铸铁件，钻ϕ8mm的深孔，钻几个孔后钻头很快磨损，经检验发现钻头的材质热处理工艺、金相组织及硬度均合格。问：钻头失效的原因是什么？提出解决问题的方法。

答题要点：因该钻头打的是直径较小的深孔，由于铸铁导热性差，切削条件恶劣，T10钢制钻头在切削时钻头刃部温度升高，造成局部高温回火，使其硬度下降，很快磨损。T10钢性能不够，应当选用W18Cr4V高速钢钻头。由于其硬度高，红硬性好，并有一定的韧性，故可用来给铸铁件打直径较小的深孔。

图7-4是高速钢W18Cr4V热处理工艺及回火性能曲线。高速钢热处理特点是淬火温度高，一般为1220～1280℃，550～570℃回火三次。

③ 特殊性能钢。特殊性能钢是指具有特殊物理化学性能并可在特殊环境下工作的钢，如不锈钢、耐热钢、耐磨钢及低温用钢等。和合金工具钢的表示相同，如不锈钢2Cr13表示

图 7-4　高速钢刀具及其热处理工艺曲线

含碳量为 0.20%，铬约 12.5%～13.5%。但也有少数例外，例如耐热钢 20Cr3W3NbN 其编号方法和结构钢相同，但这种情况极少。

除此以外，还有一些特殊专用钢，为表示钢的用途，在钢的牌号前面冠以汉语拼音字母字头，而不标含碳量，合金元素含量的标注也特殊。例如滚珠轴承钢在编号前标以"G"字，其后为铬（Cr）＋数字，数字表示铬含量平均值的千分之几，如"滚铬 15"（GCr15）。这里应注意牌号中铬元素后面的数字是表示含铬量为 1.5%，再如 GCr15SiMn 表示含铬为 1.5%，Si、Mn 均小于 1.5% 的滚动轴承钢。易切钢前标以"Y"字，Y40Mn 表示含碳量约 0.4%，含锰量小于 1.5 的易切钢。还有如 20g 表示含碳量为 0.20% 的锅炉用钢；16MnR 表示含碳量为 1.6%，含锰量小于 1.5% 的容器用钢。

典型合金钢的分类、热处理及应用等参见表 7-2。

表 7-2　典型合金钢的分类、热处理及应用

类别	成分特点	热处理	组织	主要性能	典型牌号	用途
低合金高强度结构钢	低碳低合金	一般不用	F+P	高强度、良好塑性和焊接性	Q345	桥梁、船舶等
低合金耐候性钢	低碳低合金	一般不用	F+P	良好耐大气腐蚀能力	12MnCuCr	要求高耐候的结构件
合金调质钢	中碳合金	调质	回 S	良好的综合力学性能	40Cr	齿轮、轴等零件
合金渗碳钢	低碳合金	渗碳＋淬火＋低温回火	表层：高碳回 M＋碳化物　心部：低碳回 M	表面硬、耐磨，心部强而韧	20CrMnTi	齿轮、轴等耐磨性要求高受冲击的重要零件
合金弹簧钢	高碳合金	淬火＋中温回火	回 T	高的弹性极限	60Si2Mn	大尺寸重要弹簧
高锰耐磨钢	高碳高锰	高温水韧处理	A	在巨大压力和冲击下，才发生硬化	ZGMn13-3	高冲击耐磨零件，如坦克履带板等
轴承钢	高碳铬钢	淬火＋低温回火	高碳回火 M＋碳化物	高硬度、高耐磨性	GCr15	滚动轴承元件
合金刃具钢	高碳低合金	淬火＋低温回火	高碳回火 M＋碳化物	高硬度、高耐磨性	9SiCr	低速刀具，如丝锥、板牙等

续表

类别	成分特点	热处理	组织	主要性能	典型牌号	用途
冷作模具钢	高碳高铬	(1)淬火+低温回火	高碳回火 M+碳化物	(1)高硬度、高耐磨性	Cr12MoV	制作截面较大、形状复杂的各种冷作模具。采用二次硬化法的模具还适用于在 400~450℃ 条件下工作
		(2)高温淬火+多次回火		(2)热硬性好、硬耐磨		
热作模具钢	中碳合金	淬火+高温回火	回 S 或回 T	较高的强度和韧性，良好的导热性、耐热疲劳性	5CrNiMo	500℃热作模具
高速工具钢	高碳高合金	高温淬火+多次回火	高碳回火 M+碳化物	高硬度、高耐磨性、好的热硬性	W18Cr4V	铣刀、拉刀等热硬性要求高的刃具、冷作模具
不锈钢	低碳高铬或低碳高铬高镍	(以奥氏体不锈钢为例)高温固溶处理	A	优良的耐蚀性、好的塑性和韧性	1Cr18Ni9	用作耐蚀性要求高及冷变形成形的受力不大的零件
耐热钢	低中碳高铬或低中碳高铬高镍	(以铁素体耐热钢为例)800℃退火	F	具有高的抗氧化性	1Cr17	作 900℃ 以下耐氧化部件，如炉用部件、油喷嘴等

7.2 超高强度钢

对于宇宙航行及航空工业来说，降低飞行器或构件自身的重量至关重要，因此要求材料的比强度（强度/密度）高。超高强度钢的发展就是为了满足飞行器的这种需要研制的，现已发展成包括范围很广的一个钢类，大量应用于火箭发动机外壳，飞机起落架、机身骨架、高压器和常规武器的某些零部件上，其使用范围在不断扩大。除了起落架以外，飞机上还有很多关键部位的连接构件必须用超高强度钢如主翼和机身的连接件，这些构件的一个共同特点是体积虽小但作用巨大，某个部位的连接构件一旦断裂，可能直接导致飞机解体。因此，设计师在选择这些构件的材料时重点考虑的是强度等综合性能，密度在这里已不是最关键的指标了。航空超高强度钢在航空器中还有一类很重要的应用，就是传动部件，比如航空发动机中的轴承和传动齿轮。

超高强度钢是指屈服强度大于 $1300N/mm^2$，抗拉强度大于 $1400N/mm^2$ 的钢，通常不在调质状态下使用。根据合金元素含量多少，可分为低合金、中合金和高合金超高强度钢，常用的这类钢是低含金超高强度钢。

（1）性能要求

对于超高强度钢性能的主要要求是：

① 具有所要求的强度；

② 合适的塑性、韧性和尽可能小的缺口敏感性；

③ 高的疲劳强度，足够的耐热性和一定的耐蚀性；

④ 对某些特定的零部件（如火箭发动机壳体、导弹壳体等）还要求适当的焊接性。

（2）成分特点

超高强度钢是在合金调质钢的基础上，加入多种合金元素而发展起来的。含碳量一般在 0.3%~0.5%之间，并加入对钢淬透性影响最大的合金元素锰、铬、镍、钼、硼等以提高淬透性，加入硅、钒等提高回火稳定性，加入钒、钛以细化晶粒，由于钢中硫、磷及气体都强烈降低回火马氏体的塑性和韧性，增加钢的缺口敏感性，因此，杂质含量应严格控制。

（3）主要钢种

航空常用的超高强度钢有 30CrMnSiNi2A、40CrMnSiMoVA、32Si2Mn2MoV 等。超高强度钢牌号、热处理、性能及用途见表 7-3。

表 7-3　超高强度钢的钢号及其特点

种类		钢号	简要特点
低合金超高强度钢		30CrMnSiNi2(A) 32SiMnMoV 40SiMnMoVRe 40SiMnCrMoV(Re) 40SiMnCrNiMoV 5025 40CrNiMo(AISI4340) 45CrNiMoV(D6AC)	（1）中碳低合金 　含碳量：0.26%～0.45%、合金元素约在 5%左右 （2）利用碳强化马氏体，经淬火＋低温回火，在回火马氏体组织状态下使用，或等温淬火，在贝氏体状态下使用 （3）加工成型性和焊接性能较低 （4）耐蚀性抗氧化性差
中合金超高强度钢		4Cr5MoVSi 6Cr4Mo3NiMoV	（1）主要合金元素为 Cr-Mo-V （2）具有较高的比强度，抗氧化性，热强性较好 （3）多用于热作模具钢
高合金超高强度钢	沉淀硬化不锈钢	0Cr17Ni4Cu4Nb (PH17-4) 0Cr17Ni7Al (PH17-7) 0Cr15Ni7Mo2Al (PH15-7Mo)	（1）固溶状态最软，易加工成型 （2）时效强化 （3）具有良好的耐蚀性和抗氧化性能

我国于 20 世纪 50 年代初成功研制 30CrMnSiNi2A 超高强度钢，抗拉强度达 1700MPa。70 年代初结合我国资源条件成功研制 32Si2Mn2MoVA 和 40CrMnSiMoVA（GC-4）超高强度钢。80 年代采用真空冶炼新工艺，先后成功研制 45CrNiMoVA（D6AC）、34Si2MnCrMoVA（406A）、35CrNiMoA、38Cr2Mo2VA（GC-19）、40CrNi2Si2MoVA（300M）和 18Ni 马氏体时效钢，形成了我国较完整的超高强度钢系列。目前我国生产的军用战斗机、强击机和民航机的机翼和安定面梁件、中翼缘条、机身框架、起落架、接头等都使用了国产超高强度钢。例如 J7Ⅲ 战斗机的框架采用 38Cr2Mo2VA 钢制造，300M 钢（40CrNi2Si2MoVA）用于制造的 J8Ⅱ 战斗机的主起落架。

30CrMnSiNi2A 钢是航空工业中应用最广泛的一种低合金超高强度钢，在 30CrMnSiA 的基础上加入 1.4%～1.8%的镍而得到的。加入镍提高了钢的强度、韧性和塑性，也提高了淬透性。经淬火、低温回火后，$\sigma_b = 1600～1800N/mm^2$，$a_k = 70～90J/cm^2$。若用等温淬火，在得到近似强度的情况下，$a_k$ 更高，可达 $100～120J/cm^2$。其淬透性较 30CrMnSiA 钢好，截面小于 60mm 可在油中淬透，但防腐性较差。

40CrMnSiMoVA（代号 GC-4）是我国研制成功的无镍超高强度钢，含有少量的钒，能细化晶粒，提高钢的塑性和韧性，保证具有良好的综合力学性能，σ_b 可达 $2000N/mm^2$，且不含贵元素，价格较便宜。40CrMnSiMoVA 可代替 30CrMnSiNi2A 钢制造重要受力零件如起落架、机翼大梁。但这种的切削加工性差，缺口敏感性大，因此设计零件的形状应采用圆角平滑过渡，以防止显著的应力集中。

406 钢是我国自行设计、自行研制低合金超高强度钢最成功的典范。它是为解决大型固体火箭发动机壳体材料而研制的超高强度钢，1966 年由冶金部和七机部联合下达研制任务，1980 年 11 月定型生产。采用 406 钢制造的巨浪一号两级发动机壳体（图 7-5），使用强度＞1715MPa，相当于美国"北极星 A2"导弹一级发动机壳体所用的 D6AC 钢。

国外典型的低合金超高强度钢见表 7-4 和表 7-5，具体说明如下。

AISI4340 是最早出现的低合金超高强度钢，美国 1950 年开始研究，1955 年应用于 F-104 飞机起落架。通过淬火和低温回火处理，AISI4130、4140、4330 或 4340 钢的屈服强度可以超过 1500MPa，然而缺口冲击韧性相对降低。

图 7-5 采用 406 钢制造的 DF-21 导弹一级发动机壳体

为了抑制低合金超高强度钢回火脆性，1952 年美国国际镍公司开发了 300M 钢。该钢通过添加了 1%～2% 的硅来提高回火温度（260～315℃），并可抑制马氏体回火脆性。300M 钢在 1966 年后作为美国的军机和主要民航飞机的起落架材料而获得广泛的应用，F-15、F-16、DC-10、MD-11 等军用战斗机都采用了 300M 钢，此外波音 747 等民用飞机的起落架及波音 767 飞机机翼的襟滑轨、缝翼管道等也采用 300M 钢制造。

表 7-4 国外典型低合金超高强度钢的化学成分 单位：%

类型	C	Cr	Ni	Mo	Si	Mn	S	P
AISI4340（美）	0.38～0.43	0.70～0.90	1.65～2.00	0.20～0.30	0.20～0.35	0.60～0.90	≤0.010	≤0.010
300M（美）	0.40～0.45	0.70～0.95	1.65～2.00	0.30～0.50	1.45～1.80	0.60～0.90	≤0.010	≤0.010
D6AC（美）	0.42～0.48	0.90～1.20	0.40～0.70	0.90～1.10	0.15～0.30	0.60～0.90	≤0.015	≤0.015
30ХГСН2А（俄）	0.27～0.33	1.40～1.80	0.90～1.20	—	0.90～1.20	1.00～1.30	≤0.025	≤0.025
40ХН2СМА（俄）	0.36～0.43	0.80～1.10	2.50～3.00	0.30～0.40	0.70～1.00	0.50～0.80	≤0.025	≤0.025

表 7-5 国外典型超高强度钢的特性比较

特性	300M	AerMet100	FerriumS53
0.2% 屈服强度/MPa	1689	1758	≥1586
极限抗拉强度/MPa	1993	1965	≥1931
延伸率/%	9.5	14	≥8
断面收缩率/%	31	65	≥30
硬度 HRC	53	54	≥67
断裂韧性 KIC/MPa	57	115	≥55

美国于 20 世纪 60 年代初开始研制由 AISI 4340 钢改进而成的低合金超高强度钢 D6AC，广泛用于制造战术和战略导弹发动机壳体及飞机结构件。20 世纪 70 年代中期，D6AC 逐渐取代了其他合金结构钢，成为一种制造固体火箭发动机壳体的专用钢种。美国新型地空导弹"爱国者"，小型导弹"红眼睛"，大中型导弹"民兵""潘兴""北极星""大力神"等。D6AC 还曾用于制造 F-111 飞机的起落架和机翼轴等，成为宇航工业使用的优秀材料之一。

1992 年 Carpenter 公司开发出 Aermet 100 超高强度合金钢。该钢与 AF1410 钢相比，强度有了进一步提高（$\sigma_b \geq 1930\text{MPa}$），但韧性稍有下降。Aermet 100 是目前综合性能最高的超高强度钢，是新一代军事装备中关键器件的首选材料，美国已成功地将其应用在最先进的 F/A-22 战斗机起落架和 F-18 舰载机的起落架（图 7-6）上。

（4）热处理

低合金超高强度钢的最终热处理常用淬火加低温回火，使用状态下是回火马氏体。为了

图 7-6　以 Aermet 100 为材料的 F/A-22 起落架

笔记

减小钢的淬火应力和变形，获得较好的韧性，这种钢也用等温淬火。典型材料 30CrMnSiNi2（A）钢的热处理工艺参数见表 7-6。

表 7-6　30CrMnSiNi2（A）钢的正火、淬火、退火工艺参数

淬火、正火、高温退火的温度 /℃	不完全退火 /℃	低温退火 /℃	消除应力回火 /℃
900±10	780±10	680±10	200～250

　　低合金超高强度钢是在合金结构钢的基础上发展起来的。为了获得超高强度，这类钢的最终热处理不是调质，而是应用淬火＋低温回火，得到回火马氏体，在回火马氏体组织状态下使用。有时也采用等温淬火，获得贝氏体组织。热处理工艺要点如下：

　　① 热处理过程中尽量减少脱碳。在某些情况下，如薄板制件，不允许有脱碳现象。同时也要避免增碳、增氮。热处理多采用保护处理，如控制气氛，惰性气体等。小量件采用盐浴加热较宜。

　　② 防止或减少变形。超高强度钢最终热处理后，强度值较高，不易校正。因此，热处理过程中尽量减少变形。如：在不影响淬透性的情况下，采用较为缓慢地冷却方法；采用等温或分级淬火方法；最终热处理前，进行低温消除应力处理。热处理后的氧化皮的清理，多采用吹砂方法清除，而不采用酸洗，以避免产生氢脆。

　　尽管在飞机制造中钢的比重不断下降，但由于钢的高强度、高韧性、高耐应力腐蚀开裂以及良好的抗冲击性能，飞机的一些关键承力结构件如起落架、大梁、大应力接头、高应力紧固件等仍在继续使用高强度钢。

　　超高强度钢的一大缺点就是疲劳性能对应力集中非常敏感，构件的疲劳性能会因此大幅度下降，甚至不到材料原本性能的一半。因此在超高强度钢的发展过程中遇到的最大难题，就是在低应力状态下发生脆性断裂破坏。如果热处理使用不当就有可能产生脆性急剧升高的危险，甚至导致断裂。通常超高强度钢对缺口、氢脆和应力腐蚀都非常敏感，因此超高强度钢在设计、制造中应严格遵守有关规定，诸如：采用较低级别的表面粗糙度；较大的截面过渡圆弧半径；避免高应力集中系数的孔；禁止镀锌和镀镉；焊接要充分预热，焊后要及时回火等。

7.3　不锈钢

　　飞机向长寿命、高可靠性方向的发展，对材料耐腐蚀性能的要求越来越高，采用高强度不锈钢制作某些重要零部件已成为主要发展趋势，这使得高强度不锈钢材料成为航空产品达

到高性能、长寿命与高可靠性的重要物质与技术基础。

（1）不锈钢的用途及性能要求

金属与合金由于和周围介质（大气、水和各种酸、碱、盐的水溶液等）发生化学反应而产生破坏的现象称为腐蚀。凡是在空气中能够抵抗腐蚀而不生锈的钢叫作不锈钢，而在各种酸、碱、盐类的水溶液中不被腐蚀的钢叫作耐酸钢，通常把这两类钢都叫作不锈钢或不锈耐酸钢。显然，耐酸钢必然是不锈的，而不锈钢不一定是耐酸的。

对不锈钢的性能要求最主要的是耐蚀性，除此之外，制作工具的不锈钢还要求高硬度、高耐磨性，制作重要结构零件要求高强度，某些不锈钢则要求有较好的加工性能。不锈钢在石油、化工、原子能、宇航、海洋开发、国防工业和一些尖端科学技术及日常生活中都得到广泛应用，例如化工装置中的各种管道、阀门和泵，热裂设备零件，医疗手术器械以及防锈刃具和量具等。

奇闻轶事：垃圾堆中发现的珍宝

在第一次世界大战前夕，呛人的战争火药味已弥漫欧陆大地，英国政府为实战需要，决定研制一种耐磨、耐高温的枪膛钢材，以改进武器。于是，他们将冶炼钢的任务交给了冶金专家亨利·布雷尔利。1913年，布雷尔利在一次研究过程中，用铬金属加在钢中试验，但实验没有成功。他只好失望地把它抛在废铁堆里。随着时间的推移，废钢也越堆越高，成了一座小山似的废钢历经日晒雨淋，变得锈迹斑斑。一天，试验人员决定对这批废弃试件进行清理。在搬运时，人们发现在这堆被腐蚀的钢件中却有几块废钢闪闪发亮。为什么这几块钢没有出现锈迹？布雷尔利很奇怪，就把它们拣出来并进行了详细研究。研究结果表明，含碳0.24%、铬12.8%的铬钢在任何情况下都不易生锈，即使酸碱也不怕。但由于它太贵、太软，没有引起军部重视。布雷尔利只好与莫斯勒合办了一个餐刀厂，生产"不锈钢"餐刀。这种漂亮耐用的餐刀立刻轰动欧洲，而"不锈钢"一词也不胫而走。布雷尔利于1916年取得英国专利权并开始大量生产。至此，从垃圾堆中偶然发现的不锈钢便风靡全球，亨利·布雷尔利也被誉为"不锈钢之父"。现在不锈钢已发展成为一个合金大家族，品种不下数百种。不锈钢的"不锈"是相对的，在一定条件下也可能生锈，如奥氏体不锈钢在400～850℃时有发生晶间腐蚀的倾向，在受拉应力和特定腐蚀介质联合作用下易发生应力腐蚀，而缝隙腐蚀也可能发生，但这些腐蚀可以采取措施避免。目前，不锈钢仍然不失为合金钢舞台上的华丽主角。

（2）不锈钢的成分特点

为了提高钢的耐腐蚀性能，必须使铁基固溶体的电极电位提高，使其在氧化介质作用下，表面形成致密、稳定的钝化膜，在这方面铬是最有效的合金元素，所以工业中应用的不锈钢都是以铬为主要合金元素的Fe-Cr-C合金。

①碳含量：在不锈钢中，碳会与铬形成铬的碳化物。钢中的含碳量愈高，形成的铬的碳化物就愈多，固溶体中的含铬量就相对地减少了，从而显著降低钢的耐腐蚀性能，特别是抗晶间腐蚀性。因此，不锈钢中含碳量一般要求较低。耐蚀性要求愈高，碳含量应愈低。大多数不锈钢的碳质量分数为0.1%～0.2%。对碳质量分数要求较高0.85%～0.95%的不锈钢，应相应地提高铬含量。但是不锈钢的强度是随含碳量的增加而提高的，所以，在有一些情况下，例如用于制造滚动轴承、弹簧和刃具的不锈钢，因要求高的硬度和耐磨性就只能提高钢中的含碳量。

②主加元素：Cr是最重要的必加元素。钢中含有一定量的铬就会在钢表面形成一层致密的Cr_2O_3保护膜，保护金属内部不受腐蚀，钢中含铬量越高，抗腐蚀性能愈好，当含铬

量达到12.5%时，铁的电极电位由负变正（由−0.56V变为＋0.20V），抗腐蚀性能显著提高，所以不锈钢中含铬量一般均在13%以上。Ni是扩大奥氏体区元素，钢中加入大量镍，可获得单一的奥氏体组织，从而提高不锈钢抗电化学腐蚀的能力。镍对不锈钢的影响，只有在它与铬配合时才能充分地表现出来。

③ 其他元素：加入Mo、Cu等元素，可提高钢在非氧化性酸中的耐蚀能力；加入Ti、Nb能优先同碳形成稳定碳化物，使Cr保留在基体中，避免晶界贫铬，从而减轻钢的晶界腐蚀倾向。加入Mn、N等，部分代替Ni以获得奥氏体组织，并能提高铬不锈钢在有机酸中的耐蚀性。

奇闻轶事：“越王剑”为什么没生锈？

 笔记

　　1965年，湖北省博物馆在江陵发掘楚墓时，发现了两把寒光闪闪、非常珍贵的宝剑，金黄色的剑身上，还有漂亮的黑色菱形格子花纹，其中一把剑上铸有“越王勾践自作用剑”8个字，这就是极其有名的越王勾践剑。这两把宝剑在地下埋藏了足足有2000多年，出土时竟仍然光彩夺目，锋利无比，并无丝毫锈蚀。难怪1973年该剑在国外展出时，不少参观者都惊叹不已。

　　为了揭开这把宝剑的不锈之谜，就必须分析宝剑的化学组成，特别是宝剑表层的化学成分。考古工作者采用了多种现代仪器设备，对宝剑的组成进行了物理检测，发现这些宝剑的成分是青铜即铜锡合金。锡是一种抗锈能力很强的金属，因此青铜的抗蚀防锈本领，自然要比铁器高明得多。不过更主要的，还在于越王勾践剑剑身上的黑色菱形格子花纹及黑色剑格是经过硫化处理的，不但使宝剑美观，同时也大大增强了宝剑的抗蚀防锈能力。这就是现代金属处理中所谓的表面钝化处理。你一定会对我国早在2000多年前所取得的这一成就深感敬佩了！

（3）常用不锈钢

不锈钢按正火状态的组织可分为马氏体不锈钢、铁素体不锈钢、奥氏体不锈钢，常用不锈钢的成分、热处理、性能及用途见表7-7和表7-8，常用不锈钢的牌号对照可参考表7-9。

表7-7　常用不锈钢的成分、热处理、性能及用途

类别	钢号	化学成分/%			热处理		力学性能（不小于）				用途举例
		C	Cr	其他	淬火/℃	回火/℃	σ_s/MPa	σ_b/MPa	δ/%	硬度	
马氏体不锈钢	1Cr13（GB 1221-84）	≤0.15	12～14	—	1000～1050 水、油	700～790	420	600	20	187HB	汽轮机叶片、水压机阀、螺栓螺母等抗弱腐蚀介质并承受冲击的零件
	2Cr13	0.16～0.25	12～14	—	1000～1050 水、油	660～770	450	600	16	197HB	
	3Cr13	0.26～0.25	12～14	—	1000～1050 油	200～300				48HRC	做耐磨的零件，如加油泵轴、阀门零件
	4Cr13（GB1220-75）	0.35～0.45	12～14	—	1050～1100 油	200～300				50HRC	轴承、弹簧以及医疗器械
铁素体不锈钢	0Cr13	≤0.08	12～14		1000～1050 水、油	700～790	350	500	24	—	抗水蒸气及热含硫石油腐蚀的设备

类别	钢号	化学成分/%			热处理		力学性能（不小于）				用途举例
		C	Cr	其他	淬火/℃	回火/℃	σ_s/MPa	σ_b/MPa	δ/%	硬度	
铁素体不锈钢	1Cr17	≤0.12	16～18	—	—	750～800	250	400	20		硝酸工厂食品工厂的设备
	1Cr28	≤0.15	27～30	—	—	700～800	300	450	20		制浓硝酸的设备
	1Cr17Ti	≤0.12	16～18	Ti $5w_C$～0.8	—	700～800	300	450	20		同1Cr17,但晶间腐蚀抗力较高
奥氏体不锈钢	0Cr19Ni9	≤0.08	18～20	Ni 8～10.5	固溶处理1050～1100 水		180	490	40		深冲零件焊NiCr钢的焊芯
	1Cr19Ni9	0.04～0.10	18～20	Ni 8～11	固溶处理1100～1150 水		200	550	45		耐硝酸、有机酸、盐、碱溶液腐蚀的设备
	1Cr18Ni9Ti	≤0.12	17～19	Ni 8～11 Ti：0.8	固溶处理1000～1100 水		200	550	40		做焊芯、抗磁仪表医疗器械耐酸容器输送管道

注：表列奥氏体不锈钢中 Si<1%，Mn<2%，其余钢中 Si、Mn 的含量一般不大于 0.8%。

表7-8　不锈钢的比较

类别	典型钢号	热处理	性能特点	应用
A 型(18-8)	1Cr18Ni9 1Cr18Ni9Ti	形变强化固溶处理	耐蚀性、耐热性很好；无磁性；塑性、韧性、焊接性能好；强度、硬度很低	化工设备及管道抗磁仪表、医疗器械
F 型	1Cr17 0Cr13Al 1Cr17Ti	不能热处理强化（淬火等）	具有较好的塑性，强度不高，抗大气、耐酸能力强，高温抗氧化性好（<700℃）	耐酸结构、抗氧化钢（硫酸工厂设备）（食品工厂设备）
M 型	1Cr13、2Cr13	淬火+高温回火（调质，S回）	在氧化性介质中耐蚀耐蚀性、力学性能较好	抗弱腐蚀介质并承受冲击的结构件（零件）
	3Cr13、4Cr13	淬火+低温回火（M回）	力性（强度和耐磨性）提高，耐蚀性、塑性、焊接性能降低	耐磨零件、医疗器械等（量具、轴承、手术工具）

① 马氏体不锈钢。钢中含铬量为 13%～18%，含碳量 0.1%～1.0%，淬火后可得到马氏体组织的不锈钢叫作马氏体不锈钢。这类钢的典型钢种有 1Cr13、2Cr13、3Cr13、4Cr13 和 9Cr18 等，其中 1Cr13 实际上是半马氏体不锈钢，只有当其含碳量偏高，含铬量偏低时，才可能淬火后没有游离铁素体而得到单一的马氏体组织。马氏体或半马氏体不锈钢都具有磁性，都可以通过热处理来强化，一般用来制作即能承受载荷又需要耐蚀性的各种阀、机泵等零件以及一些不锈工具等。

为了提高耐蚀性，马氏体不锈钢的含碳量都控制在很低的含量范围，一般不超过 0.4%。含碳量越高，基体中的含碳量就越高，则钢的强度和硬度就越高；但含碳量越高，形成铬的碳化物量也就越多，其耐蚀性就变得越差一些。由此不难看出，4Cr13 的强度、硬度指标优于 1Cr13，但其耐蚀性却不如 1Cr13。

1Cr13、2Cr13 钢：耐蚀性较好，且有较好的力学性能。一般采用调质处理，制作叶片、水压机阀、结构架、螺栓、螺帽等。

3Cr13、4Cr13：钢因碳含量增加，强度和耐磨性提高，但耐蚀性降低。采用淬火、低

笔记

温回火处理，制作具有较高硬度和耐磨性的医疗工具、量具、滚珠轴承等。

② 铁素体不锈钢。含 17％～30％的 Cr 及微量碳（≤0.15％），获得均匀的铁素体组织的不锈钢，也属于铬不锈钢，称"铁素体不锈钢"。典型的钢种有：1Cr17、1Cr17Ti、1Cr25Ti、1Cr28 等。

由于含碳量相应地降低，含铬量有相应地提高，铁素体不锈钢为单相铁素体组织，耐蚀性比 Cr13 型钢更好，塑性、焊接性也优于马氏体不锈钢。

这类钢在强烈的氧化性介质中具有良好的抗腐蚀能力，所以是应用于化工工业中优越的材料之一。同时，因均具有良好的高温抗氧化性能，所以也被用作耐高温材料。这类钢的含碳量很低，而含铬量很高，在加热和冷却过程中组织不发生变化，因此不能通过热处理来强化。这类钢具有铁磁性，一般在退火或正火状态下使用，塑性很好，但强度显然比马氏体不锈钢低，主要用于制造耐蚀性要求很高而强度要求不高的构件，例如硝酸和氮肥工业中的设备、容器和管道等。

铁素体不锈钢在 450～550℃长期使用或停留会引起所谓"475℃脆性"，主要是由于共格富铬金属间化合物（含 80％Cr 和 20％Fe）析出引起，可通过 600℃加热快冷消除之。另外，其在 600～800℃长期加热还会产生硬而脆的 σ 相而使材料脆化（即 σ 相脆化）。

③ 奥氏体不锈钢。含有 12％～30％的 Cr 和 6％～20％Ni 及 Mn 等元素，含碳量≤0.20％，得到单相奥氏体组织的不锈钢称奥氏体不锈钢。典型的铬镍不锈钢有三种类型。一种是简单的 18～8 型，例如 0Cr18Ni9、1Cr18Ni9、2Cr18Ni9；另一种是为了防止晶间腐蚀而添加钛或铌的钢。例如：1Cr18Ni9Ti、1Cr18Ni11Nb；再一种是为了提高钢的抵抗点腐蚀的能力而添加钼和铜的钢，如 1Cr18Ni12M03Ti、0Cr18Ni18Mo2Cu2Ti 等。以上三类钢习惯上统称 18-8 型不锈钢，其中 1Cr18Ni9Ti 是最典型的钢号。

奥氏体不锈钢碳含量很低（约 0.1％），强度、硬度低，无磁性，塑性、韧性和耐蚀性均较 Cr13 型不锈钢更好。由于镍的加入，扩大了奥氏体区，因而 18-8 型不锈钢在退火状态下呈现奥氏体＋碳化物的组织。碳化物的存在，对钢的耐腐蚀性有很大损伤，故通常采用固溶处理进一步提高其耐蚀性，即把钢加热到 1100℃后水冷，使碳化物溶解在高温下的奥氏体中，再通过快冷，就在室温下获得单相的奥氏体组织。

在 450～850℃加热，或在焊接时，由于在晶界析出铬的碳化物（$Cr_{23}C_6$），使晶界附近的含铬量降低，在介质中会引起晶间腐蚀，如图 7-7 所示，故 18-8 型不锈钢钢中常加入 Ti 或 Nb，以防止晶间腐蚀，也可以进一步降低钢的含碳量，即生产超低碳的不锈钢，如 0Cr18Ni9、00Cr18Ni9 等（其含碳量分别为≤0.08％和≤0.03％）。对于已产生晶间腐蚀倾向的零件，也可通过固溶处理消除。

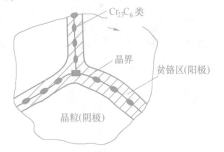

图 7-7　晶间腐蚀示意图

单相奥氏体不锈钢具有很强的加工硬化特性，奥氏体不锈钢一般利用形变强化提高强度，其形变强化能力比铁素体不锈钢要强。此外，还具有较好的耐热性，可在 700℃下长期使用。这类钢不具有铁磁性，不仅耐腐蚀性能好，而且钢的冷热加工性和焊接性也很好，广泛用于制作化工设备零件、输送管道、抗磁仪表、医疗器械等。

④ 奥氏体-铁素体不锈钢。当钢中稳定奥氏体的元素的作用不足以使钢在常温下获得单一的奥氏体组织时，就可能以奥氏体-铁素体双相组织存在，属于这一类的不锈钢的有：1Cr21Ni5Ti，1Cr18Mn10Ni5M03V 等。这类钢不能通过热处理强化，在常温与低温下具有很高的塑性与韧性，两相组织的存在使钢点腐蚀倾向较大。

表 7-9　常用不锈钢的牌号对照表

序号	中国 GB 旧牌号	中国 GB 新牌号 07.10	统一数字代号	美国 ASTM	美国 UNS	日本 JIS	韩国 KS	欧盟 BSEN	澳大利亚 AS	中国台湾 CNS	德国 DIN
奥氏体不锈钢											
1	1Cr17Mn6Ni5N	12Cr17Mn6Ni5N	S35350	201	S20100	SUS201	STS201	1.4372	201-2	201	X12CrMnNiN17-7-5
2	1Cr18Mn8Ni5N	12Cr18Mn9Ni5N	S35450	202	S20200	SUS202	STS202	1.4373	202	202	X12CrMnNiN18-9-5
3	1Cr17Ni7	12Cr17Ni7	S30110	301	S30100	SUS301	STS301	1.4319	301	301	X5CrNi17-7
4	0Cr18Ni9	06Cr19Ni10	S30408	304	S30400	SUS304	STS304	1.4301	304	304	X5CrNi18-10
5	00Cr19Ni10	022Cr19Ni10	S30403	304L	S30403	SUS304L	STS304L	1.4306	304L	304L	X2CrNi19-11
6	0Cr19Ni9N	06Cr19Ni10N	S30458	304N	S30451	SUS304N1	STS304N1	1.4315	304N1	304N1	X5CrNiN19-9
7	0Cr19Ni10NbN	06Cr19Ni9NbN	S30478	XM21	S30452	SUS304N2	STS304N2		304N2	304N2	X2CrNiN18-10
8	00Cr18Ni10N	022Cr19Ni10N	S30453	304LN	S30453	SUS304LN	STS304LN	1.4303	304LN	304LN	X4CrNi18-12
9	1Cr18Ni12	10Cr18Ni12	S30510	305	S30500	SUS305	STS305		305	305	X12CrNi23-13
10	0Cr23Ni13	06Cr23Ni13	S30908	309S	S30908	SUS309S	STS309S	1.4833	309S	309S	X8CrNi25-21
11	0Cr25Ni20	06Cr25Ni20	S31008	310S	S31008	SUS310S	STS310S	1.4845	310S	310S	X5CrNiMo17-12-2
12	0Cr17Ni12Mo2	06Cr17Ni12Mo2	S31608	316	S31600	SUS316	STS316	1.4401	316	316	X6CrNiMoTi17-12-2
13	0Cr18Ni12Mo3Ti	06Cr17Ni12Mo2Ti	S31668	316Ti	S31635	SUS316Ti	STS316Ti	1.4571	316Ti	316Ti	X2CrNiMo17-12-2
14	00Cr17Ni14Mo2	022Cr17Ni12Mo2	S31603	316L	S31603	SUS316L	STS316L	1.4404	316L	316L	X2CrNiMoN17-13-3
15	0Cr17Ni12Mo2N	06Cr17Ni12Mo2N	S31658	316N	S31651	SUS316N	STS316N		316N	316N	
16	00Cr17Ni13Mo2N	022Cr17Ni12Mo2N	S31653	316LN	S31653	SUS316LN	STS316LN	1.4429	316LN	316LN	
17	0Cr18Ni12Mo2Cu2	06Cr18Ni12Mo2Cu2	S31688			SUS316J1	STS316J1		316J1	316J1	
18	00Cr18Ni14Mo2Cu2	022Cr18Ni14Mo2Cu2	S31683			SUS316J1L	STS316J1		316J1L	316J1L	
19	0Cr19Ni13Mo3	06Cr19Ni13Mo3	S31708	317	S31700	SUS317			317	317	X2CrNiMo18-15-4
20	00Cr19Ni14Mo3	022Cr19Ni13Mo3	S31703	317L	S31703	SUS317L	STS317L	1.4438	317L	317L	X6CrNiTi18-10
21	0Cr18Ni10Ti	06Cr18Ni11Ti	S32168	321	S32100	SUS321	STS321	1.4541	321	321	X6CrNiNb18-10
22	0Cr18Ni11Nb	06Cr18Ni11Nb	S34778	347	S34700	SUS347	STS347	1.455	347	347	
奥氏体-铁素体不锈钢（双相不锈钢）											
23	0Cr26Ni5Mo2	022Cr19Ni5Mo3Si2N		329	S32900	SUS329J1	STS329J1	1.4477	329J1	329J1	X2CrNiMoN29-7-2
24	00Cr18Ni5Mo3Si2		S21953		S31803	SUS329J3L	STS329J3L	1.4462	329J3L	329J3L	X2CrNiMoN22-5-3
铁素体不锈钢											
25	0Cr13Al	06Cr13Al	S11348	405	S40500	SUS405	STS405	1.4002	405	405	X6CrAl13
26	0Cr11Ti	022Cr11Ti	S11163	409	S40900	SUH409	STS409	1.4512	409L	409L	X2CrTi12
27	00Cr12	022Cr12	S11203			SUS410L	STS410L		410L	410L	
28	1Cr17	10Cr17	S11710	430	S43000	SUS430	STS430	1.4016	430	430	X6Cr17
29	1Cr17Mo	10Cr17Mo	S11790	434	S43400	SUS434	STS434	1.4113	434	434	X6CrMo17-1
30		022Cr18NbTi	S11873		S43940			1.4509	439	439	X2CrTiNb18
31	00Cr18Mo2	019Cr19Mo2NbTi	S11972	444	S44400	SUS444	STS444	1.4521	444	444	X2CrMoTi18-2
马氏体不锈钢											
32	1Cr12	12Cr12	S40310	403	S40300	SUS403	STS403	1.4006	403	403	
33	1Cr13	12Cr13	S41010	410	S41000	SUS410	STS410		410	410	X12Cr13
34	2Cr13	20Cr13	S42020	420	S42000	SUS420J1	STS420J1	1.4021	420	420J1	X20Cr13
35	3Cr13	30Cr13	S42030			SUS420J2	STS420J2	1.4028	420J2	420J2	X30Cr13
36	7Cr17	68Cr17	S41070	440A	S44002	SUS440A	STS440A		440A	440A	

笔记

　　除上面几类不锈钢以外,还有一类新型的不锈钢叫作沉淀硬化型不锈钢,它们是通过适当合金化以后,利用热处理时奥氏体转变为马氏体及其时效析出金属间化合物而使钢强化,所以也叫奥氏体-马氏体时效不锈钢。这类钢强度高(σ_b 可达 1000～1500MPa),高温性能好,易于成形和焊接,主要用于航空工业及火箭、导弹生产方面。

　　对于一些加工变形量大的零件,如飞机襟翼整流包皮,传统上一般采用 1Cr18Ni9Ti 不锈钢,但该合金强度太低,在使用中,铆钉孔处经常发生拉坏现象。鉴于上述情况,在新型号的设计中,对座舱锁钩、齿垫、发动机吊杆螺栓、液压系统导管弯管接头(锻件)、无扩口管接头、襟翼整流包皮等部位的零件采用了我国自行研制的半奥氏体沉淀硬化型不锈钢替代传统不锈钢材料。另外,对于一些高强度螺栓,一般都是高强度结构钢加工而成,表面镀铬进行防护。但在新型号设计中,这类零件均已采用 0Cr12Mn5Ni4Mo3Al 不锈钢进行制造。

📄 笔记

7.4　耐热钢与高温合金

7.4.1　耐热钢

　　在航空航天、发动机、热能工程、化工及军事工业部门,有许多机器零件是在高温下工作的,常常使用具有高耐热性的耐热钢(图 7-8)。耐热钢是指在高温下具有高的热化学稳定性和热强性的特殊钢。

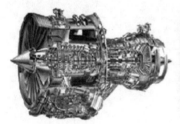
(a) 航空发动机

(b) 汽轮机叶片

(c) 汽车阀门

图 7-8　耐热钢的应用

　　(1) 性能要求

　　钢的耐热性包括高温抗氧化性和热强性两方面,即高温下对氧化作用的抗力和高温下承受机械负荷的能力。

　　① 抗氧化性好。抗氧化性在很大程度上取决于金属氧化膜的结构和性能,因此提高钢的抗氧化性的最有效的方法是加入 Cr、Si、Al 等元素,形成高熔点致密的且与基体结合牢固的氧化膜,隔离了高温氧化环境与钢基体的直接作用,使钢不再被氧化。

　　② 热强性高。在高温下钢的强度较低,当受一定应力作用时,发生蠕变(变形量随时间逐渐增大的现象)。由于材料在高温下,其晶界强度低于晶内强度,晶界成为薄弱环节,金属在高温下强度降低,主要是扩散加快和晶界强度下降的结果。提高高温强度最重要的办法是合金化,可通过加入钼、锆、钒、硼等晶界吸附元素,降低晶界表面能,稳定和强化晶界。

　　(2) 成分特点

　　① 碳含量:碳是扩大 γ 相区的元素,对钢有强化作用。但碳质量分数较高时,由于碳化物在高温下易聚集,使高温强度显著下降;同时,碳也使钢的塑性、抗氧化性、焊接性能降低,故耐热钢的碳质量分数一般都不高,约为 0.1%～0.2%。

　　② 主加元素:耐热钢中不可缺少的合金元素是 Cr、Si 或 Al。特别是 Cr,既提高钢的

抗氧化性，还有利于热强性。

③ 其他元素：Mo、W、V、Ti 等元素能形成细小弥散的碳化物，起弥散强化的作用，提高室温和高温强度。

（3）常用耐热钢

根据热处理特点和组织的不同耐热钢分为珠光体型、奥氏体型、马氏体型和沉淀硬化型四种，常用耐热钢的成分、热处理、性能及用途见表 7-10。

表 7-10　常用耐热钢的成分、热处理、性能及用途

类别	钢号	化学成分/%						热处理/℃		最高温度/℃	
		C	Cr	Mo	Si	W	其他	淬火	回火	抗氧化	热强性
珠光体钢	15CrMo	0.12~0.18	0.80~1.10	0.40~0.55	—	—		930~960（正火）	680~730	—	—
	12CrMoV	0.08~0.15	0.90~1.20	0.25~0.35			V0.15~0.3	980~1020（正火）	720~760	—	—
马氏体钢	1Cr13	0.08~0.15	12.00~14.00		—		—	1000~1050 水、油	700~790 油、水、空	750	500
	2Cr13	0.16~0.24	12.00~14.00		—		—	1000~1050 水、油	660~770 油、水、空	750	500
	1Cr11MoV	0.11~0.18	10.00~11.50	0.50~0.70			V0.25~0.40	1050 油	720~740 空、油	750	550
	1Cr12WMoV	0.12~0.18	11.00~13.00	0.50~0.70		0.70~1.1	V0.15~0.30	1000 油	680~700 空、油	750	580
	4Cr9Si2	0.35~0.50	8.00~10.00	—	2.00~3.0		—	1050,油	700,油	850	650
	4Cr10Si2Mo	0.35~0.45	9.00~10.50	0.70~0.90	1.9~2.6		—	1000~1100 油、空	700~800 空	850	650
奥氏体钢	1Cr18Ni9Ti（18-8）	≤0.12	17.00~19.00		≤1.00		Ni8.0~10.5	1000~1100 水	—	850	650
	4Cr14Ni14W2Mo（14-14-2）	0.40~0.50	13.00~15.00	0.25~0.4	≤0.80	2.0~2.75	Ni13~15	1000~1100 固溶处理	750 时效	850	750

① 珠光体型耐热钢。常用珠光体型钢有 16Mo、15CrMo 和 12CrMoV，使用温度较低，一般为 350~550℃，主要用于制造锅炉、化工压力容器、热交换器、气阀等耐热构件。

② 奥氏体型耐热钢。常用钢种有 1Cr18Ni9Ti、2Cr21Ni12N、2Cr23Ni13、4Cr14Ni14W2Mo 等，这类钢除含有大量的 Cr、Ni 元素外，还可能含有较高的其他合金元素，如 Mo、V、W 等。这类钢一般进行固溶处理，也可通过固溶处理加时效提高其强度，化学稳定性和热强性都比铁素体型和马氏体型耐热钢强，工作温度可达 750~820℃。

当工作温度在 600~700℃时，应选用耐热性好的奥氏体型耐热钢制造比较重要的零件，如燃气轮机轮盘和叶片、排气阀、炉用部件等。

③ 马氏体型耐热钢。常用钢种为 1Cr13、2Cr13、4Cr9Si2、1Cr11MoV 等，这类钢含有大量的 Cr，抗氧化性及热强性均高，淬透性好。经淬火后得到马氏体，高温回火后组织为回火索氏体。

马氏体型耐热钢的使用温度在 550~600℃之间，主要用于制造 600℃以下受力较大的零件如汽轮机叶片和汽油机或柴油机的气阀等。

④ 沉淀硬化型耐热钢。钢种有 0Cr17Ni7Al、0Cr17Ni4Cu4Nb，经固溶处理加时效后抗拉强度可超过 1000MPa，是耐热钢中强度最高的一类钢，主要用于高温弹簧、膜片、波纹管、燃气透平压缩机叶片、燃气透平发动机部件等。

7.4.2 高温合金

高温合金，又称超合金、耐热合金。可在 600～1100℃温度下承受一定应力、抗氧化、抗腐蚀，是以镍、铁或钴为基体的金属材料。飞机和发动机的发展对工作温度的需求见图 7-9，由图可见目前飞机蒙皮的最高温度达 1000℃ 以上，而发动机的工作温度则高达近 2000℃。

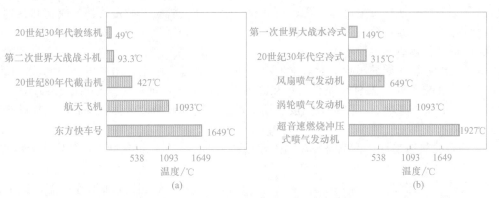

图 7-9 飞机和发动机发展对工作温度的需求

高温合金是制造航空和航天发动机热端等关键部件不可或缺的材料，也是兵器、电力、石油、化工等工业领域所需的重要材料。在先进的航空和航天发动机中（图 7-10），高温合金是制造航空航天，发动机的关键材料，其用量占发动机总重量的 80%。

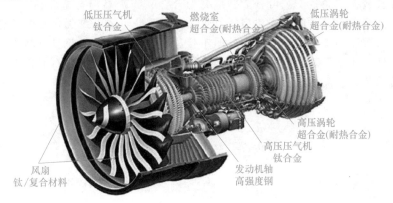

图 7-10 航空发动机内部剖视图

高温合金的研制始于 20 世纪 40 年代初，随着发动机的发展而发展。我国航空发动机是 1955 年问世的，1956 年开始了最简单的镍基高温合金 GH3030 试制。我国高温合金从无到有，从单品种仿制到材料和工艺系列化，几代科技工作者坚持走自主创新之路，终于实现了航空和航天用高温合金具备自主材料系列和产品系列，其制造工艺及应用成就令人瞩目。到 2005 年，纳入国家标准的高温合金牌号已有 177 个，涉及变形高温合金、铸造高温合金、焊接用高温合金丝、粉末冶金高温合金、弥散强化高温合金、金属间化合物高温材料六大分类，广泛用作燃起涡轮发动机的热端关键部件，如涡轮盘、涡轮工作叶片、涡轮导向叶片、燃烧室和加力燃烧室等零部件材料。在我国研制（包括仿制）的高温合金中，有些已达到国外同类合金水平。例如叶片用合金 GH5188、K417G、K403、DZ4、DZ22、DZ125、IC6、DD3 等；涡轮盘用合金 GH901、GH4133B、GH710、K418B、K6C 等；燃烧室用合金 GH1140、GH4099、GH1015 等；环形件用合金 GH903、GH907、GH909。近年来，为适应高推重比发动机的需要，研制的定向凝固合金、单晶合金、粉末合金、机械合金化合金和金属间化合物为基的合金，取得了不少成果，已达世界较先进水平，例如金属间化合物为基的 IC6 合金在 1100℃/100h，持久强度达 100MPa；单晶合金 DD6 在 1100℃/100h 持久强度达 140MPa。

中国的高温合金已基本形成自己的体系和研制生产基地，主要形成了以宝钢、鞍钢、太钢和抚顺特钢等为主体的变形高温合金基地和以航空发动机制造公司精密铸造厂为主体的铸造高温合金生产基地。可生产棒、盘、板、丝、带、环、管材及精密铸件，航空和其他工业部门使用的各种高温合金均可在国内生产供应。

（1）高温合金的性能要求

由于工作环境性质的影响，对航空发动机所用的高温合金也提出了更高的要求：

① 较高的热强度。热强度是指材料在高温下所具有的抵抗塑性变形和断裂破坏的能力，包括高温下的抗拉强度、高温持久强度、蠕变极限、高温机械疲劳强度及高温缺口敏感性等指标。

② 较高的热稳定性，也就是在高温工作条件下的抗氧化、抗热蚀、抗冲刷能力较强。

③ 比强度和弹性模量更高，这样可以减少发动机及整个飞行器的质量，提高结构刚度。

④ 良好的工艺性能，包括冶炼、铸造、压力加工、焊接及切削加工等性能，这也是决定材料能否使用的一个重要前提。

（2）高温合金的分类与牌号

高温合金以高熔点金属 Ni（1450℃）、Co（1480℃）、Mo（2620℃）等为基体，加入其他元素构成的在高温下使用的金属材料，按基体元素主要可分为铁基高温合金、镍基高温合金和钴基高温合金。按制备工艺可分为变形高温合金、铸造高温合金和粉末冶金高温合金。按强化方式有固溶强化型、沉淀强化型、氧化物弥散强化型和纤维强化型等。高温合金主要用于制造航空、舰艇和工业用燃气轮机的涡轮叶片、导向叶片、涡轮盘、高压压气机盘和燃烧室等高温部件，还用于制造航天飞行器、火箭发动机、核反应堆、石油化工设备以及煤的转化等能源转换装置。高温合金的发展、工艺及分类如图 7-11 所示。

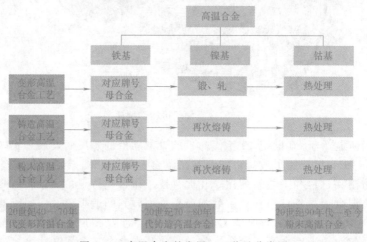

图 7-11 高温合金的发展、工艺及分类图

高温合金牌号，采用规定的符号和阿拉伯数字表示。变形高温合金牌号，采用"GH"

笔记

字母组合作前缀（"G""H"分别为"高""合"汉语拼音的首位字母），后接四位阿拉伯数字。"GH"符号后第一位数字表示分类号，即：

1——固溶强化型铁基合金；

2——时效硬化型铁基合金；

3——固溶强化型镍基合金；

4——时效硬化型镍基合金；

5——固溶强化型钴基合金；

6——时效硬化型钴基合金。

"GH"符号后第二、三、四位数字表示合金的编号。

铸造高温合金牌号，采用符号"K"作前缀，后接三位阿拉伯数字。"K"符号后第一位数字表示分类号，即：

2——时效硬化型铁基合金；

4——时效硬化型镍基合金；

6——时效硬化型钴基合金。

"K"符号后第二、三位数字表示合金的编号。

（3）高温合金的强化方法

常用的高温合金强化手段有以下四种方法。

① 固溶强化。固溶强化型高温合金的主要热处理方式是固溶处理。合金元素在金属中产生固溶强化作用的先决条件是在基体中有一定的溶解度，从而改变了基体点阵常数，点阵常数的变化是固溶强化效果的显著标志。固溶强化型高温合金，时效不能强化（或时效强化倾向不明显），典型的牌号如 GH3030、GH3039、GH3044 等。

② 沉淀强化（或称时效强化）。利用碳化物相或金属间化合物相时效析出，引起沉淀强化。主要靠碳化物相强化的典型牌号如 GH4037 等，主要靠金属间化合物相强化的典型牌号如 GH2132、GH2135 等，沉淀硬化型高温合金的热处理是在 1050～1200℃固溶处理（淬火）后经 600～800℃时效。

③ 晶界强化。加入微量的硼、锆、稀土等元素，其目的可以净化晶界，与有害杂质形成高熔点的化合物，减少晶界缺陷。使合金元素在晶界上的扩散速度减低，从而提高合金的热强性。

适当的热处理。晶界碳化物类型和分布状态与合金成分、热处理状态有关，因而对钢的性能有所影响。

④ 形变强化。形变强化往往与热处理密切配合，故常称之"形变热处理"。形变热处理是一种强化合金的手段，即通过变形来影响合金内部的组织结构（如晶粒细化、晶界状态的改变、嵌镶块破碎、位错和其他晶体缺陷的密布分布情况的改变以及强化相均匀弥散的析出等）来达到。根据变形温度的高低，高温合金的形变热处理可以分为下述三类：室温形变热处理（冷加工强化）；中温形变热处理（亦称半热硬化或温加工强化）；高温形变热处理（热加工强化）。

（4）高温合金的特性及应用

① 铁基高温合金。铁基高温合金是在 18-8 奥氏体不锈钢基础上发展起来的，使用温度比镍基合金低，在 600～850℃范围内，有较好的综合性能，可作为燃气轮机中工作温度在 750℃左右的结构材料。

固溶强化型铁基合金（表 7-11）含铬、镍量相对较高，含弥散强化相形成元素（V、Al、Ti）量相对较少。它的热处理主要形式为"固溶处理"，通过固溶处理可达到强化的目的。在零件需要多次冷压加工时，为消除加工硬化、恢复塑性，也要进行固溶处理。零件焊接后通常进行退火处理以消除内应力。由于铬、镍含量较高，故这类合金抗氧化温度较高，一般可达 900℃以上；但因含弥散强化相形成元素较少，合金中化合物数量较少，故室温强度、高温强度都较低。这类合金固溶处理后的组织为奥氏体，故塑性好，可以冷压成形；由于含碳量少，故焊接性亦好。这类合金主要用来制作形状复杂、冷压成形、受力不大，但要求抗氧化能力较高的高温零件，其中最典型的零件是涡轮发动机的燃烧室。

表 7-11 固溶强化型铁基高温合金

ZZ牌号 新牌号	化学成分(质量分数)/%																
	C	Cr	Ni	W	Mo	Al	Ti	Fe	Nb	V	B	Ce	Mn	Si	P	S	其他
固溶强化型铁基合金																	
GH1015	≤0.08	19.0~22.0	34.0~39.0	4.80~5.80	2.50~3.20			余量	1.10~1.60		≤0.010	≤0.050	≤1.50	≤0.60	≤0.020	≤0.015	
GH1016	≤0.08	19.0~22.0	32.0~36.0	5.00~6.00	2.60~3.30			余量	0.90~1.40	0.10~0.30	≤0.010	≤0.050	≤1.80	≤0.60	≤0.020	≤0.015	N0.13~0.25
GH1035	0.06~0.12	20.0~23.0	35.0~40.0	2.50~3.50		≤0.50	0.70~1.20	余量	1.20~1.70		≤0.050		≤0.70	≤0.80	≤0.030	≤0.020	
GH1040	≤0.12	15.0~17.5	24.0~27.0		5.50~7.00			余量					1.00~2.00	0.50~1.00	≤0.030	≤0.020	N0.10~0.20
GH1131	≤0.10	19.0~22.0	25.0~30.0	4.80~6.00	2.80~3.50			余量	0.70~1.30		≤0.005		≤1.20	≤0.80	≤0.020	≤0.020	N0.15~0.30
GH1140	0.06~0.12	20.0~23.0	35.0~40.0	1.40~1.80	2.00~2.50	0.20~0.60	0.70~1.20	余量	—	—	≤0.050		≤0.70	≤0.80	≤0.025	≤0.015	

时效硬化型铁基合金（表 7-12）铬、镍含量相对较低，故抗氧化的温度仅约 800℃，但是含弥散强化相形成元素（V、Al、Ti）量相对较高，在固溶体基体上可形成化合物强化相，所以常用热处理形式为固溶处理+时效。通过固溶处理，可以使合金固溶强化；通过时效处理，可以使合金析出细小强化相 [VC、Ni3Al、Ni3Ti，Ni3（Al·Ti）]，从而提高室温和高温强度。固溶并时效处理后的组织为奥氏体+弥散化合物。例如 GH2132 的化合物量为 2.5%、GH2135 的化合物量为 14%。这类合金通常应用于高温下受力的零件，如涡轮盘、螺栓和工作温度不高的转子叶片等。

表 7-12 时效硬化型铁基高温合金

ZZ牌号 新牌号	化学成分(质量分数)/%																
	C	Cr	Ni	W	Mo	Al	Ti	Fe	Nb	V	B	Ce	Mn	Si	P	S	其他
时效硬化型铁基合金																	
GH2018	≤0.06	18.0~21.0	40.0~44.0	1.80~2.20	3.70~4.30	0.35~0.75	1.80~2.20	余量			≤0.015	≤0.020	≤0.50	≤0.60	≤0.020	≤0.015	Zr≤0.050
GH2036	0.34~0.40	11.5~13.5	7.0~9.0		1.10~1.40	≤0.12		余量	0.25~0.50	1.25~1.55			7.50~9.50	0.30~0.80	≤0.035	≤0.030	
GH2038	≤0.10	10.0~12.5	18.0~21.0			≤0.50	2.30~2.80	余量			≤0.008		≤1.00	≤1.00	≤0.030	≤0.020	

ZZ牌号 / 新牌号	化学成分(质量分数)/%																
	C	Cr	Ni	W	Mo	Al	Ti	Fe	Nb	V	B	Ce	Mn	Si	P	S	其他
时效硬化型铁基合金																	
GH2130	≤0.08	12.0~16.0	35.0~40.0	5.00~6.50		1.40~2.20	2.40~3.20	余量			≤0.020	≤0.020	≤0.50	≤0.60	≤0.015	≤0.015	
GH2132	≤0.08	13.5~16.0	24.0~27.0		1.00~1.50	≤0.40	1.75~2.30	余量	0.10~0.50	0.001~0.010			≤2.00	≤1.00	≤0.030	≤0.020	
GH2135	≤0.08	14.0~16.0	33.0~36.0	1.70~2.20	1.70~2.20	2.00~2.80	2.10~2.50	余量			≤0.015	≤0.030	≤0.40	≤0.50	≤0.020	≤0.020	
GH2136	≤0.06	13.0~16.0	24.5~28.5		1.00~1.75	≤0.35	2.40~3.20	余量	0.01~0.10	0.005~0.025			≤0.35	≤0.75	≤0.025	≤0.025	
GH2302	≤0.08	12.0~16.0	38.0~42.0	3.50~4.50	1.50~2.50	1.80~2.30	2.30~2.80	余量			≤0.010	≤0.020	≤0.60	≤0.60	≤0.020	≤0.010	Zr≤0.050

② 镍基高温合金。镍基高温合金（表 7-13）以镍为基体，加入其他合金元素，其基体组织为奥氏体，典型的钢种如 GH37、GH33、GH37 等。高性能的镍基高温合金一般由 10～13 种元素组成，每种元素在合金中起不同的作用，即提高强度、提高耐热性、提高抗氧化和耐腐蚀性、耐久性以及使用安全性等。

镍基合金是所有高温合金中最复杂并在受热部件中应用最广泛的一类合金，可在 600～1100℃ 范围内使用，广泛用于制造航空发动机各类燃气轮机的最热端部件，如导向叶片、涡轮盘、燃烧室等。目前镍基合金是高温合金中的重要材料，能承受的最高温度为 1000℃ 左右。高温镍基合金在发动机中的用量日益增加，用到发动机总重量的 40%，某些新式军用发动机中用到总重量的 50%～60%。

表 7-13　镍基高温合金

ZZ牌号 / 新牌号	化学成分(质量分数)/%																
	C	Cr	Ni	W	Mo	Al	Ti	Fe	Nb	V	B	Ce	Mn	Si	P	S	其他
固溶强化型镍基合金																	
GH3030	≤0.12	19.0~22.0	余量			≤0.15	0.15~0.35	≤1.50					≤0.70	≤0.80	≤0.030	≤0.020	
GH3039	≤0.08	19.0~22.0	余量		1.80~2.30	0.35~0.75	0.35~0.75	≤3.0	0.90~1.30				≤0.40	≤0.80	≤0.020	≤0.012	
GH3044	≤0.10	23.5~26.5	余量	13.0~16.0	≤1.50	≤0.50	0.30~0.70	≤4.0					≤0.50	≤0.80	≤0.013	≤0.013	
GH3128	≤0.05	19.0~22.0	余量	7.5~9.0	7.50~9.0	0.40~0.80	0.40~0.80	≤2.0			≤0.005	≤0.050	≤0.50	≤0.80	≤0.013	≤0.013	Zr≤0.06

ZZ牌号	化学成分(质量分数)/%																
新牌号	C	Cr	Ni	W	Mo	Al	Ti	Fe	Nb	V	B	Ce	Mn	Si	P	S	其他
时效硬化型镍基合金																	
GH4033	0.03~0.08	19.0~22.0	余量			0.60~1.00	2.40~2.80	≤4.0			≤0.010	≤0.010	≤0.35	≤0.65	≤0.015	≤0.007	
GH4037	0.03~0.10	13.0~16.0	余量	5.00~7.00	2.00~4.00	1.70~2.30	1.80~2.30	≤5.0		0.10~0.50	≤0.020	≤0.020	≤0.50	≤0.40	≤0.015	≤0.010	
CH4043	≤0.12	15.0~19.0	余量	2.00~3.50	4.00~6.00	1.00~1.70	1.90~2.80	≤5.0	0.50~1.30		≤0.010	≤0.0310	≤0.50	≤0.60	≤0.015	≤0.010	
GH4049	≤0.10	9.5~11.0	余量	5.00~6.00	4.50~5.50	3.70~4.40	1.40~1.90	≤1.5		0.20~0.50	≤0.015	≤0.020	≤0.50	≤0.50	≤0.010	≤0.010	CO14.0~16.0
GH4133	≤0.07	19.0~22.0	余量			0.70~1.20	2.50~3.00	≤1.5	1.15~1.65		≤0.010	≤0.010	≤0.35	≤0.65	≤0.015	≤0.007	
GH4169	≤0.08	17.0~21.0	50.0~55.0		2.8~3.3	0.20~0.60	0.65~1.15	余量	4.75~5.50		≤0.006		≤0.35	≤0.35	≤0.015	≤0.015	

　　镍基高温合金的特性、用途和相应的固溶强化型铁基合金、时效硬化型铁基合金基本相同，不同之处在于基体的差别。铁基高温合金的基体金属是铁（含铁量约50%），含铬量约10%～23%、含镍量约7%～40%；而镍基高温合金的基体金属是镍，镍含量大于50%。由于镍含量的提高，故镍基高温合金比铁基高温合金的热强性高，最高工作温度已达到1050℃左右；但其可切削加工性亦随之变差。同时由于它们都含有大量的镍，不符合我国资源情况，应逐步采用铁基高温合金来代替。

　　③ 钴基等高温合金。鉴于我国资源较少，发展应用很少。

　　(5) 高温合金热处理

　　高温合金的热处理是改变合金组织与性能的重要手段之一。根据使用要求，可以选择适当的热处理制度，获得良好的组织状态，得到优良的使用性能。铁基高温合金合适的热处理制度参见表 7-14，镍基高温合金合适的热处理制度参见表 7-15。

表 7-14　铁基高温合金的热处理

钢号	适宜的热处理制度
铁基高温合金	
GH35	固溶：1100～1140℃，空冷
GH1140	固溶：1080～1100℃，空冷
GH18	固溶：1100～1140℃，空冷，时效：800℃，16h，空冷
GH131	固溶：1130～1170℃，空冷，（保温按 4min/mm）
GH1015	固溶：1150℃，空冷，（保温按 1～1.5min/mm）
GH1016	固溶：1160℃，空冷，（保温按 1～1.5min/mm）
GH130	固溶：1180℃，1.5h＋1050℃，4h，空冷，时效：800℃，16h，空冷
GH2302	固溶：1180℃，2h＋1150℃，4h，空冷，时效：800℃，16h，空冷
GH95	固溶：1200℃，1.5h＋1050℃，4h，空冷，时效：800℃，16h，空冷
	固溶：1180℃，2h＋1050℃，4h，空冷，时效：750℃，16h，空冷

续表

钢号	适宜的热处理制度
	铁基高温合金
GH2036	固溶:1140℃,80min,水冷;时效:650～670℃。14～16h+770～800℃,14～20h,空冷
GH1040	固溶:1140℃,80min,水冷;时效:710℃,5h+800～850℃,5h,空冷
	固溶:1200℃,8h,水冷
GH2132	固溶:980～1000℃,1～2h,油冷;时效:700～720℃,12～16h,空冷
GH2130	固溶:980～1000℃,1～2h,油冷;时效:720℃,16h,空冷
GH2135	固溶:1140℃,4h,空冷;时效:830℃,8h,空冷+650℃,16h,空冷
	固溶:1080℃,4h,空冷;时效:830℃,8h,空冷+700℃,16h,空冷
GH901	固溶:1090℃,2～3h,水冷或空冷;时效:775℃,4h,空冷+705～720℃,24h,空冷
GH761	固溶:1120℃,2h,空冷;时效:850℃,4h,空冷+750℃,4h,空冷

笔记

　　① 变形高温合金的热处理。变形高温合金的热处理一般由固溶处理、中间处理和最终时效处理组成。

　　固溶处理的目的是使合金元素充分溶入基体并获得均匀的固溶体和一定的晶粒度。固溶处理的温度范围大约为 980～1200℃,主要根据各个合金中相的析出和溶解规律及使用要求来选择,以保证主要强化相必要的析出条件和一定的晶粒度。对于高温长时使用的合金,要求选择较高的固溶温度,以获得较大的晶粒度;对于中温使用并要求高的短时强度和疲劳强度的合金要采用较低的固溶温度,保持较小的晶粒度,固溶处理后的组织基本上是奥氏体和 MC 碳化物,只有少数合金有某些其他相存在。

　　中间处理即二次固溶处理或中间时效处理,目的是改变晶界碳化物状态和造成大小两种尺寸的 r' 相。二次固溶处理温度一般在 1000～1100℃ 之间,保温和冷却过程中于晶界析出链状碳化物,起强化晶界作用。中间时效处理除改善晶界碳化物析出状态外,还可析出部分大尺寸的 r' 相,使合金在最终时效后得到大小两种尺寸的 r' 相,以改善综合性能和长期组织稳定性。对碳化物时效强化的铁基合金,一般没有中间处理。

　　时效处理的目的是使强化相充分而均匀地析出,时效温度要保证强化相的大小合适,一般在 650～1000℃ 之间。过饱和度高的合金,由于在固溶处理和中间处理的冷却过程中 r',相已大量析出,所以最后的时效处理只产生较小的组织变化。

表 7-15　镍基高温合金的热处理

钢号	适宜的热处理制度
	镍基高温合金
GH3030	固溶:980～1020℃,空冷
GH3039	固溶:1050～1080℃,空冷
GH3044	固溶:1120～1160℃,空冷
GH22	固溶:1160～1180℃,30～60min,水冷
GH3128	固溶:1200℃,水冷
GH170	固溶:1230℃,空冷(保温时间约 5min/mm)
GH2132	固溶:1080℃,8h,空冷;时效:700℃,16h 空冷
GH4033	固溶:1080℃,8h,空冷;时效:700℃,16h 空冷
	固溶:1080℃,8h,空冷;时效:750℃,16h 空冷
GH4133	固溶:1080℃,8h,空冷;时效:750℃,16h 空冷
GH4037	固溶:1180℃,2h,空冷+1050℃,4h,空冷;时效:800℃,16h,空冷
GH143	固溶:1150℃,4h,空冷+1065℃,16h,空冷;时效:700℃,16h,空冷
GH4049	固溶:1200℃,2h,空冷+1050℃,4h,空冷;时效:850℃,8h,空冷
GH151	固溶:1250℃,5h,空冷+1100℃,6h,空冷;时效:950℃,10h,空冷
GH118	固溶:1190℃,1.5h,空冷+1100℃,6h,空冷
GH710	固溶:1170℃,4h,空冷+1080℃,4h,空冷;时效:845℃,24h,空冷
GH738	固溶:1080℃,4h,空冷;时效:840℃,24h,空冷+760℃,16h,空冷
GH698	固溶:1120℃,8h,空冷+1000℃,4h,空冷;时效:775℃,16h,空冷
GH220	固溶:1200℃,4h,空冷+1050℃,4h,空冷;时效:950℃,2h,空冷

② 铸造高温合金的热处理。铸造高温合金的特点是热强性很高，但塑性较低，冲压焊接性能也很差，因此合金都是用精密铸造方法直接铸成零件。

铸造高温合金一般在大型真空感应炉中冶炼母合金，用石蜡精密造型法制造壳型，然后在小型真空感应炉中重熔浇注成零件。运用定向凝固技术可生产无横向晶界的柱状晶叶片或完全消除晶界的单晶叶片，使高温疲劳寿命和持久强度都有成倍提高，这是当前铸造高温合金的发展方向。随着航空发动机性能的不断提高，已相继研制出第一代、第二代、第三代、第四代单晶镍基合金，都用于高性能航空发动机涡轮转子叶片。定向凝固和单晶合金比普通铸造合金具有更高的承温能力：第一代单晶镍基合金的最高工作温度为1040℃，第二代单晶镍基合金的最高工作温度为1070℃，第三、四代单晶镍基合金的最高工作温度为1100℃。

铸造高温合金的组织与铸造工艺有密切关系，许多铸造高温合金不进行热处理或只进行简单的热处理。例如只经过几小时固溶或时效处理就可使用，甚至不经热处理就使用。随着合金逐渐复杂化，为了改善某些综合性能也可以采用与变形合金相似的多次热处理。铸造高温合金经过固溶处理能够使铸态组织局部均匀化，但铸态组织的基本特征，例如树枝晶、偏析等不会全部消除。固溶处理、中间处理和时效处理的作用与变形高温合金类似。

7.5　铝合金

在工业生产中，通常把钢铁材料称为黑色金属，而把其他的金属材料称为有色金属。与钢铁等黑色金属材料相比，有色金属具有许多优良的特性，是现代工业中不可缺少的材料，在国民经济中占有十分重要的地位。例如，铝、镁、钛等具有相对密度小、比强度高的特点，因而广泛应用于航空、航天、汽车、船舶等行业；银、铜、铝等具有优良导电性和导热性，是电器仪表和通信领域不可缺少的材料；镍、钨、钼、钽及其合金熔点高、耐热性好，是制造高温零件和电真空元器件的优良材料；还有专用于原子能工业的铀、镭、铍；用于石油化工领域的钛、铜、镍等。铝及铝合金具有以下特点：

① 纯铝的密度为2.7g/cm³，仅为铁的1/3。铝合金的密度与纯铝相近，强化后铝合金与低合金高强钢的强度相近，铝合金的比强度要比一般高强钢高许多。

② 优良的理化性能。铝的导电性好，仅次于银、铜和金，在室温时的导电率约为铜的64%。铝及铝合金有相当好的抗大气腐蚀能力，铝及铝合金磁化率极低，接近于非铁磁性材料。

③ 可加工性能良好。铝及退火状态下的铝合金塑性很好，可以冷成形，切削性能很好，铸铝合金的铸造性能也极好，还可通过热处理获得很高的强度。

由于上述优点，铝及铝合金在电气工程、航空及宇航工业、一般机械行业和轻工业中都有广泛的用途。

工程应用典例

汽车轻量化源于燃油消耗、降低排放方面的需求。欧洲铝协材料表明：汽车重量每降低100kg，每百公里可节约0.6L燃油。大量采用铝合金材料是汽车轻量化的一个发展方向，例如大量使用铝合金的汽车，平均每辆汽车可降低重量300kg，寿命期内排放可降低20%。从1974年到2005年，北美铝合金材料在汽车上的应用平均翻了两倍多，达到约122kg；奥迪从A2起基本实现全铝车身，包括车体和外围构件；奔驰、宝马、美洲豹汽车等都大量采用了铝合金零件，宝马系列新款发动机还采用了镁铝合金复合的曲轴箱体。

据报道，中国首辆具有完全自主知识产权的铝合金铁路客车日前在长春轨道客车股份有限公司上线，这将大大缩短中国铁路客车同国际水平的差距。这辆铝合金客车采用国际上先进的铝合金鼓形车体，与以往的碳钢车相比车体自重减轻 3～4t，同时可以降低客车运行中的空气阻力，其本身还具有很强的耐腐蚀性。

笔记

由于上述优点，铝及铝合金在电气工程、航空及宇航工业、一般机械行业和轻工业中都有广泛的用途。铝合金是亚音速飞机的主要用材，飞机上的蒙皮、梁、肋、桁条、隔框和起落架都可以用铝合金制造。着重于经济效益的民用机因铝合金价格便宜而大量采用，目前民用飞机结构上的用量为 70%～80%，其中仅铝合金铆钉一项每架飞机就有 40～150 万个；据波音飞机公司的统计，制造各类民用飞机 31.6 万架，共用铝材 7100kt，平均每架用铝 22t，例如波音 767 客机采用的铝合金约占机体结构重量 81%。军用飞机因要求有良好的作战性能而相对地减少铝的用量，铝制零部件在先进军用飞机中的比例虽低一些，但仍占其自身总质量的 40%～60%，例如最大飞行速度为 2.5 马赫的 F-15 高性能战斗机仅使用 35.5% 铝合金。应用最广的"飞行"金属——铝合金，在 21 世纪仍将继续占有重要位置，进一步的发展途径在于合金、工艺上的创新，例如新出现的 C80A 合金，不仅改进了 A380 的后机翼大梁的强度，而且降低了重量。

7.5.1　纯铝

铝在地壳中储量丰富，占地壳总重量的 8.2%，居所有金属元素之首。

纯铝是银白色金属，密度小，熔点低（660℃），导电、导热性优良，具有良好的塑性和韧性，可以很容易通过压力加工制成铝箔和各种尺寸规格的半成品，纯铝还具有好的工艺性能，易于铸造和切削。铝极易与氧形成致密的表面氧化铝薄膜，从而阻止铝继续氧化，故在空气中具有良好的耐蚀性。

工业纯铝含铝量在 98.0%～99.0%，牌号有 L1、L2、L3、L4、L5、和 L6。后面的数字表示纯度，数字越大，纯度越低。由于强度低，室温下仅为 45～50MPa，故工业纯铝一般不宜用作结构材料，主要用于制作电线、电缆、器皿及配制合金。

7.5.2　铝合金及其应用

通过向铝中加入适量的某些合金元素，并进行冷变形加工或热处理，可大大提高其力学性能，其强度甚至可以达到钢的强度指标，σ_b 可达 400～700MPa，可用于制造承受较大载荷的机器零件和构件。目前铝中加入的合金元素主要有 Cu、Mg、Si、Mn、Zn 和 Li 等，由此得到多种不同工程应用的铝合金。

（1）铝合金分类

工程上常用的铝合金大都具有与图 7-12 类似的相图。

① 变形铝合金。凡位于相图上 D 点成分以左的合金，在加热至高温时能形成单相固溶体组织，塑性变形能力好，适合于冷热加工（如轧制、挤压、锻造等）而制成类似半成品或模锻件，所以称为变形铝合金。变形铝合金中成分低于 F 的合金，因不能进行热处理强化，称为不可热处理强化的铝合金；成分位于 F-D 之间的合金，可进行固溶

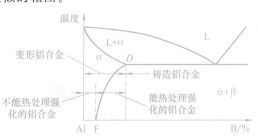

图 7-12　铝合金分类示意图

和时效强化，称为可热处理强化的铝合金。

② 铸造铝合金。凡位于 D 点成分以右的合金，因含有共晶组织，熔液流动性好，收缩性好，抗热裂性高，具有良好的铸造性能，可直接浇铸在砂型或金属型内制成各种形状复杂的甚至薄壁的零件或毛坯，所以称为铸造铝合金。

（2）铝合金的强化

铝具有面心立方晶体结构，无同素异构转变，因此，铝具有与钢完全不同的强化原理。

① 固溶强化。纯铝中加入合金元素 Cu、Mg、Zn、Mn、Si 等，形成铝基固溶体，造成晶格畸变，阻碍了位错的运动，起到固溶强化的作用，可使其强度提高。

② 时效强化。单独靠固溶作用对铝合金的强化作用是很有限的，合金元素对铝的另一种强化作用是通过固溶（淬火）处理＋时效热处理实现的，如图 7-13 所示。

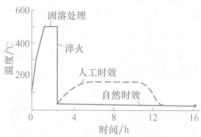

合金发生时效的条件是合金能在高温形成均匀的固溶体，并且固溶体中溶质的溶解度必须随温度的降低而显著降低，同时淬火后形成的过饱和固溶体在时效过程中能析出均匀、弥散的共格或半共格的亚稳相，在基体中能形成强烈的应变场。在上述几种主要合金元素中，Cu 的沉淀强化效果最好，其他元素比较一般。

图 7-13 铝合金时效工艺流程示意图

答疑解惑

分析 4％Cu 的 Al-Cu 合金固溶处理与 45 钢淬火两种工艺的不同点及相同点。

答题要点：4％Cu 的 Al-Cu 合金固溶处理是将合金加热到单相 α 组织，加热时无相变发生，然后快冷（水冷），目的是为了将高温时的单相组织保留到室温，冷却时也无相变发生；而 45 钢的淬火是将 45 钢加热到 840℃左右，获得单相 A 组织，加热时发生了相变，然后快冷（水冷），目的是为了获得马氏体组织，冷却时也发生了相变。两者的工艺过程相同，但目的和实质不同。

含碳量较高的钢，在淬火后其强度、硬度立即提高，而塑性则急剧降低。由于铝没有同素异构转变，所以其热处理相变与钢不同（图 7-14）。当铝合金经加热到某一温度淬火后，可以得到过饱和的铝基固溶体 α，保温后在水中快冷，其强度和硬度并没有明显升高，而塑性却得到改善，这种热处理也称淬火（或固溶处理）。淬火后，铝合金的力学性能随时间而

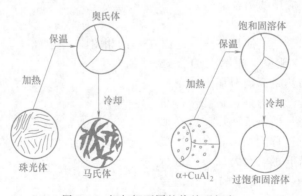

图 7-14 铝与钢不同的热处理相变

发生显著变化的现象称为时效或时效硬化。在室温下进行的时效称为自然时效，在加热条件下进行的时效称为人工时效。

奇闻轶事：维尔姆与杜拉铝"时效"

铝在 1886 年以前，比黄金还贵重。因为那时的铝是用金属钠还原氧化铝来制取的，成本极高，直到电解铝法实际用于生产后，铝才得以广泛使用。众所周知，将碳素钢加热急冷（淬火），可增强钢的强度。当时人们也试图用此法把铝强化。1906 年，柏林的冶金学家维尔姆接受了这项研究任务。他所研究的这种铝合金即是后来闻名于世界的硬铝（杜拉铝），这种铝合金含有 4.5％的铜，0.5％～1.0％的镁和 0.5％的锰。维尔姆在多次实验中，把类似这种成分的合金加热到几乎开始熔化时，接着进行水淬，然而强度并未增大。有一次，维尔姆把一些经过这种热处理后的样品交给他的实验员去进行试验。不过，当时正好是星期六，天气晴朗，于是实验员决定把这次实验拖到下星期进行。到了星期一，原来在室温条件下放了两昼夜的样品已经得到了相当高的强度。于是维尔姆作出了正确的结论，他认为，硬铝是在淬火之后经一段时间发生硬化的，这种过程称为"时效"。

概括地说，提高铝合金强度、硬度的热处理，包括三个步骤的工艺过程：

a. 固溶热处理——可溶相的溶解。

b. 淬火——过饱和固溶体的形成。

c. 时效——在室温下（自然时效）或高温下（人工时效或沉淀热处理）溶质原子的沉淀析出。

例如含铜量 4％并含有少量镁、锰元素的铝合金，在退火状态下，抗拉强度 σ_b 为 180～200MPa，延伸率 δ 为 18％，经淬火后其强度为 240～250MPa，延伸率为 20％～22％，如再经 4～5d 放置后，则强度显著提高，σ_b 可达 420MPa，延伸率下降为 18％。

图 7-15 表示铝合金淬火后，在室温下其强度随时间变化的自然时效曲线。由图可知，自然时效在最初一段时间内，对铝合金强度影响不大，这段时期称为孕育期。在这期间内对淬火后的铝合金可进行冷加工（如铆接、弯曲、校直等），随着时间的延长，铝合金才逐渐显著强化。

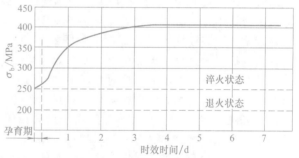

图 7-15 Al-4％Cu 的自然时效曲线

答疑解惑

铆接为什么必须在 LY10 刚淬火状态下（孕育期内）进行？

答题要点：室温下进行的时效称为自然时效，加热条件下进行的时效称为人工时效。硬铝 LY10 合金淬火固溶处理后常采用自然时效，硬铝合金自然时效一般在室温停留 4～6d 后即可达到最高强度。由铝合金淬火后自然时效曲线图可知，自然时效在最初一段时间内，对铝合金强度影响不大，这段时期称为孕育期。在这期间内对淬火后的铝合金可进行冷加工（如铆接、弯曲、校直等），随着时间的延长，铝合金才逐渐显著强化。

铝合金的时效强化的效果还与淬火后的时效温度有关,图 7-16 是硬铝合金在不同温度下的时效曲线。可见,提高时效温度,可以使时效速度加快,但获得的强度值比较低,强化效果不好。在自然时效条件下,原子扩散不易进行,时效进行得十分缓慢,约需 4~5d 才能达到最高强度值。如果人工时效的时间过长或温度过高,反而使合金软化,这种现象称为过时效。

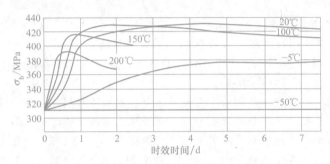

图 7-16 时效温度对 Al-4%Cu 时效过程的影响

笔记

在-50℃时效,时效过程基本停止,各种性能没有明显变化,所以降低温度是抑制时效的有效办法。生产中,某些需要进一步加工变形的零件如铝合金铆钉等,可在淬火后于低温状态下保存,使其在需要加工变形时仍具有良好的塑性。

经淬火自然时效后的铝合金(如 Al-Cu)重新加热到 200~250℃,然后快冷到室温,则合金强度下降,重新变软,性能恢复到刚淬火状态;如在室温下放置,则与新淬火合金一样,仍能进行正常的自然时效,这种现象称为回归现象。关于回归现象的解释是合金在室温自然时效时,形成 G·P 区尺寸较小,加热到较高温度时,这些小的 G·P 区不再稳定而重新溶入固溶体中,此时将合金快冷到室温,则合金又恢复到新淬火状态,仍可重新自然时效。在理论上回归处理不受处理次数的限制,但实际上,回归处理时很难使析出相完全重溶,造成以后时效过程呈局部析出,使时效强化效果逐次减弱。同时在反复加热过程中,固溶体晶粒有越来越大的趋势,这对性能不利。因此回归处理仅用于修理飞机用的铆钉合金,即可利用这一现象,随时进行铆接,而对其他铝合金则没有使用价值。

③ 过剩相强化。当合金元素加入量超过其极限溶解度时,合金固溶处理时就有一部分第二相不能溶入固溶体,这部分第二相称作过剩相。过剩相一般为强硬脆的金属间化合物,当其数量一定且分布均匀,对铝合金有较好的强化作用,但会使合金塑性韧性下降,数量过多还会脆化合金,其强度也会下降。

④ 形变强化。对合金进行冷塑性变形,利用金属的加工硬化效应提高合金强度,这为不能热处理强化的铝合金提供了强化方法。

⑤ 细化组织强化。许多铝合金组织都是由 α 固溶体和过剩相组成的。若能细化铝合金的组织,包括细化 α 固溶体或细化过剩相,既提高合金的强度,还会改善合金的塑性和韧性。

工程应用典例

由于铸造铝合金组织比较粗大,所以在生产中必须进行变质处理来提高 Al-Si 系铸造铝合金的强度,即浇铸前向合金熔液中加入微量钠或钠盐,以增加结晶核心,细化组织,使铸造合金的组织由 Al(α)+粗大针状共晶 Si 变为细小均匀的共晶体+初生 α 固溶体组织,从而显著地提高铝合金的强度及塑性。例如简单硅铝明变质前 σ_b <140MPa,δ <3%;变质后 σ_b 达 180MPa,δ 达 8%。

（3）常用铝合金

根据铝合金的成分及生产工艺特点，可以将铝合金分为变形铝合金和铸造铝合金两大类。变形铝合金按其成分及性能特点，又分为防锈铝合金、硬铝合金、超硬铝合金及锻造铝合金。按其热处理性质，又可把铝合金分为能热处理强化的铝合金和不能热处理强化的铝合金；工业纯铝和防锈铝合金的固溶成分不随温度而改变，故不能通过热处理使之强化，属于不能热处理强化的铝合金；硬铝、锻造铝合金以及铸造铝合金的固溶体成分随温度而改变，可通过淬火（固溶处理）及随后的时效处理，使合金强度大为提高，故属于能热处理强化的铝合金。铝合金的分类及性能特点见表 7-16。

📝 笔记

表 7-16　铝合金的分类及性能特点

分类		合金名称	合金系	性能特点	编号举例
铸造铝合金		简单铝硅合金	Al-Si	铸造性能好，不能热处理强化，力学性能较低	ZL102
		特殊铝硅合金	Al-Si-Mg	铸造性能良好，能热处理强化，力学性能较高	ZL101
			Al-Si-Cu		ZL107
			Al-Si-Mg-Cu		ZL105、ZL110
			Al-Si-Mg-Cu-Ni		ZL109
		铝铜铸造合金	Al-Cu	耐热性好，铸造性能与抗蚀性差	ZL201
		铝镁铸造合金	Al-Mg	力学性能高，抗腐蚀性好	ZL301
		铝锌铸造合金	Al-Zn	能自动淬火，宜于压铸	ZL401
		铝稀土铸造合金	Al-Re	耐热性能好	
变形铝合金	不能热处理强化的铝合金	防锈铝	Al-Mn	抗蚀性、压力加工性与焊接性好，但强度较低	LF21
			Al-Mg		LF5
	可以热处理强化的铝合金	硬铝	Al-Cu-Mg	力学性能高	LY11、LY12
		超硬铝	Al-Cu-Mg-Zn	室温强度最高	LC4
		锻铝	Al-Mg-Si-Cu	铸造性能好	LD5、LD10
			Al-Cu-Mg-Fe-Ni	耐热性能好	LD8、LD7

① 变形铝合金。变形铝合金按照性能特点和用途分为防锈铝、硬铝、超硬铝和锻铝四种。防锈铝属于不能热处理强化的铝合金，硬铝、超硬铝、锻铝属于可热处理强化的铝合金。

变形铝合金的旧牌号采用汉语拼音字母加顺序号表示，防锈铝、硬铝、超硬铝、锻铝分别用"LF"（铝防）、"LY"（铝硬）、"LC"（铝超）、"LD"（铝锻）和后面的顺序号来表示。例如 LF5 表示 5 号防锈铝，LY11 表示 11 号硬铝，LC4 表示 4 号超硬铝，LD8 表示 8 号锻铝，余类推。按照 GB/T 16474—2011 的规定，我国变形铝合金的新牌号采用国际四位数字体系和四位字符体系表示，具体表示方法见表 7-17。变形铝合金的新旧牌号对照见表 7-18。

表 7-17　变形铝合金的牌号表示方法

组别	牌号系列	组别	牌号系列
纯铝（铝含量≥99.00%，质量分数）	1×××	以镁和硅为主要合金元素，并以 Mg_2Si 相为强化相的铝合金	6×××
以铜为主要合金元素的铝合金	2×××		
以锰为主要合金元素的铝合金	3×××	以锌为主要合金元素的铝合金	7×××
以硅为主要合金元素的铝合金	4×××	以其他合金元素为主要合金元素的铝合金	8×××
以镁为主要合金元素的铝合金	5×××	备用合金	9×××

变形铝合金基础状态及代号用大写的英文字母表示，细分的状态代号用基础状态代号后跟 1 位或多位阿拉伯数字表示。基础代号及说明见表 7-19。

表 7-18　变形铝合金的新旧牌号对照表

旧牌号	新牌号	旧牌号	新牌号	旧牌号	新牌号
LF21	3A21	LY10	2A10	LD2	6A02
LF2	5A02	LY11	2A11	LD5	2A50
LF3	5A03	LY12	2A12	LD6	2B50
LF6	5A06	LY16	2A16	LD7	2A70
LY1	2A01	LC3	7A03	LD8	2A80
LY2	2A02	LC4	7A04	LD9	2A90
LY6	2A06	LC9	7A09	LD10	2A14

表 7-19　变形铝合金状态基础代号

代号	名称	说明与应用
F	自由加工状态	适用于在成型过程中,对于加工硬化和热处理条件无特殊要求的产品,该状态产品的力学性能不作规定
O	退火状态	适用于经完全退火获得最低强度的加工产品
H	加工硬化状态	适用于通过加工硬化提高强度的产品,产品在加工硬化后可经过(也可不经过)使强度有所降低的附加热处理。H 代号后面必须跟有两位或三位阿拉伯数字
W	固溶热处理状态	一种不稳定状态,仅适用于经固溶热处理后,室温下自然时效的合金,该状态代号表示产品处于自然时效阶段
T	热处理状态 (不同于 F、O、H 状态)	适用于热处理后,经过(或不经过)加工硬化达到稳定状态的产品。T 代号必须跟随有一位或多位阿拉伯数字

变形铝合金状态基本代号 T 后面添加 0～10 阿拉伯数字,表示对产品的基本处理程序(表 7-20)。

表 7-20　TX 状态代表及说明

状态代号	说明
T0	固溶液热处理后,经自然时效再通过冷加工状态
T1	由高温成型过程冷却,然后自然时效到基本稳定状态
T2	由高温成型过程冷却,然后经过加工后自然时效到基本稳定状态
T3	固溶热处理后进行冷加工,自然时效到基本稳定状态
T4	固溶热处理后进行冷加工,自然时效到基本稳定状态
T5	由高温成型过程冷却,然后进行人工时效状态
T6	固溶热处理后进行人工时效状态
T7	固溶热处理后进行时效状态。适用于固溶热处理后,为取得某些重要特性,人工时效时,强度在时效曲线上越过了峰值的产品
T8	固溶热处理后进行冷加工,然后进行人工时效状态
T9	回溶热处理后进行人工时效,然后进行冷加工时效状态
T10	由高温成型过程冷却后,进行冷加工,然后人工时效的状态

答疑解惑

形变铝合金淬火装炉应注意哪些问题?

答题要点:①到温装炉,不允许采用超过淬火温度上限的高温入炉。②装炉量要限制在工艺规定范围内,防止装炉时炉温下降太多。③为方便操作与减少变形,工件应装在一定夹具上,或以铝带、铝丝绑扎。夹具不能用铜制作,不能用铜丝绑扎。④在硝盐槽中加热时,应保证工件至槽壁、槽底及液面距离不小于 100mm,在空气电炉中加热时,除保持与炉门、隔板有一定距离外,注意工件放置位置不应妨碍热风正常循环。⑤铝板加热时,各片之间应有一定间隙,使其受热均匀。

a. 防锈铝合金。主要是 Al-Mg 系和 Al-Mn 系合金，加入镁可适当提高强度，加入锰能提高耐蚀性。

这类合金的主要性能特点是具有优良的抗腐蚀性能，因而得名防锈铝合金。此外，还具有良好的塑性与焊接性，适宜压力加工和焊接，在航空航天等领域有广阔的应用前景。

由于合金组织中强化相数量较少，因此这类合金不能进行热处理强化，力学性能比较低，为了提高其强度，可用冷作硬化方法使其强化。但由于防锈铝的切削加工性能差，故只适宜制作焊接管道容器、铆钉以及其他冷变形零件。

b. 硬铝合金。主要是指 Al-Cu-Mg 系合金，合金含量越高，强度越高，而塑性韧性变差。硬铝合金时效强化后，最高强度可达 420MPa，比强度则与钢接近。根据 Mg、Cu 含量的高低，硬铝合金又可分为低合金硬铝（LY1、LY10）；中合金硬铝（LY11），此即标准硬铝；高合金硬铝（LY12、LY6）。低合金硬铝主要用作铆钉，现场操作的变形件；中合金硬铝用作中等强度的零构件和半成品，如骨架、螺旋桨叶片、螺栓、大型铆轧材冲压件等；而高合金硬铝则主要用作高强度的重要结构件，如飞机翼肋、翼梁，重要的销、铆钉等，是最为重要的飞机结构材料。

硬铝合金在使用或进行加工时必须注意以下几点：

（a）耐腐蚀性能差，特别是海水等环境中。这是由于它含有较高的铜，而含铜固溶体和强化相与海水接触形成微电池，促使晶间腐蚀加速。为了防止这种腐蚀的发生，通常在硬铝的表层包上一层高纯度铝，以提高其抗蚀能力，但包铝的硬铝热处理后的强度稍低于未包铝的。

（b）固溶处理的淬火温度范围很窄，如 LY12 合金的淬火温度范围是 $495\sim500\,^\circ\!C$，LY11 合金是 $505\sim510\,^\circ\!C$。若低于此温度范围就会使淬火后固溶体过饱和度不足，不能获得最大的时效效果；若超过此温度范围则造成过烧而使晶界熔化，所以淬火温度要严格控制。

（c）硬铝淬火后常采用自然时效（高温工作构件除外）。一般在室温停留 $4\sim6d$ 后即可达到最高强度。人工时效虽然使强化过程加快，但获得的最高强度低，且具有更大的晶间腐蚀倾向，故一般不采用。

答疑解惑

经固溶处理的 LY12 合金在室温下成型为形状复杂的零件，该零件要求具有高的抗拉强度，下述两种热处理方案哪个较为合理？①成型后的零件随后进行高于室温的热处理。②成型后的零件随后不进行高于室温的热处理。

答题要点：硬铝如 LY12 合金淬火固溶处理后常采用自然时效（高温工作构件除外）。室温下进行的时效称为自然时效，加热条件下进行的时效称为人工时效。硬铝合金自然时效一般在室温停留 $4\sim6d$ 后即可达到最高强度。人工时效虽然使强化过程加快，但获得的最高强度低，且具有更大的晶间腐蚀倾向，故一般不采用。所以成型后的零件 LY12 合金由于要求具有高的抗拉强度，热处理方案即②成型后的零件随后不进行高于室温的热处理较为合理。

c. 超硬铝合金。超硬铝属 Al-Cu-Mg-Zn 系合金，LC4、LC6 是室温强度最高的铝合金，时效后的强度可高达 $\sigma_b=680MPa$，已接近超高强度钢。超硬铝的主要缺点是抗蚀性差，为了提高合金的抗腐蚀性能，通常在板材两面包铝，包铝时不用纯铝而用含 1% Zn 的铝合金。超硬铝的耐热性能较低，一般使用温度在 $120\,^\circ\!C$ 以下（硬铝的工作温度可达 $150\sim250\,^\circ\!C$）。

超硬铝与硬铝比较，淬火温度范围比较宽，一般控制在 $450\sim480\,^\circ\!C$，但应注意不能超过 $480\,^\circ\!C$，否则会降低合金的抗腐蚀性能。超硬铝与硬铝不同的另一个特点是超硬铝通常采用人工时效，这是因为超硬铝自然时效的时间很长，要经过 $50\sim60d$ 才能达到最大强化效果，且自然时效具有较大的应力腐蚀倾向。

超硬铝常加工成板、棒、管、线以及锻件供应，主要用于受力较大的重要结构和零件如飞机大梁、起落架、加强框等。

d. 锻铝合金。主是指 Al-Mg-Si-Cu 系合金，合金元素较多，但含量较低，故有优良热塑性，热加工性能好，铸造性和耐蚀性较好，力学性能可与硬铝相当，经淬火和人工时效后可获得最大的强化效果，故一般均采用淬火和人工时效。淬火后在室温下停留时间不宜过长，否则会显著降低人工时效强化效果，因此锻铝淬火后应立即进行时效处理，但合金经人工时效后抗腐蚀性低于自然时效。

这类合金主要适宜锻造、模压和其他压力加工方法来生产形状较为复杂的零件，通常从棒材或锻件状态供应，主要用作复杂、承受重载荷的航空及仪表锻件和模锻件，如叶轮、支杆等，也可作耐热合金（工作温度 $200\sim300℃$），如内燃机活塞及气缸头等。

变形铝合金的牌号、力学性能及主要用途如表 7-21 所示。

表 7-21　变形铝合金的牌号、力学性能及主要用途

类别	原牌号	新牌号	半成品种类	状态	力学性能		用　途
					σ_b/MPa	δ/%	
防锈铝合金	LF2	5A02	冷轧板材	0	$167\sim226$	$16\sim18$	适用于在液体中工作的中等强度的焊接件、冷冲压件和容器、骨架零件等
			热轧板材	H112	$117\sim157$	$6\sim7$	
			挤压板材	0	$\leqslant226$	10	
	LF21	3A21	冷轧板材	0	$98\sim147$	$18\sim20$	适用于要求高的可塑性和良好的焊接性、在液体或气体介质中工作的低载荷零件
			热轧板材	H112	$108\sim118$	$12\sim15$	
			挤制厚壁管材	H112	$\leqslant167$	—	
硬铝合金	LY11	2A11	冷轧板材(包铝)	0	$226\sim235$	12	适用于要求中等强度的零件和构件、冲压的连接部件、空气螺旋桨叶片、局部镦粗的零件
			挤压棒材	T4	$353\sim373$	$10\sim12$	
			拉挤制管材	0	$\leqslant245$	10	
	LY12	2A12	冷轧板材(包铝)	T4	$407\sim427$	$10\sim13$	用量最大。适用于要求高载荷的零件和构件
			挤压棒材	T4	$255\sim275$	$8\sim12$	
			拉挤制管材	0	$\leqslant245$	10	
	LY8	2B11	铆钉线材	T4	J225	—	主要用作铆钉材料
超硬铝合金	LC3	7A03	铆钉线材	T6	J284	—	适用于受力结构的铆钉
	LC4 LC9	7A04 7A09	挤压棒材	T6	$490\sim510$	$5\sim7$	适用于飞机大梁等承力构件和高载荷零件
			冷轧板材	0	$\leqslant240$	10	
			热轧板材	T6	490	$3\sim6$	
锻铝合金	LD5	2A50	挤压棒材	T6	353	12	适用于形状复杂和中等强度的锻件和冲压件
	LD7	2A70	挤压棒材	T6	353	8	
	LD8	2A80	挤压棒材	T6	$441\sim432$	$8\sim10$	
	LD10	2A14	热轧板材	T6	432		适用于高负荷和形状简单的锻件和模锻件

注：状态代号 0——退火，T4——淬火＋自然时效，T6——淬火＋人工时效，H112——热加工。

近年还开发了新型的 Al-Li 合金，由于 Li 的加入使 Al 合金密度降低 $10\%\sim20\%$，而 Li 对铝的固溶和时效强化效果十分明显。该类合金综合力学性能和耐热性好，耐蚀性较高，已达到部分取代硬铝和超硬铝的水平，使合金的比刚度比强度大大提高，是航空航天等工业的新型的结构材料，具有极大的技术经济意义，并且已经在飞机和航天器中有部分应用。

据推算，如果采用先进铝锂合金取代铝合金来制造波音飞机，重量可以减轻 14.6%，燃料可以节约 55.4%，飞机成本就会下降 2.1%，每一架飞机每年的飞行费用也会下降 2.2%。国产大飞机 C919 首次采取铝锂合金材料，使用的铝锂合金甚至已经超过了 A380 的用量。在 C919 大型客机前机身段的研制过程中，中航工业洪都攻克了铝锂合金蒙皮喷丸强化、铝锂合金型材滚弯成形制造、蒙皮镜像铣切加工、铝锂合金型材热压下陷制造、铝锂合金蒙皮喷丸校形等关键技术。各国航空工业应用谱系如图 7-17 所示。

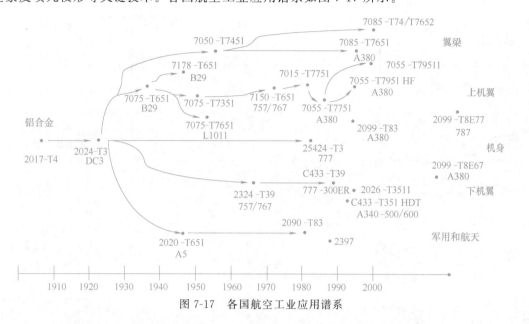

图 7-17　各国航空工业应用谱系

② 铸造铝合金。铸造铝合金一般含较多的合金元素，可直接铸造成型各种形状复杂的零件，并有足够的力学性能和其他性能，还可通过热处理等方式改善其力学性能，且生产工艺和设备简单，成本低，因此尽管其力学性能水平不如变形铝合金，但在许多工业领域仍然有着广泛的应用。

a. 铸造铝合金的分类与牌号。铸造铝合金按加入的主要合金元素的不同，分为 Al-Si 系、Al-Cu 系、Al-Mg 系和 Al-Zn 系四种合金。铸造铝合金系目前国际上无统一标准，各国（公司）都有自己的合金命名及术语。中国铸造铝合金牌号用化学元素及数字表示，数字表示该元素的平均含量。在牌号的最前面用"Z"表示铸造，例如 ZAlSi7Mg，表示铸造铝合金，平均含硅量为 7%，平均含镁量小于 1%。另外还有用合金代号表示法，合金代号由字母"Z""L"（分别是"铸""铝"的汉语拼音第一个字母）及其后的三位数字组成。ZL 后面第一个数字表示合金系列。其中 1、2、3、4 分别表示铝硅、铝铜、铝镁、铝锌系列合金，ZL 后面第二位、第三位两个数字表示顺序号，如 ZL201 表示 1 号铝铜系铸造铝合金，ZL107 表示 7 号铝硅系铸造铝合金。优质合金的数字后面附加字母"A"。

铸造铝合金的铸件，由于形状较复杂，组织粗糙，化合物粗大，并有严重的偏析，因此其热处理与变形铝合金相比，淬火温度应高一些，加热保温时间要长一些，以使粗大析出物完全溶解并使固溶体成分均匀化。淬火一般用水冷却，并多采用人工时效。

铸造铝合金的牌号、化学成分、力学性能及用途见表 7-22。

表 7-22　铸造铝合金的牌号、化学成分、力学性能及用途

| 牌号 | 化学成分/% | | | | 状态 | 力学性能 | | | 用途 |
	Si	Cu	Mg	其他		σ_b/MPa	δ/%	硬度（HBS）	
ZL101	6.5~7.5		0.25~0.45		J，T5 S，T5	202 192	2	60	形状复杂、工作温度小于 185℃ 的零件

续表

牌号	化学成分/%				状态	力学性能			用途
	Si	Cu	Mg	其他		σ_b/MPa	δ/%	硬度(HBS)	
ZL102	10.0~13.0				J,SB JB,SB T2	153 143 133	2 4 4	50	承受低载、工作温度小于200℃的气密性零件
ZL105	4.5~5.5	1.0~1.5	0.4~0.6		J,T5 S,T5 S,T6	231 212 222	0.5 1.0 0.5	70	形状复杂、工作温度小于225℃的零件
ZL108	11.0~13.0	1.0~2.0	0.4~1.0	Mn0.3~0.9	J,T1 J,T6	192 251	— —	85 90	要求高温强度及低线胀系数的零件
ZL201		4.5~5.3		Mn0.6~1.0 Ti0.15~0.35	S,T4 S,T5	290 330	8 4	70 90	在175~300℃下工作的零件
ZL202		9.0~11.0			S,J S,J,T6	104 163	— —	50 100	形状简单、表面光洁度要求较高的中等承载零件
ZL301			9.0~11.5		J,S T4	280	9	60	在大气或海水中工作、承受大振动载荷、工作温度小于150℃的零件
ZL401	6.0~8.0		0.1~0.3	Zn9.0~13.0	J,T1 S,T1	241 192	1.5 2	90 80	结构形状复杂、工作温度小于200℃的零件

注：状态代号表示 J——金属型铸造，S——砂型铸造，B——变质处理，T1——人工时效（不进行淬火），T2——290℃退火；T4——淬火＋自然时效，T5——淬火＋不完全时效（时效温度低或时间短），T6——淬火＋人工时效（180℃下，时间较长）。

Al-Si系铸造铝合金，应用最广泛的铸造铝合金，其中以ZL102使用最为普遍，又称硅铝明。Al-Si系铸造铝合金的特点是具有极好的铸造性，收缩小，还有高气密性及优良耐蚀性，常用于浇铸或压铸密度小而重量轻的有一定强度和复杂形状的中小型零件，尤其是薄壁零件，如仪器仪表、抽水机壳等。含11%～13%Si的简单铝硅明（ZL102）铸造后几乎全部是粗大的针状共晶组织，使合金的力学性能降低，所以在生产中必须采用变质处理。

Al-Cu系铸造铝合金，热强性最好，含铜4.5%～5.3%合金强化效果最佳。但其强度和铸造性能不如Al-Si系合金，最大缺点是耐蚀性差，一般只用作要求强度高且工作温度较高的零件，如活塞、内燃机缸头等。

Al-Mg系铸造铝合金，密度最小（2.55g/cm³）强度最高（355MPa左右），含镁12%，强化效果最佳。合金在大气和海水中的抗腐蚀性能好，室温下有良好的综合力学性能和可切削性，但铸造性和耐热性差，冶炼复杂，因此常来制造受冲击、耐腐蚀和外形简单的零件以及接头等，如可用于作雷达底座、飞机的发动机机匣、螺旋桨、起落架等零件，也可作装饰材料。

Al-Zn系铸造铝合金，由于能溶入大量的锌，在铸造条件下，该合金有淬火作用，即"自行淬火"。不经热处理就可使用，以变质热处理后，铸件有较高的强度。突出优点是价格便宜，铸造、焊接和尺寸稳定性较好，缺点是耐热耐蚀性差，一般只用于制作工作温度低（＜200℃）但形状复杂受载小的压铸件及型板、支架等。

b. 铸造铝合金的热处理。铝合金铸件热处理的目的具体有以下几个方面：消除由于铸件结构（如壁厚不均匀、转接处厚大）等原因使铸件在结晶凝固时因冷却速度不均匀所造成的内应力；提高合金的机械强度和硬度，改善金相组织，保证合金有一定的塑性和切削加工性能、焊接性能；稳定铸件的组织和尺寸，防止和消除高温相变而使体积发生变化；消除晶间和成分偏析，使组织均匀化。常用铸造铝合金的热处理工艺规范见表 7-23。

表 7-23　常用铸造铝合金的热处理工艺规范

合金牌号	合金代号	合金状态	固溶处理			时效处理		
			温度/℃	时间/h	冷却介质及温度/℃	温度/℃	时间/h	冷却介质
ZAlSi7MgA	ZL101A	T4	535±5	6～12	水 60～100	室温	≥24	—
		T5	535±5	6～12	水 60～100	室温	≥8	空气
						再 155±5	2～12	空气
		T6	535±5	6～12	水 60～100	室温	≥8	空气
						再 180±5	3～8	空气
ZAlSi5Cu1MgA	ZL105A	T5	525±5	4～6	水 60～100	160±5	3～5	空气
		T7	525±5	4～6	水 60～100	225±5	3～5	空气
ZAlSi7Mg1A	ZL114A	T5	533±5	10～14	水 60～100	室温	≥8	空气
						再 160±5	4～8	空气
ZAlSi5Zn1Mg	ZL115	T4	540±5	10～12	水 60～100	150±5	3～5	空气
		T5	540±5	10～12	水 60～100			
ZAlSi8MgBe	ZL116	T4	535±5	10～14	水 60～100	室温	≥24	
		T5	535±5	10～14	水 60～100	175±5	6	空气
ZAlSi7Cu2Mg	ZL118	T6	490±5	4～6	水 60～100	室温	≥8	空气
			再 510±5	6～8		160±5	7～9	空气
			再 520±5	8～10				
ZAlCu5MnA	ZL201A	T6	535±5	7～9	水 60～100	室温	≥24	—
			再 545±5	7～9	水 60～100	160±5	6～9	
ZAlCu5MnCdA	ZL204A	T5	530±5	9	水 20～60	175±5	3～5	
			再 540±5	9				
ZAlCu5MnCdVA	ZL205A	T5	538±5	10～18	水 20～60	155±5	8～10	
		T6	538±5	10～18		175±5	4～5	
		T7	538±5	10～18		190±5	2～4	
ZAlRE5Cu3Si2	ZL207	T1				200±5	5～10	
ZAlMg8Zn1	ZL305	T4	435±5	8～10	水 80～100	室温	≥24	—
			再 490±5	6～8				

铸造铝合金热处理状态代号及含义：

T1 人工时效：在金属型或湿砂型铸造的合金，因冷却速度较快，已得到一定程度的过饱和固溶体，即有部分淬火效果。再做人工时效，脱溶强化，则可提高硬度和机械强度，改善切削加工性。有效提高 ZL104、ZL105 等合金的强度。

T2 退火：主要作用在于消除铸件的内应力（铸造应力和机加工引起的应力），稳定铸件尺寸，并使 Al-Si 系合金的 Si 晶体球状化，提高其塑性。对 Al-Si 系合金效果比较明显，退火温度 280～300℃，保温时间为 2～4h。

T4 固溶处理（淬火）加自然时效：通过加热保温，使可溶相溶解，然后急冷，使大量强化相固溶在 α 固溶体内，获得过饱和固溶体，以提高合金的硬度、强度及抗蚀性。对 Al-Mg 系合金为最终热处理，对需人工时效的其他合金则是预备热处理。

T5 固溶处理（淬火）加不完全人工时效：用来得到较高的强度和塑性，但抗蚀性会有所下降，非凡是晶间腐蚀会有所增加。时效温度低，保温时间短，时效温度约 150～170℃，保温时间为 3～5h。

T6 固溶处理（淬火）加完全人工时效：用来获得最高的强度，但塑性和抗蚀性有所降低。在较高温度和较长时间内进行。适用于要求高负荷的零件，时效温度约 175～185℃，保温时间 5h 以上。

T7 固溶处理（淬火）加稳定化回火：用来稳定铸件尺寸和组织，提高抗腐蚀（非凡是抗应力腐蚀）能力，并保持较高的力学性能。多在接近零件的工作温度下进行。适合 300℃ 以下高温工作的零件，回火温度为 190～230℃，保温时间 4～9h。

T8 固溶处理（淬火）加软化回火：使固溶体充分分解，析出的强化相聚集并球状化，以稳定铸件尺寸，提高合金的塑性，但抗拉强度下降。适合要求高塑性的铸件，回火温度约 230～330℃，保温时间 3～6h。

T9 循环处理：用来进一步稳定铸件的尺寸外形。其反复加热和冷却的温度及循环次数要根据零件的工作条件和合金的性质来决定，适合要求尺寸、外形很精密稳定的零件。

铸造铝合金的金相组织比变形铝合金的金相组织粗大，因而在热处理时也有所不同。前者保温时间长，一般都在 2h 以上，而后者保温时间短，只要几十分钟。铸造铝合金与变形铝合金的另一不同点是壁厚不均匀，有异形面或内通道等复杂结构外形，为保证热处理时不变形或开裂，有时还要设计专用夹具予以保护，并且淬火介质的温度也比变形铝合金高，故一般多采用人工时效来缩短热处理周期和提高铸件的性能。

7.6 镁合金

镁在地球上的储量也十分丰富，仅次于铝、铁而居第三位，年产量约 40 万 t。

镁及镁合金（图 7-18）的主要优点是密度小，比强度、比模量高，抗振能力强，可承受较大的冲击载荷，并且其切削加工和抛光性能优良，但镁的化学性质很活泼，抗腐蚀性能差，熔炼技术复杂，冷变形困难，缺口敏感性大，因而阻碍了其发展。

图 7-18 镁合金特性及应用示意图

镁合金是结构材料中最轻的一种金属，因此镁合金在飞机、导弹、仪表、无线电等制造业中应用广泛。镁合金是实际应用中最轻的金属结构材料，但研究和发展还很不充分，应用也还很有限。目前，镁合金的产量只有铝合金的 11%。镁合金作为结构应用的最大用途是铸件，其中 90% 以上压铸件。限制镁合金应用的主要问题：镁元素极为活泼，熔炼和加工过程中极容易氧化燃烧；镁合金的生产技术，尤其成形技术有待进一步发展，镁合金产业链见图 7-19。镁合金的耐蚀性较差；现有工业镁合金的高温强度、蠕变性能较低；镁合金的强度和塑韧性有待进一步提高；镁合金的合金系列相对很少，不能适应不同的要求。

（1）纯镁

纯镁是银白色的金属，密度为 1.74g/cm³，熔点为 651℃，呈密排六方晶格。纯镁的强

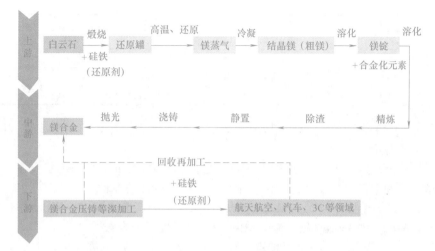

图 7-19　镁合金产业链图

度、硬度、塑性均较小。

纯镁的化学性质很活泼，在空气中会迅速氧化，而在表面生成一层氧化镁薄膜，这层薄膜不像纯铝的氧化膜那样紧密，故镁的耐蚀性差。镁还极易燃烧，燃烧时能放出大量的热并发出强烈白光。

纯镁除配制镁合金外，在航空上用来制作燃烧弹、照明弹、信号弹中的燃烧剂、照明剂、信号剂等，冶炼中镁常作脱氧剂或作为合金元素加入。

（2）镁合金

镁合金中主要合金元素是铝、锌、锰等。铝和锌都能溶于镁中形成固溶体，使合金基体的晶格歪扭而强化，还能与镁形成化合物，使合金可以通过淬火和时效来提高强度和硬度。锰除了能细化晶粒和提高耐蚀性，还有固溶强化作用。

① 镁合金的性能

a. 比强度高：镁合金的强度一般为 $200\sim300MN/m^2$，远不如其他合金，但镁合金的比重只有 $1.8g/cm^3$ 左右，故其比强度仍与结构钢相近。

b. 具有较好的减振能力，能承受较大的冲击或振动载荷。因此，飞机起落架轮毂采用镁合金制作。

c. 具有优良的切削加工性，镁合金硬度低、导热性强，可采用高速切削，加工表面光洁度好且刀具磨损小。

镁合金的最大缺点是耐蚀性差，使用中要采取防护措施，如氧化处理、涂漆保护等。镁合金也容易燃烧，若发生燃烧时只能砂子覆盖，不能用水或二氧化碳灭火器去扑灭。

② 镁合金的牌号。镁合金按其加工工艺可分为变形镁合金（压力加工镁合金）和铸造镁合金两大类。常用镁合金的牌号和用途见表 7-24。

表 7-24　常用镁合金的牌号和用途

类型	牌号	用途举例
变形镁合金	MB1	碾压后退火，做飞机油箱，发动机罩等
	MB2	不经热处理压制管子、板材、棒材等
	MB5	退火后做发动机架、摇臂等
	MB7	可热处理强化，做增压器叶轮等
	MB8	直升机蒙皮、汽油滑油系统附件等
	MB15	可热处理化，做大负荷的锻件等

续表

类型	牌号	用途举例
铸造镁合金	ZM4	发动机附件、仪表壳体等
	ZM5	仪表壳体、刹车轮毂等
	ZM6	无线电仪器、光学仪器外壳，照相机部件等
	ZM7	不经热处理，制造在200℃以下工作的发动机零件

a. 变形镁合金：用字母"MB"后面加数字表示，数字是合金的顺序编号，例如 MB7 表示 7 号变形镁合金。

Mg-Mn 系合金包括 MB8、MB1 等，具有良好的耐腐蚀性和焊接，可制成各种规格形状板、棒、型、管和锻件，用于制造外形复杂、要求耐腐蚀性的零件。

Mg-Al-Zn 系合金包括 MB2、MB3，MB5、MB6、MB7 等，MB2、MB3 是不经热处理强化的合金，MB2 为高锻造性镁合金，MB3 为中等强度板材合金。

Mg-Zn-Zr 系合金 MB15 属高强度镁合金，工艺塑性较差且不易焊接，主要生产挤压制品和锻件。MB22 为厚板合金，具有中等室温力学性能和良好的高温瞬时拉伸性能，用于制造 300℃以下短时受热的零件。MB25 有良好的力学性能和塑性，室温拉伸性能高于 MB15 合金，用于生产型材和模锻件。

Mg-RE-Zr 和 Mg-RE-Mn 系属于耐热镁合金，具有较好的耐热性，可在 150～250℃范围内工作。

b. 铸造镁合金：用字母"ZM"后面加数字表示，数字表示顺序号。例如 ZM5 表示 5 号铸造镁合金。

Al-Zn 系合金主要有 ZM5 合金，强度较高。具有高的流动性、热裂倾向小等特点，适用于砂型、金属型、压铸等多种铸造方法。

Mg-RE-Zn-Zr 系合金 ZM3 和 ZM4 是含锌量不同，而性能相近，在 150～250℃下都具有良好的力学性能，适用于制造有温度要求但承载不大的零件。ZM6 兼有良好的室温、高温性能，以及铸造性能，可用来制造常温和 250℃下承受较高载荷的零件。ZM9 在 300℃下具有优良的抗蠕变和持久强度，适用于该温度下长期工作零件。

Mg-Zn-Zr 系合金属高强度合金系统。ZM1 合金有高的室温力学性能，有显微疏松和热裂倾向，不易焊接，用于铸造形状较简单的零件。ZM2 是在 ZM1 合金的基础上，添加稀土金属，铸造性及可焊性明显改进，室温性能略有降低，提高高温蠕变、瞬时强度和疲劳性能，用于制造在 170～200℃下长期工作的零件。ZM7 合金含银，力学性能得到提高，充型性良好，有较大显微疏松倾向且难以焊接，用于制造承受较大载荷的零件。ZM8 是含稀土高强度铸镁合金，铸造和焊接性能优良；经过氢化处理后能获得高的力学性能，适用于制造承受高应力、高气密性零件，特别是薄壁零件。

③ 镁合金的热处理。镁合金的热处理和铝合金很相似，但由于合金性质的关系，镁合金热处理强化效果不如铝合金，为此大多数变形镁合金在退火状态下使用。铸造镁合金一般采用均匀化处理，即将带有粗大夹杂物的铸造金属，进行长时间的加热后用沸水或空气冷却，使夹杂物均匀地溶解在固溶体中，从而提高了力学性能。而 ZM-5 合金淬火（即均匀化）后还需进行时效处理，才能最大限度地发挥材料的性能。常用镁合金的热处理工艺见表 7-25。

④ 常用镁合金。目前航空上使用的变形镁合金有 MB1、MB2、MB3、MB8 和 MB15 等数种，其中 MB3、MB8 属于中等强度，MB15 属于强度较高的变形镁合金，MB1、MB2 则属于塑性较好的变形镁合金。变形镁合金常用来制作飞机蒙皮，翼肋、油箱、发动机罩等。

表 7-25　常用镁合金的热处理工艺

代号	淬火			时效（或回火）		
	加热温度 /℃	保温时间 /h	淬火介质	加热温度 /℃	保温时间 /h	冷却介质
MB7	410～425	2～6	空冷或热水	175～200	8～16	空冷
MB15	510±5	24	空冷	165±5	24	空冷
ZM3	570±5	18	空冷	200±5	16	空冷
ZM5	分级加热： 1360±5 2420±5	3 13～21	— 空冷	1175±5 2200±5	16 8	空冷 空冷
	415±5	8～16	空冷	1175±5 2200±5	16 8	空冷 空冷

 工程应用典例

　　镁合金具有高比强度、高比弹性模量、高阻尼减振性、高导热性、高静电屏蔽性、高机械加工性和极低的密度等优点。从 20 世纪 40 年代开始，镁合金被广泛地应用在汽车、航空、航天等领域，进入 20 世纪 90 年代后期，镁合金产品开始用于自行车、电子产品以及其他民用领域。

　　当用镁合金制作汽车、飞机零件时，可大大减轻重量，降低燃油消耗；当采用镁合金制造手机、笔记本电脑和一些家用电器的外壳时，能显著增强产品的散热能力和抗振能力，并能有效地减轻对人体和周围环境的电磁辐射危害；当采用镁合金制造汽车零件时，能增强汽车的安全性和舒适性。因此，世界上镁合金在汽车和电子器材中的用量都在以 20％的速度增长。这是近代金属工程材料中前所未有的。另外镁合金可全部回收利用，是有利于环保的一种绿色金属，又被誉为"21 世纪的绿色工程材料"。

　　航空上使用的铸造镁合金有 ZM1、ZM2、ZM3 和 ZM5 四种，其中 ZM1 是飞机上使用最多的一种镁合金。ZM5 是含有铝、锌、锰的铸镁合金，具有良好的铸造性和高的比强度，不但可铸还可焊接，用于制作飞机、发动机、仪表及其他结构的高负荷零件，如飞机刹车毂、增压机匣、操纵杆等。

7.7　钛合金

　　金属钛是现代化工业中独领风骚的一颗材料"明星"，密度比铁小（钛的密度为 4.5g/cm³，铁的密度为 7.8g/cm³ 左右），但强度却比许多钢材还高，在 500℃的高温下也能保持强度不变；而在超低温下，钛的电阻几乎等于 0，因而又是一种优良的超导材料。由于钛具有许多优异的性能，在航空、航天、航海工业中特别受到重视，成为不可缺少的材料，被称为"空间金属"。

　　20 世纪 50 年代末喷气式飞机的速度已超过 2 倍音速，给飞机材料带来了热障问题。当飞机在同温层飞行（大气的温度为 −56℃），其速度等于音速（1200km/h）时，飞机表面的温度为 −18℃；两倍于音速时，其温度为 98℃；三倍于音速时，其温度为 300℃。但是，当飞机速度达到两倍音速时，铝合金的强度便会显著降低。当速度达到 3 倍音速时，铝合金机体会在空中碎裂，发生十分可怕的空难事故。铝合金耐高温性能差，在 200℃时强度已下降到常温值的 1/2 左右，需要选用耐热性更好的钛或钢。用铝合金材料制造的飞机可承受的气

笔记

动加热一般不超过2.2马赫（飞行器的飞行速度v与当地音速a之比值称为马赫数），所以到目前为止，世界上实用型的超音速飞机大多数都控制在2.2马赫速度以内，这样可以充分发挥飞机的结构效率。长期以来，人们把飞机速度达到音速2～3倍的区域看作是难以逾越的"热障"，必须寻找更加优异的材料，钛合金就是这些新型材料中的佼佼者。钛合金在温度达到550℃时，强度仍无明显的变化，它能胜任飞机以3～4倍音速下的飞行，因而钛合金受到航空航天界的特别关注。

工程应用典例

笔记

美国的SR-71高空高速侦察机是实用型能飞行在M3以上的飞机，可在24000m的高空以M3.2的速度飞行，使用93%的钛合金作飞机的结构材料，等于给飞机穿了一身防高温的钛铠甲，号称全钛飞机，从而使飞机能在M3.2的"热障"条件下飞行。

1964年12月首飞的SR-71是冷战期间美国空军侦察机的主要机型，在其服役的24年间，SR-71在空中飞行约2800h。1990年3月6日，SR-71最后的飞行，由洛杉矶至华盛顿的航班花了1小时零4分钟，平均速度约为2，100mile/h（3380km/h）。

钛合金的性能特点主要表现在：

① 比强度高。钛合金密度小、重量轻，但其比强度却大于超高强度钢，C-5大型运输机上有70%的紧固件为钛合金，可直接减重1t。钛合金、铝合金和钢的强度对比参见图7-20。

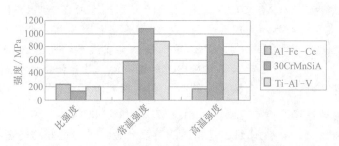

图7-20 钛合金、铝合金和钢的强度对比

② 热强性高。钛合金的热稳定性好，在300～500℃条件下，其强度约比铝合金高10倍。

③ 化学活性大。钛可与空气中的氧、氮、一氧化碳、水蒸气等物质产生强烈的化学反应，在表面形成TiC及TiN硬化层。

④ 导热性差。钛合金热导率低，钛合金的热导率为铁的1/5、铝的1/10，TC4的热导率是7.955W/m·K。

不过钛的特殊性质也使得对其进行熔炼、机械加工和热处理时都需要严格的条件和复杂的工艺，生产成本一直偏高。目前，从矿石中提炼出来作为工业原料的海绵钛市场价高达每吨9万元人民币，加工成型材乃至钛合金制品就更为昂贵，使其应用受到限制。部分军用飞机的钛用量见表7-26。

表7-26 军用飞机的钛用量

型号	"幻影"2000	苏-27	F-15	F/A-18	F-22	F-35	B-1	B-2	C-17
钛部件用量/t	1.8	3	4	1.5	9	3	18	13	12
占结构比重/%	23	18	25	13	41	27	21	26	10

7.7.1　纯钛

纯钛为银白色金属，在地壳中蕴藏丰富，仅次于铝、铁、镁而居第四。钛密度小，仅 $4.54g/cm^3$，熔点高达 $1680℃$，热胀系数小，导热性差，塑性好、强度低，容易加工成形，可制成细丝和薄片。

钛在固态有两种结构，具有同素异物转变：β-Ti→α-Ti。在 $882℃$ 以下为密排六方晶格的 α-Ti，在 $882℃$ 以上直到熔点为体心立方晶格的 β-Ti，α-Ti 具有良好的塑性。

钛在大气和海水中有优良的耐蚀性，在硫酸、盐酸、硝酸、氢氧化钠等介质中都很稳定。钛的化学性质极为活泼，但钛表面可以生成一层致密的氧化膜，在大气、海水、高温气体等介质中具有极高耐蚀性，钛的抗氧化能力优于大多数奥氏体不锈钢；但高温高浓度盐酸和硫酸、干燥氯气、氢氟酸和高浓度磷酸等介质对钛有较大的腐蚀作用。

工业纯钛按其杂质含量和力学性能不同有 TA1、TA2、TA3 三个牌号，牌号顺序增大，表明杂质含量多。工业纯钛焊接性能良好，容易加工成型，但加工后会产生冷作硬化现象。工业纯钛在不同温度下的力学性能如表 7-27 所示。

表 7-27　工业纯钛在不同温度下的力学性能

温度/℃	σ_b/MPa	σ_s/MPa	$\delta/\%$	$\psi/\%$
20	520	400	24	59
−196	990	750	44	68
−253	1280	900	29	64
−269	1210	870	35	58

纯钛常用于制造在 $350℃$ 以下工作的、强度要求不高的零件及冲压件，如飞机蒙皮、构架、隔热板、发动机部件、柴油机活塞、连杆及耐海水等腐蚀介质下工作的管道阀门等。

7.7.2　钛合金

（1）钛合金的种类

为了进一步提高强度，可在钛中加入合金元素。钛的内部显微组织在常温下为密排六方结构即 α 型，在高温下转变为体心立方结构即 β 型，添加不同的元素并进行热处理就可以获得不同性质的钛合金。合金元素溶入 α-Ti 中形成 α 固溶体，溶入 β-Ti 中形成 β 固溶体。铝、碳、氮、氧、硼等元素使同素异晶转变温度升高，称为 α 稳定化元素；而铁、钼、镁、铬、锰、钒等元素使同素异晶转变温度下降，称为 β 稳定化元素。锡、锆等元素对转变温度影响不明显，称为中性元素。

根据使用状态的组织，钛合金可分为三类：α 钛合金、β 钛合金、（α+β）钛合金。牌号分别以 TA、TB、TC 加上编号表示，如 TA4~TA8 表示 α 型钛合金，TB1、TB2 表示 β 型钛合金，而 TC1~TC10 表示 α+β 型钛合金。主要钛合金的牌号及其化学成分见表 7-28。

表 7-28　主要钛合金的牌号及其化学成分

牌号	化学成分													
	Ti	Al	Cr	M	V	Mn	Cu	Sn	Fe	Si	C	N	O	H
TB2	基	2.5~3.5	7.5~8.5	4.7~5.7	4.7~5.7	—	—	—	0.30	0.15	0.05	0.04	0.015	0.15
TC1	基	1.0~2.5	—	—	—	0.7~2.0	—	—	0.30	0.15	0.10	0.05	0.012	0.15
TC3	基	4.5~5.0	—	—	3.5~4.5	—	—	—	0.30	0.15	0.10	0.05	0.015	0.15

续表

牌号	化学成分													
	Ti	Al	Cr	M	V	Mn	Cu	Sn	Fe	Si	C	N	O	H
TC4	基	—	—	—	3.5~4.5	—	—	—	0.27~0.4	0.15	0.10	0.05	0.015	0.15
TC6	基	5.5~7.0	0.8~2.3	2.0~3.0	—	—	—	—	0.40	0.15~0.40	0.10	0.05	0.015	0.15
TC9	基	5.0~6.0	—	2.8~3.8	—	—	—	1.8~2.8	0.40	0.40	0.10	0.05	0.015	0.15
TC10	基	5.5~6.5	—	—	5.5~6.5	0.35~1.0	—	1.5~2.5	0.35~1.0	0.45	0.10	0.04	0.015	0.15

（2）钛合金的加工

初期使用的钛及其合金制品都是锻造加工件，加工难度大，生产加工成本高，因而限制了它的用量的增加和应用范围的扩大。为了改变这种状态，就出现了钛及其合金的精密铸造技术。由于钛在融熔状态下，具有很高的化学活性，又与空气中的氮、氢、氧发生剧烈的化学反应，因而它的熔炼与铸造必须在真空下进行。熔化坩埚和造型材料，对于融熔钛是稳定的，这就造成了钛及其合金精铸技术大大难于铝和钢，需要借助高科技手段才能实现。钛及钛合金的加工方法如图 7-21 所示。

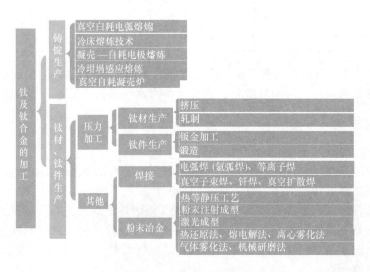

图 7-21　钛及钛合金的加工

钛及钛合金焊接生产中应用最多是钨板氩弧焊，真空充氩焊接方法应用也很普遍。但钛及钛合金由于在高温下易与多种元素和化合物发生反应而脆化，特别是焊接过程中，一经吸收了空气中的氧、氮等元素，溶解在钛材金属中会使合金显著变硬，降低钛金属的延展性而使其变脆。钛及其合金焊接时的主要问题是易产生气孔和裂纹这两种缺陷。气孔是钛及其合金焊接时最常见的缺陷之一，气孔不仅造成应力集中而且会使整个焊接接头塑性及疲劳，寿命降低。冷裂纹是钛及其合金焊接时另一种常见的缺陷，对接接头的冷裂纹一般处于焊缝横断面上。

钛及钛合金焊接的气体保护问题是影响焊接接头质量的首要因素，应严格控制氢的来源，钛及钛合金焊接时应尽量采用小的热输入。只要严格按照焊接工艺要求施焊，并采取有效的气体保护措施，即可获得高质量的焊接接头。

工程应用典例

　　钛合金的强度高、硬度大，加工难度极大，所以要求加工设备功率大，模具、刀具应有较高的强度和硬度。例如加工一个钛合金船用涡轮压缩机轮需要 50h，而加工一个铝合金的同样部件仅需 5h。

　　德国布伦瑞克大学的科学家采用了一种专门处理方法，将氢原子渗入材料，掺氢的钛合金相对软化，对软化的钛合金进行切削加工，加工设备所承受的机械和热负载明显降低，切削力仅需过去的 50%，大大降低了加工成本。加工完毕后，经专门的热处理工序，材料的特性则回到原先状态。科学家称，该方法非常适用于大批量的钛合金铸件加工。

　　(3) 钛合金的热处理

　　钛合金的热处理主要有退火及淬火时效。退火的主要目的是提高合金塑性和韧性，消除应力及稳定组织，淬火和时效的目的是相变强化合金，钛合金室温力学性能与热处理的关系如表 7-29 所示。

表 7-29　钛合金室温力学性能与热处理的关系

牌号	名义化学成分	半成品	热处理	σ_b/MPa	δ_5/%	ψ/%	a_k/(J/cm²)
TB1	Ti3Al-8Mo-11Cr	棒材	淬火 时效	1100 1300	18 5	30 10	30 15
TB2	Ti-5Mo-5V-8Cr-3Al	棒材	淬火 时效	1000 1400	18 7	10 10	30 15
TC4	Ti-6Al-4V	棒材	退火 时效	950 1100	10 8	30 20	40 —
TC8	Ti-6.5Al-3.5Mo-2.5Si	棒材 模锻件	退火 时效	1050 1200	10 6	30 20	30 —
TC10	Ti-6Al-6V-2Sn-0.5Cu-0.5Fe	锻件 轧棒 棒材	退火 退火 时效	1050 1050 1200	12 12 8	25 30 20	35 40 —

　　① 退火。退火的目的主要是为了消除钛合金在机械压力加工及焊接时的内应力、恢复塑性、细化晶粒等。钛合金可进行消除应力退火和再结晶退火，消除应力退火通常在 450～650℃加热，对机加工件其保温时间可选用 0.5～2h，焊接件选用 2～12h；再结晶退火温度为 750～800℃，保温 1～3h。

　　② 淬火和时效。钛合金的淬火和时效是其主要的热处理强化工艺，但钛合金的强化效果远不如钢。这是因为钢淬火后得到的马氏体是间隙型的过饱和固溶体，体积变化较大，所以有显著的强化作用。而钛合金中，合金元素与钛形成置换固溶体，体积变化小，因而强化作用不大。淬火后一定要进行时效处理才能达到满意的性能，时效主要是利用淬火组织中保留下来的 β 相，在加热过程中析出高度弥散的 α 相来提高合金的强度。

　　淬火温度一般选在 α+β 两相区，淬火加热时间根据工件厚度而定，冷却条件可以是水冷或空冷。钛合金的时效温度为 450～550℃，时效时间根据具体要求可从数小时到数十小时不等。钛合金在热处理加热时必须严格注意污染和氧化，最好在真空炉或在惰性气体保护下进行。钛合金的热处理工艺参数可参考表 7-30。

表 7-30　钛及钛合金的热处理工艺参数

牌号	消除应力退火工艺		完全退火工艺		固溶处理工艺			时效处理工艺		
	温度/℃	时间/min	温度/℃	时间/min	温度/℃	时间/min	冷却方式	温度/℃	时间/min	冷却方式
TA1	500～600	15～60	680～720	30～120	—	—	—	—	—	—
TA2	500～600	15～60	680～720	30～120	—	—	—	—	—	—

牌号	消除应力退火工艺		完全退火工艺		固溶处理工艺			时效处理工艺		
	温度/℃	时间/min	温度/℃	时间/min	温度/℃	时间/min	冷却方式	温度/℃	时间/min	冷却方式
TA3	500～600	15～60	680～720	30～120	—	—	—	—	—	—
TA4	550～650	15～60	700～750	30～120	—	—	—	—	—	—
TA5	550～650	15～60	800～850	30～120	—	—	—	—	—	—
TA6	550～650	15～120	750～800	30～120	—	—	—	—	—	—
TA7	550～650	15～120	750～800	30～120	—	—	—	—	—	—
TB2	480～650	15～240	800	30	800	30	水或空	500	8	空冷
TC1	550～650	30～60	700～750	30～120	—	—	—	—	—	—
TC2	550～650	30～60	700～750	30～120	—	—	—	—	—	—
TC4	550～650	30～240	700～800	60～120	820～920	25～60	水冷	480～560	4～8	空冷
TC4	550～650	30～240	700～800	60～120	850～950	30～60	水冷	480～560	4～8	空冷
TC6	550～650	30～120	750～850	60～120	860～900	30～60	水冷	540～580	4～12	空冷
TC9	550～650	30～240	600	60	900～950	60～90	水冷	500～600	2～6	空冷
TC10	550～650	30～240	760	120	850～900	60～90	水冷	500～600	4～12	空冷

注：1. 所有合金消除应力退火后一律采用空冷。

　　2. 产品使用前的退火可采用：950℃/1h，空冷或水冷；最终退火可采用：870℃/30min＋650℃/60min，空冷；TC9最终退火可采用：930℃/30min，空冷＋530℃/360min，空冷。

（4）钛合金的应用与发展

工业纯钛含有少量杂质，多用于制造工作温度在 350℃ 以下的一般构件，如飞机蒙皮和隔热板等。以铝、锡、锆等为主要添加元素的 α 型钛合金具有较好的热稳定性和抗氧化性，便于焊接，适合制成飞机上受力不大的板材或管材结构件，以及在 500℃ 下长期工作的发动机部件。以钼、钒、铬等为主要添加元素的 β 型钛合金则在强度和韧性上更出色，抗疲劳性也很好，有利于大幅降低飞机重量，但耐热性不高，可用于飞机内部框架、紧固件、起落架和直升机的旋翼组件等。同时加入两类稳定元素的 α＋β 型钛合金具有良好的综合力学性能，也容易加工成型，因此应用得最为广泛。钛合金的牌号、成分、力学性能及用途见表 7-31。

表 7-31　三种类型钛合金的特性比较

类型	典型牌号	特性	用途
α 型钛合金	TA7	①密度小，室温强度低于其他钛合金，但高温（500～600℃）强度高，并且组织稳定，具有很好的耐蚀性和抗氧化性； ②优良的焊接性能； ③由于 α 钛合金的组织全部为 α 固溶体，故不可处理强化，主要依靠固溶强化，热处理只进行退火	可作 500℃ 以下长期工作的零件，如压气机盘和叶片等
β 型钛合金	TB1	①较高的强度、优良的冲压性能； ②淬火和时效后强化效果显著，σ_b 可达 1300MPa，是目前高强度钛合金的基本类型； ③密度较大，耐热性差及抗氧化性能低； ④贵重元素多，冶炼工艺复杂，焊接较困难	全部是 β 相的钛合金在工业上很少应用，主要用来制造飞机中使用温度不高但要求高强度的零部件，如弹簧、紧固件及厚截面构件
α＋β 型钛合金	TC4	（α＋β）钛合金兼有 α 和 β 钛合金两者的优点： ①室温强度较高，有较好的综合力学性能； ②塑性很好，容易锻造、压延和冲压，但组织稳定性差，焊接性较差； ③热加工性较好，可通过淬火和时效进行强化，生产工艺也比较简单	应用比较广泛，可作 400℃ 以下长期工作的零件如压气机盘和叶片等，是应用最广泛的钛合金

笔记

面世半个多世纪后，钛合金在发展上也遇到了一些瓶颈，阻碍了进一步的应用。对此，各国都在加紧研究，争取在高用量、高性能和低成本方面取得新的突破。研究方向主要有：以 α 型钛合金为基础，通过精确控制强化元素的含量、快速凝固-粉末冶金技术等手段发展高温钛合金，将工作温度提高到 600℃ 甚至 800℃ 以上，以适应大推重比发动机的要求；在 β 型钛合金基础上不断提高拉伸强度、断裂韧性和抗疲劳性能，用高强度高韧性钛合金取代合金钢制造承力梁、起落架、直升机主桨毂等重要部件；常用钛合金在高温高压下容易燃烧，因此需要研究带有特殊涂层的阻燃钛合金，用在发动机的高压压气机、叶片和矢量尾喷管等处；采用韧性更好的高损伤容限钛合金，降低飞机重要部位的裂纹扩展速度，延长使用寿命；大力发展具有高比强度和耐热耐腐蚀性、又容易加工的钛基复合材料，取代较为昂贵的钛合金。在加工技术上，除了改进铸造、焊接、热处理等传统工艺，还引入超塑成形、激光成形等新技术制造复杂的飞机整体构件，有效减少成品重量和生产周期。

笔记

复习思考题（7）

7-1　选择题

1. 将相应的牌号填在括号里：硬铝（　　）。

A. LF21　　　　　B. LY10　　　　　C. ZL101　　　　　D. LD2

2. 可热处理强化的变形铝合金，淬火后在室温放置一段时间，则其力学性能会发生变化（　　）。

A. 强度和硬度显著下降，塑性提高　　　　B. 硬度和强度有明显提高，但塑性下降

C. 强度、硬度和塑性都有明显提高

3. 不能热处理强化的变形铝合金是（　　）。

A. 硬铝　　　　　B. 超硬铝　　　　　C. 锻铝　　　　　D. 防锈铝

4. 18-8 型铬镍奥氏体不锈钢热处理的目的是（　　）

A. 提高强度　　　B. 提高硬度　　　C. 提高疲劳强度　　　D. 提高耐蚀性

7-2　简答题

1. 为什么比较重要的大截面的结构零件都必须用合金钢制造？与碳钢比较，合金钢有何优点？

2. 不锈钢的成分有何特点？Cr12MoV 是否为不锈钢？

3. 铝合金性能上有何特点？为什么在工业上能得到广泛的应用？

4. 铸造铝合金（如 Al-Si 合金）为何要进行变质处理？

5. 钛合金的性能有何特点？简述其应用前景和存在的问题。

第 8 章
航空非金属材料

📄 工程背景

笔记

　　先进技术制造的塑料复合构件具有高比强度、高比刚性、造型美观、耐候性强的特点，不仅可减轻交通运输工具的重量，还有减少加工工序、降低能耗、多用途、提高安全性能、可回收利用的优势。在全球能源紧缺的今天，其意义重大。塑料在汽车上的用量已经超过了汽车总重量的 10%，在欧美日等国甚至已经达到了 20% 以上，而且越是高档的汽车，塑料的用量越多，如果一辆汽车平均用 45kg 塑料，就可以代替 100 多 kg 的金属材料。比如奥迪 A2 型轿车的塑料件总质量已达 220kg，占总用材的 24.6%。减重节能效果较明显的交通工具当属飞机，据专家计算，飞机的重量每减轻 1t，就可节省 300～400kg 燃料，所以飞机上的塑料是降低成本的大功臣。碳纤维增强塑料的机身面板，可以为飞机的机体提供更强的刚度，面对高空气流中可能对机体造成的冲击损伤进一步提升可抗性，并且降低更多的整机重量，对飞行过程中的能耗再减少；石墨烯增强复合材料制造的飞机尾翼，其力学性能、耐热性能都得到了明显的改善，并且在尾翼断裂情况之下，断裂速度也得到进一步遏制，提升了飞机的安全性能。

◎ 学习目的

1. 掌握航空塑料、航空橡胶及胶黏剂的性能及选用；
2. 掌握航空油料的性能及选用；
3. 了解航空用特种液体的性能及选用。

📚 教学重点

常用航空非金属材料的正确选用。

8.1　高分子材料

　　所谓高分子材料是质量为 10^4 以上的有机化合物，以聚合物为基本组分的相对分子，所以又称聚合物材料或高聚物材料。实际上，高分子化合物与低分子化合物并没有严格的界限，主要根据是否显示高分子化合物的特性来判断。

　　常见的高分子材料有天然的，如松香、淀粉、天然橡胶等，也有人工合成的，如塑料、合成橡胶、胶黏剂等。工业用高分子材料主要是人工合成的。由于高分子材料来源丰富，生产成本低廉，品种繁多，故在航空航天领域、工农业生产及人们日常生活中已成为不可缺少的一类材料。

　　高分子化合物中可能包含成千上万个原子，原子之间以共价键连接起来。高分子化合物的分子量可高达几万、几十万甚至上百万。高分子化合物的分子量虽然非常"巨大"，但其化学组成一般都比较简单。这表现在以下两个方面：一是元素种类少：组成高分子的元素主要是碳、氢、氧、氮和硅等少数几种元素；二是结构简单：整个高分子只不过是许多简单的结构单元重复连接起来的长链而已，所以叫作大分子链。

以聚乙烯分子 $n(C_2H_4)$ 为例，它是由许多个乙烯小分子 C_2H_4 连接起来的，称为单体，而"—CH_2—CH_2—"高分子中的重复结构单元，简称重复单元，又叫链节。结构式中的 n 称为聚合度，代表一个高分子中包含的重复结构单元的数目，聚合度 n 在一定程度上反映了大分子链的长短和分子量的大小。

按照大分子链的几何形状，高分子化合物可以分为三种结构型式：即线型结构、支链型结构和体型结构三类，如图 8-1 所示。线型结构大分子为卷曲成线团状的长链，这种结构高聚物的弹性、塑性好，硬度低，是热塑性材料（可以重复加热变形的材料）。支链型结构大分子的主链上带有支链，其性能和加工都接近于线型分子结构。体型结构大分子的分子链之间有许多链节互相交连，构成一种网状，其特点是硬度高，脆性大，无弹性和塑性，是热固性材料（一次加热定形的材料）。

笔记

(a) 线型　　　　　　　(b) 支链型　　　　　　(c) 体型

图 8-1　聚合物大分子链的结构型式

高分子材料的分类方法很多，常用的有以下几种：

① 按用途可分为塑料、橡胶、纤维、胶黏剂、涂料等。塑料在常温下有固定形状，强度较大，受力后能发生一定变形。橡胶在常温下具有高弹性，而纤维的单丝强度高。有时把聚合后未加工的聚合物称为树脂，如电木未固化前称为酚醛树脂。

② 按聚合物反应类型可分为加聚物和缩聚物。加聚物是由单体经加成聚合反应（简称加聚反应）得到，由一种单体形成的加聚物叫均聚物，由两种或多种单体形成的加聚物叫共聚物；而缩聚物是由两种或多种单体经带有小分子副产物的缩合聚合反应（简称缩聚反应）得到。

③ 按聚合物的热行为可分为热塑性聚合物和热固性聚合物。热塑性聚合物的特点是热软冷硬，如聚乙烯；热固性聚合物受热时固化，成型后再受热不软化，如环氧树脂。

④ 按主链上的化学组成可分为：a. 碳链高分子：分子主链由 C 原子组成，如：PP、PE、PVC；b. 杂链高聚物：分子主链由 C、O、N、P 等原子构成。如：聚酰胺、聚酯、硅油；c. 元素有机高聚物：分子主链不含 C 原子，仅由一些杂原子组成的高分子。如：硅橡胶。

高分子材料多采用习惯命名。常用的有：

① 在单种原料单体名称前加"聚"字，如聚乙烯、聚氯乙烯等；

② 在多种原料单体名称后加"树脂"或"橡胶"，如（苯）酚（甲）醛树脂、丁（二烯）（丙烯）腈橡胶等；

③ 采用商品名称，如聚酰胺称为尼龙或绵纶，聚酯称为涤纶，聚甲基丙烯酸甲酯称为有机玻璃等；

④ 采用英文字母缩写，如聚乙烯用 PE、聚氯乙烯用 PVC 等。

不同高分子材料的性能特点各不相同，即使是同一种高分子材料，也会因为其聚合物反应类型不同（如聚甲醛的均聚和共聚）而在性能方面有所差异，但绝大多数高分子材料具有如下基本性质：密度小、比强度高、弹性强、可塑性好及耐磨耐腐性高，强绝缘性好，抗射线能力强等。而且随着科技的发展和进步，新型高分子材料不断涌现，它们的性能也会出现一些新的特点（如掺杂的聚乙烯膜具有导电性等）。

8.1.1　航空塑料

塑料是以有机合成树脂为主要成分的高分子材料，通常可在加热、加压条件下成型，故称为塑料。塑料成型路线如下：

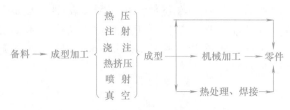

塑料具有许多优良的性能，如密度小，比强度高，良好的电绝缘性、绝热性、隔音性、吸振性、耐磨性、耐水性和化学稳定性等，而且它的原料来源非常广泛，又适合大批量工业生产，制取方便，加工简单，在航空工业和宇宙飞行等尖端技术方面的应用越来越普遍，是很有发展前途的航空工程材料。

 工程应用典例

飞机上的座舱盖、风挡及舷窗全是被称为有机玻璃的聚甲基丙烯酸甲酯（PMMA）塑料或者 PC 塑料制造，飞机内部的坐椅、行李仓等等都是多种塑料合金制品，美国 B-777 客机的尾翼也是塑料制品，而特种塑料聚醚醚酮 PEEK 已被用在美国波音飞机的发动机上。波音 787 梦想飞机上，碳纤维复合材料（即碳纤维增强塑料 CFRP）取代铝成为该飞机的主体材料。

美国的 F-22 隐形战机的机体以及日本 F2 型战斗机的主翼和机体都是由塑料部件构成。宇宙飞船返回地球大气层的时候由于和空气的摩擦，表面温度高达五千多摄氏度，由于它披着一种特殊的隔热效果极好的塑料外衣，这样在如此高温下只有塑料外层化为灰烬，而飞船内部却安然无恙。

（1）塑料的组成

塑料是以有机合成树脂为基础，再加入添加剂如增塑剂、稳定剂、润滑剂、色料等所组成的。

① 树脂。人们把具有受热软化、冷却变硬这种特性的高分子化合物如松香都称为树脂。合成树脂是由低分子化合物通过缩聚或加聚反应合成的高分子化合物，如酚醛树脂、聚乙烯等，是塑料的主要组成，也起黏结剂作用。

② 添加剂。为改善塑料的性能而加入的其他组成，主要有：

a. 填料或增强材料。填料在塑料中主要起增强作用。

b. 固化剂。可使树脂具有体型网状结构，成为较坚硬和稳定的塑料制品。

c. 增塑剂。用以提高树脂可塑性和柔性的添加剂。

d. 稳定剂。用以防止受热、光等的作用使塑料过早老化。

（2）塑料的分类

① 按树脂的性质分类。根据树脂在加热和冷却时所表现的性质，可分为热塑性塑料

（表 8-1）和热固性塑料（表 8-2）。

　　a. 热塑性塑料。所谓热塑性塑料，即它在受热时就会变软，甚至成为可流动的黏稠物，这时可将其塑制成一定形状的制品，冷却时保持塑形变硬。热塑性塑料分子结构是线型或支链型结构。这类塑料加工成形简便，具有较高的力学性能，生产效率高，可直接注射、挤压、吹塑成所需形状的制品，而且具有一定的物理、化学性能。但耐热性和刚性比较差，最高使用温度一般只有 120℃ 左右，主要有聚乙烯、聚丙烯、聚苯乙烯、聚酰胺（尼龙）、聚甲醛、聚碳酸酯等。

表 8-1　常用热塑性塑料的特点及用途

塑料品种	结构特点	使用温度	化学稳定性	性能特点	成型特点	主要用途
聚乙烯（PE）	线型结构结晶型	小于 80℃	较好，但不耐强氧化剂，耐水性好	质软，力学性能较差，表面硬度低	成型性能好，黏度与剪切速率关系较大，成型前可不预热	薄膜、管、绳、容器、电器绝缘零件、日用品等
聚氯乙烯（PVC）	线型结构无定型	−15～55℃	不耐强酸和碱类溶液，能溶于甲苯、松节油、脂肪醇、环己酮溶剂	性能取决于配方，较广泛	成型性能较差，加工温度范围窄，热成型前有道捏合工序	很广泛、薄膜、管、板、容器、电缆、人造革、鞋类、日用品等
聚丙烯（PP）	线型结构结晶型	10～120℃	较好	耐寒性差，光氧作用下易降解老化，力学性能比聚乙烯好	成型时收缩率大，成型性能较好，易产生变形等缺陷	板、片、透明薄膜、绳、绝缘零件、汽车零件、阀门配件、日用品等
聚苯乙烯（PS）	线型结构非结晶型	−30～80℃	较好，对氧化剂、苯、四氯化碳、酮、酯类等抵抗力较差	透明性好，电性能好，抗拉抗弯强度高，但耐磨性差，质脆，抗冲击强度差	成型性能很好，成型前可不干燥，但注射时应防止潮料，制品易产生内应力，易开裂	装饰制品、仪表壳、灯罩、绝缘零件、容器、泡沫塑料、日用品等
聚酰胺（尼龙）（PA）	线型结构结晶型	小于 100℃（尼龙 6）	较好，不耐强酸和氧化剂，能溶于甲酚、苯酚、浓硫酸等	抗拉强度、硬度、耐磨性、自润滑性突出，吸水性强	熔点高，熔融温度范围较窄，成型前原料要干燥。熔体黏度低，要防止流涎和溢料，制品易产生变形等缺陷	耐磨零件及传动件，如齿轮、凸轮、滑轮等；电气零件中的骨架外壳、阀类零件、单丝、薄膜、日用品等
ABS	线型结构非结晶型	小于 70℃	较好	机械强度较好，有一定的耐磨性。但耐热性较差，吸水性较大	成型性能很好，成型前原料要干燥	应用广泛，如电器外壳、汽车仪表盘、日用品等
聚甲基丙烯酸甲酯（有机玻璃）（PMMA）	线型结构，非结晶型	小于 80℃	较好，但不耐无机酸，会溶于有机溶剂	是透光率最高的塑料，质轻坚韧电气绝缘性能较好，表面硬度不高，质脆易开裂	成型前原料要干燥，注射成型时速度不能太高	透明制品，如窗玻璃、光学镜片、灯罩等

续表

塑料品种	结构特点	使用温度	化学稳定性	性能特点	成型特点	主要用途
聚甲醛（POM）	线型结构晶型	小于100℃	较好,不耐强度	综合力学性能突出,比强度比刚度接近金属	成型收缩率大,流动性好。熔融凝固速度快,注射时速度要快,注射压力不宜高。热稳定性较差	可代替钢、铜、铝、铸铁等制造多种结构零件及电子产品中的许多结构零件
聚碳酸酯（PC）	结型结构非结晶型	小于130℃耐寒性好,脆化温度－100℃	有一定的化学稳定性,不耐碱、酮、酯等	透光率较高,介电性能好,吸水性小,力学性能很好,抗冲击抗蠕变性能突出,但耐磨性较差	熔融温度高,熔体黏度大,成型前原料需干燥,黏度对温度敏感制品要进行后处理	在机械上用作齿轮、凸轮、蜗轮、滑轮等,电机电子产品零件,光学零件等

奇闻轶事：聚乙烯的发现

当今聚乙烯已成为用途很广的一种塑料,它是由乙烯聚合而成。最早的高压聚乙烯是在一次偶然事件中得到的。20世纪30年代,英国卜内门公司佩林等人用一氧化碳和乙烯进行高压反应时,反应塔的压力下降,许多实验人员见实验无望纷纷离去,而佩林等人决心坚持实验,他们在拆除装置时,发现有少量的白色粉末。这种粉末有优良的性质,能冷拉成丝或压成薄膜,具有抗化学腐蚀性和电绝缘性,这就是聚乙烯。

b. 热固性塑料。所谓热固性塑料,即在初加热时软化,可塑造成形,但固化后再加热将不再软化,也不溶于溶剂。例如灯头或电插座等电木制品,就是这类塑料制成的,但不能通过回收再加利用。热固性塑料具有体型大分子结构,耐热性高,受压不易变形等优点,但力学性能不好,必须加入填料或增强材料以改善性能、提高强度,同时成形工艺较复杂,大多只能采用模压或层压法成形,生产效率低,例如,碱催化的酚醛塑料、环氧塑料等。主要有酚醛树脂、环氧树脂、氨基树脂、聚氨酯等。

表 8-2　常用热固性塑料的特点及用途

塑料品种	结构特点	使用温度	化学稳定性	性能特点	成型特点	主要用途
氟塑料	线型结构结晶型	－195～250℃	非常好,可耐酸、碱、盐溶液及有机溶剂	摩擦系数小,电绝缘性能好。但力学性能不高,刚度差	成型困难,流动性差,成型温度高且范围小,需高温高压成型,一般采用烧结成型	防腐化工领域的产品、电绝缘产品、耐热耐寒产品、自润滑制品
酚醛塑料	树脂是线型结构,塑料成型后变成体型结构	小于200℃	不耐强酸、强碱及硝酸	表面硬度高,刚性大,尺寸稳定,电绝缘性好,缺点是质脆,冲击强度差	适压缩成型,成型性能好,模温对流动性影响大,注意预热和排气	根据添加剂的不同可制成各种塑料制品,用途广泛
氨基塑料	结构上有NH₂基,树脂是线型结构,成型后变成体型结构	与配方有关,最高可达200℃	脲甲醛、耐油、耐弱碱和有机溶剂,但不耐酸	表面硬度高,电绝缘性能好	常用于压缩、压注成型,成型前需干燥预热,流动性好,硬化快,模具应防腐	电绝缘零件、日用品、胶黏剂、层压、泡沫制品等

笔记

② 按使用范围分类

a. 通用塑料。指生产量大、应用范围广、价格低的塑料品种。主要有聚氯乙烯、聚苯乙烯、聚烯烃、酚醛塑料（电木）和氨基塑料（电玉）等，其产量约占塑料总产量的 75％以上。

b. 工程塑料。指工程技术中用以制造结构材料的塑料，这类塑料综合工程性能（包括力学性能、耐热耐寒性能、耐蚀性和绝缘性能等）良好的各种塑料，因而可代替金属做某些机械构件，或适合于其他特殊用途。常用的有聚甲醛、聚酰胺、聚碳酸酯和 ABS 等。

c. 特种塑料。指具有特殊性能的塑料，如导电塑料、导磁塑料、感光塑料等。

（3）塑料的性能特征

① 力学性能

a. 高弹性和低弹性模量。它是聚合物所特有的性能，轻度交联的聚合物在 T_g（玻璃化温度）以上具有典型的高弹态，即弹性变形大、弹性模量小，而且弹性随温度升高而增大。

b. 黏弹性。聚合物在外力作用下同时发生高弹性变形和黏性流动，其变形与时间有关，称为黏弹性，其表现为蠕变、应力松弛与内耗三种现象。

c. 低强度、低韧性。平均抗拉强度为 100MPa 左右，仅为其理论值的 1/200。但由于其密度小，比强度很高，是当前比强度较高的一类材料。虽然聚合物的塑性相对较好，但由于其强度低，故其冲击韧性较金属材料低得多，仅为其百分之一。

d. 高耐磨性。大多数塑料的摩擦系数在 0.2～0.4 范围内，在所有固体中几乎是最低的，减摩、耐磨性优于金属。塑料的自润滑性能较好，因此磨损率低，并且能在不允许油润滑的干摩擦条件下使用，这是金属材料所无法比拟的。橡胶材料由于其摩擦系数大，适合于制造要求摩擦系数较大的耐磨零件，如汽车轮胎等。

② 理化性能

a. 电绝缘性能好。其导电能力低，是电力和电子工业必不可少的绝缘材料。

b. 线胀系数大、热导率小。其线胀系数大，为金属的 3～10 倍，因而其与金属结合较困难；其热导率为金属的 1/100～1/1000，因而散热不好，不宜作为散热零件。

c. 耐热性低。大多数塑料长期使用温度一般在 100℃ 以下，只有少数可在高于 100℃ 温度下使用（大多数橡胶的最高使用温度一般亦小于 200℃，少数橡胶如硅橡胶可达 275℃，氟橡胶为 300℃）。同金属相比，聚合物的耐热性是较低的。

d. 化学稳定性好。其在酸、碱等溶液中表现出优异的耐腐蚀性，如聚四氟乙烯在高温下与浓酸、浓碱、有机溶液、强氧化剂都不起反应，甚至在沸腾的王水中也不受腐蚀，故有"塑料王"之称。

e. 容易老化。所谓"老化"是指聚合物在长期贮存和使用过程中，由于受氧、光、热、机械力、水气及微生物等外部因素的作用，性能逐渐恶化，直到丧失使用价值的现象。这些性能的衰退现象是不可逆的。目前采用防老化的措施为：改变聚合物的结构，添加防老剂，表面防护等。

（4）常用航空塑料

① 有机玻璃（代号 PMMA）。有机玻璃的主要成分是聚甲基丙烯酸甲酯，另含有增塑剂。聚甲基丙烯酸甲酯是无色透明的高分子化合物。常用的增塑剂是邻苯二甲酸二丁酯。

答疑解惑

有机玻璃的主要优点和缺点？

答题要点：有机玻璃具有很好的透光性，能透过 99％ 以上的太阳光；在常温下具有较大的强度；与普通玻璃相比脆性较小，受振动时不易碎裂；耐腐蚀性和绝缘性良好；容易成型。

　　有机玻璃的主要缺点是硬度小，容易磨损划伤；导热性差，热胀系数大；受到温度、日光和溶剂等的作用时，力学性能会变差，表面出现细微的裂纹（银纹），导致透光性会降低，强度和塑性下降，在日光作用下会氧化。丙酮、乙酸乙酯（油漆和褪漆剂中常含有此类溶剂）与有机玻璃接触时，很快就会使有机玻璃表面溶解而变成乳白色，透光性变差。这种现象通常称为"发雾"（有时称为"龟裂"）。所以应防止丙酮、乙酸乙酯与有机玻璃接触。

　　② 塑料王（代号 PTFE）。聚四氟乙烯俗称塑料王，最先由美国杜邦公司在 1948 年生产。在所有塑料中，PTFE 有最优良的耐高、低温性能，能在 $-260 \sim 250℃$ 间长期使用；几乎不受任何化学药品腐蚀，所有强酸、强碱、强氧化剂甚至"王水"都对其无影响，也不溶于任何溶剂，其化学稳定性超过玻璃、陶瓷、不锈钢甚至金、铂等；且其为最不吸水的塑料，也为自然界中摩擦系数最小的材料，其摩擦系数仅 0.04；其表面极不易黏附其他物质，并为所有固体绝缘材料中介电损耗最小的，所以又被称为"塑料王"。此外，其无味、无毒、不燃，有良好生理相容性及抗血栓性，密度达 2.18g/cm^3，为塑料中最大者。

工程应用典例

　　聚四氟乙烯 PTFE 的典型应用场合是常见的不粘锅、不粘油的抽油烟机涂层，管道密封用的未经烧结的"生料带"，机械上的减摩密封零件，电器上耐高频绝缘零件及强腐蚀场合设备衬里及零件，医用材料中的人造血管、人工心脏、人工食道等。

　　塑料王是航空工程常用的一种塑料。可用作航空轴承、涡轮喷气发动机加力燃烧室喷管的操纵系统中的胀圈；可用作电绝缘材料，在航空电器及电子设备中使用很多；还可以用来做各种耐腐蚀的零件，如喷气发动机的滑油管路、燃油箱的密封垫圈等。

　　③ 聚氯乙烯塑料。聚氯乙烯塑料是在聚氯乙烯树脂中加入抗氧化剂、增塑剂等制成的。

　　不含增塑剂或含增塑剂很少的称为硬聚氯乙烯塑料，具有较高的机械强度（相对软聚氯乙烯而言），良好的耐酸碱性和电绝缘性，易焊接或黏合。其缺点是使用温度范围小，其正常工作温度是 $-15 \sim +60℃$，它主要用作耐腐蚀材料和电绝缘材料。

　　含增塑剂较多的称为软聚氯乙烯塑料，其性质柔软，耐摩擦和挠曲，耐酸碱性、耐油性和电绝缘性也很好。但是由于含有较多的增塑剂使它的分子间距离增大，减少了分子之间的引力，故它的强度、硬度较小。它的耐寒性也较差，随着温度降低会变脆。

　　软聚氯乙烯塑料在飞机上常用作电线和电缆的保护套、液压系统和冷气系统的密封垫以及作为封存或包装各种航空零件和设备的材料。由于软聚氯乙烯塑料在低温下会变脆变硬，所以电缆保护套等在冬天应注意不要弯曲、折叠，以防损坏。

　　④ 酚醛塑料。酚醛塑料主要组成是酚醛树脂，其余是填料和颜料等。酚醛塑料是一种热固性塑料，具有较大的强度，良好的绝缘性，不易受溶剂的侵蚀，能在 $100 \sim 130℃$ 温度下工作，即使在非常高的温度下，也不软化变形，仅在表面发生烧焦现象而保持原有形状。

奇闻轶事："电木"或"胶木"

　　酚醛树脂于 1909 年由比利时裔的美国科学家贝克兰特发明并首先进行工业化生产，为 20 世纪对人类生活影响最大的十大科学发明之一，也是产量最大的热固性树脂。最初因纯酚醛树脂成本太高，人们就在酚醛树脂粉里加进一定量的锯木粉、石棉或陶土等廉价粉末，再放进成形模内加热加压成形，就聚合成热固性的酚醛塑料制品。首先大量应用于电器中的灯头、开关、插座及日用品中的纽扣、锅勺手把等。由于木粉在高温下炭化了，所以它们都呈黑色，人们又称酚醛塑料为"电木"或"胶木"。

以木粉、云母粉、石英粉等为填料的酚醛塑料，可以在模具内压制成外形复杂而光亮的零件。主要用来制造飞机上电器开关装置，如旋钮、按钮、插销、插座以及手柄、仪表外壳等；以布、玻璃布、纸等纤维材料作为填料的酚醛塑料，其抗弯强度、抗拉强度和冲击强度等力学性能都很高，吸振性能也很好。在航空工程用途较广，如齿轮、滑轮、发动机架的缓冲器垫片、飞机操纵踏板、驾驶盘、配电盘、接头座板、软油箱槽、电器绝缘件等；以石棉为填料的酚醛塑料，有很好的耐热性、耐磨性和很大的摩擦系数，用来制造飞机刹车系统零件，如刹车块。在维护工作中，应注意防止液压油、滑油等落在刹车块上，以免使其摩擦系数减小，降低刹车效果。

⑤ 环氧树脂塑料。环氧树脂塑料是向环氧树脂（常用的是由环氧氯丙烷与二酚基丙烷缩聚而成的二酚基丙烷环氧树脂）中加入填料制成的一种热固性塑料。航空工程应用较多的是以玻璃纤维为填料的环氧树脂塑料（玻璃钢）。这种塑料强度大，有良好的绝缘性和化学稳定性，吸湿性低，成型收缩率小。环氧树脂塑料可用于制造雷达天线整流罩、翼尖等航空结构零件及绝缘零件等。环氧树脂与金属、木材、陶瓷、橡皮、塑料、玻璃等都有很好的黏结性，所以还用来制造胶黏剂和涂料等。

 笔记

8.1.2　航空橡胶

（1）橡胶的分类

按照原料的来源，橡胶可分为天然橡胶和合成橡胶两大类。天然橡胶主要来源于三叶橡胶树，由橡胶树流出的胶乳制成的生胶（以异戊二烯为主要成分的不饱和状态的线型天然聚合物）经加工而成，当这种橡胶树的表皮被割开时，就会流出乳白色的汁液，称为胶乳，胶乳经凝聚、洗涤、成型、干燥即得天然橡胶。天然橡胶强度高、耐撕裂；弹性、耐磨性、耐寒性、耐碱性、气密性、防水性、绝缘性及加工工艺性优良。生热和滞后损失小，综合性能在橡胶中最突出，但耐热、耐油及耐老化性差。橡胶硫化技术之后就已得到工业应用，广泛用于制造各类轮胎（图 8-2）、胶带、胶管、胶鞋、气球等。

图 8-2　起落架机轮

随着武器装备的发展，原来的天然橡胶，在数量和性能上已远不能满足需求，因而各国都开始了合成橡胶的研究。特别是在第二次世界大战期间，橡胶已成为一种非常重要的战略物资。各国的化学家纷纷采用含有不同特征的官能团（基团），如氯、氰基、乙烯基、巯基、异氰酸基、羟基、烷氧基等单体合成出丁钠、氯丁、丁腈、丁苯、聚硫等橡胶。这些橡胶在耐热、耐老化、耐油介质等方面比天然橡胶好得多，因而合成橡胶迅速被应用到了飞机的氧气、油介质系统的密封、减振降噪、电气绝缘等方面，促进了航空装备的发展。

工程应用典例

橡胶材料在航空工业中应用非常广泛，遍布于飞机的各个系统，其中包括飞机救生防护系统的氧气面罩、输氧波纹管和控压膜片以及橡胶织物制成抗荷服、代偿服、救生艇；机电系统的液压泵、电磁阀、作动筒内密封件，管线紧箍件、蓄压器囊；环境控制系统的引气胶管、座舱气密胶带、压力调控活门件、敏感薄膜；机轮刹车系统的轮胎、胶管；

燃油系统的输油胶管、橡胶软油箱、机翼和机身整体油箱；惯导系统仪表减振垫、直升机旋翼系统的弹性轴承和阻尼器；舱门、舷窗等外露系统使用的密封型材等等。据统计，一架飞机使用橡胶制品达 8000～13000 项（其质量约 300～500kg），密封胶超过 1t，所以橡胶是航空装备不可缺少、不可替代的重要配套材料。

合成橡胶所需要的大量原料，如乙烯、丙烯、丁烯和芳香烃，都可以来自石油化工（图 8-3）。合成橡胶的生产需先从石油中获得生产合成橡胶的单体，然而通过聚合，也像塑料中的聚合物分子一样，连结成一条很长的"链条"，但不是一条笔直的链条，而是弯弯曲曲的，既能屈能伸，又能作旋转运动的链条使合成橡胶单体聚联成具有弹性的大分子固体。

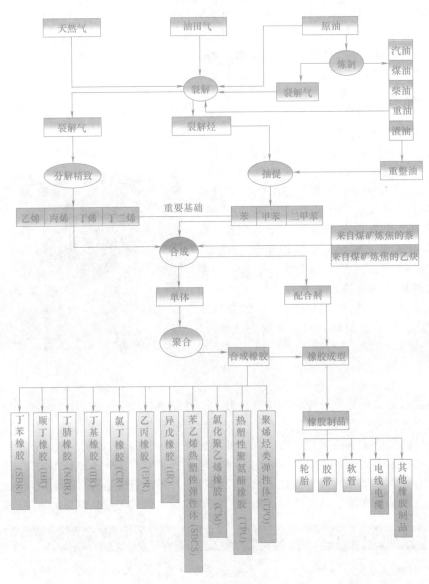

图 8-3　合成橡胶的产业链

（2）橡胶制品的组成

硫化橡胶的主要成分是生橡胶，另有硫化剂、填充剂、防老剂。

　　① 硫化剂：硫化剂的主要成分是硫。当硫化剂较少时（2％～3％），可以得到柔软且富有弹性的软橡胶；当硫化剂较多时（25％～50％），则得到坚硬的硬橡胶。

　　② 填充剂：常用的填充剂有炭黑和氧化锌等。其作用主要是提高橡胶的强度和耐磨性，同时也能降低橡胶的成本。

　　③ 防老剂：常用的防老剂有石蜡和酚等。其作用是使橡胶的老化作用滞缓，从而延长橡胶件的使用寿命。

奇闻轶事：源于意外的发明——硫化橡胶

　　生活中绝大多数橡胶制品来自一场实验室事故。1839 年，查尔斯·固特异（Goodyear）这位美国发明家从 1834 年开始研究橡胶的改性，因为天然橡胶对温度过于敏感，温度稍高就会变软变黏，温度一低就会变脆变硬，连鞋子都做不了。1839 年的冬天，他的试验终于有了突破，将添加了硫黄的橡胶遗忘在暖炉上，意外地得到了稳定且弹性良好的硫化橡胶，加热后的硫黄橡胶竟然不容易变软也不容易变脆了！四年后，橡胶硫化技术正式问世：把橡胶和硫黄一起加热到 130℃，就能得到形态稳定且弹性良好的硫化橡胶，橡胶得到了突飞猛进的发展。

　　所谓硫化，是在生胶中加入硫化剂（一般天然橡胶加入 2％～3％的硫黄）和其他配合剂，使线型结构的生胶分子打开双键，以硫化剂作桥梁（形成所谓硫桥）而变为体网型结构。由于硫桥的交联作用，就像把断毛线织成了毛衣，使大分子链间失去了自由运动的独立性，变得不能相互滑动。这样既保证了强度又不致永久变形，还具有不溶解不熔融的性质。显然，硫桥愈多（即交联密度愈大），则橡胶的弹性愈低，而硬度、耐热性、耐溶剂性愈高。

　　硫化技术使得橡胶成为真正实用化的工业产品，在这一技术发明后的三十年间，工业界对天然橡胶的需求增加了 100 多倍。20 世纪初，硫化橡胶才被大规模应用于汽车轮胎的生产，为了纪念这位伟大的发明家和这项具有里程碑意义的发明，美国商人弗兰克·柏林在 1898 年将自己创建的轮胎橡胶公司命名为"固特异"公司，这三个字成为轮胎业最响亮的一个名字。全球现有 17 家规模不等的企业生产航空轮胎，总计 22 间航空轮胎厂，其中法国米其林集团公司占 3 间，日本普利司通公司、美国固特异轮胎橡胶公司、英国邓禄普航空轮胎公司各占 2 间，日本横滨橡胶公司、中国蓝宇航空轮胎发展公司等 13 家企业各占 1 间。其中，米其林集团公司、普利司通公司、固特异轮胎橡胶公司、邓禄普公司四大家占据全球市场 85％的份额。

　　（3）橡胶制品的特性

　　橡胶是一种具有极高弹性的高分子材料，其弹性变形量可达 100％～1000％，而且回弹性好，回弹速度快。同时，橡胶还有一定的耐磨性，很好的绝缘性和不透气、不透水性。橡胶是常用的弹性材料、密封材料、减振防振材料和传动材料。

答疑解惑

　　橡胶为什么有密封、减振功能呢？

　　答题要点：这要从它的分子结构说起。无论天然或合成橡胶都是高分子聚合物，其分子是由千万个结构相同的链节聚合成线性的大分子。就说天然橡胶，它是由 1.5～2 万个异戊二烯单体连成的大分子，细长的分子链呈卷曲状态，受应力作用时卷曲分子链被拉长，可产生原长度 10 倍以上的变形，去除应力后其回缩至初始状态形成橡胶独有的高弹性变形。橡胶的微观结构像一团乱棉纱，每个细长大分子带有许多官能团。这些基团在化学药剂（硫化剂）的作用下可以相互交联（硫化），使生胶线团结构转化成网状结构。分子链的化学交联点和大分子链间物理的缠结，限制了橡胶大分子整体流动，而交联点间分子链段仍处于热运动状态，在应力作用下链段运动要克服分子间内摩擦，使外加的机械能转变成热能而损耗。橡胶的低模量、大变形、分子间内摩擦使机械能转变成热能而耗散——这就是橡胶具有密封、减振降噪功能的主要原因，也是区别其他材料的最大特点。

橡胶及其制品在加工，贮存和使用过程中，由于受内外因素的综合作用而引起橡胶物理化学性质和力学性能的逐步变坏，最后丧失使用价值，这种变化叫作橡胶老化，表面上表现为龟裂、发黏、硬化、软化、粉化、变色、长霉等。影响橡胶老化的因素有：

a. 氧。氧在橡胶中同橡胶分子发生游离基连锁反应，分子链发生断裂或过度交联，引起橡胶性能的改变。氧化作用是橡胶老化的重要原因之一。

b. 臭氧。臭氧的化学活性氧高得多，破坏性更大，它同样是使分子链断裂，但臭氧对橡胶的作用情况随橡胶变形与否而不同。当作用于变形的橡胶（主要是不饱和橡胶）时，出现与应力作用方向直的裂纹，即所谓"臭氧龟裂"；作用于变形的橡胶时，仅表面生成氧化膜而不龟裂。

c. 热。提高温度可引起橡胶的热裂解或热交联。但热的基本作用还是活化作用。提高氧扩散速度和活化氧化反应，从而加速橡胶氧化反应速度，这是普遍存在的一种老化现象——热氧老化。

d. 光。光波越短、能量越大。对橡胶起破坏作用的是能量较高的紫外线。紫外线除了能直接引起橡胶分子链的断裂和交联外，橡胶因吸收光能而产生游离基，引发并加速氧化链反应过程。紫外线光起着加热的作用。光作用的另一特点（与热作用不同）是它主要在橡表面发生。含胶率高的试样，两面会出现网状裂纹，即所谓"光外层裂"。

e. 机械应力。在机械应力反复作用下，会使橡胶分子链断裂生成游离荃，引发氧化链反应，形成力化学过程。机械断裂分子链和机械活化氧化过程。哪能个占优势，视其所处的条件而定。此外，在应力作用下容易引起臭氧龟裂。

f. 水分。水分的作用有两个方面：橡胶在潮湿空气淋雨或浸泡在水中时，容易被破坏，这是由橡胶中的水溶性物质和清水荃团等成分被水抽提溶解、水解或吸收等原因引起的。特别是在水浸泡和大气暴露的交替作用下，会加速橡胶的破坏。但在某种情况下水分对橡胶则不起破坏作用，甚至有延缓老化的作用。

g. 其他：对橡胶的作用因素还有化学介质、变价金属离子、高能辐射、电和生物等。

（4）常用航空橡胶及其应用

合成橡胶的种类很多，常用航空合成橡胶的组成、性质和用途如表8-3所示。

表8-3 航空工程常用的合成橡胶

类别	组成	性质	用途
丁苯橡胶	丁二烯和苯乙烯聚合而成	良好的耐磨性、耐热性和抗老化性	外胎，密封和缓冲零件，胶布，胶管
丁腈橡胶	丁二烯和丙烯腈聚合而成	较高的强度和耐热性、耐油性	耐油零件，密封圈、垫，软油箱
氯丁橡胶	氯丁二烯聚合而成	耐氧、耐臭氧、耐油、耐溶剂性好，不易燃烧，密度大，电绝缘性差	胶管，胶带，电缆胶黏剂，油箱保护套
聚硫橡胶	多硫化钠和二氯乙烷缩聚而成	耐油性好，耐老化，气密性好，强度小，绝缘性差，耐温性差	燃油箱，燃油管，燃油、滑油系统密封件

续表

类别	组成	性质	用途
硅橡胶	有机硅聚合物	导热、散热、耐热性好，透气性高，耐寒性较好，电绝缘性好	绝缘件、密封件、胶黏剂
氟橡胶	偏二氟乙烯和全氟丙烯的共聚物	较高的耐热、耐油、耐有机溶剂、耐化学药品性能，耐氧和大气老化性好，力学性能差，耐寒性差	特种电线、电缆护套，适用于高温、有机溶剂和化学药品腐蚀的场合

 笔记

在飞机上采用橡胶制成的零部件有：机轮的外胎和内胎、软油箱、硬油箱的保护套、各种缓冲器、密封零件、绝缘零件、除水装置、橡胶液等。

① 航空轮胎。轮胎的主要功用是吸收飞机在降落和滑跑时所产生的冲击和振动，在刹车和停放时承受载荷。航空轮胎是由外胎和内胎组成。内胎用来装盛空气，外胎使内胎固紧在轮缘上，保护内胎不受机械损伤，承受机体载荷。目前，飞机上广泛使用无内胎的航空轮胎。

 ## 奇闻轶事：斜交胎 VS 子午胎

传统的斜交航空轮胎的骨架结构没有明显的刚柔度分区，其胎侧部位和胎冠的力学性能几乎相同，缓冲层不起主要作用。而子午线航空轮胎的胎体相当于气动弹簧，带束层相当于坦克履带，"柔软的胎体＋刚性的带束层"是子午线航空轮胎的全部精华，斜交航空轮胎只有"刚"，子午线航空轮胎是"刚＋柔"协同发挥作用。所以，子午胎将成为未来的主流。

2000 年，协和号超音速客机空难的发生才使子午线轮胎大大地往前推进一步。这起空难是飞机起飞滑跑时爆胎，轮胎的碎片击穿了飞机的油箱引发的惨剧，促使航空业界提出"制造抗外物致损的轮胎"，而子午线轮胎可以达到这个要求。在空客 A380 上改用子午线航空轮胎带来的直接效益就是飞机的总重量减轻 360kg，平均每条轮胎减轻 16.4kg，这对于"一克质量一克黄金"的航空器来说效益很可观。

轮胎的维护注意事项：

a. 严禁用汽油、煤油或其他橡胶溶剂来洗涤或擦洗（清洗轮胎时可用肥皂水）。不要让发动机中或飞机燃油系统和滑油系统中的燃油或滑油落在轮胎上，以免橡胶遇到油会溶胀。

b. 飞机放在露天时，要防止轮胎受温度、日光和变形等因素的影响而变硬、变脆或变软发黏。在夏天，应该将轮胎用布罩套上。

c. 飞机轮胎必须贮存在一个阴凉干燥并远离电动机的地方。在库房存放外胎应竖立放置，而且要定期加以翻动。存放内胎时要摊开，不能重叠平放，安装内胎时，应充入少量的气体，以使内胎更加贴合外胎，防止皱褶。

d. 为防止橡胶制件老化，各种橡胶制品使用、存放都应在规定的期限范围内，以确保其安全。

② 橡胶软管。橡胶软管用于连接燃油系统、滑油系统、液压系统和空气导管，根据所选用材料不同可分为垫布胶管和编织层胶管两类。垫布胶管有时也称为夹布胶管或夹布软管。夹布胶管是用橡胶带沿螺旋线卷绕在芯棒上，用胶液胶黏，然后包卷上数层胶布，在胶布上再黏附上外层橡胶，最后将胶管进行硫化。

根据胶管的用途不同，采用耐汽油、耐滑油、耐热或耐寒的橡胶制成不同的胶管，具有各种不同厚度的管壁、管径，不同颜色和标记，以便准确地识别和使用。夹布胶管工作压力不超过 1.3MPa，工作温度在 -45℃ 至 80℃ 之间。编织层胶管是由内层胶与一层或二层棉线编织层和胶层所组成，分为高压（6～12MPa）胶管、中压（3～5MPa）胶管和低压（1.5MPa）胶管三种。

③ 密封橡胶型材。飞机上的窗口、舱口、检查孔、小门等都应采用各种橡胶型材进行密封。密封用橡胶型材要求抗振性强、弹性好，工作温度自-30℃至+80℃，不易老化，多采用丁苯橡胶作密封材料。密封用橡胶型材在贮存时应水平放置。

④ 橡胶密封件。橡胶密封件的作用是防止油液渗出及防止空气、尘土渗入。由于液压件和气动件在飞机上的应用日益增多，因此必须根据它们的运动速度和工作温度来设计出多种密封垫、密封圈和密封皮碗，以满足不同的特性要求。

为确保橡胶制件的正确使用，尤其是在飞机的液压系统中，要根据液压油的种类来选择橡胶密封圈。天然橡胶密封件适用于植物基液压油；合成橡胶密封圈适用于矿物基液压油；异丁橡胶适用于磷酸酯基液压油。假如天然橡胶密封件上沾染有石油基液压油或磷酸酯基液压油，则密封件将发生膨胀、损坏以及堵塞系统。若不慎用错液压油，则首先应放掉液压油，再进行清洗并拆换密封圈。

⑤ 橡胶液。橡胶液是天然橡胶或合成橡胶在有机溶剂中的黏性胶态溶液。用于黏结橡胶或橡胶与编织物、金属等。胶接接合面在一定温度和经过化学变化后，便形成牢固的固体胶膜。

8.1.3　航空胶黏剂

任何型号的飞机上都有需要密封的区域，例如承受空气增压的密封舱，阻止燃油渗漏、气味窜流、腐蚀性液体侵蚀等结构区域。作为密封用的封严材料，多为两种或多种物质成分按适当的比例混合调制而成。胶黏剂已成为实现飞行器零部件连接的重要材料之一，广泛用于各种接合面的连接，现代飞机的接合面有67%左右是用胶黏剂连接的。

胶黏剂是一类通过黏附作用，使同质或异质材料连接在一起，并在胶接面上有一定强度的物质，又称黏合剂或黏结剂。胶黏剂的组分与配成见表8-4。

表8-4　胶黏剂的组分与配成

组分	作用
黏结物质	• 基体成分，一般多用各种树脂、橡胶类及天然高分子化合物
固化剂	• 促使黏结物质通过化学反应加快固化的组分，其性质和用量对胶黏剂的性能起着重要的作用
增韧剂	• 提高胶黏剂硬化后黏结层的韧性，提高其抗冲击强度的组分
稀释剂	• 又称溶剂，主要是起降低胶黏剂黏度的作用，以便于操作，提高胶黏剂的湿润性和流动性。大多数胶黏剂不需加入稀释剂，橡胶和缩醛类黏合剂会使用
填料	• 增加稠度，降低热胀系数，减少收缩性，提高胶黏剂的抗冲击韧性和机械强度。常用的品种有滑石粉、铝粉等
改性剂	• 改性剂是为了改善胶某一方面性能而加入的一些组分。如为增加胶结强度加入偶联剂，还可以分别加入防老化剂、防腐剂、防霉剂、阻燃剂、稳定剂等

用胶黏剂对材料进行连接不同于铆接、螺纹连接和焊接的另一种新型连接工艺，称为胶接（或黏接）技术。胶接技术一般不受连接材料的种类和几何形状的限制，胶接面应力均匀，接头平整光滑；胶接工艺操作多在常温或低温下就可进行，不需专门设备，还可作密封堵漏，这些优点使其应用非常广泛。但胶接技术也存在一些不足：一是接头强度与胶接面积、接头形式有很大依赖关系，且抗剥离强度较低；二是大部分胶黏剂为有机聚合物，耐高温性和耐老化性较差，使其应用又受到某些限制。各种连接方式对比见表8-5。

（1）胶黏剂的特性

胶黏剂不仅黏接性能好，黏接强度高，而且还具有密封性、耐水性、耐热性和化学稳定性。在航空领域使用胶黏剂对飞机零部件的接合面进行胶接，与普通常用的铆接、螺栓连接和焊接相比，具有以下几个特点：

表 8-5　各种连接方式对比

性能	方式			
	胶黏剂	焊接	钎焊	机械连接
持久性	永久结合	永久结合	基本持久	螺纹紧固件可拆解
应力分布	结合区域应力分布均匀	局部应力集中	较好的应力分布	应力高度集中
外观	表面几乎无痕迹	结合表面可以接受，部分光滑表面需修整	良好的结合面	表面的不连续性有时是不可接受
材料	最理想的不同种材料的结合	一般限制在同种材料之间	不同种金属之间的结合	大多数种类和形式的材料适用
耐高温性	耐高温性较差	耐高温非常好	耐高温性受填充金属限制	耐高温较好
力学性能	很好的耐疲劳性	特殊要求时往往需要提高疲劳强度	良好的抗振动性能	需要考虑卡扣位置的抗疲劳性

① 可以减轻飞机的结构重量，增加航速。如大型雷达采用胶接，重量可减轻 20%；重型轰炸机采用胶接，重量减轻 34%。不仅如此，机体表面采用胶接时，表面光滑平整，保证了良好的气动力外形，有利于改善飞机飞行性能，增加飞机的飞行速度。

② 胶接结构强度高，应力分布均匀。采用胶接时，整个胶接面都能承受载荷，应力分布均匀，因此，抗剪强度、抗压强度和抗疲劳强度都比较高。比如飞机铝合金蒙皮与长桁胶接壁板比同类铆接壁板的抗压强度高出 10%～20%。

③ 胶接结构具有密封和防腐作用。飞机上的一些部位都要制造成密封隔舱，对于这些隔舱来说，燃油或空气需要被密封住。某些密封舱装有燃油，某些密封舱是增压舱，如机舱。由于不能单独用铆接达到密封这些部位，因此必须使用密封剂。采用胶接的结构可以防止水分及其他腐蚀性液体进入，起到较好的防腐作用。

④ 采用胶接方法，节省劳动力，降低成本。胶接工艺可同时大面积进行，既节省了时间，又提高了效率。

⑤ 胶接可以在较低温度（甚至室温）下进行，这样可以避免热敏感的部位受到损坏。

胶黏剂也有一些不足之处，如工作温度过高会使强度迅速下降，某些胶黏剂容易老化，胶黏工艺复杂，需加温加压，固化时间长，胶接后的质量还没有完善的无损检验方法来检验等等。

（2）胶黏剂的选用

胶黏剂的合理选用通常应综合考虑胶黏剂的性能、胶接对象、使用条件、固化工艺和经济成本等各方面的因素，具体如表 8-6 所示。

表 8-6　胶黏剂的合理选用

材料	材料						
	皮革、织物、软质材料	竹木	热固性塑料	热塑性塑料	橡胶制品	玻璃陶瓷	金属
金属	2,4,3,8	1,4,2,6	1,4,3,7	1,5,4,9	4,8	1,2,3,4 5,7,10	1,2,3,4 5,7,10
玻璃、陶瓷	2,4,3,8	1,3,4	1,2,3,7	1,2,4,5	4,8	1,2,3,4 5,7,10	
橡胶制品	4,8	1,2,4,8	2,3,4,8	1,4,8	4,8		
热塑性塑料	4,9	1,4,9	1,4,5	1,4,5,9			
热固体塑料	2,3,4,9	1,2,4,9	1,4,7,9				
竹木	1,2,4	4,6,7					

材料	材料						
	皮革、织物、软质材料	竹木	热固性塑料	热塑性塑料	橡胶制品	玻璃陶瓷	金属
皮革、织物、软质材料	4,8						

注：1—环氧树脂胶；2—酚醛-缩醛胶；3—酚醛-丁腈胶；4—聚氨酯胶；5—聚丙烯酸酯胶；6—脲醛树脂胶；7—不饱和聚酯树脂胶；8—橡胶胶黏剂；9—塑料胶黏剂；10—无机胶黏剂。

（3）常用航空胶黏剂

胶黏剂的具有良好的黏接性能，不仅可以胶接木材、玻璃、陶瓷、橡胶、塑料、织物、纸张等非金属材料，而且还能普遍的胶接铝合金、合金钢等各种金属材料。特别是飞机上大量采用复合材料和蜂窝结构，使胶黏剂的应用范围更加广泛。

常用航空胶黏剂主要是以合成高分子化合物为基础的胶黏剂，可以分为三类：一是热固性树脂胶黏剂，二是热塑性树脂胶黏剂，三是合成橡胶胶黏剂。其中以热固性树脂胶黏剂应用最为广泛。在飞机机体设计制造中引进胶接蜂窝结构（夹芯结构）是胶接结构形式的一个重大突破。

① 酚醛树脂胶。酚醛胶是以酚醛树脂为主要成分。酚醛树脂固化后，性能很脆，只能用来胶接木料、泡沫塑料以及其他多孔性物质。

飞机上使用的酚醛树脂胶主要有以下三种：

a. E-5 胶由酚醛树脂、聚乙烯醇缩甲乙醛树脂、酚醛环氧树脂和丁腈橡胶作为主要原料。具有良好的韧性和密封性，适用于铝、钢、铜等金属之间的连接，也适用胶铆方法制造密封的容器。

b. 酚醛-丁腈胶（J-03）由酚醛树脂与丁腈橡胶在有机溶剂中冷混而成。具有良好的耐热性、耐寒性，优异的弹性和良好的黏接性。适用于胶接各种材料或制造蜂窝结构。

c. 204 胶由酚醛-缩醛型胶加有机硅化合物组成。常温至 350℃ 时都有满意的强度，弹性不高，适用于钛合金和硬铝等金属材料、蜂窝结构的胶接。

② 环氧树脂胶。环氧树脂胶俗称"万能胶"。由环氧树脂、胺类或酸酐（固化剂）、无机填料等按一定的比例配制而成。航空工程常用的环氧树脂胶有：自力-3、H-703、HYJ-6 三种。

自力-3 胶具有优良的抗疲劳强度，固化过程挥发物少。适用于钣金件、蜂窝结构以及胶铆等复合连接。用于钢、铝、铜等金属和部分非金属材料的黏接。

H-703 胶耐老化和耐水性能良好。用于胶接不锈钢、铜等金属和玻璃、陶瓷、木材、胶木等非金属材料。

HYJ-6 胶具有良好的耐淡水、海水、乙醇、丙酮、燃油和耐气性。适用于金属-玻璃钢的大面积胶接，还适用于胶接木材、玻璃、陶瓷等材料。

③ 101 胶（又称聚氨酯胶）。101 胶具有良好的黏接性、柔软性、绝缘性、耐水性和耐磨性。用于铝、钢、玻璃、陶瓷、木材、皮革、塑料等材料的胶接，还用作尼龙等织物、皮革、涤纶薄膜上的涂料。

答疑解惑

胶黏剂维护使用中应注意哪些事项？

答题要点：① 采用胶接的金属或非金属构件的连接表面必须彻底清洗干净，以确保黏接表面之间有最大的黏接力，达到连接强度要求。

② 当进行修理时，如果使用人工照明，一定要使用防爆型灯。穿上不受褪洗剂和清洁剂腐蚀的工作服，防止化学药剂与皮肤接触，工作区应充分通风，当在封闭区工作时，应戴上防毒面具。

③ 为了确保构件表面的连接强度，必须注意胶接时的温度和固化时间。如对木制构件胶接，温度在 21℃ 情况下搭接中的黏接剂层固化到充足的强度，所需的时间可长达一周。较高的温度可大大缩短固化时间。但当在 21℃ 以下进行胶接固化，连接强度不能得到保证。

④ 使用中由于事故或因为施加到胶接部位上过大的机械载荷（或者受拉，或者受剪），黏接结构可能损坏。由于黏接结构的抗剪切能力较强，所以黏接结构通常被设计成承受剪切载荷。

⑤ 胶接结构在受日光紫外线的照射或受到腐蚀性溶剂侵蚀时，容易老化，应加强检查。

📄 笔记

8.2　密封材料

密封材料是起密封、减振作用的材料。飞机上常用的密封材料有各种密封圈、垫和密封腻子等。它们能保证飞机、发动机各系统的附件之间结合紧密，防止漏气、漏油、漏水、压伤或振坏。

（1）对密封材料性质的要求

密封材料应具有良好的密封性，足够的强度，足够的耐汽油和滑油性，具有较大的工作适应范围，具有重复使用的可能性和低廉的价格，还应具有吸水性和防腐蚀性能。

（2）密封材料的分类

飞机上常用的密封材料有密封胶、密封垫、密封腻子、密封圈和刮圈（片）几类。

① 密封胶。飞机上使用的密封胶，主要牌号有 XM-18 密封胶，XM-22 密封胶。

XM-18 密封胶主要用于飞机座舱和座舱盖以及金属板材铆接、螺栓连接结构的缝内或表面密封，还可用在与燃油、水接触的螺栓、铆钉及其他金属结合处缝内或表面的密封。

XM-22 密封胶主要用于飞机的机翼、机身和整体燃油箱的密封，尤其适用于尺寸大而不便于加温处理以及挠曲变形大的机件。

② 密封垫。飞机上常用的密封垫材料有金属、非金属和复合材料，非金属垫又分橡胶垫、橡胶石棉垫和纤维垫等。

a. 金属垫。金属垫是用塑性较好的金属制成的，常用的有纯铜垫、黄铜垫、纯铅垫、硬铝垫、软钢垫等。金属垫与其他密封垫相比，有较大的强度和塑性，其中软钢垫和硬铝垫强度更大，但密封受力时变形量较小，这类垫主要用于结合面受力较大的附件上。

b. 橡胶垫。橡胶垫是在橡胶中加入各种配合剂再经硫化处理后制成的。不同橡胶制成的橡胶垫，其性能和用途也不完全相同。

用天然橡胶制成的橡胶垫，抗油性差，通常用作防止漏气、漏水的垫子；用丁腈橡胶和聚硫橡胶等制成的橡胶垫，抗油性好，通常用作燃油、滑油、液压系统的密封垫。注意各系统的橡胶垫不能随便代替。

c. 橡胶石棉垫。橡胶石棉垫是以橡胶、石棉等材料混合后经硫化处理而制成的，根据使用的橡胶不同，分为耐油和不耐油两种。

耐油橡胶石棉垫是用丁腈橡胶制成的，主要用作燃油、滑油系统的密封垫。不耐油的橡胶石棉垫再根据使用温度和压力不同，分为高压、中压和低压三种。

高压橡胶石棉垫适用于温度 450℃ 及压力 6MPa 以下，其牌号为 XB-450，常用作飞机冷气、座舱密封等系统的密封垫。

中压橡胶石棉垫适用于温度 350℃ 及压力 4MPa 以下，其牌号为 XB-350。

低压橡胶石棉垫适用于温度 200℃ 及压力 1.5MPa 以下，其牌号为 XB-200。

中压和低压橡胶石棉垫一般用于维修地面设备。

橡胶石棉垫的主要缺点是脆性较大，弯曲时容易折断，故在拆装这种垫子时应加以注意。

d. 纤维垫。飞机上常用的纤维垫有纸垫和钢纸垫两类。纸垫是用甘油和蓖麻油或动物胶浸润过的纸板制成的。这类垫的抗油性好，常用作燃油、滑油、液压等系统的密封垫。缺点是能吸收水分，吸水后对金属有腐蚀作用，故不宜用作防水垫子。

钢纸垫是将棉织品碎屑经氯化锌溶液处理后制成的。它具有良好的抗油性，一定的弹性和绝缘性，缺点是容易吸收水分。

钢纸板分硬纸板和软纸板两类。硬钢纸板较光亮，无油渍，主要用作飞机冷气系统的密封。软钢纸板为深褐色，无光泽，有浓厚的油渍（用蓖麻油和甘油浸润过），主要用于燃油、滑油和液压等系统的密封垫。

e. 复合垫。飞机上常用的复合垫有铜包石棉垫和涂胶铜丝石棉垫两种。铜包石棉垫是用两层薄铜片，中间夹以石棉压制而成的。它能耐高温、高压，多用在高温零件结合处。如用作喷气式发动机燃烧室传焰管和活塞式发动机排气管、电嘴等零件的密封垫。

涂胶铜丝石棉垫，是由纯铜丝或黄铜丝与石棉线织成的布，经橡胶及石墨处理后制成的。用来密封工作在 150℃ 以下零件结合处。

③ 密封腻子。飞机上常用的密封腻子是牌号为 JLYZ11 的座舱密封腻子。它是以聚硫橡胶为主，并加入石棉和白垩等制成的。这种密封腻子有良好塑性，能长期保持原有成分的物理、机械性质，不易干燥，对镁合金有腐蚀作用。主要用来密封飞机座舱玻璃与铝合金框架的结合处。也可用来封严飞机上管路等的间隙和孔洞，以防止油液、水分或气体等渗入或泄漏。

④ 密封圈和密封皮碗。飞机上还使用到各类密封圈、密封条等零件进行密封。其中属于"动态密封件"的密封皮碗，使用在诸如作动筒、油泵、选择阀门等的运动附件上，用合成橡胶或天然橡胶制成。常用的密封皮碗的外形有 O 形、V 形和 U 形，应根据特定的用途而选用。

值得注意的是：制造密封圈的材料是按工作条件、温度和液压油品种进行选材配方的。如果不慎将一个特定设计用于静止部件的密封圈装用于运动部件，很可能出现密封失效。因此使用时应注意标注在密封圈专用包装袋上的标记和件号。

⑤ 刮圈。刮圈的功用是清洁和润滑裸露于外的作动筒或活塞杆表面，一方面防止灰尘污屑渗入系统，另一方面保护活塞杆不受刮伤。

刮圈有金属或毡质两类成品，但在使用时常常两者共用（将毡制件装于金属制件之后），以达到更佳的效果。

8.3　航空涂料

凡涂敷到物体表面上，干燥之后能结成坚韧完整的保护薄膜的物质，称为涂料。最早使用的涂料是以植物种子中榨取的油或漆树中取出的漆液为主要原料加工制成的，习惯上称为油漆材料或油漆。涂料在航空工程的作用主要有四个方面：

① 防护金属零件不受腐蚀。

② 使飞机着色，起到装饰、伪装和标志的作用。

③ 使飞机增进流线型，改善空气动力性能，增强反辐射能力。

④ 在飞机电器上起绝缘、绝热作用。

随着航空工业的发展，对航空涂料提出了很高的要求。飞机的飞行环境是很恶劣的，飞机飞行速度快，其表面壳体和气流摩擦产生大量气动热能，这种热能可使飞机表面温度达到 $100\sim300℃$ 以上。飞机飞行高度在 $3048\sim4572m$ 时，其环境温度可达 $-45℃$，这种冷热变换又是在很短时间内发生的，涂在飞机表面的涂料应满足这种温度急剧变化的要求。另外，飞机在高空飞行时又要受到各种辐射线的侵蚀。若在湿热地区降落或停放，其表面又将凝结大量的水分。因此，飞机面漆必须能适应这些环境的影响。

对航空涂层的要求可以归纳为以下几点：

① 涂膜要具有致密性和化学稳定性，足以防止空气和电解质的腐蚀。

② 涂膜要具有足够的强度和硬度，能抵抗含有杂质的气流的侵蚀。

③ 涂膜能紧密地与金属黏结，并具有足够的弹性，以便在飞机振动时不产生剥落和龟裂。

④ 涂膜要光滑，以减小飞机的飞行阻力。

⑤ 有足够的耐温性和耐寒性。

⑥ 涂层重量要轻。

⑦ 涂刷方便、干燥快、价格低。

（1）涂料的基本组成

目前使用的涂料大都是以植物油或树脂为主要成膜物质，以低分子有机物为溶剂，并根据需要加入增塑剂、干燥剂、颜料和填料等组成的。

① 主要成膜物质。主要成膜物质是涂料的最重要的成分，它的作用是使涂料很好地和底层材料黏附并形成一层保护膜，同时作为其他组成成分的黏合剂。常用的主要成膜物质有植物油、天然树脂及合成树脂三类。

a. 植物油。植物油是涂料中使用最早的主要成膜物质，是制造油基涂料的主要原料。根据结膜情况不同，可把植物油分为三类：能干燥结成硬膜的称为干性油（如桐油、亚麻油等）；干燥结膜很慢的称为半干性油（如豆油、棉籽油等）；不能干燥结膜的称为不干性油（如蓖麻油、橄榄油等）。用作涂料主要成膜物质的一般是干性油。在干性油中，桐油干燥得较快，形成的膜坚硬，抗水性也较好。

b. 天然树脂。树脂硬度较大，黏附性和防水性较好，且涂层表面光滑。常用的天然树脂有松香、虫胶和沥青等。

c. 合成树脂。目前涂料中合成树脂应用较广，品种也最多，航空工业常用的有醇酸树脂、酚醛树脂、环氧树脂、氨基树脂、过氯乙烯树脂、丙烯酸树脂、聚酯树脂等。

② 溶剂。溶剂用来溶解成膜物质，使涂料具有适当的黏度，便于使用。涂料成膜后，溶剂应能够全部挥发掉。目前使用较多的溶剂有以下两类：

a. 油基涂料溶剂。常用的油基涂料溶剂有松节油、松香水、二甲苯等。

b. 树脂涂料溶剂。常用的树脂涂料溶剂有酯、酮、醇、苯、醚等，也有的树脂涂料使用油基涂料的溶剂。一般溶剂都容易挥发，容易燃烧，大部分溶剂的蒸气对人体有毒。

③ 增塑剂。增塑剂的作用是提高涂层的韧性和弹性。常用的有蓖麻油、邻苯二甲酸二丁酯（DMP）、磷酸三甲酚酯（CAS）及某些合成树脂。

④ 催干剂。催干剂的作用是加速涂料的干燥过程。常用的有铅、锰、钴、铁、锌、钙等金属的氧化物或盐类。

⑤ 颜料（染料）。颜料（染料）是瓷漆（又叫色漆）的重要组成部分，它除了给涂料必要的色彩之外，还能增加涂料的防护性能、耐热性能及延长涂膜的寿命。

⑥ 填料。填料可以改进涂层的物理、化学和光学性能，以满足某些特殊性能的要求（如消光、打磨性能），并可降低涂料的成本。使用较多的填料有石膏粉、高岭土、滑石粉等。

（2）常用航空涂料

航空工业常用的涂料主要有酚醛树脂漆类、醇酸树脂漆类、硝基漆类和过氯乙烯漆类。

① 酚醛树脂漆类。酚醛树脂漆类是以酚醛树脂和干性油为主要成膜物质的一类涂料。根据它的组成和功用不同又可分为酚醛清漆、酚醛瓷漆和酚醛底漆。

a. 酚醛清漆。清漆不含填料和颜料，酚醛清漆是以酚醛树脂与桐油熬炼后，加入适当的催干剂，溶于有机溶剂中而成为一种透明的液体。

酚醛树脂在清漆中的功用是增加漆膜的硬度，改善漆膜的光泽，改善漆膜的耐水性和耐化学性，提高漆膜的耐久性，缩短干燥时间。

酚醛清漆在飞机上主要用于涂饰木器表面，因清漆透明，故可显示木器的底色和花纹，也可用作各种油性瓷漆表面罩光。

b. 酚醛瓷漆。酚醛瓷漆是在酚醛树脂和干性油组成的油漆料，加入颜料和少量填充料经研磨而制成的。由于使用颜料的色别不同，而分成各色瓷漆。它主要用于金属表面和木质表面的涂饰，以达到装饰和保护的目的。

c. 酚醛底漆。底漆是直接涂在材料表面上的色漆，它是在清漆中加入对金属和木材没有腐蚀性的颜料制成的。酚醛底漆主要由酚醛树脂、干性油、溶剂和颜料组成，其主要作用是防止金属构件锈蚀，具有防锈、耐热、防潮、附着力强等优点。

② 醇酸树脂漆类。醇酸树脂漆是以醇酸树脂为主要成膜物质的一类涂料。其品种很多，按外观可分为醇酸清漆、醇酸瓷漆、醇酸无光漆和醇酸半无光漆。按配套涂层的不同，可分为底漆和面漆。其中无光漆由于不反射光，可用于仪表板的喷涂。

③ 硝基漆类。硝基漆是以硝化棉为主要成膜物质的一类涂料。由于一般用喷涂施工，所以俗称喷漆。这类油漆干燥迅速，漆膜光泽较好，坚硬耐磨，可以擦蜡打光，便于整饰，而且调整组分比例就能制出多种规格的品种，适应金属、木材及皮革、织物等各种物件的需要，因此获得了广泛应用。它的缺点是漆膜耐水性、耐久性、耐化学药品性及耐溶剂性较差。油漆中固体成分含量很低，因此成膜很薄，必须喷涂多次，要消耗大量溶剂，经济性差，而且大部分溶剂有毒性，有害人体健康。

④ 过氯乙烯漆类。过氯乙烯漆是以过氯乙烯树脂为主要成膜物质的一类涂料。这类油漆施工方便，干燥快，有良好的大气稳定性、化学稳定性、耐水性、抗菌性和耐寒性，具有不延燃的性能，在火源撤离后能迅速熄灭。它的缺点是附着力较小，耐热性较差，油漆中固体成分含量低，成膜薄，需要喷涂多层才能得到一定厚度的漆膜。

常用的有 G52-2 过氯乙烯防腐清漆，用在要求防火、防霉、耐酸碱等的零件上；G04-2 各色过氯乙烯瓷漆，用于金属、木材及织物表面；G06-4 过氯乙烯底漆，用于钢铁或木质表面打底；G98-1 过氯乙烯胶液，用于织物与木材或金属材料的黏合。

（3）油漆清除剂（褪漆剂）及使用

有时要使用褪漆剂清除旧油漆涂层，普通用途的清漆和瓷漆清除剂是一种非自燃的水清洗型油漆清除剂，由活性溶剂、氨水、稀释剂、乳化剂、稳定的氯化溶剂和甲酚的混合物组成，可从金属表面清除清漆和瓷漆涂层。而其他如环氧树脂涂层、荧光油漆，都各有相应的最有效的清除剂。一般褪漆剂及其蒸气都有毒性，并对塑料、橡胶等制件有腐蚀作用，因此，千万不能与丙烯酸窗户、塑料表面和橡皮制件接触，褪漆前应用覆盖材料盖住这些部位。褪漆前还应仔细阅读褪漆剂的使用说明，要注意在阴凉通风的环境中施工，并做好劳动保护，对褪不尽的部位，不能使用机械工具硬刮，应再次使用褪漆剂。

8.4　航空油料

　　目前，世界各航空公司所使用的航空燃料主要有两大类：航空汽油和喷气燃料，分别适用不同类型的飞机发动机。航空汽油是用在活塞式航空发动机的燃料，航空活塞式发动机与一般汽车发动机工作原理相同，只是功率大，自重轻一些，因而对航空汽油的质量要求和车用汽油就有类似之处。现在这种发动机只用于一些辅助机种，如直升机、通信机、气象机等，所以相应的航空汽油的用量也大大减少。随着航空工业和民航事业的发展，民航的大型客机的动力装置逐步被涡轮喷气发动机代替。这种发动机推动飞机向前飞行，通过把燃料燃烧转变为燃气产生推力，使用的燃料称为喷气燃料，由于国内外普遍生产和广泛使用的喷气燃料多属于煤油型，所以通常称之为航空煤油，简称航煤。

　　一些先进的大型客机像波音 747 等能在 1 万米之上高空飞行，发动机必须适应高空缺氧，气温、气压较低的恶劣环境，航煤应当清澈透明、不含悬浮和沉降的机械杂质和水分；航煤还应有较好的低温性、安定性、蒸发性、润滑性以及无腐蚀性，不易起静电和着火危险性小等特点，这些性能都有精确的数据指标来表示。

 工程应用典例

　　航煤是经直接炼制和二次加工从原油中提炼出来的，一般产量不高，只占原油的百分之十几。为调整产品指标，有时要加入适当种类和数量的添加剂。

　　经检验合格的航油通过管道装入铁路专用槽车或油轮，运至民航储油库，再经化验合格后加入油罐。罐中航油经过一定时间的沉降，使所含的游离杂质、水分沉入罐底，然后由浮动吸管在罐内自上而下将油吸入油泵，加压后输送到离机坪很近的耗油库油罐中。再经化验，合格后灌入专用油罐车，开至飞机翼下，将油加入其油箱中；或者由敷设在机坪下的输油管线经过专门输油设施加到飞机油箱里。航油从槽车中卸下加入飞机油箱，整个过程一般经过三道以上精细过滤，滤去杂质和水分。每个环节有配套的措施控制质量，工作人员严格按规程操作，以保证加到飞机上的油品质量合格和数量准确无误。大多数民航机场都有专业经营航油的公司或机构，为往来经停的飞机提供燃油及相关服务。在中国各机场，由中国航空油料集团有限公司的职工们完成飞机加油。

8.4.1　航空燃料油

　　航空燃料是现代飞机动力的主要能量来源，如果说发动机是飞机的"心脏"，那么各型的航空燃料则是飞机流淌的"血液"。目前，各国军队所使用的航空燃料主要有两大类——航空汽油和航空煤油，这两种产品都是由石油提炼加工制得，适用不同类型的飞机发动机。航空汽油出现较早，主要用于活塞式发动机，第二次世界大战之后随着人类进入喷气时代而用量锐减。现在，航空汽油只用于一些辅助机种，如巡逻机、反潜机、气象机等。航空煤油是喷气式发动机使用的燃料。由于喷气式发动机是通过燃烧将燃料转变为高温高压的燃气，从而产生推力，所以航空煤油往往被称为喷气燃料。

　　（1）概述

　　① 对航空燃料油性质的要求

　　a. 挥发性要适当。如果燃料的挥发性小，就不能迅速形成可燃性气体，造成发动机起动困难，或使燃烧不稳定。如果燃料挥发性太大，飞机在高空飞行时，由于大气压力降低，会使挥发速度加快，燃料容易变成气体充斥在燃油系统内，使发动机供油下降，甚至中断，造成气塞。

可根据燃油的馏程、饱和蒸气压来判断它们的挥发性，是否合适。航空汽油的馏程应在 $40\sim180℃$ 间，航空煤油馏程应在 $150\sim250℃$ 间。

b. 黏度要适当。黏度过大，流动性差，油泵供油量会减少；油的雾化不好，燃烧速度降低，易烧坏零件（如喷管、排气管等）。黏度过小，在燃烧时油的喷射角度增大，射程又过短，雾化的油滴亦过小，致使燃烧焰区宽而短，易于造成燃烧室局部过热而导致损坏。为此对燃料油（如煤油）的黏度有一定的要求。此外，燃料油的黏温特性要好，即黏度比要小，黏度不易随温度升降而变化。

c. 低温性能好。燃料油的浊点、结晶点要低，才能有好的低温性能。否则，燃料油易结"冰"，甚至造成堵塞油路的故障。特别是飞行高度高的飞机的燃料油，更应注意这一性质。

d. 化学安定性要好。燃料不能含过多的不饱和烃、否则易氧化变质，胶质量增多。这不仅不利于油料的贮存，而且在燃烧时容易产生积炭，使喷嘴、电嘴难于正常工作，也因积炭附于机件上降低导热性，而易于烧坏机件。燃料油的碘值、实际胶质量一定要小，要符合技术要求。

e. 抗爆性要好。燃料在气缸内燃烧时产生局部爆炸，引起震动和冲击波，这种燃烧称为爆震燃烧，简称爆震。燃料燃烧时抵抗产生爆震的能力；称为抗爆性。抗爆性差的燃料，使发动机使用寿命缩短，发动机功率下降，燃料消耗增加。

此外，还要求燃料油有高的净热值，小的腐蚀性和一定的化学稳定性。

② 贮存和使用航空燃料油时注意事项

a. 防止机械杂质混入。燃料油中混入杂质来源于加油车油泵的磨损、油罐和油管内锌镀层脱落、橡皮管脱胶和擦拭油罐和油车时留下的纤维等，常见的有金属纤维、漆皮、锌末、铁锈和胶渣等。若发现有这些杂质，可用沉淀、过滤等方法除净。

b. 防止水分混入。因为燃料中的烃类具有吸水性，能吸收空气中的水分，使燃料中的水分含量增多。特别是在温度较高、湿度较大的南方和沿海地区，燃料水分量会更多。另外，在雨雪天加油时，如操作不注意，也会使水混入燃料中。

水分在燃料中通常是以游离和溶解两种状态存在，由于水比燃料重，会沉淀在容器的底部。燃料中的游离水会使冰点升高，在低温和高空飞行时，容易产生结冰现象，影响燃油系统的正常工作。另外，游离水还能引起对金属的腐蚀，降低对油泵的润滑作用。

燃料在使用和保管过程中，要注意水分的增多，防止水分的浸入。如果燃料中已有水分，可以静置沉淀，然后从容器下部放出。

c. 注意燃料油的胶质变化。燃料油中含有少量性质不稳定的不饱和烃，和空气接触后会逐渐氧化成胶质。特别是在燃料温度升高时，或与空气接触面积越大，胶质含量就会越多。胶质增多后会溶解于燃料油中，使燃油变黄，或呈黏稠状物质析出，沉淀在容器底部。

胶质的附着力很强，沉淀在油滤上，会影响供油；沉淀在温度高的机件上，会形成积炭；此外，胶质还会降低汽油的抗爆性和引起金属的腐蚀等。

为减少燃料中的胶质含量，可在燃料中加入抗氧化剂。另外，在使用保管中要防止燃料温度过高，经常盖好油箱盖。

（2）航空汽油（aerial gasoline）

① 航空汽油的组成

　　a. 基本汽油。基本汽油是航空汽油的主要成分，它是从石油直接蒸馏炼制的，其主要成分是沸点在 30～200℃ 范围内的烃。化学稳定性良好，不易氧化变质，但抗爆性不能满足大马力发动机的需要。

　　b. 高辛烷值成分。辛烷值数值越大，抗爆性越好。航空汽油中加入高辛烷值成分（主要有戊烷、工业异辛烷、苯、甲苯等），可以使抗爆性增强。

　　c. 抗爆剂。航空汽油中加入少量的抗爆剂能显著提高抗爆性，常用的抗爆剂是铅水（又叫乙液）。铅水中主要有四乙基铅 $[Pb(C_2H_5)_4]$，它能降低油、气混合气中的过氧化合物，因而能增强汽油的抗爆性。铅水是无色、有水果香味，有强烈毒性的油状液体。

　　② 航空汽油的牌号、性质和用途

　　a. 航空汽油的牌号。目前各国都有对航空汽油的分类标准，而且不同国家的评定指标有一定的差异。我国在二十世纪六七十年代，将航空汽油分为 RH-75、RH-95/130、RH-100/130 三种（俗称 75 号汽油、95 号汽油和 100 号汽油）。RH-75 航空汽油适用于轻负荷低速飞机；RH-95/130 航空汽油适用于中负荷高速飞机；RH-100/130 航空汽油适用于重负荷高速飞机。为了进一步提高航空汽油抗爆性和抗氧化安定性，国标在 RH-95/130 和 RH-100/130 型航空汽油中还加有抗爆剂和抗氧防胶剂等添加剂。另外，为了防止四乙基铅的受光分解，RH-95/130 型和 RH-100/130 型航空汽油中均加有滤光性染料，其中 95 号汽油中为甲基黄或油溶黄，100 号汽油中为苏丹红（红色），因而 95 号汽油呈黄色，100 号汽油呈红色。

　　按 1997 年石油化学工业部标准规定，有 RH-75、RH-95/130、RHl00/130 三种牌号的航空汽油；此外，外场还常用按过去标准规定的 RH-70 航空汽油。这四种汽油又叫 75 号、95 号、100 号和 70 号汽油。牌号中 R 表示石油燃料类；H 表示航空汽油组。数字表示抗爆性，数字越大，其抗爆性越强。

　　b. 航空汽油的性质和用途。判断汽油好坏有两个主要评价指标：

　　第一个是汽油的馏分组成。什么是馏分组成呢？在炼油厂实验室里有一个叫恩氏蒸馏试验。就是把 100mL 汽油放在一个带有支管的小烧瓶里，插上温度计进行加热蒸馏，当蒸出第一滴油时温度计所指示的温度，叫作初馏点，当蒸出物的体积达到 10mL 时的温度，叫作 10％点，依次可以得到 20％点、30％点……，直到蒸出最后一滴的温度，叫作干点。这样得到组成汽油的各种成分按各自沸点范围所占的比例，就是汽油的馏分组成。

　　第二个重要指标是辛烷值，就是人们一般所说的汽油的牌号值。我国车用汽油的牌号由 65 号、70 号、85 号等。牌号数值就相应表示这种汽油的辛烷值大小。辛烷值越高，表示汽油的抗爆震性能越好，耗油也越省。

　　直馏汽油的辛烷值只有 40 到 50，为达到国家规定的要求，还需掺入催化裂化、催化重整的汽油。一般合格的汽油是无色透明的，但有的汽油都带粉红色或蓝色，那是因为为了提高辛烷值，加入了四乙基铅。四乙基铅有剧毒，带粉红色或蓝色是提醒人们使用时要加小心，千万不要用嘴吸取汽油。

　　航空汽油则通常用作活塞式航空发动机燃料，按研究法辛烷值分为 75 号、95 号、100 号三个牌号，目前只在小型飞机尤其是军用飞机上使用。70 号和 75 号这两种航空汽油白色、透明、无毒性，溶解能力强，结晶点为 -60℃，含硫量小于 0.65％，对金属腐蚀性小，化学稳定性好，但抗爆性差。主要用于小马力发动机的飞机上，如初数-5、初数-6 等，也可作其他航空汽油的基本汽油，又常用作洗涤汽油。95 航空汽油是黄色透明的液体，因加入铅水，使抗爆性提高，但铅水有毒，保管和使用时要注意防毒。95 号航空汽油主要用于大马力发动机的飞机上，如运-5、直-5、轰-5 等。100 号航空汽油是橙黄色透明液体，也加有铅水，故要注意防毒，主要特性是抗爆性强，用在大马力、高压缩比的飞机上。航空汽油的技术标准见表 8-7。

表 8-7　航空汽油的技术标准

项目		牌号		
		RH-75	RH-95/130	RH-100/130
马达法辛烷值	不小于	75	95	99.5
品度	不小于	—	130	130
四乙基铅/(g/kg)	不大于	无	3.2	2.4
净热值/(MJ/kg)	不小于	—	43.5	43.5
馏程/℃	初馏点　不低于	40	40	报告
	10%馏出温度　不高于	80	80	75
	40%馏出温度　不高于	—	—	75
	50%馏出温度　不高于	105	105	180
	90%馏出温度　不高于	145	145	135
	终馏点　不高于	180	180	170
残留量/%	不大于	1.5	1.5	1.5
损失量/%	不大于	1.5	1.5	1.5
饱和蒸气压/kPa		27～48	27～48	38～49
酸度(以 KOH 计)/(mg/g)	不大于	1.0	1.0	1.0
冰点/℃	不高于	−58	−58	−58
碘值/($g_{碘}$/100g)	不大于	12	12	12
实际胶质/(mg/100mL)	不大于	3	3	3
硫含量/%	不大于	0.05	0.05	0.05
铜片腐蚀(100℃,2h)/级		1	1	1
水溶性酸或碱		无	无	无
机械杂质和水分		无	无	无
颜色		无色	橘黄色	橘黄色

二十世纪三四十年代，由于第二次世界大战的原因，航空汽油生产和使用达到历史高峰期。随着动力更加强劲的喷气式发动机完全替代活塞式发动机成为各种军用飞机的主力发动机，活塞式飞机日渐淘汰，而航空汽油的使用范围也随之缩小，新品种的研发也基本停止。目前，世界各国在用的军用航空汽油与二十世纪五十年代所生产的产品相比基本没什么区别。

（3）航空煤油（aerial kerosene）

煤油旧称灯油，因为煤油一开始主要用于照明。煤油按质量分为优质品、一级品和合格品三个等级，主要用于点灯照明、各种喷灯、汽灯、汽化炉和煤油炉等的燃料；也可用作机械零部件的洗涤剂、橡胶和制药工业溶剂、油墨稀释剂、有机化工裂解原料；玻璃陶瓷工业、铝板碾轧、金属表面化学热处理等工艺用油。煤油的另一种重要产品是航空煤油，航煤是经直接炼制和二次加工从原油中提炼出来的，一般产量不高，只占原油的百分之十几。为调整产品指标，有时要加入适当种类和数量的添加剂。

奇闻轶事：最理想的喷气燃料——航空煤油

　　航空煤油的发展是和喷气式发动机的发展同步的。二战后期，传统的活塞往复式发动机已发展到极限，这时英、美、德等国都将目光转向了涡轮喷气式发动机，配套研制的喷气燃料——航空煤油也就随即产生。起初，煤油被选作喷气燃料也是一种无奈之举。在第二次世界大战期间及战后一段时间，由于活塞式发动机在航空和汽车上占统治地位，世界上对汽油的需求量非常大，战时曾一度供不应求，而各国的煤油产量却严重过剩。因此，在喷气发动机研制之初，航空发动机专家们就力图使用煤油作为燃料。在这种情况下，最初生产的喷气发动机燃料都是以煤油为基础，或是将煤油与汽油混合使用。结果歪打正着，人们很快发现煤油型燃料竟然是最理想的喷气燃料，它不但具有蒸气压低的特点，而且闪点和冰点都很理想。另外，煤油的物理/化学性质都很稳定，非常适于运输和储藏。

　　航空煤油主要用作喷气式发动机燃料，目前大型飞机均使用航空煤油。许多人都有一种错觉，认为飞机全都烧汽油。其实并不是这样，现代喷气式飞机就是选择煤油作燃料的。

 ## 答疑解惑

　　飞机上为什么使用航空煤油，而不用汽油和柴油？

　　答题要点：这是因为喷气式飞机发动机工作原理和活塞式发动机有所不同，它的燃烧过程并不是间断进行的。燃料点燃以后，就可以燃烧到发动机断油。所以，不要求燃料有相当好的蒸发性，烧汽油就显得大材小用了。不但这样，现代喷气式飞机飞得高而且速度快，于是带来一个很大的问题：处在高空飞行的飞机，因为空气相当稀薄，大气压力也小，而且燃料处于低压状态，通常在这种环境下，假如以汽油为燃料，油箱以及油路中的汽油就会马上沸腾，从而产生许多油蒸气，阻塞油路，造成"气塞"。发动机也会由于得不到燃料而在空中停车，从而造成机毁人亡的严重飞行事故。为了防止"气塞"出现，喷气式飞机也只能采用沸腾温度十分高而且不易蒸发的煤油作燃料了。此外，煤油的润滑性要比汽油好得多，而汽油会使发动机各个机件润滑性能变差，极大缩短发动机的使用寿命，因此这也是喷气式飞机烧煤油的另外一个原因。

　　① 航空煤油的组成。航空煤油与航空汽油一样是从石油中直接蒸馏炼制而成的，主要组成是烷烃和环烷烃，另外所含芳香烃（苯、甲苯和二甲苯等）也较多。

　　② 航空煤油的牌号

　　航空煤油分为 1 号、2 号、3 号三个等级，其牌号分别以 RP-1 和 RP-2、RP-3 表示。牌号中的 R 表示石油燃料类；P 表示喷气燃料组；数字表示序号。

　　3 号航煤被广泛使用，该油英文名称 Jet fuel No.3，由直馏馏分、加氢裂化和加氢精制等组分及必要的添加剂调和而成的一种透明液体，主要由不同馏分的烃类化合物组成。

　　3 号喷气燃料密度适宜，热值高，燃烧性能好，能迅速、稳定、连续、完全燃烧，且燃烧区域小，积炭量少，不易结焦；低温流动性好，能满足寒冷低温地区和高空飞行对油品流动性的要求；热安定性和抗氧化安定性好，可以满足超音速高空飞行的需要；洁净度高，无机械杂质及水分等有害物质，硫含量尤其是硫醇性硫含量低，对机件腐蚀小。

　　3 号航煤多采用一次通过部分转化的工艺，在加工过程中采用共凝胶型催化剂，催化剂量装填多，分子筛含量少，芳烃饱和能力强，得到油品具有密度大、烟点高、热值高、芳烃低的特点。

　　世界各国军用喷气燃料的标准则远不像民用标准那样统一。长期以来，美国使用的一套称为 JP 系列的标准及编号。编号从 JP-1 到 JP-8。其中部分类型与民用燃油几乎相同，只是添加剂含量稍有不同，如 JET A-1 与 JP-8 类同，而 JET B 与 JP-4 相似。而其他的军用燃料属于高度专门化的定制品，为特定的用途而设。比如 JP-6 专为 XB-70 轰炸机研制，而 JP-7 就是 SR-71 "黑鸟" 侦察机的特定燃油。两者都经过特别调配，具有很高的闪点以应付长时间超声速飞行产生的高温。另外，美国空军曾研制过一种名为 JPTS 型的军用喷气燃料。此燃油于 1956 年开发，专为洛克希德公司的 U-2 高空侦察机而量身定做。苏联过去曾将喷气燃料分为 T 系列、TC 系列及 PT 系列等，其中使用量最大的为 TC-1 和 PT 系列。我国在 20 世纪 80 年代之前，则是军民喷气燃料通用，分 1 至 6 号喷气燃料，其中 3 号和 5 号喷气燃料较为常用。在改革开放后，我国的民用喷气燃料已逐步与世界接轨。军用喷气燃料也呈现多样化的趋势。

笔记

③ 航空煤油的性质与应用。航空煤油密度适宜，热值高，燃烧性能好，能迅速、稳定、连续、完全燃烧，且燃烧区域小，积炭量少，不易结焦，航空燃油持续猛烈燃烧能达到的最高温度是 1100℃左右；低温流动性好，能满足寒冷低温地区和高空飞行对油品流动性的要求；热安定性和抗氧化安定性好，可以满足超音速高空飞行的需要；洁净度高，无机械杂质及水分等有害物质，硫含量尤其是硫醇性硫含量低，对机件腐蚀小。

航空煤油是由直馏馏分、加氢裂化和加氢精制等组分及必要的添加剂调和而成的一种透明液体。一般煤油和航空煤油的分子式都是 $CH_3(CH_2)_nCH_3$（n 为 8～16），只不过航空煤油更纯，杂质含量微乎其微。判断航空煤油的主要指标是发热值、密度和低温性能，此外，还对馏程范围和黏度也有一定的要求。航空煤油主要用于喷气式战斗机的燃料。这种飞机要求飞行高度高、续航里程远、飞行速度快，这就要求航空煤油有较高的发热值和较大的密度。我国生产的航空煤油净热值每 kg 不小于 10250 大卡（43kJ），密度不低于 0.775g/cm^3。喷气式飞机的飞行高度在 10000m 以上，这时高空气温低达 -55～-60℃，这就要求航空煤油在这样的低温下不能凝固。具体要求航空煤油的冰点指标不得高于 -55～-60℃，以便确保飞机在高空能正常飞行。航空煤油的馏程范围会影响发动机的启动性能和是否能完全燃烧，同时馏程情况与煤油本身的密度、低温性能有直接关系。航空煤油的黏度大小会影响发动机喷油嘴的工作情况和燃烧的质量。黏度太大，喷进发动机的油滴大，造成燃烧不完全，降低发动机的出力；黏度过小，使喷出的油雾角度大，射程近，会引起内部过热。由于对航空煤油要求严格，所以在炼油中主要采用加氢裂化的办法来生产。

航空煤油需要贮存于阴凉通风处，贮运中要注意防火、防静电、防爆，并采取措施防止细菌污染。

答疑解惑

如何分辨航空汽油和航空煤油？

答题要点：由于混淆航空燃油的种类会非常危险，所以有几种方法去分辨航空汽油和航空煤油，除了清楚标明燃油种类在所有容器、车辆和喉管上，航空汽油会被染成红色、绿色或蓝色，加油喷嘴的直径为 40mm（美国为 49mm），而往复式发动机飞机的加油口则不得大于 60mm。航空煤油是无色的，而加油喷嘴直径大于 60mm，并不适合用于航空汽油的加油口。

（4）航空润滑油（aerial lube）

宇宙火箭、通信卫星、飞机、火车、汽车、轮船、拖拉机，以及日常生活中的电风扇、缝纫机、手表等等，凡是运动着的机器，转动着的部件，都离不开起润滑作用的润滑油。由于机械设备种类很多，润滑油起的作用也各不相同，所以，要求润滑油的品种也是很多的。

不同的润滑油都有专门的用途和特殊要求，因此，一般都不能互换使用。

① 润滑油的作用

a. 润滑作用：若在两个物体的接触面之间加上润滑油，就便它们之间形成了一层油膜，这样也就改变了接触表面的摩擦力。这种摩擦，即变成油膜分子间的相互摩擦，摩擦阻力是很小的。所以，润滑油能使得机器运转灵活，减轻磨损，而且还节省了动力能源的消耗。

b. 冷却作用：机器部件在做相反方向运动的接触面之间会产生热量，加入润滑油后，不仅可以降低摩擦阻力而减少了热量的产生，而且润滑油还可以带走热量，起到冷却接触部位的作用。

c. 冲洗作用：润滑油在两个摩擦面之间滑动，可将金属碎屑、灰尘、砂粒等杂质从摩擦面间冲洗出来。

d. 密封作用：某些机器在有些地方需要高度的密封，单靠机械加工也难达到精密的要求。例如在往复泵的汽缸套和活塞环之间，只有充填润滑油，形成油封，才能防止蒸气漏出。

e. 保护作用：润滑油在机器部件表面上形成一层油膜，可以防止空气和金属表面接触，使金属表面不容易生锈，起到保护作用。

f. 减振、传递力等作用。

② 对润滑油性质的要求

a. 适当的黏度。润滑油黏度太小，容易使零件磨损；黏度太大，又会增加摩擦阻力，故润滑油应具有适当的黏度，才能保证发动机零件的各摩擦面得到可靠润滑，同时又使摩擦消耗的能量最小。

各种航空发动机由于工作条件不同，所用润滑油的黏度也不同。航空活塞式发动机，曲轴转速小，承受载荷大，润滑油与燃烧区直接接触，温度较高，温度高黏度还会降低，所以要选用黏度较大的润滑油；航空喷气发动机，涡轮轴转速大，但载荷却较小，润滑油与高温燃气不直接接触，加上散热条件又较好，所以应选用黏度较小的润滑油。

b. 化学稳定性好。润滑油在润滑油系统中的循环次数很多，与氧的接触机会也就增多，而且润滑油的温度高，所以很容易被氧化。润滑油氧化后会生成积炭、胶质和有机酸等，这些物质会堵塞油滤、腐蚀金属。所以，航空发动机中使用的润滑油应该具有良好的化学稳定性。

c. 凝点低。润滑油的凝点即指在试验条件下，失去流动性的温度，润滑油工作环境的温度可达－40℃，若润滑油凝点较高，显然不能保证正常工作，特别是发动机起动时更不能保证正常润滑。

另外，润滑油还应对金属无腐蚀，不含有水分，不应有尘土、砂粒、铁皮等固体物质，向发动机加油时应注意检查。

 答疑解惑

航空润滑油使用注意事项？

答题要点：润滑油在保管、使用中要注意外来杂质的混入，防止轻质成分的挥发和防止被燃料油冲淡。风沙过大的地区和季节，尤其要注意保存或加灌时混入尘土，高温季节又要防止轻质成分的挥发，否则润滑油黏质性质发生改变。润滑油使用过程中，难免不遇高热，因而长期使用后，都会因氧化或混入金属等而变质，故各型飞机规定有润滑油的使用年限，到时应按规定予以更新，换出的润滑油可作它用。

③ 常用航空润滑油。现用活塞式飞机的润滑油主要是 HH-20（20 号航空润滑油），现用各型喷气歼击机的润滑油主要是 HP-8（8 号航空润滑油）。

a. 活塞式发动机用滑油。活塞式发动机用滑油主要是 20 号航空滑油，其牌号为 HH-20。牌号中的第一个汉语拼音字母 H 表示润滑油类；第二个汉语拼音字母 H 表示航空润滑油组；数字表示滑油黏度。HH-20 适用于所有活塞式航空发动机的润滑系统，比矿物型油品具有更佳低温性能。这种润滑油的黏度大，化学稳定性好，缺点是低温性能不好，其凝点（−18℃）较高，黏度在低温时变得很大，如 − 10℃ 时为 $38600mm^2/s$，− 20℃ 时为 $35400mm^2/s$，当润滑油黏度达 $40000mm^2/s$ 左右，发动机起动很困难。因此冬季用此润滑油时，发动机起动难，有时甚至起动不了，为此起动时需加汽油冲稀或进行火烤。起动后润滑油油温升高，汽油随之挥发掉，故并不影响此润滑油随后的工作性能。

b. 喷气式发动机用滑油。HP-8 润滑油全年通用于现用各型喷气歼击机。黏度较小，凝点（−55℃）低，还有较高的闪点和较好的抗氧化性，适用于我国广大地区，但在极寒区，有时会因黏度过大而变为糊状。

4104 合成滑油是由癸二酸二异辛酯和复酯为基础油，加入适量的抗氧化、抗腐蚀等添加剂制成的。这种滑油可长期在 −40～140℃ 温度范围内使用，短期工作温度可达 +175℃，适用于涡轮螺旋桨发动机的润滑。4109 合成滑油是由季戊四醇与癸二酸二异辛酯按一定比例掺和，并加入抗氧化、抗腐蚀及抗磨损等添加剂制成的。这种滑油在 −50～170℃ 温度范围内使用，短期工作温度可达 +200℃，适用于高温的涡轮喷气式发动机的润滑。

c. 航空机件、仪表润滑油。航空机件、仪表润滑油的作用是减小各种航空仪表、电气、无线电、雷达、军械和特种设备转动部件的摩擦，保证机件正常工作，并保护机件不受腐蚀。这些润滑油有：HY-8 仪表油、特种精密仪表油、高温仪表油等。HY-8 具有良好的化学稳定性，凝点也较低（−60℃），但润滑性较差，挥发性极高。对负荷轻、工作温度不高仪表仍能满足使用要求。牌号 HY-8 的含义是：Y-仪表润滑油，8～50℃ 时的均运动黏度为 6.3～8.5 厘泊，该油适用于工作温度范围为 −60～80℃ 的机件，如地平仪、陀螺电动机轴承等。

特种精密仪表油属于合成的硅酯类润滑油，由乙基硅油和低凝点优质矿物油调配而成。常用的有特 3 号、特 4 号、特 5 号、特 14 号、特 16 号精密仪表油，工作温度为 −60～120℃，用于各种精密仪表。高温仪表油是由脂类油加抗氧化、抗腐蚀、抗磨损及防锈添加剂组成，使用温度范围为 −60～150℃。高温仪表油闪点高，蒸发度小，有良好的抗氧化稳定性，保护性能较好，适用于各种航空仪表、计时仪器、型电机的轴承和其他仪表的润滑。

（5）航空润滑脂（aerial lubricating grease）

润滑脂是一类半固体状的润滑油料，对金属有牢固的黏附力，不易流失，不易被挤出，因此适用于负荷大，工作温度高，周围不密封和不便于使用润滑油，不便于经常加油等摩擦表面。

① 润滑脂的作用。润滑脂不仅能起减小摩擦、降低金属磨损的作用，还能起保护金属不锈蚀、密封零件间隙和防止漏气以及机械杂质与水分的侵入等作用。起落架轴承、航炮、操纵杆索、活动接头和许多电机轴承等，都广泛采用润滑脂进行润滑和保护。

② 润滑脂的组成。润滑脂主要组成是润滑油和稠化剂，有的润滑油脂还加有一些能改善性质的添加剂，因此润滑脂实际是稠化了的润滑油。

a. 润滑油（lube）。润滑油是组成润滑脂的主要部分，作用是保障润滑脂具有润滑性，其含量占润滑脂总重量的 70%～90%，使用较多的是黏度较小的 HY-8 仪表油或黏度较大的 HH-20 航空滑油。前者用于在低温、轻负荷、高转速摩擦面上工作的润滑脂；后者用于在高温、高负荷摩擦面上工作的润滑脂。

b. 稠化剂（thickener）。稠化剂是用来稠化润滑油的物质，其含量占润滑脂总重量的 10％～30％。常用的稠化剂有两类，其中的一类是皂类，即高级脂肪酸盐（如 8 号羧酸盐），采用油脂与不同的碱反应而制成，航空常用的有钠皂、钙皂和锂皂等。另一类稠化剂是固态烃类，如石蜡、地蜡等；由于烃类的稠化能力较皂类弱，因此在润滑脂中，烃类比皂类的含量要多，一般为 20％～30％，而皂类为 10％～20％。

c. 添加剂（additives）。为改善润滑脂的某些性质，还加入一些添加剂。例如加入二苯胺，可提高润滑脂的化学稳定性；加入少量石墨，可以提高润滑脂的耐磨性、耐热性和耐压性等。

笔记

③ 润滑脂的理化性质

a. 稠度。润滑脂的软硬程度叫稠度。稠度不能太大，否则增大机械运动的阻力；稠度也不能太小，否则机件高速运转时会将润滑油脂甩出。摩擦面间压力大者，应选用稠度大的润滑脂；压力小者，应选用稠度小的润滑脂。润滑脂的稠度在使用过程中一般会变小，其原因或由于在摩擦面受机械搅拌而破坏稠化剂骨架；或由于遇水、皂基被溶解而破坏骨架；或由于皂类氧化，失去稠化能力，这些因素都能导致润滑脂稠度变小而不适于继续使用。

润滑脂的稠度用针入度来表示，航空润滑脂的针入度在 170～360 之间。采用特别圆锥的针尖与润滑脂的表面接触，然后让圆锥自由陷入润滑脂中，经 5s 后，针尖陷入的深度即为该润滑脂的针入度。以每 0.1mm 算 1 度，如针尖陷入 30mm，针入度即为 300。显然，针入度数字越大，其稠度就越小。

b. 耐热性。润滑脂的耐热性反映它能在多高的温度下工作。润滑脂无恒定熔点，若要知道其耐热性，首先要了解它的滴点。

滴点就是在一定严格的加热条件下，使放在仪器脂标中的润滑脂熔化落下第一滴时的最低温度，滴点实际上就是润滑脂开始熔化的标志。通常润滑脂的耐热温度比滴点低 20～30℃，因此滴点高的润滑脂在高温下不易变稀流油，其耐热性好。常用各种皂基润滑脂的滴点范围见表 8-8。

滴点的高低主要与稠化剂有关。因为润滑油本身是液体，润滑脂能否变稀流油自然应看固体稠化剂的耐热能力。耐热性首先与稠化剂种类有关：烃基稠化剂在 70℃ 左右就能熔化，用它制的润滑脂滴点低，耐热性差；皂基润滑脂的滴点较高，耐热性较好。

表 8-8　常用各种皂基润滑脂的滴点范围

润滑脂种类	锂皂基润滑脂	钠皂基润滑脂	钙钠皂基润滑脂	钙皂基润滑脂
滴点范围/℃	170～180	140～160	120～160	75～100

④ 常用航空润滑脂。航空常用润滑脂按用途不同，可分为减摩润滑脂、防护润滑脂和密封润滑脂三类。三种常用航空润滑脂的技术标准见表 8-9。

表 8-9　三种常用航空润滑脂的技术标准

项目	润滑脂种类		
	24 号高温润滑脂（ZL7-2）	4 号高温润滑脂（ZN6-4）	工业凡士林（LF-54）
外观	浅黄至深黄色均质软膏	黑绿色均匀油性软膏	淡褐至深褐色均质无块软膏
滴点/℃	170	200	54
针入度（25℃时）	270～320	175～225	—

续表

项目	润滑脂种类		
	24号高温润滑脂(ZL7-2)	4号高温润滑脂(ZN6-4)	工业凡士林(L F-54)
游离碱(NaOH)/%　不大于	0.1	0.15	—
灰分/%	—	7	0.07
水分/%	无	0.3	无
机械杂质/%	无	无	0.03
黏度(60℃)/(mm²/s)　不小于	—	—	20
酸度(以KOH计)/(mg/g)　不大于	—	—	0.28
腐蚀试验	在100℃经3h后,电解铜、45号钢片及LY12无显见氧化色及腐蚀	在100℃经3h后40、45或50号钢片、青铜片、铝片无显见变色	100℃,3h,钢片、铜片:合格

　　a. 减摩润滑脂。2号低温润滑脂是一种最常用的润滑脂,用(10±2)%的硬脂酸钠皂稠化8号仪表油而成,并加有0.3%的二苯胺抗氧化剂,外观呈发亮的浅黄色至深黄色油膏。因采用锂皂作稠化剂,故具有较好的耐水性;滴点(不低于170℃)较高,但因所用润滑袖黏度小,对耐热性有些影响,它的最高使用温度为120℃。因加有氧化剂,所以有较好的化学稳定性。由于采用黏度小的仪表润滑油,且又有好的黏温特性,故此润滑脂有良好的耐寒性,可在−60~120℃间工作,低温润滑脂亦由此而得名,2号低温润滑脂主要缺点是胶体稳定性差,贮存时间不可过长,注意密封。2号低温润滑脂广泛应用于飞机的各摩擦部位,如飞机的操纵接头、钢索、摇臂、起落架的活动接头、机身机翼结合螺栓、仪表、无线电的摩擦部位等。

　　4号高温润滑脂是用32±2%的硬脂酸钠皂稠化20号航空滑油,并加2%左右的胶体石墨而组成,外观呈纤维状黑绿色油膏。由于钠皂熔点高,用的又是高黏度滑油,故此润滑脂的滴点(不低于200℃)高,耐热性好,能在80℃以下的高温中工作。由于其稠化剂用最多,又有石墨,所用润滑油的黏度又大,故有良好的胶体稳定性,耐压性也好,它的主要缺点是耐寒性差,耐水性不好。故此润滑脂禁止与水接触,也不适于在潮湿环境中工作。4号高温润滑脂常用于起落架机轮轴承、活塞式发动机的气门杆与摇臂等高温工作机件。

　　b. 防护润滑脂。防护润滑脂主要用来保护金属表面不被腐蚀。这种润滑脂本身不腐蚀金属,并且能在金属表面长期维持一定厚度的脂层,以防止水分、空气等和金属接触。防护润滑脂多数为烃基润滑脂,目前使用最多的有工业凡士林和炮用润滑脂两种。

　　工业凡士林又称机械凡士林,它的耐水性、化学稳定性都很好,但耐热性差,飞机上广泛用于油封金属零件。它也可在温度不超过45℃、负荷不大的条件下作为减摩润滑脂使用。常用工业凡士林主要有LF-40和LF-54。牌号中L表示蜡及其制品类,F表示防锈油脂类。数字表示级别或滴点,40代表工业级,54代表滴点。

　　炮用润滑脂又称普通炮油,具有很好的耐水性、化学稳定性,但耐热性差。黏度较大,冬季使用不方便。主要用作飞机上炮的外表面和飞机外壳接缝处。在飞机被封存时,所有较粗糙的零件外部都涂抹这种润滑脂,以防腐蚀。但由于带有碱性,故炮用润滑脂不宜于油封有色金属零件。

　　c. 密封润滑脂。密封润滑脂在飞机上主要用来密封燃油、润滑油、液压、防冰及冷气等系统的结合处的密封帽、螺纹和开关等部位,这类润滑脂有很好的密封性,对金属的黏附能力强,与水不起作用。目前使用的主要有5号耐汽油密封润滑脂和2号多效密封润滑脂。其牌号分别以ZA10-5和ZB10-2表示。牌号中Z表示润滑脂类;A表示其他基润滑脂组;B表示钡皂基润滑脂组;10表示密封级,5和2表示针入度的编号。

8.4.2　航空用特种液体

（1）航空液压油（aerial hydrauli coil）

航空液压油又叫高压油，液压油的作用一方面是实现能量传递、转换和控制的工作介质，操纵机械如起落架、襟翼、水平尾翼、前轮转弯、刹车等。另一方面还同时起着润滑、防锈、冷却、减振等作用。

① 对液压油性质的要求。航空液压油通常在 3～15MPa 的压力下工作，有的甚至高达25～30MPa；工作温度在 -60～100℃ 范围，随着超音速飞机的发展，液压油的工作温度还将升高，液压油还将与多种金属、橡胶和皮革制品等接触。针对这些工作条件，着重对其性质有以下要求。

笔记

a. 适当的黏度：液压油的黏度过大，在导管中流动阻力就会增大，因而就要用更大的压力才能把油送去工作。同时，流动阻力增大，流动速度会降低，这会引起机件的动作迟缓，严重时甚至使操纵失灵；液压油的黏度过小，从油泵间隙处回油量就要增多，液压系统各附件的接头及密封处也容易产生漏油，这会使压力降低，各附件动作迟缓、操纵不灵活。

试验证明，一般飞机上使用的液压油，其黏度在 +70℃ 时应不小于 $8mm^2/s$，在 -55℃ 时应不大于 $1500mm^2/s$，才能保证液压系统的正常工作。

b. 低的凝固点：航空液压油的凝固点一般应在 -60℃ 以下，才能保证液压系统在低温下正常工作。

c. 润滑性好：液压系统零件的摩擦面只能靠液压油本身来润滑，为减少此系统中的油泵、活塞、动作筒的磨损，应要求液压油润滑性好。

d. 安定性好：即指液压油在贮存、使用过程中，不易变质、分层和挥发等。

e. 保护性好：即指液压油不腐蚀液压系统的金属零件，也不侵蚀橡胶和皮革制品等。

② 常用航空液压油。目前飞机使用的液压油基本有两类，一类是从石油中提炼出来的产品，称为石油基液压油，我军各型飞机液压系统使用的基本是这类液压油。另一类是以甘油（丙三醇）为主要成分的液压油，称为甘油基液压油。

a. 石油基液压油。石油基液压油的主要成分是石油产品如润滑油和较轻的石油馏分等，另外加入一些增加黏度的添加剂。航空用的石油基液压油主要是 15 号航空液压油，其牌号是 YH-15。15 号航空液压油主要用作航空液压系统传动机构的工作液，也是各种要求较高的液压机械的理想工作介质。该产品采用石油馏分，经浓度脱蜡、精制后加入适量高效添加剂调制而成，具有良好的高低温性能、黏温性、抗剪切性、氧化安定性和液压传递性能，使用温度为 -54～135℃。抗氧化安定性可满足各种新型飞机液压系统的使用要求，主要用于各型喷气式飞机的液压系统、减摆器和减振器等，同时也用于大部分活塞式飞机的液压系统。

常用的还有 10 号航空液压油，其牌号为 YH-10，其中 Y 表示液压油种类，H 表示航空液压油组，10 表示液压油在 50℃ 时运动黏度不小于 $10mm^2/s$。10 号航空液压油的黏度适当，并随温度变化小，凝固点低，在 -70℃ 以下。能保障液压系统在不同温度下正常工作，还能对液压系统的零件起到一定的润滑作用。对金属的腐蚀性也较小，但对橡胶制件腐蚀作用大。YH-10 号航空液压油主要用于飞机的液压系统、减振器和减摆器内。

工程应用典例

玉门炼油化工总厂与空军油料研究所从 1988 年就开始了 15 号航空液压油的联合研制工作，研制的油品经分析评定所有技术指标符合美军 MIL-H-5606E 标准要求，并通过了台架试验和歼八等机型的试飞、试用试验，可替代国产 10 号、12 号航空液压油，生产工艺顺利通过了国产航空油料鉴定委员会的鉴定，并一致认为玉门炼油化工总厂的 15 号航空液压油生产工艺稳定，产品各项指标符合要求，特别是剪切安定性、氧化安定性和低温性与 12 号航空液压油相比有明显提高，与美国 MIL-H-5606E 标准液压油相比无明显差异，同意投入生产并供用户使用。2000 年又对调合、灌装系统进行了整体改造，实现了油品在洁净厂房内的自动化灌装与包装，进一步稳定了产品质量，完全可替代进口航空液压油，同时能满足军用及民航的需要。

　　b. 甘油基液压油。甘油基液压油的主要成分是甘油，其次是酒精，有的含有少量的蒸馏水。其中甘油的黏度最大，凝固点最高；酒精的黏度最小，凝固点最低。所以，调整甘油和酒精的比例，就能配制成不同性能和用途的甘油基液压油。

　　甘油基液压油与石油基液压油比较，其主要优点是对橡胶件的侵蚀作用小，缺点是对金属有较大的腐蚀性。

　　常用的甘油基液压油有 70/10 甘油基液压油，含有甘油 70%，酒精 20%，这种油为绿色，黏度较大，用于减振器中。60/0 甘油基液压油，含甘油 60%，酒精 40%。这种油无色或淡黄色，黏度较小，适合夏季用作非耐油密封装置的液压系统。50/15 甘油基液压油黏度最小，为红色透明液体，适用于冬季，夏季也可继续使用。

答疑解惑

　　航空液压油使用注意事项？

　　答题要点：液压油在使用中主要监测油品的外观、黏度变化、色度变化、酸度变化、水分、杂质、戊烷不溶物、腐蚀等项目，定期检测这些项目可以提早发现问题，采取相应措施，避免发生故障，我国已颁布了换油指标，使用中的液压油有一项指标达到换油指标时应及时更换新油。

　　航空液压油在使用时应注意防止液压系统被污染，防止水和空气的混入，控制液压油使用温度，油品加入时远离火源，防止着火。

　　（2）防冰液

　　飞机在高空低温下飞行时，空气中的水分会在座舱风挡玻璃、螺旋桨及其他零件表面上结成很厚的冰层。这不仅会增加飞机的重量，降低飞行速度，还会妨碍飞行员的视线和影响飞机的正常操纵。

　　防冰液又叫防霜液，用来防止飞机高空飞行时座舱风挡玻璃、座舱盖、螺旋桨等机件的结冰。防冰的原理是在上述机件表面连续喷射溶冰霜能力强的液体，使之迅速溶解成冰点更低的溶液，并为气流所吹走，因而在飞机表面不能结下冰霜。飞机上常用的有以下两种防冰液。

　　① 精馏酒精。精馏酒精是经过精馏所获得的浓度很大的酒精。其中纯酒精的含量按体积计为 95.5%，其余为水和微量杂质。

　　精馏酒精作为防冰液的优点是：冰点低（-114℃），符合低温下使用的要求；能迅速溶解冰粒，并能和水组成冰点很低的溶液；无色透明，不会影响驾驶员的视线。但是精馏酒精作为防冰液也有缺点，主要是沸点较低，容易挥发，所以消耗量较大，而且容易着火。精馏酒精适宜作座舱风挡玻璃的防冰液。

　　② 酒精甘油混合液。酒精甘油混合液是由 85% 的精馏酒精和 15% 的纯净甘油（均按重量计）组成的。它与精馏酒精比较，除了黏度较大外，其他性质基本相同。

　　由于酒精甘油混合液的黏度较大，不易被高速旋转的螺旋桨甩掉，故适宜作螺旋桨的防冰液。但是它不宜用在风挡玻璃上，因为成分中的酒精容易挥发而使透光性降低。注意这两种防冰液不能互换使用，应分别存放，避免混用。

（3）航空清洁剂

经常清洗飞机并保持飞机的清洁是极其重要的，这样有利于防腐和发现损伤。被批准用来清洁飞机的清洁剂有许多不同的种类，应根据需要选用。常见的有肥皂、合成去污粉、多种溶剂、乳化清洁剂和化学清洁剂等，有时也会用到研磨膏、砂纸等适合于机械操作的清洁材料。其中肥皂和去污粉一类的清洁剂属于轻量型的清洁剂；而溶剂和乳化剂则属于强力型的清洁药物。

① 肥皂和去污剂。由于肥皂和去污剂性温无毒，不易燃烧，使用时应优先采用。温性的皂液可用来清洗轮胎上的润滑油、液压油、燃油和黄油，也可用于清洁塑料（包括有机玻璃）表面，还可用于清洁螺旋桨和旋翼；肥皂和去污粉也广泛用于机舱内部的清洗，由于具有不褪色、不缩水的洗涤特性，常用来清洗舱窗、地毯、布制品等。

② 清洗溶剂。高闪点溶剂是一种经特殊提炼的石油产品，具有汽油一样的高挥发溶解能力，而可燃性与常用煤油相当，比较安全。它具有清除油脂、油液和轻微污垢的能力。

脂肪族和芳香族石脑油都属轻汽油。脂肪族石脑油适用于喷涂漆层前的擦拭清洁工作，也可用于清洗丙烯和橡胶材料。而芳香族石脑油具有毒性，而且对丙烯和橡胶制品有侵蚀作用，因此使用时要特别加以区分。

丁酮（MEK）常作为清洁剂来清洗金属表面，或用于小面积褪漆，有很强的溶释力，也常用于去除蒙布表面的油脂，以便涂刷涂布油。它的闪点很低，使用时要注意安全。

通常将煤油与乳化剂类的清洗液相掺和，用来溶化机件上的防锈油封厚层。也可用1∶2的其他溶剂型清洗剂加煤油来清除积炭。

氧气系统需要专用的清洗剂来清洗，以防清洗过的氧气设备表面留有油脂造成火患。这些清洗剂有：脱水酒精、异丙醇（防冰液）和异丙醇与氟氯烷的混合液等品种，可用来清洗氧气系统中的外部附件，如氧气面罩和管路，但不能将清洗液注入氧气瓶或调压装置内。在使用异丙醇与氟氯烷的混合液时，要防止蒸气吸入中毒和因接触过多以致皮肤过敏。

③ 乳化清洁剂。乳化溶剂和乳化水溶液常用于清除顽渍，如清除发动机外皮的油污。沥青之类的物质也可用乳化清洁剂来清洗。

④ 化学清洁剂。常用的化学清洁剂有磷酸柠檬酸混合液、小苏打和硼酸之类的弱酸等。磷酸柠檬酸有Ⅰ型和Ⅱ型两种，Ⅰ型的可直接用来清洁铝表面；Ⅱ型的则为浓缩液，使用时必须加无机酒精和水稀释，此类清洁剂对人体有害，操作时应带橡胶手套和护目镜；小苏打和弱酸用于清洗和中和电瓶舱的致蚀物质，清洗后要用试纸检验其 pH 值。

注意：许多清洗剂是易燃易爆的，使用时应注意遵守有关的防火安全守则。

复习思考题（8）

8-1　选择题

酚醛塑料是（　　　）。

A. 热固性塑料，可制造农用薄膜　　　　B. 热塑性塑料，可制造农用薄膜

C. 热固性塑料，可制造插头、刀闸、内燃机曲轴带轮

D. 热塑性塑料，可制造仪表壳

8-2　简答题

1. 橡胶具有哪些特性？硫化橡胶由哪些成分组成？各起什么作用？

2. 橡胶在航空上的用途有哪些？举出三种常用橡胶在工业中的应用实例。

3. 何谓热固性塑料和热塑性塑料？举例说明其用途。

4. 塑料由哪些成分组成？其性能如何？举例说明工程塑料的应用实例。

第 9 章

复合材料

工程背景

空中客车 A380（Airbus A380）是欧洲空中客车公司制造的全球最大的宽体客机。在使用复合材料方面，A380 在研制中使用了创新的 GLARE（玻璃纤维增强铝材料）材料，与传统铝材料相比，质量小、强度高、抗疲劳特性好，维修性能和使用寿命也得到大大改善，不需要特别的加工工艺。

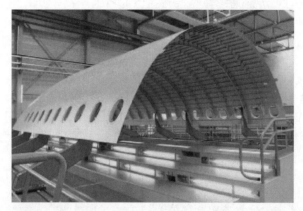

A380 机身蒙皮上壁板采用了 27 块 GLARE 板制造，其总面积达 $470m^2$。GLARE 板是由铝合金薄板和玻璃纤维增强环氧聚合物复合材料铺层交替排列构成的一种纤维-金属层合板。GLARE 板结合了金属材料与树脂基复合材料的优点，具有良好的拉-压疲劳性能，降低了对缺口的冲击的敏感性，可以较好地解决机身对外来物冲击损伤容限难题。

学习目的

1. 掌握航空复合材料的分类、组成、发展及应用；
2. 了解飞行器上航空复合材料结构件的损伤和修理。

教学重点

先进复合材料在飞行器上的应用和维修技能。

9.1 概述

自然界中存在许多天然的复合材料。例如，树叶、竹子是纤维素和木质素的复合材料。人类很早就开始接触和使用各种天然复合材料，并效仿自然界制作复合材料。例如，早在7000 多年前，中国陕西半坡人就开始用草梗和泥筑墙；16 世纪拉丁美洲的印第安人已用橡胶涂在织物上来防水；有 4000 多年历史世界闻名的中国传统工艺品——漆器就是麻纤维和土漆复合而成的。直到今天，人们普遍使用的橡胶雨衣、自行车（汽车、飞机）轮胎、高压水管等都是橡胶与纺织材料（天然纤维、人造纤维或金属丝）的复合材料。对每个人而言，复合材料不仅不是陌生的，而且是随时都看得见、用得着的。

在设计飞机、导弹、人造卫星等的承载构件时，理想的结构材料应具有质量小、强度和模量高的特点。单一的金属、陶瓷、高分子等工程材料很难满足性能的综合要求，即使是比普通钢强度高七倍左右的超高强度钢，由于密度大，其比强度仍很低。为了克服单一材料性能上的局限性，充分发挥各种材料特性，弥补其不足，材料复合化已成为材料发展的必然趋势。例如采用高强度、高模量的硼纤维、碳纤维，增强铝基、镁基形成的复合材料，既保留了铝、镁合金的轻质、导热、导电性，又充分发挥增强纤维的高强度、高模量的特点，获得高比强度、高比模量、导热、导电、热胀系数小的金属基复合材料。

飞机复合材料通常被称为先进复合材料（advanced composite material，ACM），已经成为当代材料领域一个重要发展方向，占有越来越重要的地位，A350 飞机的材料比例见图9-1。国际上大型客机 以前采用的材料都是以先进铝合金为主，复合材料为辅。但到了波音787 时，复合材料的使用出现质的飞跃，不仅数量激增，而且开始用于飞机的主要受力件。在飞机上采用先进复合材料的状况如图 9-2 和图 9-3 所示。

图 9-1　A350 飞机的材料比例

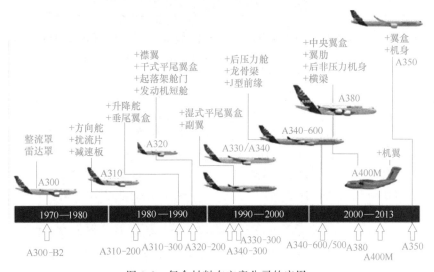

图 9-2　复合材料在空客公司的应用

　　航空、航天、先进武器系统等军需业的发展对复合材料的研究与开发起了巨大的推动作用，电子、汽车等民用工业的迅速发展又为各种类型复合材料的应用提供了广阔的前景。目前，复合材料使用量的多少已成为衡量一种机型先进性的重要指标。在国内航空制造领域，复合材料结构在飞机上的应用正在逐步增加，但在部分工程应用方面还没有突破性进展。

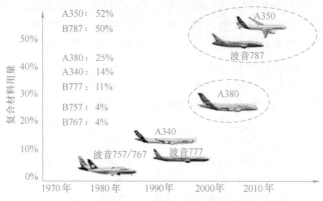

图 9-3　大型客机复合材料的应用现状

　　对于军用机来说，在 20 世纪 70 年代中期之前研制的 F-14、F-15、F-16 战斗机上，复合材料仅占结构重量的 1%～2%；1978 年研制的 F/A-18，复合材料已上升到 10%；20 世纪 80 年代以后，美国新一代具有隐身功能战斗机 F-117 上采用了超过 40%结构质量的复合材料。具有良好隐身功能和独特结构设计的 B-2 轰炸机，其结构材料绝大部分为复合材料。直升机制造业也是最早采用先进复合材料的行业，目前商用飞机上复合材料仅占全机重量的 50%，而某些直升机早已达到 90%。各国军用机先进复合材料的用量比例见表 9-1。

表 9-1　各国军用机先进复合材料的用量比例

国家名称	飞机代号	ACM 用量/%
美国	F/A-22	24
	F-35	36
德国、英国、西班牙和意大利	EF2000	30～40
瑞典	JAS39	30
俄罗斯	M-1.44	30
	S-37	21
法国	RAFALE	24

　　中国飞机的机体结构中复合材料用量也在不断提高。第三代歼击机为 6%至 9%，新型歼击机歼 20 为 29%。军用运输机 Y-20 目前为 8%，商用支线飞机 ARJ21 为 1%，干线飞机 C919 目前为 12%，新型商用涡扇发动机的复合材料用量预计约 1%。

　　现代战争已是坦克、大炮、飞机、军舰多兵种之间有机配合，空地海天电一体的立体战争。其技术之先进、杀伤力之强和危险性之大，都是前所未有的。而无人机以其体积小、重量轻、机动性好、飞行时间长和便于隐蔽为特点，尤其是因其无人驾驶，特别适合于执行危险性大的任务，故在现代战争中正发挥着越来越大的作用。无人机应用是在人飞上蓝天后，又一个重大的科技进步。大多数金属的疲劳极限是其抗拉强度的 30%～50%，而碳纤维复合材料的疲劳极限可达到抗拉强度的 70%～80%，在使用过程中减少突发性事故，安全性高，寿命长，现在的无人机都倾向于使用碳纤维材料。据统计，目前世界上各种先进的无人机复合材料的用量一般占机体总重的 60%～80%，如"捕食者"除机身大梁外全机由复合材料制成；"暗星"全机采用复合材料外加吸波涂层，满足其高隐身性能的要求；X-47B 无人作战飞机 90%机体表面由碳纤维复合材料覆盖；X-37 无人空天飞机机体结构采用双马来酰亚胺预浸料制造。

（1）复合材料的概念

复合材料是指两种或两种以上的物理、化学性质不同的物质，经一定方法得到的一种新的多相固体材料。复合材料可得到单材料无可比拟的性能，是一种新型的航空材料。

现代飞机结构材料的发展趋势，复合材料重的比例不断增加，而铝合金、合金钢等航空材料的应用量则相应地不断减少。如我国从法国引进的海豚直升机，机体结构中复合材料占59%，铝面板-Nomex（尼龙纸）芯夹层结构占28%，而常规铝合金铆接结构仅占13%。早在第二次世界大战初期，美国就用玻璃钢制造油箱、螺旋桨的覆面及飞机后部构件，美国F5A战斗机使用玻璃钢后重量减轻15%，缩短降落滑行道距离15%，增加航程20%。增加载荷30%，效果十分显著. 因此，研究复合材料的组成、特性及其在航空上的应用是十分重要。

 笔记

（2）复合材料的组成及分类

物质的性能是由其结构决定的，复合材料也不例外。复合材料由基体、增强体和两者之间的界面组成，其性能则主要取决于基体与增强体的性能及比例。

复合材料可以由金属材料、高分子材料和陶瓷材料中任两种或几种制备而成，一般由基体和增强相两个部分组成。通常将其中连续分布的组分称为基体，基体又分金属和非金属两大类，如聚合物（树脂）基体、金属基体、陶瓷基体。在复合材料成形过程中，基体经过复杂的物理、化学变化，与增强体复合成具有一定形状的整体，因而基体直接影响复合材料的性能；而将分散在基体中的具有强结合键材料或硬质材料称为增强相，如纤维、颗粒、晶须等，增加强度、改善性能，不同形态的复合材料如图 9-4 所示。

通过不同的基体材料和增强物组合，可得到品种繁多的复合材料。复合材料种类繁多，分类方法也不尽统一。

① 按基体类型分类

非金属复合材料——树脂基复合材料（玻璃钢），橡胶基复合材料（轮胎），陶瓷基复合材料（钢筋混凝土、纤维增强陶瓷）。

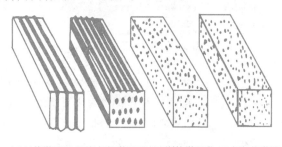

(a)层状增强型 (b) 长纤维增强型 (c)颗粒增强型 (d)短纤维增强型

图 9-4　不同形态的复合材料

金属基复合材料（纤维增强金属）。

② 按增强材料分类

纤维增强复合材料——纤维增强橡胶（轮胎）、纤维增强塑料（玻璃钢、碳纤维增强塑料）、纤维增强陶瓷、纤维增强金属（碳纤维/铝锡合金）等。

颗粒增强复合材料——陶瓷颗粒＋金属基（硬质合金），金属颗粒＋塑料基等。

叠层复合材料——如双金属板，夹层玻璃，多层板等。

夹层结构复合材料——如多孔性铁基和青铜基自润滑衬套。

③ 按复合效果分类

结构复合材料——通过复合，显著改善材料的力学性能，主要用于结构零件。

功能复合材料——通过复合，显著改善材料的其他性能（如光、电、磁和热等），形成多功能材料。

答疑解惑

复合材料结构有何特点？

答题要点：从复合材料的组成与结构分析，其中有一相是连续的称为基体相，另一相是分散的、被基体包容的称为增强相。增强相与基体相之间有一个交界面称为复合材料界面，复合材料的各个相在界面上可以物理地分开。通过在微观结构层次上的深入研究，发现复合材料界面附近的增强相和基体相由于在复合时复杂的物理和化学的原因，变得具有既不同于基体相又不同于增强相组分本体的复杂结构，同时发现这一结构和形态会对复合材料的宏观性能产生影响，所以界面附近这一结构与性能发生变化的微区也可作为复合材料的一相，称为界面相。因此确切地说，复合材料是由基体相、增强相和界面相组成的。

（3）复合材料的特点

笔记

复合材料改善或克服了组成材料的弱点，能按零件结构和受力情况进行最佳设计，可创造单一材料不具备的双重或多重功能，或在不同时间或条件下发挥不同的功能。现代复合材料可以通过设计使各组分的性能互相补充并彼此关联，从而获得新的优越性能，与一般材料的简单混合有本质区别。

奇闻轶事：复合材料革命的代表"波音787"

20世纪60年代末，高性能碳纤维作为增强纤维实现了初步的商业化，以连续碳纤维增强的高性能树脂基复合材料应运而生。高性能复合材料飞机应用的两个划时代意义的里程碑当数空客公司的A380飞机和波音公司的"梦幻飞机"波音787飞机。A380高性能复合材料用量达到飞机结构用量的25%，波音787复合材料整体机身段是新一代大型飞机材料技术的第一亮点。

2007年7月8日下线的"梦想飞机"——波音787大量采用了复合材料，成为飞机发展史上的一个重要里程碑。从材料学的角度看，波音787飞机是制造业历史上一次革命性的跨越。波音787的整个机身是由若干个整体机身段组成的，从而减少了1500个零件和4万至5万个连接件。复合材料占到波音787飞机结构重量的50%（体积的80%），铝占20%，钛占15%，钢占10%，其他材料占5%。复合材料不仅比强度、比刚度高，而且便于整体结构化，因而显著减轻了飞机结构重量（例如波音787减重4500kg），相应地显著减少了燃油消耗（例如波音787减耗8%），使用维护成本较767下降30%。

① 比强度和比模量度高。比强度、比模量是指材料的强度或模量与其密度之比。如果材料的比强度或比模量越高，构件的自重就会越小，或者体积会越小。复合材料多数情况是增强剂为密度不大而强度很高的材料（如玻璃、碳和硼纤维），或是基体为密度小的物质（如高聚物），或者两种的密度都不高（如碳纤维增强树脂），复合结果是密度大大减小，因而高的比强度和比模量是复合材料的突出性能特点（图9-5）。

② 抗疲劳性能好。试验证明，复合材料中的纤维缺陷少，因而本身抗疲劳能力高。其次，基体的塑性和韧性好，能够消除或减小应力集中，使疲劳源（纤维和基体中的缺陷处、界面上的薄弱点）难以萌生出微裂纹；即使微裂纹形成，塑性变形也能使裂纹尖端钝化而减缓其扩展，这样就使得复合材料具有很好的抗疲劳性能。由于基体中密布着大量纤维，疲劳断裂时，裂纹的扩展常经历非常曲折和复杂的路径。因此，复合材料的疲劳强度都很高，碳纤维增强树脂的疲劳强度为拉伸强度的70%～80%，而一般金属材料仅为30%～50%。

③ 减振能力强。构件的自振频率与结构有关，并且同材料的弹性模量与密度之比的平方根成正比。复合材料的比模量大，自振频率很高，所以在一般的加载速度或频率的情况下，其构件不易发生共振而快速脆断。另外，复合材料是一种非均质多相体系，其中大量的

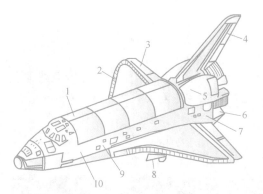

NASA在航天飞机上采用复合材料之后质量减小的效果

使用部位	复合材料	质量减小/kg
1—行李舱门	碳/环氧	408
2—翼前缘热屏蔽	碳/碳	437
3—升降副翼	碳/聚酰亚胺	481
4—垂直尾翼	碳/聚酰亚胺	397
5—OMS吊舱	碳/环氧	150
6—后部机身	碳/聚酰亚胺	216
7—后部机身	碳/环氧增强钛	317
8—起落架门	碳/聚酰亚胺	122
9—中央机身支柱(内部)	硼/铝	145
10—压力容器(内部)	聚对苯二甲酰对苯二胺/环氧	199
总计质量减小		2872

图 9-5 复合材料在航天飞机上应用

纤维与基体界面有反射和吸收振动能量的作用。一般基体的阻尼也大,因此在复合材料中产生振动也会很快衰减,故复合材料的减振能力比钢强得多。例如用同样形状和尺寸的梁进行试验,金属梁需 9s 才能停止振动,而碳纤维复合材料则只需 2.5s。

④ 高温性能好。增强剂纤维多有较高的弹性模量,因而复合材料具有优越的耐高温性能,高温下保持很高的强度。聚合物基复合材料使用温度为 100～350℃;金属基复合材料使用温度为 350～1100 ℃;SiC 纤维、Al_2O_3 纤维陶瓷复合材料在 1200～1400 ℃ 范围内保持很高的强度。碳纤维复合材料在非氧化气氛下在 2400～2800℃长期使用。

⑤ 断裂安全性高。纤维增强复合材料基体中有大量细小纤维(每 cm^2 截面上有成千上万根隔离的细纤维),当其受力时,将处于力学上的静不定状态。较大载荷会使其中部分纤维断裂,但随即扭速进行应力的重新分配,而由未断纤维将载荷承担起来,不至造成构件在瞬间完全丧失承载能力而断裂,所以工作的安全性高。

⑥ 其他特殊性能。除上述几种特性外,复合材料摩擦系数比高分子材料本身低得多,少量短切纤维大大提高耐磨性,耐蚀性及工艺性能也都较好,耐辐射性、蠕变性能高以及特殊的光、电、磁等性能。金属基复合材料具有高韧性和抗热冲击性能,玻璃纤维增强塑料电绝缘性优良,不受电磁作用,不反射无线电波。

应该指出,复合材料为各向异性材料,横向拉伸强度和层间剪切强度是不高的,同时伸长率较低,冲击韧性有时不很好,尤其成本太高。

9.2 复合材料的成型方法

9.2.1 概述

复合材料成型工艺是复合材料工业的发展基础和条件。随着复合材料应用领域的拓宽,复合材料工业得到迅速发展,老的成型工艺日臻完善,新的成型方法不断涌现,目前聚合物基复合材料的成型方法已有 20 多种,并成功地用于工业生产。

9.2.2 增强机制与复合原则

(1)纤维增强型

① 增强机制。纤维增强相是具有强结合键的材料或硬质材料(陶瓷、玻璃等),内部含微裂纹,易断裂,因而脆性大。将其制成细纤维可降低裂纹长度和出现裂纹的概率,使脆性降低,极大地发挥增强相的强度。高分子基复合材料中纤维增强相有效阻止基体分子链的运

动，金属基复合材料中纤维增强相有效阻止位错运动而强化基体。

② 复合原则

a. 纤维增强相是主要承载体，应有高的强度和模量，且高于基体材料；

b. 基体相起黏结剂作用，应对纤维相有润湿性，基体相应有一定塑性和韧性；

c. 纤维增强相和基体相两者之间结合强度应适当。结合力过小，受载时容易沿纤维和基体间产生裂纹；结合力过高，会使复合材料失去韧性而发生危险的脆性断裂；

d. 基体与增强相的热胀系数不能相差过大；

e. 纤维相必须有合理的含量、尺寸和分布；

f. 两者间不能发生有害的化学反应。

笔记

奇闻轶事：撑起大国重器的"小材料"碳纤维

　　碳纤维的起源最早可追溯至 1860 年，英国人约瑟夫·斯旺在制作电灯灯丝时发明了碳纤维并获得了专利。碳纤维真正迎来研究应用"井喷"阶段，还是 20 世纪 50 年代之后的事。1958 年，美国研究人员首次发现了高性能碳纤维，日本和英国研究人员紧随其后，对碳纤维的性能进行改进升级。到 20 世纪 70 年代，碳纤维材料开始在战斗机结构件上崭露头角，F-15、B-1、F-16 以及 F-18 等战斗机上都能看到碳纤维材料的身影。除美国空军的 F-22 和 F-35 战斗机大量采用碳纤维复合材料外，X-47B、"全球鹰"等装备更是借助碳纤维材料，实现了有效载荷、续航能力和生存能力的大幅度提升。

　　20 世纪 50 年代，为解决导弹喷管和弹头耐高温、耐腐蚀等关键技术难题，美国率先研制出了黏胶基碳纤维。伴随着更高性能、更多品种碳纤维材料的出现，看似柔软的纤维也成了大国竞争的"新材料之王"。碳纤维材料不仅能上天，还能下海。美国"福特"号航空母舰就大量使用碳纤维材料来"瘦身"，瑞典皇家海军"维斯比"级隐形护卫舰采用碳纤维材料，不但具有很高的强度和耐用性，还具有优良的抗冲击性能。印度海军在制造"吉尔坦号"和"卡瓦拉蒂号"护卫舰时，也曾专门从瑞典进口碳纤维材料。

　　在航空制造领域，碳纤维材料的应用早已不可或缺。F-35 战斗机飞行头盔主体就全部使用了高性能碳纤维材料，可将空速、航向、高度、目标信息和雷达警告等直接投射到头盔的面罩上，为飞行员提供了前所未有的态势感知能力。2015 年开启全球飞行之旅的"阳光动力 2 号"太阳能飞机，整体结构的 80% 都采用了碳纤维材料做"保暖外衣"，在飞行过程中还节约出了更多的动力。除满足机体减重和特殊性能需求外，能有效吸收雷达波的碳纤维材料还为战机披上了"隐身外衣"。美国 B-2 轰炸机的机身和 F-117A 战斗机也都采用了碳纤维吸波材料。

　　（2）颗粒增强型

① 增强机制。对于颗粒复合材料，基体承受载荷时，颗粒的作用是阻碍分子链或位错的运动，增强的效果同样与颗粒的体积含量、分布、尺寸等密切相关。

② 复合原则

a. 颗粒相应高度均匀地弥散分布在基体中，从而起到阻碍导致塑性变形的分子链或位错的运动。

b. 颗粒大小应适当：颗粒过大本身易断裂，同时会引起应力集中，从而导致材料的强度降低；颗粒过小，位错容易绕过，起不到强化的作用。通常，颗粒直径为几微米到几十微米。

c. 颗粒的体积分数应在 20% 以上，否则达不到最佳强化效果。

d. 颗粒与基体之间应有一定的结合强度。

（3）复合材料的主要成型方法及工艺特点

聚合物基复合材料的性能在纤维与树脂体系确定后，主要决定于成型工艺。成型工艺主要包括以下两个方面：一是成型，即将预浸料按产品的要求，铺置成一定的形状，一般就是产品的形状；二是固化，即把已铺置成一定形状的叠层预浸料，在温度、时间和压力等因素影响下使形状固定下来，并能达到预期的性能要求。复合材料的主要成型方法比较见表 9-2。

与其他材料加工工艺相比，复合材料成型工艺具有如下特点：

① 材料制造与制品成型同时完成。一般情况下，复合材料的生产过程，也就是制品的成型过程。材料的性能必须根据制品的使用要求进行设计，因此在选择材料、设计配比、确定纤维铺层和成型方法时，都必须满足制品的物化性能、结构形状和外观质量要求等。

② 制品成型比较简便。一般热固性复合材料的树脂基体，成型前是流动液体，增强材料是柔软纤维或织物，因此，用这些材料生产复合材料制品，所需工序及设备要比其他材料简单得多，对于某些制品仅需一套模具便能生产。

📖 笔记

表 9-2　复合材料的主要成型方法比较

工艺种类	树脂系统	增强材料种类	纤维含量/%	制品厚度/mm	固化温度/℃	成型周期	成型压力/MPa	模具形式与材料
手糊成型	聚酯、环氧、酚醛	玻璃纤维、碳纤维及其他织物	20～50	0.5～25（一般为2～10）	室温～40	30min～24h	接触压力	单件阳模或阴模。木材、石膏、水泥、玻璃钢
袋压成型	聚酯、环氧、预浸料及SMC	玻璃纤维、碳纤维及其他织物	25～60	2～6	室温～50（预浸料和SMC60160）	30min～24h	0.1～0.5	单模。玻璃钢及金属材料
喷射成型	聚酯、环氧		25～35	2～25（一般为2～10）	室温～40	30min～24h	接触压力	单模。木材、玻璃钢材料
树脂注射成型(RTM)	聚酯、环氧	玻璃纤维毡、布	25～50	2～6	室温～40	4～30min	0.1～0.5	对模。玻璃钢、铝合金材料
模压成型	聚酯、环氧、酚醛、预浸料SMC、BMC等	玻璃纤维、碳纤维及其他织物	25～60	1～10	冷压40～50；热压100～170	5～60min	10～40	对模。钢模、冷模可用玻璃钢材料
缠绕成型	聚酯、环氧	玻璃纤维、碳纤维、芳纶纤维及其他	60～80	2～25	80～130	由产品大小决定	由缠绕机张力决定	金属芯模、石膏芯模
连续制板	聚酯	玻璃纤维	25～35	0.8～2.0	80～130	连续生产	0.02～0.2	连续制板机、聚酯薄膜
拉挤成型	聚酯、环氧	玻璃纤维粗沙、碳纤维	60～75	型材塑厚1～12；棒材直径40	100～160	连续生产	最大牵强力40t	拉挤机组模具
离心成型	聚酯、环氧	玻璃纤维	25～40	4～25	80～100	10～80min	0.15～0.28	旋转钢模
树脂浇铸成型	聚酯	玻璃纤维或粉状填制	0～3短切玻璃纤维	2～10	室温～60	25min～24h	离心力或振动力	玻璃钢模、金属模
热塑性片状模塑料冲压成型技术	PP、PA、PVC、PC等	玻璃纤维	20～40	2～6	料片加热温度为100～220，模具温度为40～50	0.5～1min	1～2	金属对模

　　复合材料的成型方法按基体材料不同各异。树脂基复合材料的成型方法较多，有手糊成型（图9-6）、喷射成型、纤维缠绕成型（图9-7）、模压成型（图9-8）、拉挤成型（图9-9）、RTM成型、热压罐成型、隔膜成型、迁移成型、反应注射成型、软膜膨胀成型、冲压成型等。

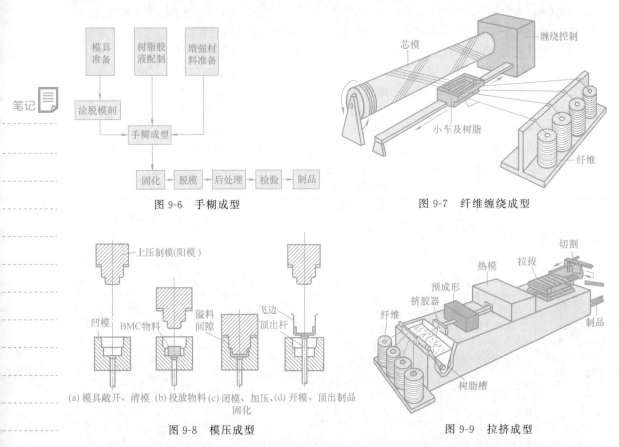

图 9-6　手糊成型

图 9-7　纤维缠绕成型

图 9-8　模压成型

图 9-9　拉挤成型

　　金属基复合材料成型方法主要分为固相成型法和液相成型法等。前者是在低于基体熔点温度下，通过施加压力实现成型，包括扩散焊接、粉末冶金、热轧、热拔、热等静压和爆炸焊接等。后者是将基体熔化后，充填到增强体材料中，包括传统铸造、真空吸铸、真空反压铸造、挤压铸造及喷铸等，金属基复合材料的制备工艺及流程如图9-10和图9-11所示。

　　金属基复合材料的制备工艺在金属基复合材料大尺寸坯锭制备时，存在成分均匀性、界面反应等控制难、制备成本高、周期长的难题。金属基复合材料中因添加脆性陶瓷等增强相，制约了金属的塑性流变能力，使其塑性成形能力极差，成为制约其应用的

图 9-10　金属基复合材料的制备工艺

另一个关键因素。

图 9-11　金属基复合材料的制备工艺流程

9.3　复合材料的缺陷损伤及其检测

复合材料缺陷与损伤包括制造缺陷、使用损伤和环境损伤。

制造缺陷通常有两类：复合材料预浸和成型过程中产生的缺陷及机械加工过程和最后组装时产生的缺陷。典型制造缺陷有：空隙、气泡、富胶、贫胶、外来物夹杂、不正确的纤维取向和铺层顺序、划伤、不正确的钻孔和过紧连接等。

典型使用损伤有：闪电冲击引起的表面氧化、冰冻/溶化引起的湿膨胀和热冲击造成的分层和脱胶、夹芯结构水分浸入引起的腐蚀等。

损伤容限问题中主要研究孔、裂纹、分层三种损伤形式。这三种损伤形式不仅有代表性，而且对结构承载能力影响最严重。冲击造成的损伤可以包括上述三种损伤形式，其损伤形式取决于冲击能量水平。高能量冲击，如弹丸冲击，可以形成穿透孔损伤，并带有一些中面附近的局部分层。中等能量冲击，虽然不产生穿透损伤，但在冲击范围内引起局部损伤和结构内部分层，以及背面纤维的断裂。低能量冲击产生难以目视检查的损伤（BVID），而在层合板内部形成锥形的分层。低能量冲击损伤是纤维增强复合材料在实际结构应用中的主要问题。因为高能量水平和中等能量水平的冲击可以引起表面损伤，相对容易检测和及时进行修理；而低能量冲击损伤通常要用无损检测设备才能检测出来，形成潜在的威胁（特别是对压缩载荷）。

复合材料无损检测的方法很多，以下仅简要介绍已广泛应用于实际产品检测和部分应用前景较好的复合材料无损检测方法。

（1）超声波检测法

超声波检测法是广泛用于材料探伤的一种常用方法，也是最早用于复合材料无损评价的方法之一。超声波在复合材料内部传播过程中遇到材料内部缺陷时，由于缺陷的声阻抗与材料的声阻抗不同，超声波在缺陷处被反射（或散射），而出现缺陷波信号。缺陷波是在信号发射波和端头反射波之间出现的，根据超声反射信号幅度，可检测材料内部缺陷。此法能够检测出复合材料中的裂纹、脱粘、孔隙、分层、贫胶、疏松等缺陷。根据具体的测定方法不同，超声波检测有超声脉冲反射法、超声脉冲透射法、超声共振法、超声多次反射法、超声相位分析法、超声声谱分析法等，其中以前两种使用最广泛。

随着科学技术的进步，超声波无损检测技术也在不断发展。非常适用于复合材料缺陷检测的超声波无损检测新技术不断地开发出来，其测试精度和准确度更高，测试范围更大，并能进行数字化控制与分析。例如，直接成像的超声全息照相探伤技术，不用传统的超声信号幅度作为判伤参数，而通过测量超声信号的传播速度或用信号处理方法分析超声信号，从而检测复合材料缺陷等。

（2）X射线检测法

利用X射线检测复合材料的质量是一种常用的方法，又分为照相法、电离检测法、X射线荧光屏观察法和电视观察法，常用的是照相法。

X射线无损检测方法对复合材料内的金属夹杂物、垂直于材料表面的裂纹具有极高的检测灵敏度和可靠性，对疏松、树脂集聚和纤维集聚等也有一定的检测能力。该方法还可检测小厚度复合材料铺层的纤维曲折等缺陷。

（3）X射线CT成像检测法

X射线CT成像无损检测技术是由X射线检测技术与U成像技术相结合形成的。目前此项检测技术已应用于三向织组复合材料和编织穿刺等复合材料的无损检测，能够准确检测出复合材料中的金属夹杂、纤维断裂、浸胶不足等缺陷。

（4）声发射检测法

声发射检测方法的基本原理是，在对被检测的构件施加载荷的过程中，构件内的应力造成其原有缺陷的扩展或原质量不良区的新缺陷产生，原有缺陷扩展及新缺陷产生的同时均产生声信号。根据声信号的分析，定性评价复合材料构件的整体质量水平，检测构件质量的薄弱区。

近年来，该方法在增加接收通道等部件的基础上，采用信号分析技术对声发射信号进行更全面的分析，并与缺陷类型相对应（如分层型缺陷扩展、纤维断裂、树脂基体裂纹、树脂基体与纤维的脱粘等），实现对复合材料构件整体质量的更准确评价。

声发射检测技术仅应用于复合材料承力结构构件的无损检测，对单个缺陷的检测准确性较低。

（5）激光全息（散斑）无损检测法

激光全息（散斑）无损检测方法的基本原理是，对被检测构件施加一定载荷后（力载荷或热载荷），构件表面的位移变化与材料内部是否存在分层性缺陷及构件的应力分布有关，内部存在分层性缺陷及应力集中区的位移量大于其他区域的位移量。目前开发的激光散斑仪克服了该方法对检测场地的暗室要求与减振要求，从而可应用于现场产品的无损检测。虽然该方法对复合材料内部宏观缺陷的检测能力与可靠性均低于超声波检测法，但是可全面检测复合材料构件承载状况下的应力分布情况，所获得的检测数据量远高于目前普遍采用的在构件部分点用电测方法获得的数据量。

（6）涡流检测法

涡流检测法通过测量阻抗的变化可得到试样内部的信息，如电导率、磁导率和缺陷等。但是，这种方法只适于能导电的复合材料，即对CFRP是适用的，而对GFRP与KFRP不适用。尽管CFRP中树脂不导电，但因碳纤维导电，由于工艺原因可能使碳纤维存在交叉、搭接等而造成通道，因此从CFRP整体来看还是导电的。这种检测法可检测出CFRP的纤维含量与缺陷。由于需要标准试样对照，因此应用受到一定的限制。

（7）光纤传感检测法

光纤传感检测法是一种最有前途的方法。它的原理是：固化前将光纤预放置在复合材料中，根据振动等对输出信号造成的影响，可以检测复合材料构件的固化均匀度；利用同一根光纤还可监测复合材料在服役期间发生脱层、开裂等损伤情况。此技术对复合材料构件在使用中的质量可靠性评价十分有用，属智能监测技术，目前还在发展中。

除了上述无损检测方法外，还有其他一些方法，如外观检测法、热线检测法、微波检测法、电晕放电检测法、浸渍探伤法，并且发展了脉冲视频热像法、磁共振成像法等。

答疑解惑

复合材料有何优异的性能？举出三个应用复合材料的实际例子。

答题要点：现代复合材料则是在充分利用材料科学理论和材料制作工艺发展的基础上发展起来的一类新型材料，在不同的材料之间进行复合（金属之间、非金属之间、金属与非金属之间），既保持各组分的性能又有组合的新功能，充分发挥了材料的性能潜力，获得了材料的多功能性，成为改善材料性能的新手段，也为现代尖端工业的发展提供了技术和物质基础。如现代航空航天、能源、海洋工程等工业的发展要求材料有良好的综合性能，低密度、高强度、高模量、高韧性，以及高疲劳性能并要求耐高温、高压、高真空、辐射等极端条件下稳定工作，只有通过复合技术才能得到满足条件的材料。

笔记

复合材料的实际例子：（1）砂轮片：由刚玉等磨料与黏结剂组成。（2）陶瓷合金模具或刀具：由碳化物颗粒弥散在金属基体中组成。（3）玻璃钢：由碳纤维与环氧树脂复合而成。

9.4　常用的复合材料

9.4.1　聚合物基复合材料

聚合物基复合材料在结构复合材料中发展最早、研究最多、应用最广、规模最大。第二次世界大战期间的玻璃纤维增强工程塑料（玻璃钢）使机器零件不用金属材料成了现实；20世纪 60 年代的硼纤维和碳纤维增强塑料改善了玻璃纤维模量低的缺点，大量应用于航空航天等领域；70 年代初期的聚芳酰胺纤维增强聚合物基复合材料加快了复合材料发展；80 年代初期热固性树脂复合材料基础上产生的热塑性复合材料完善了聚合物基复合材料的工艺及理论，在航空航天、汽车、建筑等各领域得到全面应用。

（1）分类

① 按基体性质分类。聚合物基复合材料以基体性质不同分为热固性树脂复合材料、热塑性树脂复合材料和橡胶类复合材料。其中热固性聚合物基复合材料一直在连续纤维增强复合材料中占有统治地位，如玻璃纤维增强塑料；热塑性聚合物基复合材料发展较晚，但是因为其具有一些热固性聚合物不具备的优点，如吸湿性低、断裂韧性好，所以发展很快。

② 按增强相类型分类。可以分为纤维增强、晶须增强、层片增强、颗粒增强等聚合物基复合材料。

（2）性能

与传统材料相比，聚合物基复合材料具有以下几个优点：

① 高比强度、高比模量。碳纤维增强聚合物（CFRP）的比强度是钛合金、钢和铝合金的 5 倍多，比模量是它们的 3 倍；高强度碳纤维 T800H/环氧复合材料的比强度、比模量分别为钢的 10 倍和 3.7 倍，为铝合金的 11 倍和 4 倍，用来替代金属材料可以明显地减重。

② 可设计性。控制聚合物基复合材料性能的因素很多，基体和增强体的类型、配比以及复合方法都可以根据要求来选择，所以易对其进行结构优化设计，发挥基体与增强体各自的优点。

③ 热胀系数低。纤维增强塑料比金属材料的热胀系数低得多。其中，CFRP 的热胀系数接近于零，再加上高模量特征，可以用纤维增强塑料制造一些尺寸精密、稳定的

构件。

④ 耐蚀性。纤维增强塑料的耐蚀性比金属材料，如钢、铝要好得多。常用其制造化工设备的防腐蚀管道。

⑤ 耐疲劳。金属材料的疲劳极限一般为其拉伸强度的 30%～50%，但是 CFRP 复合材料可达 70%～80%。

此外，聚合物基复合材料具有良好的成形性、良好的介电性能、较低的热导率等特点，且制备工艺容易实现，原料丰富。当然，与传统金属相比，聚合物基复合材料存在价格昂贵、冲击性能差等明显的缺点。

(3) 常用聚合物基复合材料及其应用

从 1942 年现代复合材料诞生到现在，聚合物基复合材料已在航空、航天、船舶、汽车、石油化工、文体用品等各个领域得到广泛应用。

① 玻璃纤维复合材料（玻璃钢）。玻璃纤维是纤维增强复合材料中应用最为广泛的增强体，可作为有机高聚物基或无机非金属基复合材料的增强体。玻璃纤维是非结晶型无机纤维，主要成分是二氧化硅与金属氧化物。它具有成本低、不燃烧；耐热、耐化学腐蚀性好，拉伸强度和冲击强度高、断裂延伸率小，绝热性及绝缘性好等特点。玻璃纤维的最大缺陷是弹性模量低，不利于设计高刚性的结构零件，对于工作条件苛刻的飞机、卫星、导弹等，它就难以满足要求。因此，材料学家从 20 世纪 60 年代开始将目标转向碳纤维。

工程应用典例

自从先进玻璃钢投入应用以来，有三件值得一提的成果。

第一件是美国全部用碳纤维复合材料制成一架八座商用飞机——里尔芳 2100 号，并试飞成功，这架飞机仅重 567kg，以结构小巧重量轻而称奇于世。

第二件是采用大量先进玻璃钢制成的哥伦比亚号航天飞机，这架航天飞机用碳纤维/环氧树脂制作长 18.2m、宽 4.6m 的主货舱门，用聚对苯二甲酰对苯二胺纤维/环氧树脂制造各种压力容器，用硼/铝复合材料制造主机身隔框和翼梁，用碳/碳复合材料制造发动机的喷管和喉衬，发动机组的传力架全用硼纤维增强钛合金玻璃钢制成，被覆在整个机身上的防热瓦片是耐高温的陶瓷基玻璃钢。这架航天收音机上使用了树脂、金属和陶瓷基玻璃钢。

第三件是在波音-767 大型客机上使用了先进玻璃钢作为主承力结构，这架可载 80 人的客运飞机使用碳纤维、有机纤维、玻璃纤维增强树脂以及各种混杂纤维的玻璃钢制造了机翼前缘、压力容器、引擎罩等构件，不仅使收音机结构重量减轻，还提高了飞机的各种飞行性能。玻璃钢在这几个飞行器上的成功应用，表明了玻璃钢的良好性能和技术的成熟，这对于玻璃钢在重要工程结构上的应用是一个极大的推动。

由于玻璃钢具有质轻、高强、耐腐蚀、抗微生物等优点，应用极广。从各种机器的护罩到形状复杂的构件，从各种车辆的车身到不同用途的配件；从电机电器上的绝缘抗磁仪表、器件到石油化工中的耐蚀耐压容器、管道等，都有越来越多不可取代的用途，并且大量地节约了金属，大大提高了性能水平。

a. 热塑性玻璃钢。热塑性玻璃钢是以玻璃纤维为增强剂和以热塑性树脂为黏结剂制成的复合材料，如尼龙 66 玻璃钢、ABS 玻璃钢、聚苯乙烯玻璃钢等。制作玻璃纤维的材料主要是二氧化硅和其他氧化物的熔体，含 Na_2O 和 K_2O 量很少（低于 1%），纤维的比强度和比模量高，耐高温、化学稳定性好，电绝缘性能也较好。热塑性玻璃钢强度不如热固性玻璃钢，但成形性好、耐热性和抗老化性能好，生产率高，且比强度不低，达到或超过了某些金属的强度。例如 40％玻璃纤维增强尼龙的强度超过了铝合金而接近于镁合金的强度，因此可以用来取代这些金属。

尼龙 66 玻璃钢的刚度、强度和减摩性好，可代替有色金属制造轴承、轴承架、齿轮等精密机械零件，还可以制造电工部件和汽车上的仪表盘、前后灯等。玻璃纤维增强苯乙烯类树脂，广泛应用于汽车内装制品、收音机壳体、磁带录音机底盘、照相机壳、空气调节器叶片等部件，玻璃纤维增强聚丙烯的强度、耐热性和抗蠕变性能好，耐水性优良，可以作转矩变换器、干燥器壳体等。

b. 热固性玻璃钢。热固性玻璃钢是以玻璃纤维为增强剂和以热固性树脂为黏结剂的复合材料，常用的热固性树脂为酚醛树脂、环氧树脂、不饱和聚酯树脂和有机硅树脂等四种，酚醛树脂出现最早，环氧树脂性能较好，应用较普遍。

热固性玻璃钢成形工艺简单、质量轻、比强度高、耐蚀性能好、介电性能优越。比强度比铜合金和铝合金高，甚至比合金钢还高，但刚度较差，弹性模量低（1/5～1/10 结构钢）、耐热度低（≤250 ℃）、易老化，易蠕变。可以通过树脂改性改善性能，酚醛树脂和环氧树脂混溶的玻璃钢即有良好黏结性，又降低了脆性，还保持了耐热性，也具有较高的强度。

热固性玻璃钢主要用于机器护罩、车辆车身、绝缘抗磁仪表、耐蚀耐压容器和管道及各种形状复杂的机器构件和车辆配件。

② 碳纤维树脂复合材料。碳纤维是先进复合材料制备中最常用的、最重要的增强体，可以由黏胶纤维、聚丙烯纤维、沥青纤维三种原材料制取，碳元素的含量超过 95％。根据力学性能，碳纤维可分为通用级（GP）和高性能极（HP），前者拉伸强度小于 1000MPa，拉伸模量低于 100GPa；后者拉伸强度可高达 2500MPa 以上，拉伸模量高于 220GPa。碳纤维具有低密度、低电阻、低热胀系数、高强度、高模量、高导热、耐高温、抗化学腐蚀等特性。此外，还具有纤维的柔顺性，比强度和比模量优于其他无机纤维。碳纤维的另一个重要特性是自润滑特性，无论是静摩擦状态还是动摩擦状态，其摩擦系数均小于 0.3。由于其自润滑和低磨损特性，碳纤维被广泛用作摩擦滑动材料，可用来制作轴承和齿轮。值得注意的是，碳纤维在 2000℃仍有良好的摩擦特性。碳纤维的缺点是抗冲击性和高温抗氧化性差，主要作为树脂、碳、金属、陶瓷、水泥基复合材料的增强体。A380 选用纤维增强树脂基复合材料的部位如图 9-12 所示。

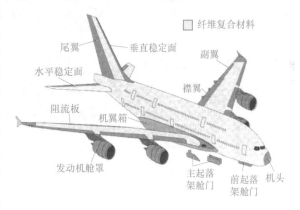

图 9-12　A380 选用纤维增强树脂基复合材料的部位

碳纤维复合材料的密度比铝轻、强度比钢高，弹性模量比铝合金和钢大，疲劳强度高，冲击韧性高，同时耐水和湿气，化学稳定性高，摩擦系数小，导热性好，受 X 线辐射时强度和模量不变化，这类材料的问题是碳纤维和树脂的黏结力不够大，各向异性程度较高，耐高温性能差等。总之，比玻璃钢的性能普遍优越。因此，可以用作宇宙飞行器的外层材料，人造卫星和火箭的机架、机壳，天线构架，作各种机器的齿轮、轴承等磨损零件，活塞、密封圈、摩擦件，也用作化工零件和容器等。

工程应用典例

　　人造卫星上的机架也是用碳纤维复合材料制造的，它可以承受高达 9000kg 的负荷，而其自身的质量才 3.6kg，比金属制作的机架轻一半。碳纤维复合材料在体育用品中也大受欢迎。1972 年第一个碳纤维复合材料鱼竿的问世掀起了黑色热浪。碳素高尔夫球棒、网球拍、羽毛球杆很快就进入市场，随后由碳纤维复合材料制成的滑雪板、自行车、冲浪板、乒乓球拍、弓箭也向商品化推进。据日本东丽公司统计，1995 年全世界碳纤维消耗量的 35％即 2984t 用于体育用品。

　　③ 硼纤维树脂复合材料。硼纤维是由硼气相沉积在钨丝上来制取的。由于高温下硼和钨的相互扩散，所以纤维的外层为金属硼，芯部为变成分的硼化钨晶体。硼纤维与基体的黏结性能很好，硼纤维树脂复合材料的特点是，压缩强度为碳纤维树脂复合材料的 2～2.5 倍，剪切强度很高，蠕变小，硬度和弹性模量高，力学性能与纤维含量有关。

　　硼纤维树脂复合材料抗压强度和剪切强度都很高，优于铝合金、钛合金，且蠕变小、硬度和弹性模量高，很高的疲劳强度，达 340～390MPa，耐辐射，对水、有机溶剂和燃料、润滑剂很稳定，由于硼纤维是半导体，所以它的复合材料的导热性和导电性很好。

工程应用典例

　　硼纤维环氧树脂、硼纤维聚酰亚胺树脂等复合材料主要应用于航空和宇航工业，制造翼面、仪表盘、转子、压气机叶片，直升机螺旋桨叶和转动轴等。F-14 是美国首先试用硼纤维-环氧树脂蒙皮夹层结构做飞机水平尾翼的战斗机，蒙皮最厚为 56 层。而 F-14 的阻力板则是碳纤维-环氧树脂复合材料制成的，减重约 22％。洛克希德公司研制的以硼纤维-环氧树脂增强的 C-130 飞机的机翼，是首次用于大型客机主结构上的复合材料构件。其机翼为 2220kg，减重 250kg，结构疲劳寿命提高 3 倍。

9.4.2　陶瓷基复合材料

　　陶瓷材料的优点是压缩强度大，弹性模量高，耐氧化性能强，因此是一种很好的耐热材料，但严重的缺点是脆性太大和热稳定性太差，改善脆性显然是陶瓷材料作为高温结构材料的一个最突出的问题。

　　陶瓷基复合材料是以纤维、晶须或颗粒为增强体，通过一定的复合工艺与陶瓷基体结合在一起组成的材料。可以改善陶瓷材料固有的脆性，已成为当前材料科学研究中最为活跃的一个方向。

　　（1）分类

　　目前用作陶瓷基复合材料基体的氧化物主要有氧化铝、氧化锆、莫来石、锆英石，非氧化物主要有氮化硅、碳化硅和氮化硼等。与金属基复合材料不同，在陶瓷基体中引入第二相的主要目的就是为了提高陶瓷材料的韧性。陶瓷基复合材料主要分类：

　　颗粒增韧复合材料：Al_2O -TiC 颗粒。

　　晶须增韧复合材料：$SiC-Al_2O_3$ 晶须。

　　纤维增韧复合材料：SiC-硼硅玻璃纤维。

　　（2）性能

　　与其他材料相比，陶瓷基复合材料具有高强度、高模量、低密度、耐高温、耐磨、耐蚀和良好的韧性、抗热振冲击性强等特点。

（3）陶瓷基复合材料的应用

陶瓷基复合材料的发展速度远不如聚合物基复合材料和金属基复合材料，主要原因有两个：一是高温增强材料出现较晚，碳化硅纤维和晶须在 20 世纪 70 年代后期才出现；二是陶瓷基复合材料的制造过程涉及高温，制造工艺较为复杂。至今，陶瓷基复合材料的研究还处在初级阶段。

由于这类材料发展较晚，其潜能尚待进一步发挥。陶瓷基复合材料潜在的很有前景的应用领域则是作为高温结构材料和耐磨耐蚀材料，如航空燃气涡轮发动机的热端部件、大功率内燃机的增压涡轮，以及代替金属制造车辆发动机、石油化工容器、废物垃圾焚烧处理设备等。例如 SiCw 增韧的细颗粒 A1203 陶瓷基复合材料已在高速切削工具和内燃机部件上得到应用；WG-300 型晶须增强陶瓷复合材料刀具具有耐高温、稳定性好、高强度和优异的抗热振性能，熔点为 2040℃，切削速度可达 152m/min，甚至更高，比常用的 WC-Co 硬质合金刀具的切削速度提高了一倍。

9.4.3　碳基复合材料

（1）组成及特点

碳基复合材料即碳纤维增强碳基本复合材料，把碳的难熔性与碳纤维的高强度及高刚性结合于一体，使其呈现出非脆性破坏。由于它具有重量轻、高强度，优越的热稳定性和极好的热传导性。因为熔点极高，所以 C/C 复合材料具有较高的耐热性，常温下，C/C 复合材料的特性不如其他尖端复合材料，但在高温状态，它却是一种性能非常好的优质材料，可以经受住 2000℃ 左右的高温，特别是在 1000～1300℃ 的高温环境下，C/C 复合材料的强度不仅没有下降，反而有所提高。碳基复合材料最显著的优点是耐高温（大约 2200℃）和低密度，其密度只有 $1.5～2.0g/cm^3$ 左右，与铌、钼等耐热金属相比非常小，可使发动机大幅度减重，以提高推重比。

（2）应用

碳基复合材料主要用于航空航天、军事和生物医学等领域，如导弹弹头、固体火箭发动机喷管、飞机刹车盘、赛车和摩托车刹车系统，航空发动机燃烧室、导向器、密封片及挡声板、人体骨骼替代材料等。碳基复合材料主要在如下两个方面：

① 烧蚀材料和热结构材料。宇航方面，C/C 复合材料在分解、解聚、蒸发、气化及离子化等化学和物理过程中驱散着大量的热能，并利用材料本身的消耗来换取隔热效果，因此可作为一种很好的绝缘、防烧蚀材料。当今，所有的火箭和导弹都采用 C/C 复合材料作为头锥、洲际导弹弹头的鼻锥帽、固体火箭喷管和航天飞机的机翼前缘。

② 紧急制动装置。随着现代航空技术的发展，飞机装载质量不断增加，飞行着陆速度不断提高，对飞机的紧急制动提出了更高的要求。C/C 复合材料质量轻、耐高温、吸收能量大、摩擦性能好，用它制作的刹车片广泛用于高速军用飞机中。迄今为止至少有 50 多种不同机型的飞机是采用 C/C 复合材料刹车片的，这是 C/C 复合材料最大的应用领域。

工程应用典例

碳碳复合材料如果能够解决表面以及界面在中温时的氧化问题，并能在制备时提高致密化速度，并降低成本，则有望在航空发动机中得到大量的实际应用。例如美国的 F119 发动机上的加力燃烧室的尾喷管，F100 发动机的喷嘴及燃烧室喷管，F120 验证机燃烧室的部分零件已采用 C/C 基复合材料制造。法国的 M88-2 发动机，幻影 2000 型发动机的加力燃烧室喷油杆、隔热屏、喷管等也都采用了 C/C 基复合材料。

9.4.4 金属基复合材料

金属基复合材料（metal matrix composite，MMC）是以金属或合金为基体，以金属或非金属线、丝、纤维、晶须或颗粒为增强相的非均质混合物，其共同点是具有连续的金属基体。通常金属基复合材料可分为铝基复合材料、镁基复合材料和钛基复合材料。

奇闻轶事：金属基复合材料溯古源今

金属基复合材料的最早可追溯到古文明时期。在土耳其发现的公元前 7000 年的铜锥子，它经过反复拓平与捶打而制成。无心插柳柳成荫，在这个过程中，其中的非金属夹杂物被拉长，从而产生类似纤维增强的效果，成为 MMC 的雏形。MMC 真正的起步时在 20 世纪 50 年代末，当时美国航空宇航局（NASA）成功制备出钨丝增强的铜基复合材料，这也成为 MMC 研究和开发的标志性起点。

20 世纪 80 年代，MMC 进入迅速发展阶段，人们开始注重颗粒、晶须和短纤维增强 MMC 的研究，同时在汽车、体育用品等领域 MMC 得到了广泛应用，例如日本丰田公司首次将陶瓷纤维-铝 MMC 应用于柴油发动机活塞。早在 2000 年，北美、欧洲及日本等发达国家已形成了成熟的金属基复合材料产业，产量达到全球用量的 80% 以上。"十一五"开始，中国开展"载人航天与探月工程""高精度对地观测""大型压水堆与高温气冷堆"等重大专项任务，这为高性能金属基复合材料的发展带来前所未有的机遇。

（1）金属陶瓷

金属陶瓷是金属（通常为钛、镍、钴、铬等及其合金）和陶瓷（通常为氧化物、碳化物、硼化物和氮化物等）组成的非均质材料，是颗粒增强型的复合材料。金属和陶瓷按不同配比组成工具材料（陶瓷为主）、高温结构材料（金属为主）和特殊性能材料。

氧化物金属陶瓷多以钴或镍作为黏金属，热稳定性和抗氧化能力较好，韧性高，做高速切削工具材料，还可做高温下工作的耐磨件，如喷嘴、热拉丝模以及机械密封环等。碳化物金属陶瓷是应用最广泛的金属陶瓷。通常以 Co 或 Ni 作金属黏剂，根据金属含量不同可作耐热结构材料或工具材料。碳化物金属陶瓷作工具材料时，通常被称为硬质合金。

（2）纤维增强金属基复合材料

自 20 世纪 60 年代中期硼纤维增强铝基复合材料问世以来，人们又先后开发了碳化硅纤维、氧化铝纤维以及高强度金属丝等增强纤维，基体材料也由铝及铝合金扩展到了镁合金、钛合金和镍合金等。

除了金属丝增强外，硼纤维、陶瓷纤维、碳纤维等增强相都是无机非金属材料，一般它们的密度低、强度和模量高，并且耐高温性能好。所以，这类复合材料有比强度高、比模量高和耐高温等优点。纤维增强金属基复合材料特别适合作航天飞机主舱骨架支柱、发动机叶片、尾翼、空间站结构材料；另外在汽车构件、保险杠、活塞连杆及自行车车架、体育运动器械上也得到了应用。

（3）细粒和晶须增强金属基复合材料

细粒和晶须增强金属基复合材料是目前应用最广泛的一类金属复合材料。这类材料多以铝、镁和钛合金为基体，以碳化硅、碳化硼、氧化铝细粒或晶须为增强相。最典型的代表是 SiC 增强铝合金。

工程应用典例

在美国国防部"TitleE"项目支持下，DWA复合材料公司与洛克希德·马丁公司及空军合作，将粉末冶金法制备的碳化硅颗粒增强铝基（6092Al）复合材料用于F16战斗机的腹鳍，代替了原有的2214铝合金蒙皮，刚度提高50%，使寿命由原来的数百小时提高到设计的全寿命8000h，寿命提高幅度达17倍。评估结果表明：这种铝基复合材料腹鳍的采用，可以大幅度降低检修次数，全寿命节约检修费用达2600万美元，并使飞机的机动性得到提高。

由于金属基复合材料中所加入的增强体密度低，因此复合材料的密度可显著降低。这类复合材料具有极高的比强度和比模量，广泛应用于军工行业，如制造轻质装甲、导弹飞翼、飞机部件。在兵器工业领域，低密度的金属基复合材料可用于反直升机/反坦克多用途导弹固体发动机壳体等零部件，以此来减轻质量，提高作战能力。例如25%（体积分数）细粒增强铝基复合材料密度更低，模量更高，可代替7075Al制作航空结构导槽、角材；17%（体积分数）SiC细粒增强铝基复合材料的拉伸模量 $> 100 \times 10^3$ MPa，可作飞机、导弹用板材；Al_2O_3 短纤维增强铝基复合材料耐磨，成本低，可用于制造汽车发动机抗磨环等。

常用的复合材料见表9-3。

表 9-3　常用的复合材料

类别	名称	主要性能及特点	用途举例
纤维复合材料	玻璃纤维复合材料(包括织物,如布、带)	热固性树脂与纤维复合,抗拉强度、抗弯强度、抗压强度、抗冲击强度高,脆性降低,收缩减小。热塑性树脂与纤维复合,抗拉强度、抗弯强度、抗压强度、弹性模量、抗蠕变性均提高,热变形温度显著上升,冲击韧度下降,缺口敏感性改善	主要用于耐磨、减摩及一般机械零件、管道、泵阀、汽车及船舶壳体
	碳纤维、石墨纤维复合材料(包括织物,如布、带)	碳-树脂复合、碳-碳复合、碳-金属复合、碳-陶瓷复合等,比强度、比刚度高,线胀系数小,摩擦磨损和自润滑性好	在航空、宇航、原子能等工业中用于压气机叶片、发动机壳体、轴瓦、齿轮等
	硼纤维复合材料	硼与环氧树脂复合,比强度高	用于飞机、火箭构件,可减轻质量25%~40%
	晶须复合材料(包括自增强纤维复合材料)	晶须是单晶,无一般材料的空穴、位错等缺陷,机械强度特别高,有 Al_2O_3、SiC等晶须。用晶须毡与环氧树脂复合的层压板,抗弯模量可达70000MPa	可用于涡轮叶片
	石棉纤维复合材料(包括织物,如布、带)	有温石棉及闪石棉,前者不耐酸;后者耐酸,较脆	与树脂复合,用于密封件、制动件、绝热材料等
	植物纤维复合材料(包括木材、纸、棉、布、带等)	木纤维或棉纤维与树脂复合而成的纸板、层压布板,综合性能好,绝缘	用于电绝缘、轴承
	合成纤维复合材料	少量尼龙或聚丙烯腈纤维加入水泥,可大幅度提高冲击韧性	用于承受强烈冲击件
颗粒复合材料	金属粒与塑料复合材料	金属粉加入塑料,可改善导热性及导电性,降低线胀系数	高含量铅粉塑料作γ射线的罩屏及隔音材料,铅粉加入氟塑料作轴承材料
	陶瓷粒与金属复合材料	提高高温耐磨、耐腐蚀、润滑等性能	氧化物金属陶瓷作高速切削材料及高温材料;碳化铬用作耐腐蚀、耐磨喷嘴,重载轴承,高温无油润滑件;钴基碳化钨用于切割、拉丝模、阀门;镍基碳化钨用作火焰管喷嘴等高温零件

续表

类别		名　　称	主要性能及特点	用途举例
颗粒	复合材料	弥散强化复合材料	将硬质粒子氧化钇等均匀分布到合金(如镍铬合金)中,能耐1100℃以上高温	用于耐热件
层叠	复合材料	多层复合材料	钢-多孔性青铜-塑料三层复合	用于轴承、热片、球头座耐磨件
		玻璃复层材料	两层玻璃板间夹一层聚乙烯醇缩丁醛	用于安全玻璃
		塑料复层材料	普通钢板上覆一层塑料,以提高耐蚀性	用于化工及食品工业
骨架	复合材料	多孔浸渍材料	多孔材料浸渗低摩擦系数的油脂或氟塑料	可作油枕及轴承,浸树脂的石墨作抗磨材料
		夹层结构材料	质轻,抗弯强度大	可作飞机机翼、舱门、大电机罩等

笔记

复习思考题 (9)

9-1　选择题

1. 玻璃钢是 (　　) 组成的复合材料。

A. 玻璃和钢 　　　　　　　　　　　　　B. 玻璃和合成纤维

C. 陶瓷纤维和钢 　　　　　　　　　　　D. 玻璃纤维和树脂

2. 环氧树脂玻璃钢中增强纤维是 (　　)。

A. 碳纤维 　　　　　　　　　　　　　　B. 氧化铝纤维

C. 玻璃纤维 　　　　　　　　　　　　　D. 绦纶纤维

3. 纤维增强树脂复合材料中,增强纤维应该 (　　)。

A. 强度高,弹性模量高,塑性好 　　　　B. 强度高,弹性模量高

C. 强度高,弹性模量低 　　　　　　　　D. 塑性好,弹性模量高

9-2　简答题

1. 什么叫复合材料?具有哪些共同的特性?

2. 试述玻璃钢的特性及其在航空上的应用。

3. 试述碳纤维和石墨纤维复合材料的特性及应用。

航空材料腐蚀与防护

腐蚀和疲劳是飞机失效的两大主要因素，所以飞机的设计、制造和航线上的维护保养对防止腐蚀的控制必须引起足够的重视。例如英、美空军每架飞机每年因腐蚀造成的直接修理费用在 11000~52000 美元之间，而且腐蚀对飞行安全也造成很大威胁。又如涡轮是航空喷气发动机的关键部件，它在非常严酷的环境下工作，易受到高温氧化和热腐蚀的损害。通过防护提高涡轮叶片高温性能，使其能在更高的温度下工作已经成为制约飞机性能的关键技术之一。

从 1954 年到 1995 年这 40 年间，全球共约发生 2800 次飞机失事，其中由于结构问题导致的有 67 件，原因及百分比为：其他及设计不良各占 10.4%、维修不良占 7.5%、超负荷占 28.5%、疲劳及腐蚀占 43.2%。结构问题中疲劳及腐蚀危害最严重，几乎占了一半，可见要维持老飞机的飞行安全，必须对结构疲劳及腐蚀有正确的认知及处置，而这也是目前各国空军现正面对的首要课题。

1. 掌握腐蚀种类及常用防腐工艺；
2. 牢固铝合金、钛合金、钢常用的防腐措施和机体的防护。

飞机防腐措施。

10.1 概述

金属材料与周围介质（通常是液体、气体）发生化学、电化学和物理等反应而引起的变质和破坏称为金属腐蚀。"腐蚀"一词起源于拉丁文 corrodere，即损坏的意思。从热力学观点看，除少数贵金属（如 Au、Pt）外，各种金属都有转变成离子的趋势，就是说金属腐蚀是自发的普遍存在的现象。腐蚀对金属的危害极大，腐蚀发生时，在金属的界面上发生化学或电化学多相反应，使金属转入氧化状态，显著降低金属材料的强度、塑性、韧性等力学性能，破坏金属材料的几何形状，增加转动件的磨损，恶化电学和光学等物理性能，缩短设备的使用寿命，甚至造成火灾、爆炸等重大事故，使国民经济受到巨大的损失。据统计，全世界因腐蚀而损失的金属，约占金属年总产量的 10%，世界各发达国家每年因金属腐蚀而造成的经济损失约占其国民生产总值 3.5%~4.2%，超过每年各项天灾（火灾、风灾及地震等）损失的总和。

奇闻轶事：世界各国的腐蚀损失

美国的腐蚀调查表明：腐蚀对经济的影响在 1998 年时就已达 2760 亿美元，占 GDP 的 3% 以上，相当于每年每人约支出 1000 美元。从 2004 到 2010 财年，美国国防部腐蚀费用平均 209 亿美元，占其维修费用的 20.4%。海军每年在腐蚀问题上的花费总计约 70 亿美元，其中航空装备 26 亿美元，舰船 31 亿美元，地面车辆 5 亿美元，基础设施 6 亿美元。2008 到 2010 财年，舰艇腐蚀问题的花费占到维修费用的 25%，而平均单舰因腐蚀问题而不可用的天数为 38.2 天，超过每年 10% 的时间。腐蚀问题导致的不可用天数占每年海军和海军陆战队飞机不可用天数的 22.4%，空军飞机腐蚀导致的不可用天数占全部不可用天数的比例稍低，各型飞机大多在 20% 上下。英国每年因金属腐蚀造成的直接经济损失达 13.65 亿英镑；在美国，仅汽车排气系统的腐蚀造成的经济损失估计每年达 5 亿美元；在日本，按金属腐蚀量估计，每年造成钢铁损失相当于 400 万 t。

中国腐蚀状况及控制战略研究重大咨询项目组发布研究成果：2014 年中国腐蚀总成本超过 2 万亿元，约占当年国内生产总值的 3.34%，相当于每个中国人当年承担 1555 元的腐蚀成本。我国的腐蚀问题，44% 集中在高速公路、桥梁、建筑等基础设施领域，石油化工领域则占 22%，其他则是交通运输、能源和机械行业。

飞机的燃料和液压等系统的机件腐蚀后，还可能因腐蚀产物的阻塞而影响系统的正常工作，甚至造成严重事故。腐蚀不仅直接影响到飞行安全，还给机务维修工作带来很大负担，同时还带来高额的维修费用，以及降低了飞机的服役期限。一般来说，用于飞机结构维修的费用是昂贵的。据国际航空运输协会报告统计，由于腐蚀导致的飞机定期维修和结构件更换费用为 10~20 美元/h。美国空军每年用于与腐蚀有关的检查及修理费用多达 10 多亿美元，约占其总维修费用的四分之一。而一家英国航空公司，老龄波音飞机防腐费用已占整个结构维修费用的一半。

为了让人们重视腐蚀带来的危害，世界腐蚀组织（WCO）于 2009 年确定每年的 4 月 24 日为"世界腐蚀日"。因此，研究腐蚀机理，采取防护措施，对经济建设有着十分重大的意义。我们必须了解金属产生腐蚀的原因，并采取切实可行的防腐措施。

工程应用典例

2007 年美国明尼苏达州的一座大桥坍塌，约 50 辆汽车坠入密西西比河。德国汉堡的 Kohlbrand Estruary 桥由于斜拉索腐蚀严重，建成的第三年就更换了全部的斜拉索，耗资是原来造价的 4 倍。苏联建造的和平号空间站在长达 15 年的在轨时间里，共发生近 2000 处故障，70% 的外体遭到腐蚀，由于无力承担巨额维修费用，2001 年 3 月不得不将其坠毁。

悉尼海港大桥建于 1932 年，经过多年的风吹日晒还光彩如新，得益于从设计之初就开始实施的集选材、耐蚀结构设计、表面防腐体系设计、使用维护等全过程的腐蚀控制计划。近年来北京的大型建筑在防腐蚀方面下了很大功夫，鸟巢在建时就要求涂料的防腐蚀年限要在 25 年以上，经过三轮严格招标最后中标企业用了 6 个品种 1000 多吨的涂料，共进行了 23 道工序前后涂刷了六遍。国家大剧院的屋顶选用了优良的钛及其合金，钛具有很好的耐腐蚀性，能抵御城市污染、工业辐射和极端侵蚀，可以百分之百回收，是一种绿色环保材料，能抗百年腐蚀而不用维护和修理。

10.1.1　腐蚀的分类

按照腐蚀的机理，腐蚀可分为化学腐蚀及电化学腐蚀，其中电化学腐蚀是最常产生的腐蚀，其危害也更大。

（1）化学腐蚀

金属和周围介质直接发生化学反应而使金属损坏的现象，称为化学腐蚀。其特点是腐蚀过程中，没有电流在金属的内部流动，腐蚀物产生于金属表面。

飞机上的金属零件通常产生的化学腐蚀，一种是与高温燃气接触时，燃气中剩余的氧，或燃料中的硫及硫化物，燃烧后生成的二氧化硫等，直接与金属产生化学作用而引起的；另一种是与煤油、汽油等接触时，这些油料中所含的硫及硫化物直接与金属产生化学作用而引起的。可见，硫及硫化物是引起飞机上的金属产生化学腐蚀的重要物质之一，它们来源于飞机上的各种油料。为了预防金属产生化学腐蚀，一方面对飞机使用的各种油料，都严格限制了其中硫化物的含量，不合规格的油料不能使用在飞机上，另一方面不要让燃料等随便滴在金属零件上，若不慎滴上，应及时擦干净。

（2）电化学腐蚀

通常所见的金属腐蚀产物如红褐色的铁锈、白粉状的铝锈、绿色的铜绿等，就是电化学腐蚀的结果。金属的电化学腐蚀就是金属在电解液作用下产生的腐蚀，例如金属在电解质溶液（酸、碱、盐水溶液）以及海水中发生的腐蚀，金属管道与土壤接触的腐蚀，在潮湿的空气中的大气腐蚀等，均属于电化学腐蚀。飞机上的金属零件所产生的腐蚀，一般都属于电化学腐蚀，其特点是腐蚀过程中有电流产生。现以铜锌原电池为例（图 10-1）来说明电化学腐蚀的实质。

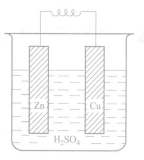

图 10-1　电化学腐蚀

将锌板和铜板放入电解液中，用导线连接，由于两种金属的电极电位不同（见表 10-1），就有电流通过，构成了原电池。由于锌比铜活泼（锌电极电位低），锌易失去电子，故电流的产生必然是锌板上的电子往铜板移动。锌失去电子后，变成正离子而进入溶液，锌就被溶解破坏了，而铜不遭腐蚀。

从上可知，金属要产生电化学腐蚀应同时具备下面三个条件：

① 有两种不同的金属；

② 两种金属互相接触；

③ 有电解液存在。

实际上，即使是同一种金属材料，内部有不同的组织（或杂质），这些不同组织的电极电位是不等的，当有电解液存在时，也会构成原电池，从而产生电化学腐蚀。常见金属在25℃时的标准电极电位参见表 10-1。

表 10-1　常见金属在 25℃ 时的标准电极电位

金属元素	Mg	Al	Zn	Fe	Sn	H	Cu	Ag	Pt	Au
电极电位	−2.375	−1.66	−0.763	−0.409	−0.1364	0	+0.3402	+0.7996	+1.2	+1.42

碳钢是由铁素体和渗碳体两相组成的，铁素体的电极电位低，渗碳体的电极电位高，在潮湿空气中，钢表面蒙上一层液膜（电解质溶液），两相组织又互相接触而导通，从而形成微电池，铁素体成为阳极而被腐蚀，最后碳钢的表面形成腐蚀产物即铁锈，铁锈很疏松无保护作用，因此碳钢在大气中会一直腐蚀下去，如图 10-2 所示。

飞机上两种不同金属的零件接触的情形是很多的，而且飞机上的金属制品多数是用合金做的，组织中已包含有不同成分。即使是纯金属制品，一般也含有杂质，所以产生电化学腐

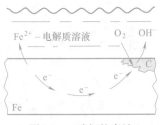

图 10-2　碳钢的腐蚀

蚀的前两个条件在飞机上已经具备了。飞机在使用过程中又经常接触到空气中的水分以及受到雨水、霜、露等电解液的浸润。可见，飞机上的金属零件很容易同时具备产生电化腐蚀的三个条件，容易产生电化学腐蚀。飞机上的铝制件不允许与铜合金或镍合金制件直接接触，否则由于它们的电位差大而加速铝制件的腐蚀。

10.1.2　腐蚀破坏的类型

笔记

金属腐蚀破坏的形式，通常分为全面性腐蚀和局部性腐蚀两大类。

（1）全面性腐蚀

全面腐蚀是指金属表面均发生腐蚀，金属构件变薄，最后破坏。在大气中，铁生锈或钢失泽以及金属的高温氧化均属于全面腐蚀。

全面腐蚀的速率常以失重或变薄法表示，其特点是暴露的表面普遍受到或大或小相同的腐蚀，而且侵蚀的深度上差别很小。全面性腐蚀对金属的性能影响很大，破坏的危险性较小。

在工程结构中，发生的腐蚀破坏事故，全面腐蚀占较小的比例。而且全面腐蚀虽然会导致金属的大量损伤，但不会造成突然破坏事故，与局部腐蚀相比危险性小些。各类腐蚀失效事故、事例的调查结果表明，均匀腐蚀仅占约 20%。其余约 80% 为局部腐蚀破坏。

均匀腐蚀的程度可以用腐蚀率来表示。常用两种单位，一是单位时间内，单位表面积上损失的重量，以 $g/(m^2 \cdot h)$ 计；另一是单位时间内腐蚀的平均厚度，以 mm/年计。

（2）局部性腐蚀

如果腐蚀只集中在金属表面特定部位进行，其余大部分几乎不发生腐蚀，这种腐蚀称为局部腐蚀。局部腐蚀的特点是阳极区和阴极区截然分开，腐蚀电池中的阳极反应和腐蚀剂的还原反应可以在不同的区域发生。通常阳极区域较小，阴极区域较大，从而加剧了局部腐蚀中阳极区的溶解损伤速度。在工程结构中，由于局部腐蚀造成的事故远比全面腐蚀的事故多，危害性也较大，局部腐蚀类型主要有点腐蚀、缝隙腐蚀、晶间腐蚀、电偶腐蚀等。

① 点腐蚀。金属表面大部分不发生腐蚀或腐蚀很轻微，但局部地区出现腐蚀小孔并向深处发展的现象称为点腐蚀或小孔腐蚀。点腐蚀是破坏性和隐患较大的腐蚀形态之一，它在失重很小的情况下，就会导致构件发生穿孔破坏。由于点腐蚀是向深度方向迅速发展，给腐蚀物的清除和修复也带来一定的困难。此外，在承受应力的情况下，点腐蚀会成为应力腐蚀源，诱发构件腐蚀开裂。

点腐蚀形成小孔形状是各种各样的，如图 10-3 所示。在金属表面分布有些是分散的，也有的较集中，形成一些"麻坑"。多数的腐蚀坑被腐蚀产物覆盖，表面可以看到一小撮一小撮的白色粉末，也有的腐蚀小孔是开口的。

点腐蚀多发生在表面生成钝化膜的金属或合金上，如不锈钢、铝及铝合金等。金属或合

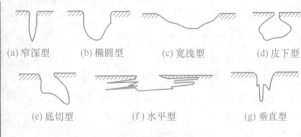

(a) 窄深型　　(b) 椭圆型　　(c) 宽浅型　　(d) 皮下型

(e) 底切型　　(f) 水平型　　(g) 垂直型

图 10-3　点腐蚀

缝隙腐蚀机理

丝状腐蚀产生过程

笔记

金表面某区域的钝化膜受到破坏，未受破坏的钝化膜和受到破坏已裸露出来的基体金属形成两个电极，若周围环境有电解液（含氯离子的介质）存在，就形成了腐蚀电池。钝化表面为阴极，并且面积比钝化膜遭到破坏的阳极区大得多，腐蚀就会发生并向深处发展，形成点腐蚀（图 10-4）。

② 缝隙腐蚀。金属表面由于存在异物，或结构上的原因形成了缝隙，其宽度足以使介质进入缝隙而又使与腐蚀有关的物质流动困难，从而引起缝内金属腐蚀加速的现象，称为缝隙腐蚀。由于缝隙中存在着腐蚀介质，而氧通过缝隙的窄口进入缝隙，并均匀扩散到介质中就十分困难，从而在缝隙中形成浓差电池，加上缝口常有腐蚀产物覆盖，又形成闭塞电池，加快了腐蚀过程，最后造成了缝隙腐蚀（图 10-5）。

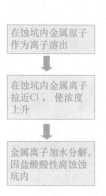
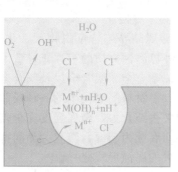

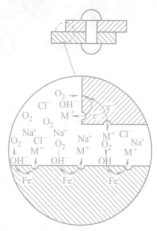

图 10-4　点腐蚀机理图　　　　　　　　图 10-5　缝隙腐蚀机理图

在结构中不可避免会出现缝隙，如法兰盘对接面、螺母压紧面、铆钉头底面、焊渣、锈层、污垢等。若形成的缝隙宽度在 0.025～0.1mm 的范围内，就会产生缝隙腐蚀。不论是同一种金属，或者是不同金属连接，还是金属和非金属之间的连接都会引起缝隙腐蚀，特别是依赖表面钝化而耐蚀的合金更容易发生。而且几乎所有腐蚀介质（包括淡水）都可以引起缝隙腐蚀，如果腐蚀介质中含有氯离子，缝隙腐蚀就更容易发生。与点腐蚀相比，同种金属更易发生缝隙腐蚀，一旦发生，就会不断发展。由此可见，它是一种比点腐蚀更为普遍的局部腐蚀。

③ 丝状腐蚀。丝状腐蚀被认为是缝隙腐蚀的一种特殊形式。在有涂层的钢、锌、铝、镁等金属表面上经常可以看到。金属表面由于涂层渗透水分和空气而引起腐蚀，腐蚀产物呈细丝状纤维网的样子，这种腐蚀称为丝状腐蚀（图 10-6）。又因多发生在涂层下面，又称作膜下腐蚀。

引起丝状腐蚀的主要因素是大气的湿度。丝状腐蚀主要发生在 65%～90% 的相对湿度之间。如果相对湿度低于 65%，金属就不会发生丝状腐蚀。相对湿度达到 65%～80% 时，生成的丝状腐蚀丝纹比较细；相对湿度达到 80%～95% 时，丝纹变宽；而相对湿度高于 95% 时，丝纹变得很宽，以致形成腐蚀鼓包。

在飞机结构上，首先观察到丝状腐蚀的常常是在铆钉头部的周围和沿着蒙皮的搭接缝处。一

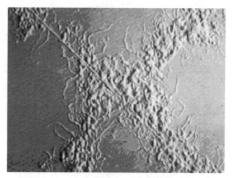

图 10-6　丝状腐蚀

笔记

且表面涂层破裂，就可以看到由于丝状腐蚀生成的腐蚀产物——白色粉末引起的隆起。在飞机铝合金结构件表面涂聚氨酯瓷釉涂层时，如果底层涂料处理不当，就会在表面涂层和铝合金之间存着水分，引起丝状腐蚀。

④ 晶间腐蚀。晶间腐蚀是沿着晶粒边界向内蔓延扩展的一种腐蚀，主要出现在不锈钢中如 1Cr18Ni9。晶间腐蚀的主要原因是腐蚀处化学成分不均匀（偏析或晶间沉淀引起的局部成分不一致）。例如奥氏体不锈钢的晶界处贫铬，则特别容易引起晶间腐蚀（图 10-7）。

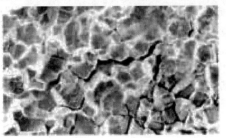

图 10-7 晶间腐蚀

晶间腐蚀使金属的晶界遭到破坏，零件的外表虽然往往还保持着完好的状态，但强度却严重地降低了。例如，产生了晶界腐蚀的硬铝蒙皮，外表虽然完整，但却能用木棒甚至手指将它戳穿。飞机上的金属零件产生晶间腐蚀后，不能继续使用，必须更换。

金属晶界与晶粒内物理、化学状态及化学成分不同，造成了电化学性质的不均匀性，加上外界腐蚀介质的存在，导致了金属材料晶间腐蚀的产生。易发生晶间腐蚀的金属有不锈钢、镍基合金、铝合金以及铜合金。

晶间腐蚀是金属材料在特定的腐蚀介质中，沿材料晶界发生的一种局部腐蚀。这种腐蚀是在金属表面无任何变化的情况下，使晶粒间失去结合力，金属强度完全丧失，导致构件发生突发性破坏。如果有应力存在，会产生以晶间腐蚀为起源，转变为晶间型应力腐蚀，而导致结构件破坏。所以，晶间腐蚀也是危害性较大的腐蚀形式之一。

工程应用典例

以奥氏体不锈钢为例，含铬量须大于 11% 才有良好耐蚀性。当焊接时，焊缝两侧 2～3mm 处可被加热到 400～910℃，在这个温度（敏化温度）下晶界的铬和碳易化合形成 Cr_3C_6，Cr 从固溶体中沉淀出来，晶粒内部的 Cr 扩散到晶界很慢，晶界就成了贫铬区，铬量可降到远低于 11% 的下限，在适合的腐蚀溶液中就形成"碳化铬晶粒（阴极）-喷铬区（阳极）"电池，使晶界贫铬区腐蚀。

铝合金的晶间腐蚀，也是由于热处理不当而造成的。当对铝合金加热进行固溶处理时，在要求的温度下保温热透后，从炉中取出，应立即进行淬火处理，从而得到细化的晶粒。若没有及时处理，哪怕只推迟几分钟，铝合金晶粒也会长大，并在晶界形成铜化物，使晶粒边缘处含铜量下降，形成贫铜区。贫铜区的电位较低，在外界腐蚀介质作用下，导致晶间腐蚀的发生。

⑤ 层离腐蚀。层离腐蚀是晶间腐蚀的一种特殊情况。主要发生在锻造、挤压型材上。锻造、挤压型材拉长的晶粒成层形排列，腐蚀从金属表面开始，进入晶间后，沿锻压平面的晶界继续进行，造成金属内部产生分层，或称为层离。

当金属发生层离腐蚀，会引起金属构件表面的隆起，用目视或用手触摸会发现层离腐蚀的迹象。一旦从表面可以看出层离腐蚀的发生，层离腐蚀造成的损伤就已经超过了可修理的范围，只能对构件进行加强，或重换构件。

⑥ 电偶腐蚀。两种不同的金属在同一介质中接触时，两金属之间若存在电位差，在两金属接触部位会产生电偶电流，使电位较低的金属遭到腐蚀，电位较高的金属得到保护，这种腐蚀叫电偶腐蚀（图 10-8），或称为接触腐蚀。这也是一种常见的局部腐蚀的类型，它的

腐蚀原理就是腐蚀电池的作用。两种金属的电位差是发生电偶腐蚀的条件之一，两种金属电位差越大，电偶腐蚀越严重。

金属越活泼，其电位就越低，在电偶腐蚀中通常作为阳极受到腐蚀；而不活泼的金属电位比较高，在电偶腐蚀中通常作为阴极不会受到腐蚀。两种金属的活泼性在活动顺序表中相差越远，电位差越大，在它们之间发生的电偶腐蚀越严重，电位低的金属往往被快速地腐蚀。但应注意的是，在不同腐蚀介质中，金属的电位会有所变化。

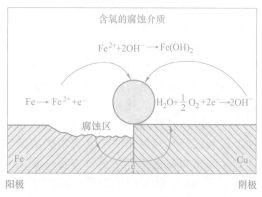

图 10-8　电偶腐蚀机理图

如果硬铝合金（2024）蒙皮表面包覆的纯铝保护层，或钢螺栓表面的镀镉或镀锌保护层受到损坏，基体金属裸露出来，在电解质溶液发生电化学腐蚀时，保护层金属的电位比基体金属低，将遭到腐蚀，基体金属得到保护，这种电偶腐蚀也称为牺牲性腐蚀。而表面镀镍或铬的钢螺栓，若镀层破坏，发生电化学腐蚀时，受腐蚀的则是钢螺栓。因为镍、铬比钢的电位要高。所以，虽然，镉、锌镀层和镍、铬镀层都对基体金属钢起保护作用。但一旦保护层受到损坏，基体金属被腐蚀的情况就完全不同了。

发生电偶腐蚀时，阳极金属的腐蚀速度与组成电偶的阳极、阴极面积比有很大关系。随着阴极对阳极面积比值的增大，阳极的腐蚀速度呈直线上升。

为了防止电偶腐蚀的发生，在结构设计中，应尽量避免不同金属相互接触，特别是避免形成小阳极大阴极面积比的组合。

10.1.3　常用的防腐方法

（1）改善金属的本质

根据不同的用途选择不同的材料组成耐蚀合金，或在金属中添加合金元素，提高其耐蚀性，可以防止或减缓金属的腐蚀。例如，在钢中加入镍制成不锈钢可以增强防腐蚀能力。在冶炼金属本身的过程中，加入一些合金元素，如铬、镍、锰等，以增强其耐蚀能力。还可利用表面热处理如渗铬、渗铝、渗氮等，使金属表面产生一层耐蚀性强的表面层。

 奇闻轶事：抗菌不锈钢

近年来出现的抗菌不锈钢在不锈钢中添加一些抗菌的元素如铜、银等经过特殊处理而成，兼具结构材料和功能材料的双重特性：既具有一般不锈钢作为构件的装饰和美化作用，又具有抗菌、杀菌的自清洁作用。经试验表明，抗菌不锈钢材料对大肠杆菌表菌的杀灭率已达到 99% 以上，对其他菌种也有显著的杀灭作用，例如对通常难以杀灭的枯黑菌和念珠菌，杀灭率也在 80% 以上。力学性能与抗蚀性能与原有不锈钢持平。

抗菌不锈钢按抗菌性能的产生方式可分为三种：镀膜式，即在不锈钢上镀上带有杀菌性的金属材料，或其他有杀菌作用的无机材料，如 ZnO 等；附有橡胶膜式，即在不锈钢表面包裹有抗菌作用的有机橡胶；自身抗菌式，即在不锈钢中添加一些具有抗菌作用的金属元素，再通过特殊的处理使不锈钢本身产生抗菌性。目前人们更倾向于第三种方式，因为前两种方式易磨损、易老化，而使不锈钢失去抗菌性。而第三种方式不存在这些缺点，并且成本低、易于加工。

（2）形成保护层

在金属表面覆盖各种保护层，把被保护金属与腐蚀性介质隔开，这是防止金属腐蚀的有效方法。工业上普遍使用的保护层有非金属保护层和金属保护层两大类。采用化学方法、物理方法和电化学方法实现的，一是用电镀、喷镀等方法镀上一层或多层金属；二是用油漆、搪瓷、合成树脂等非金属材料覆盖在金属表面上；三是发蓝、磷化等氧化方法，使金属表面自身形成一层坚固的氧化膜，以防止金属的腐蚀。

① 金属的磷化处理。钢铁制品去油、除锈后，放入特定组成的磷酸盐溶液中浸泡，即可在金属表面形成一层不溶于水的磷酸盐薄膜，这种过程叫作磷化处理。

磷化膜呈暗灰色至黑灰色，厚度一般为 $5\sim20\mu m$，在大气中有较好的耐蚀性。膜是微孔结构，对油漆等的吸附能力强，若用作油漆底层，耐腐蚀性可进一步提高。

② 金属的氧化处理。将钢铁制品加到 $NaOH$ 和 $NaNO_2$ 的混合溶液中，加热处理，其表面即可形成一层厚度约为 $0.5\sim1.5\mu m$ 的蓝色氧化膜（主要成分为 Fe_3O_4），以达到钢铁防腐蚀的目的，此过程称为发蓝处理，简称发蓝。这种氧化膜具有较大的弹性和润滑性，不影响零件的精度。故精密仪器和光学仪器的部件，弹簧钢、薄钢片、细钢丝等常用发蓝处理。

③ 非金属涂层。用非金属物质如油漆、塑料、搪瓷、矿物性油脂等涂覆在金属表面上形成保护层，称为非金属涂层，也可达到防腐蚀的目的。例如，船身、车厢、水桶等常涂油漆，汽车外壳常喷漆，枪炮、机器常涂矿物性油脂等。用塑料（如聚乙烯、聚氯乙烯、聚氨酯等）喷涂金属表面，比喷漆效果更佳。塑料这种覆盖层致密光洁、色泽艳丽，兼具防蚀与装饰的双重功能。

搪瓷是含 SiO_2 量较高的玻璃瓷釉，具有极好的耐腐蚀性能，因此作为耐腐蚀非金属涂层，广泛用于石油化工、医药、仪器等工业部门和日常生活用品中。

④ 金属保护层。以一种金属镀在被保护的另一种金属制品表面上所形成的保护镀层。前一金属常称为镀层金属。金属镀层的形成，除电镀、化学镀外，还有热浸镀、热喷镀、渗镀、真空镀等方法。

热浸镀是将金属制件浸入熔融的金属中以获得金属涂层的方法，作为浸涂层的金属是低熔点金属，如 Zn、Sn、Pb 和 Al 等。热镀锌主要用于钢管、钢板、钢带和钢丝，应用最广；热镀锡用于薄钢板和食品加工等的贮存容器；热镀铅主要用于化工防蚀和包覆电缆；热镀铝则主要用于钢铁零件的抗高温氧化等。

（3）改善腐蚀环境

改善环境对减少和防止腐蚀有重要意义。例如，减少腐蚀介质的浓度，除去介质中的氧，控制环境温度、湿度等都可以减少和防止金属腐蚀。也可以采用在腐蚀介质中添加能降低腐蚀速率的物质（称缓蚀剂）来减少和防止金属腐蚀。如干燥气体封存法：采用密封包装、在包装空间内放干燥剂或充入干燥气体（如氮气），使包装空间内相对湿度≤35％，从而使金属不易生锈。目前，已有许多国家采用此法包装整架飞机、整台发动机及枪支等，取得良好效果。

（4）电化学保护法

电化学保护法是根据电化学原理在金属设备上采取措施，使之成为腐蚀电池中的阴极，从而防止或减轻金属腐蚀的方法。

① 牺牲阳极保护法。牺牲阳极保护法是用电极电势比被保护金属更低的金属或合金作阳极，固定在被保护金属上，形成腐蚀电池，被保护金属作为阴极而得到保护。

牺牲阳极一般常用的材料有铝、锌及其合金。此法常用于保护海轮外壳，海水中的各种金属设备、构件和防止巨型设备（如贮油罐）以及石油管路的腐蚀。

答疑解惑

船体为什么要锌块保护？

答题要点：驰骋在大洋上的舰艇最怕什么？恐怕答案正是这些"钢铁硬汉"下面的一片汪洋。原来，海洋是地球上最大、最严酷的腐蚀环境。海上大温差、高湿、高盐雾等气候条件大大加速了材料老化、腐蚀的进程，海水、泥沙、油气、海洋生物等也都是形形色色的腐蚀介质。武器装备长期处于这样的"炼狱"环境之中，都会产生不同程度的腐蚀。

海水是氯化钠电解质溶液，铁是金属，通常铁里面会有碳，这样，一种活泼金属与一种可以导电的金属相连构成闭合回路，再加上电解质溶液，就形成了原电池，发生了铁的吸氧腐蚀的反应，为了防止铁被腐蚀，可以加入比铁更活泼金属——锌，因为还原性越强的金属越容易被腐蚀，所以锌替代了铁参加反应牺牲阳极的阴极保护法，又称牺牲阳极保护法。目的是防止船壳铁皮被锈蚀，保护铁制船件。海水就像富含钙镁等离子的电解质溶液，船的铁皮上连上锌块泡在海水里，就形成了铁-锌原电池，锌比铁活泼，成为负极失去电子，转移给铁。同时形成锌离子溶解于海水中，从而避免铁溶解于海水中，原理是简单的原电池原理。

铁的电位是 -0.440mV，而锌的电位是 -0.763mV，比铁的电位低，氧的电位为 1.4mV。这样锌氧之间的电位差较大，更易形成原电池，从而将铸铁管壁得到保护。

② 外加电流法。将被保护金属与另一附加电极作为电解池的两个极，使被保护的金属作为阴极，在外加直流电的作用下使阴极得到保护。此法主要用于防止土壤、海水及河水中金属设备的腐蚀。

金属的腐蚀虽然对生产带来很大危害，但也可以利用腐蚀的原理为生产服务，发展为腐蚀加工技术。例如，在电子工业上，广泛采用印刷电路。其制作方法及原理是用照相复印的方法将线路印在铜箔上，然后将图形以外不受感光胶保护的铜用三氯化铁溶液腐蚀，就可以得到线条清晰的印刷电路板。三氯化铁腐蚀铜的反应如下：

$$2FeCl_3 + Cu \longrightarrow 2FeCl_2 + CuCl_2$$

此外，还有电化学刻蚀、等离子体刻蚀新技术，比用三氯化铁腐蚀铜的湿化学刻蚀的方法更好，分辨率更高。

 答疑解惑

西气东输管线的腐蚀与防护？

答题要点：金属腐蚀与防护是一个历史悠久但又充满生机活力的研究领域。以西气东输管线防腐蚀为例，该管线既要穿过较强的腐蚀区（如沼泽区、盐渍土区），又要通过高电阻率地方（砂石区、石方区），还要经过大城市、工业基地等土壤腐蚀环境差别巨大的区域。另外，输气管线有多处要穿越河流、公路，这些特殊的环境对腐蚀保护都有专门的要求。由于管输介质先前已经作过处理，其腐蚀性不强，因此可在管道内壁喷涂防腐涂层（如环氧树脂）防止内腐蚀，同时减少输送时的摩擦阻力。管道外壁的防护是重点，主要采用外涂防腐涂层与阴极保护相结合的联合保护方式，并根据不同的区域环境因地制宜地设计不同的保护方案。其中，防腐涂层包括单层结构的环氧粉末涂层和三层结构的聚乙烯防腐层（底层为熔结环氧粉末、中间层为胶黏剂、外层为聚乙烯）。环氧粉末主要用于环境腐蚀性相对较弱、非石方区等地域，三层结构防腐层主要用于环境腐蚀性强的沼泽、水塘、盐油区以及机械破坏严重的石方区和安全性要求高的人口稠密区等。阴极保护方案根据环境及选择的防腐层，采取外加电流的阴极保护方式，全线大约要建 50 余座阴极保护站，同时在阴极保护电源的选用中注重与遥测系统相匹配。

笔记

10.1.4 常用防腐工艺

（1）钢制件的发蓝处理

将钢制件放在空气-水蒸气或化学药物溶液中加热到适当温度，使其表面形成一层蓝色或黑色氧化膜，以改善钢的耐蚀性，这种工艺称为发蓝处理。例如把钢制件放入烧碱（NaOH）和氧化剂（$NaNO_2$、$NaNO_3$）溶液中，在 $140\sim150℃$ 温度下，保温 $60\sim120min$，在表面生成一层以 Fe_3O_4 为主的多孔氧化膜，这层氧化膜牢固地与金属表面结合，经浸油处理填充氧化膜孔隙后，能有效地抵抗干燥气体的腐蚀。

发蓝处理广泛应用于机械零件、钟表零件、枪支零件的防腐。

（2）镀锌

锌是一种灰白色的金属，在干燥空气中很稳定，在潮湿空气中易与氧和二氧化碳作用，生成氧化锌和碳酸锌薄膜，这层膜能防止锌继续损坏。锌的电极电位比较低，对钢铁零件能起保护作用。

镀锌广泛用于在大气中工作的钢件及与铝合金接触的钢件。如飞机上起落架支柱、轮叉、作动筒外壳、保险丝、开口销等的表面大都镀有一层锌。

（3）铝合金件的阳极氧化法

将铝制品放在硫酸电解槽的阳极上，通以电流，使零件表面生成一层氧化膜，这种方法称为阳极氧化法。阳极氧化法形成的氧化膜与基体金属结合牢固，不仅提高了铝制品的耐蚀性，还增加了表面的耐磨性，由于氧化膜的多孔性，具有较强的吸附油漆的能力，是良好的油漆底层。氧化膜的孔隙还可以吸附各种染料，经着色填充处理，使表面获得各种美丽的色彩。

阳极氧化法广泛用于飞机上的各种铝制件，如导管接头、各系统的摇臂、发动机上的压缩器叶轮等，飞机的蒙皮通常除包纯铝外，还用阳极氧化法来防腐。此外，阳极氧化法还可用于日常生活用器皿、壳体、笔套等铝制品的防腐及装饰。

（4）铜合金的纯化处理

将铜制件浸入氧化剂（铬酐及硫酸混合液）溶液中处理 $2\sim3min$，制件表面即生成化学稳定性较高的钝化膜，提高了防腐蚀能力。

钝化处理操作简单、经济、不影响零件尺寸，所以仪表中的铜制作，如螺钉、垫片、齿轮等均采用钝化处理。

10.2 飞机的腐蚀

飞机在使用过程中会遇到各种环境因素，如化学因素（主要是各种腐蚀介质环境）、噪声环境、热环境等。飞机所处的环境比一般机械更为恶劣，材料所遭受的侵蚀行为更为复杂，破坏程度也更为严重。飞机在这些因素的作用下，其零件材料、结构都会产生一定的破坏，影响其使用寿命。随着飞行速度的提高，这些因素的影响也更加严重、更加复杂化。目前飞机的服役期一般都在 20 年以上，从飞机的整体情况来看，飞机结构腐蚀比机械疲劳问题更为严重。在航空史上，屡屡发生因腐蚀问题造成的飞行事故。

腐蚀不仅直接影响到飞行安全，还给机务维修工作带来很大负担，同时还带来高额的维修费用，以及降低了飞机的服役期限。一般来说，用于飞机结构维修的费用是昂贵的。据国际航空运输协会报告统计，由于腐蚀导致的飞机定期维修和结构件更换费用为 $10\sim20$ 美元/h。美国空军每年用于与腐蚀有关的检查及修理费用多达 10 多亿美元，约占其总维修费用的四分之一。而一家英国航空公司，老龄波音飞机防腐费已占整个结构维修费用的一半。

飞机与其他机械产品一样，除在设计和工艺制造等方面保证材料和结构具有很好的耐腐蚀破坏的能力以外，还必须研究零、部件的表面处理方法，以进一步提高耐蚀性能，从而使其能在各种工作条件下安全、可靠地工作。

10.2.1　飞机使用环境的特点

（1）环境因素复杂

中国飞机腐蚀环境分为两大地区：黄河流域、秦岭以北等不易发生大面积腐蚀的地区称为温和区，如沈阳、北京、西安等；长江流域以南、秦岭以南地区称湿热区，如广州、武汉、重庆等。即使在同一个气候区域内，存在的腐蚀介质也千差万别，如日照、水分、酸、碱、盐分等，不同地区的成分及含量也不相同，腐蚀介质环境极为复杂，飞机会发生各种类型的腐蚀，尤其是某些受力构件发生的应力腐蚀断裂和腐蚀疲劳会有很大的破坏性。

笔记

 奇闻轶事: 战机"洗澡"

　　说起战斗机的保养，人们一定听说过战机"洗澡"的故事。通常情况下，战机在沿海地区执行完低空飞行任务后，都要及时返场"洗澡"，而且洗的还是"淋浴"，通过地面上喷水口喷出的水幕，用淡水把机身上下冲洗个遍。这么做的目的，就是防止大气中的废气和氯盐附着在机体表面，进而对战机造成腐蚀。美国空军明确规定，在战机降落后就必须及时进行清洗作业，美军还给这项作业起了个好听的名字，叫作"鸟浴"。

　　当然，飞机的保养远不止"洗澡"这么简单，通常包含着多重工序，进行多层涂装，有时还需要实施"整容"手术。其中，最常见的"保养秘方"就是给飞机敷上一层"面膜"。一般而言，飞机各类零部件在制造成型之后，大多要涂上底漆、面漆、防腐剂等多层涂料，最后还要给飞机加上外层涂装。以美军为例，F-14"雄猫"舰载战斗机机身就采用高抗腐蚀涂层。美军还使用聚硫化物密封剂用于减少机身表面和链条密封处的水浸入，比如含六价铬的铬酸盐底漆等。包括F/A-18舰载战斗机、C-130运输机、C-5运输机、F-16战斗机、H-60直升机等军机的大量底漆均含六价铬。

（2）环境因素是随机变量

飞机在工作时可能遇到的各种环境中，又有多种因素的作用，而各因素对飞机材料、结构的影响也有不同的表现形式，但它们却有着共同的特点，即环境参数（因素）是多元随机变量。例如，沿海地区盐雾含量比内地大得多；城市和工厂内大气中污染物质含量比农村大得多；低空中有害成分比高空中含量多等等。很显然，环境参数（因素）的影响强度随地区、时间（季节、月、日）和高度的变化是随机的。这意味着影响每一个使用环境强度的因素不是单一的，而是多元的。环境强度和多个因素自变量之间不是确定性的函数关系，而是概率关系，需要用统计分析方法去找出彼此之间的变化规律，为飞机设计与制造提供参考数据。

10.2.2　航空材料腐蚀类型

航空器包括很多不同种类的航空材料，这些材料所处的工作环境各不相同，导致对航空材料产生腐蚀的原因也是多种多样的。腐蚀类型可分为以下几种。

（1）电化学腐蚀

电位差与电解质溶液是形成电化学腐蚀的两个基本条件。在飞行器的结构之中，承担功

铝合金电化学腐蚀过程

能的不同，所以不同结构所使用的材料性质也不同。比如，飞行器的表面材料大多使用具有优良延展性、相对强度低的铝合金材料，起落架及龙骨梁则选用强度高的合金钢材料。材料不同，它们的电极电位也不同，如果它们接触就有可能产生腐蚀的隐患；就算是同种类的材料，由于其内部杂质的存在或其自身就是由不同电极电位多相组成，因此也存在着腐蚀隐患。因此从航空材料的构成来说，客观就可能存在着电化学腐蚀问题。

作为中远程运输的交通工具，飞行器工作的特点直接决定了它的工作环境的变化要大于其他交通工具。飞机在工作中经常穿越温度、温度相差很大的气候地带，尤其是我国幅员广阔，有着亚热带及热带湿润型气候，航空材料难以避免的要在潮湿的环境中工作，还会因为昼夜温差的变化，在结构中积水。空气里的二氧化碳、二氧化硫等气体包附在航空材料的表面，发生电离而产生电解质溶液，使航空材料产生吸氧腐蚀现象。同时飞行器内部有大量连接间隙，形成电化学腐蚀蔓延。

（2）承力结构应力腐蚀

指应力与腐蚀环境的共同作用下对材料的破坏方式，应力腐蚀只会发生在特定腐蚀环境与材料体系之中，它的特点是造成破坏的静应力大大低于材料屈服强度，断裂形式是不产生塑性变形的脆裂，拉应力是其主因，应力来源见图 10-9，应力腐蚀特定腐蚀环境与材料体系见表 10-2。

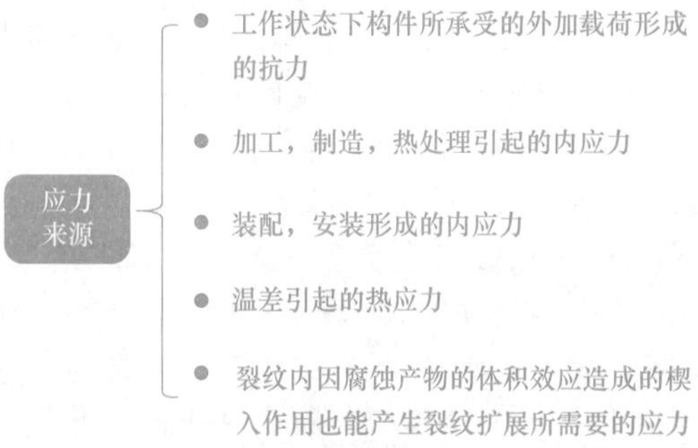

应力腐蚀开裂

笔记

应力来源
- 工作状态下构件所承受的外加载荷形成的抗力
- 加工，制造，热处理引起的内应力
- 装配，安装形成的内应力
- 温差引起的热应力
- 裂纹内因腐蚀产物的体积效应造成的楔入作用也能产生裂纹扩展所需的应力

图 10-9 应力来源

在飞行器上易产生应力腐蚀部位还有：厨房、厕所下方区域，湿气的长期聚焦，容易出现腐蚀；机身顶部，由于冷凝水聚集作用再加受拉伸应力，易产生应力腐蚀；机身下部，舱门口、厨房、货舱附近的部位易出现腐蚀；框架、桁条及止裂带；机身蒙皮，在应力、湿气双重作用下，产生蒙皮鼓包、变形、丢失紧固件，易出现裂纹；压力隔框，经常出现于位置较低部位，尤其是排水设施不够及未维护的部位；大翼及安定梁，对梁上各种位置腐蚀的探测、修理非常困难；翼中段、承压舱板；货舱门的平衡弹簧应力性腐蚀。

表 10-2 应力腐蚀特定腐蚀环境与材料体系

合金	腐蚀介质
碳钢和低合金钢	NaOH 溶液，含有硝酸根，碳酸根，硫化氢水溶液，海水，海洋大气和工业大气，硫酸-硝酸混合液，三氯化铁溶液，湿的 CO-CO_2，空气
高强度钢	蒸馏水，湿大气，氯化物溶液，硫化氢
奥氏体不锈钢	高温碱液，高温高压含氧纯水，氯化物水溶液，海水，浓缩锅炉水，水蒸气（260℃），湿润空气（湿度 90%），硫化氢水溶液，二氯乙烯等
铜合金	NH_3 蒸气，氨溶液，汞盐溶液，含 SO_2 的大气，三氯化铁，硝酸溶液
钛合金	发烟硝酸，海水，盐酸，含 Cl^-、Br^-、I^- 水溶液，甲醇三氯乙烯，CCl_4，氟利昂
铝合金	NaCl 水溶液，海水，水蒸气，含 SO_2 的大气，含 Br^-、I^- 水溶液，汞

工程应用典例

起落架是飞行器主要受力结构，当飞行器停放时，起落架轮轴受到拉应力的作用，可能在腐蚀介质下产生应力腐蚀现象。起落架的材质通常为镀铬高强钢，其强度高、耐磨损但硬度较脆，易在飞行器的起降突变负荷作用下缺陷掉落而失去效果。清洗、结露等会使起落架轮轴积水，其杂质也容易在起降或是清洗时附在轮轴位置，形成应力腐蚀溶液，从而造成应力腐蚀。

（3）发动机的高温腐蚀

发动机的主要腐蚀表现形式是高温氧化腐蚀。推力大、效率高、油耗低、寿命长是航空发动机发展趋势。只有对涡轮进口燃气温度进行提升，才能供给出需要的增压比与流量比，实现提升推力的同时降低油耗。所以发动机的涡轮叶抗高温腐蚀的性能非常关键。对此可采取几种方法进行防护保障性能前提之下，提高叶片本身熔点和高温抗氧化的能力；使用与基体材料具有良好亲和力、高温性能佳的保护涂层；采用气冷技术，令冷却的空气在涡轮叶片表面构成保护型气膜。

镍基超合金是当前在航空航天领域中发展最成熟、应用最广泛的材料。它具备优良的综合力学性能：高温强度、室温的韧性及抗氧化性能，但它的极限应用温度为 1100～1150℃，已达其熔点 85%，再提升其使用温度潜力较小。现今对新型高温结构的材料使用温度要达到 1600℃左右，铌、钼基硅化物合金因其在高温强度与低温损伤的容限良好平衡，而显示出巨大的发展前景，可代替目前的镍基合金材料。所以最近几年国内外将铌、钼基结构的材料作为研发涡轮叶片继承材料的主方向。在涂层保护领域，目前大多使用等离子喷涂技术、渗铝或硅涂层。在我国航空用发动机行业，用等离子喷涂制作热障涂层的技术已经在新型航空用发动机涡轮叶片与隔热屏等部件上成功被应用，同时渗铝、硅技术由于工艺简单、与新材料亲和力佳，也得到了相应的大发展。好的气冷设计可以在现有材料基础之上对叶片表面温度进行有效降温，但因冷却必须在叶片的内部进行气道设计，并在叶片表面布置相当数量的气孔，不但要合理规划分布气道，还要对叶片实施相对复杂的强度实验与设计。

（4）意外腐蚀

飞行器在工作中还会遇到意外腐蚀的情况，这种情况与飞行器本身材料、设计、工作环境没有关系，根本就是人为原因而造成的。比如机上承载强腐蚀性物质，发生泄漏而造成飞行器发生腐蚀。通过编制详细的操作流程与有关部门加强监督管理，并制定相应的强制性规定规范，并由专人进行负责落实便可尽量避免人为因素而造成的腐蚀现象。

10.2.3　飞机主要部位的腐蚀特性

（1）机身部分

有些飞机机身的蒙皮与长桁或框采用胶接点焊的连接方式，在点焊过程中，焊点处留下了热应力并有可能破坏该处的包铝层，又由于焊点处的压紧力较差，易留下缝隙使腐蚀介质渗入而发生缝隙腐蚀。对于采用铆钉连接的蒙皮，由于埋头窝处的蒙皮与铆钉头之间有空隙，使该处的漆层易产生破裂或剥落，当湿气或其他腐蚀介质侵入后，在铆钉周围和蒙皮的边缘产生丝状腐蚀。

机身的客货舱通常为加温增压舱，舱内的暖空调气体冷却后形成冷凝水，凝集在蒙皮的内侧表面，由于湿度较大，是极易出现腐蚀的部位。

对于机身腹部的结构（地板以下区域的长桁、隔框、蒙皮等），处于机内一侧的表面上容易积存潮气、雨水、其他污物污水等，还易于滞留有机气体，形成了恶劣的腐蚀环境，经常出现大面积的结构腐蚀。

机身上开有不同用途的各种舱口、门和接近口，通常由梁、框架、加强接头和口框加强板组成，这些结构容易构成夹缝和空腔，极易产生严重的缝隙腐蚀。

机身后部承压隔框的搭接头和加强条的紧固件，在外力和腐蚀介质的共同作用下，可能出现应力腐蚀断裂和腐蚀疲劳破坏。机身后段的外蒙皮在其机翼部分也易产生腐蚀疲劳裂纹。

奇闻轶事：美国阿罗哈航空公司因应力腐蚀裂纹而飞脱

1970 年前后进入美国空军服役的 F-5 型战斗机，因前机身上纵梁使用材料为对应力腐蚀甚为敏感的 7075-T6 铝合金，致在服役相当时间后发生了应力腐蚀裂纹，美国空军不得不在 20 世纪 90 年代中期进行全机队结构返厂修改，更换改变热处理而提升抗腐蚀能力的 7075-T73 新制上纵梁。

航空史上最著名的应力腐蚀裂纹飞行安全事件，是发生于 1988 年 4 月 28 日的美国阿罗哈（Aloha）航空公司，一架波音 737-200 机身前段大片上蒙皮于飞行途中脱落，幸赖驾驶员的技术高超而平安落地。波音 737 飞机的经济服役寿命（economic service life）为 20 年，51000 飞行小时和 75000 次的舱压周期。根据阿航的飞航记录，大约每 1 飞行小时会发生 3 次的舱压周期，而波音的经济寿命预测，是根据每 1 飞行小时 1.5 次的舱压周期，因此阿航的舱压累积周期数是波音预测的两倍，而在加舱压的机身内，舱压周期是造成疲劳裂纹的最主要因素。失事后的调查结果也发现机身上下蒙皮叠接处多颗铆钉孔边，早已各自存在着相当长度的应力腐蚀裂纹，这些裂纹在失事时的舱压作用下串连成一条长长的裂纹，毫无阻力地继续向前延伸，引起舱内失控的泄压，造成蒙皮撕裂而飞脱。

（2）机翼部分

机翼箱体结构的内侧表面是易于腐蚀的部位，主要是针对长期停放的飞机，尤其是处在高温高湿度地区的飞机，应当特别注意油箱内的微生物腐蚀问题。机翼箱体结构多采用整体的轧制厚板材料，通常是轧制淬火后经化学铣切加工制成的，这种材料的组织状态在腐蚀介质中极易出现层状腐蚀。前缘蒙皮的外侧表面长期承受带有尘埃的气流冲击，表面氧化膜极易破坏发生磨耗腐蚀。后缘延伸段的蒙皮和襟翼、副翼等活动面处，经常有雨水侵入发生腐蚀。机翼上翼面蒙皮通常采用铝-锌合金板材，对应力腐蚀断裂敏感，耐腐蚀疲劳性能也较差，易出现应力腐蚀裂纹和腐蚀疲劳裂纹。

在机翼和机身的结合部位，为了满足气动要求，通常都装有与机翼和机身外形相适配的整流蒙皮，此处便形成了由整流蒙皮与机身和机翼组成的狭窄空腔，腔内易积水且湿气不易排出，此处的蒙皮和支撑构件易出现大面积腐蚀。

（3）尾翼部分

对于铝合金的水平安定面和垂直安定面来说，翼梁上、下缘条与翼面蒙皮及前后缘蒙皮的结合处，经常会发生缝隙腐蚀。水平安定面下翼面蒙皮的内侧表面也易发生大面积腐蚀。安定面翼梁构件多采用化铣成型的硬铝型材，与机翼大梁构件一样易发生层状腐蚀。由于尾翼离地面较高，目视检查困难，有的飞机在大修时才发现水平安定面和垂直安定面翼梁的腹板发生了穿透性的剥蚀，这是非常严重的潜在性故障。可转动的水平安定面的翼根接头是高应力承载件，曾有过多次出现应力腐蚀断裂的报道。

（4）起落架部分

前、主起落架舱属于非密封舱，所处的外界环境基本相同，舱内侧壁、顶棚的结构件经常受到空气和跑道的介质与杂质的侵蚀而发生腐蚀。某些飞机的主起落架安装座构件和作动筒支撑座在外力和介质的作用下易产生腐蚀疲劳裂纹。起落架是重要承力机构，它的转动关节处和支柱轴颈及轮轴轴颈等，如果润滑不良而又有腐蚀介质渗入，在长期的摩擦过程中会出现磨损腐蚀。

（5）发动机区域

发动机区域主要指发动机吊舱和发动机的安装构架，发动机吊舱通常包含悬臂梁及发动机安装架的支撑结构和吊舱尾段等。悬臂梁上的发动机安装架的接头处易出现应力腐蚀断裂，发动机的安装连接螺栓由于材料性质和腐蚀介质的影响易产生氢脆性破坏。吊舱的侧壁、下盖、大包皮等板形件，在长期的振动作用下，紧固件易发生松动而产生缝隙，当腐蚀介质渗入后会发生腐蚀。吊舱的外侧表面特别是前缘处易受带有腐蚀性尘埃气体的冲击而腐蚀，某些飞机前整流锥尤易受到磨耗腐蚀，有的吊舱尾段结构会受到发动机排气的影响而出现大面积的蚀坑。

（6）发动机主要部件

发动机是决定飞机飞行性能和使用寿命的关键，飞机的安全及可靠性也主要依靠发动机的正常运转。因此，对发动机各零、部件的腐蚀及耐久性问题必须给予十分重视。以下列举出压气机叶片和涡轮叶片的情况。

① 压气机叶片。压气机位于发动机的前方，在工作时叶片始终接受着高速气流的冲刷，同时承受着气流中所含砂石、尘土、盐雾、雨水等多种腐蚀介质的作用。转子叶片还承受着各种应力的作用，如离心力、弯曲应力和振动应力等。压气机段还有温度的影响，但不同级的叶片有不同的工作温度。所以压气机叶片的工作环境比较复杂，腐蚀因素很多，带来的腐蚀问题也是很多的。

不同型号发动机的叶片可用不同的材料制造，随材料性质不同，会出现不同的腐蚀状况。如马氏体不锈钢制造的叶片，在潮湿大气和海洋性大气中工作时，易出现孔蚀，在蚀坑边缘逐步发展成裂纹，进而产生应力腐蚀断裂或腐蚀疲劳，严重的将有开裂、折断，甚至有造成事故的危险。用锻铝合金制造的压气机叶片，有出现晶间腐蚀和剥蚀的倾向，在强大离心力和振动应力的作用下易发生折断，也曾有过发生折断事故的报道。在我国海南地区使用的铝合金压气机叶片，在飞行 100h 后检修时，有 $60\%\sim90\%$ 的叶片需要更换。用钛合金制造的叶片，由于经常用在前级，所以常产生磨耗腐蚀和摩擦腐蚀。

② 涡轮叶片。与压气机叶片相比，涡轮叶片的工作环境更为恶劣，除承受着巨大的离心应力、扭曲应力、振动应力和热应力外，同时还受到高温、高压、高速燃气流的作用，而且燃气产物的成分不定，随飞行的区域和燃料种类而变化。所以，叶片的工作条件更为苛刻，出现腐蚀破坏的现象也更严重，经常出现的问题有叶片裂纹、叶片叶身细颈、蠕变、热疲劳、热腐蚀、过热、表面损伤等。

涡轮叶片多采用镍基铸造合金制成，叶片上产生的裂纹对叶片的寿命有重要的影响。因为叶片工作时在强烈燃气的冲击下，产生了复合共振（弯曲和扭转的复合），导致榫槽配合面上出现疲劳裂纹。裂纹特点是单条穿晶的，具有较大危险性，严重时可贯穿整个榫槽，以致造成叶片断裂。

叶片叶身细颈、过热现象，大都是伴随着发动机超温、超转速状态下产生的。当涡轮叶片承受过高的温度以后，叶片材料会产生塑性变形、伸长而导致破坏，这种现象称为"细颈"。叶片的高温区是局部的，一般在叶身高度的 2/3 处，所以，"细颈"经常发生在这个区域。叶身过热是一种烧伤，常伴随"细颈"出现，表面因过热而氧化，颜色发黑，材料硬度明显下降。

由于燃气的侵蚀，会在叶片整个表面出现蚀坑，严重时坑点密集、蚀坑深度较大，有可能在坑点处产生应力集中而诱发裂纹。燃气腐蚀现象比较普遍，在各种用途的发动机中都会出现，特别是海军的飞机发动机更为突出。

答疑解惑

舰载机如何进行腐蚀防护？

答题要点：米格 29-K 舰载机采用高防腐蚀性的海军 RD33K 发动机，采用无烟燃烧室和一种新型抗腐蚀蒙皮，并增加可折叠的空中受油装置。美国著名的 F-14 "雄猫" 舰载战斗机、FA-18 机身均采用高抗腐蚀涂层。美国也用了多种材料防止飞机腐蚀，其中例如采用铝皮包减少腐蚀趋向，改善涂层附着力，使用卓越弹性和耐久性的聚氨酯面漆，聚硫化物密封剂和铬酸。

水银腐蚀

笔记

10.2.4　腐蚀的检查

（1）腐蚀迹象

① 常用合金腐蚀产物的颜色特征。

铝合金和镁合金：腐蚀初期呈灰白色斑点，发展后出现灰白粉末状腐蚀产物，刮去腐蚀产物后底部出现麻坑。

合金钢及碳钢：腐蚀刚开始时，金属表面发暗，进一步发展变成褐色或棕黄色，严重的腐蚀呈棕色或褐色疤痕，甚至出现蚀坑，刮去腐蚀产物后，底部呈暗灰色，边缘不规则。

铜合金：氧化铜是黑色，氧化亚铜是棕红色，硫化铜是黑色，氯化铜是绿色，所以铜腐蚀后可呈现出棕红、绿、黑色。

镀锡、镀镉、镀锌零件：腐蚀呈白色、灰色和黑色斑点或白色粉末薄层，如果基体金属腐蚀了，则腐蚀产物与基体金属的腐蚀产物相同。

镀铝零件：腐蚀呈白色或黑色，严重时表面脱落，裸露出基体金属。

不锈钢：腐蚀往往是出现黑色斑坑点。

② 构件腐蚀后的外表特征。

碎屑状腐蚀产物；涂层剥落、鼓起、翘起；表面变暗，粗糙；蒙皮鼓起；

紧固件头部变形或脱落；变形、裂纹、点坑；

褪色，条痕，起皮，变色；

水银：白色小羽毛状，严重时成为霉菌状，X 光片上呈现白色斑点。

（2）腐蚀损伤的检查方法

腐蚀的检查方法包括目视法和触摸法，利用无损探伤可做进一步的检查。目视检查是通过目视观察，根据腐蚀迹象和特征，判断是否发生腐蚀。如在机身增压舱蒙皮上的铆钉后部出现黑色尾迹、蒙皮鼓起等。触摸检查法是目视检查的重要辅助手段，对剥层腐蚀，利用手感比目视更敏感。

① 目视法。目视检测手段是根据腐蚀迹象和特征，判断是否发生腐蚀。它操作便捷，设备简单，经济实用，在目视检测时需保证有足够的照明度：在进行目视检测时，需要有足够的日光，如果光线不足时，可采用照明设备补足光线，同时需要保证光线的入射角度不会导致阴影妨碍到观察。

② 无损探伤法。常用的无损检测方法如表 10-3 所示，对易于发生腐蚀的结构处加以重点检查，能帮助检查者及时发现腐蚀的初步迹象，采取必要的措施做进一步的检查。例如：

a. 飞机外表面，迎风面，蒙皮搭接处易发生缝隙腐蚀，迎风面易受侵蚀。

b. 驾驶舱、客舱、货舱、厨房、厕所。

c. 电瓶舱、起落架舱/电子电气设备舱。

d. 发动机安装区及进气区及排气区。

e. 无法（难以）接近区：油箱；长铰链，因材料不同（铜衬套等）易产生电偶腐蚀；机身底部易积水区，维护时应保持排水孔畅通；难以润滑的部位。

f. 操纵钢索。

g. 焊接区：由焊药造成腐蚀源（用热水冲刷）；高温引起腐蚀源。

表 10-3　常用的无损检测方法

项目	方法					
	渗透检测	磁粉检测	涡流检测	超声检测	射线检测	目视检测
适用材料	非疏孔性	铁磁性	导电材料	多种材料	多种材料	多种材料
可检缺陷	表面开口	表面及近表面	表面、表层及隔层	主要用于内部	主要用于内部	表面可见
缺陷显示	直观	直观	不直观	不直观	直观	直观
灵敏度	最高	高	较低	较高	较高	较低
检测速度	慢	快	快	较慢	慢	快
环境危害	高污染	高污染	无	很低	危害人体	无
应用举例	发动机装架组件	螺栓、齿轮、轴	蒙皮、紧固件孔	龙骨梁	蜂窝积水	发动机内部叶片

10.2.5　腐蚀损伤评估

在完成腐蚀检查及清除后，应按手册或规定进行腐蚀损伤的评估，以确定修理方案。通常评估的内容包括：腐蚀的类型、腐蚀深度、扩散的程度、检查周期及结构件的等级。一般用刀口尺确定腐蚀区域，深度千分尺测腐蚀深度。

中国民用航空局综合考虑已发生的腐蚀对结构件承受载荷能力的影响，已发生腐蚀的影响范围及代表性和腐蚀在相继腐蚀检查过程中的出现情况，在咨询通告 AC-121-65 中对机体腐蚀的级别给出定义。评估已发生的腐蚀对结构件承载能力的影响是根据清除腐蚀时所除去的材料量是否超出容许极限来确定。

容许极限：指在不影响结构件极限设计强度条件下可以除去的材料的最大量（通常用材料厚度表示，容许极限由型号合格证或补充型号合格证持有人确定。

评估已发生腐蚀的影响范围由腐蚀属于局部腐蚀还是漫延腐蚀来确定。

局部腐蚀：指不超过一个隔框、桁条或加强杆的蒙皮或腹板格子（机翼、机身、尾翼或吊架）内的腐蚀。一般局限在单个隔框、桁条或加强杆；或者是一个以上的隔框、桁条或加强杆，但腐蚀构件每边的相邻件上不存在腐蚀。

漫延腐蚀：指两个或者两个以上相邻蒙皮或腹板格子上的腐蚀，或者说是指一个隔框、翼肋、桁条或加强杆与相邻蒙皮或腹板格子上同时发生的腐蚀。

10.2.6　腐蚀损伤的等级

腐蚀损伤分为三个等级。

1 级腐蚀：指以下一种或几种情况：

① 发生在相继两次腐蚀检查任务之间的腐蚀是局部腐蚀，并可以在容许极限内清除；

② 超过了容许极限的局部腐蚀，但不是运营人同一机队其他航空器可能发生的典型腐蚀情况（例如水银溢出引起的腐蚀）；

③ 以往相继腐蚀检查之间都只有轻微腐蚀，最近一次腐蚀检查任务发现腐蚀，清除腐

蚀后超出容许极限。

2级腐蚀：任何两次相继的腐蚀检查任务之间超出容许极限的腐蚀。2级腐蚀需要进行修理、加强、全部或部分替换相应结构。

3级腐蚀：指在第一次或以后各次腐蚀检查任务中，运营人认为是严重危及适航性的腐蚀情况。

10.2.7　腐蚀的处理

（1）清除腐蚀

① 彻底清洁机体表面。清除腐蚀首先要彻底清洁机体的表面，这是非常重要的一步。要将机体表面上的污垢、灰尘、排气管的残余物以及滑油、润滑脂沉积物等等全部清除掉。

清洁机体表面时，应把飞机停在能用软管进行冲洗，又没有强烈太阳照射的地方。使用符合技术条件要求的乳胶型清洁剂，用水按照一定比例稀释，用刷子或喷洒的方法将已稀释的清洁剂溶液涂到机体的外表面，并让清洁液保持湿润在机体表面上停留几分钟，以便让清洁液渗透到各种污渍中去，最后用高压的温水将清洁液以及洗掉的污物全部冲掉。

发动机罩和起落架舱部位经常有一些润滑油和润滑脂的残留物，清洁起来比较困难。为了清除这些污渍，必须用稀释的清洁液进行浸泡，然后用软毛刷刷洗，使污渍从表面脱掉，最后用高压温水冲洗，将清洁液及已刷下的污物冲掉。

排气口一些污物比较顽固，清除起来比较困难。可以在乳胶状溶剂中加入清洁剂和煤油，并把这个混合物施加到要清洁的表面上，对顽固的污渍进行浸泡，然后再用毛刷刷洗，最后用高压温水进行冲洗。

对于顽固的难以清除掉的污渍，上述的清洁过程可以反复进行，直到把污渍清除掉。

② 清除油漆保护层。为了检查漆层下面是否发生了腐蚀，必须先将漆层清除掉。

清除机体表面的油漆保护层要使用一种可用水冲洗掉的、黏稠状的漆层清除剂。用刷子将它涂抹到要清除漆层的表面，保持较厚的一层，并让它在表面停留一段时间直到漆层鼓起、卷曲起来，表明漆层已和金属脱开，就可以用热水冲洗了。有时可能要重复施用油漆清除剂，这时可以用塑料或铝制的刮削器刮削漆层，然后再施用第二层油漆清除剂，使它能浸到油漆层的底层。在清除铆钉头或沿缝隙的油漆层时，可以使用较硬的刷子，以便刷掉这些部位上的漆层。

使用油漆清除剂清除漆层时应注意以下几个方面：

a. 使用不熟悉的油漆清除剂时，应先在与要清除漆层金属相类似的金属上进行试验，如果对金属没有产生有害的作用才能在机体表面上使用。

b. 必须用较厚的铝箔将不要清除漆层的部位遮盖住，防止油漆清除剂与这些部位接触。

c. 油漆清除剂对橡胶和合成橡胶都有侵蚀作用，必须对机轮轮胎、软管、密封剂等进行保护，防止油漆清除剂与它们接触。

d. 油漆清除剂对风挡和观察窗的透明塑料件有较强的侵蚀作用，清除机体表面漆层时必须严格按照要求对透明塑料件进行保护。

e. 油漆清除剂有毒，对人有害。因此使用时必须小心，不要将清除剂弄到皮肤上或眼睛里。一旦碰到，应立即用水冲洗，并找医生进行及时处理。

③ 腐蚀的清除。在机体表面被彻底清洗，底层可能发生腐蚀的漆层也被清除后，应全面检查以确定是否有腐蚀发生，一旦发现腐蚀首先要做的是将腐蚀产物全部彻底清除掉。

a. 铝合金腐蚀产物的清除。一旦发现铝合金产生腐蚀，应将腐蚀产物，灰色或白色粉末全部清除掉。采用的方法视腐蚀轻重而定。

轻微的腐蚀可以采用研磨剂或尼龙擦垫来清除，研磨剂中不能含有氯成分。

中等腐蚀可以采用铝棉或铝丝刷来清除，也可以采用尺寸小于 500 筛号的小玻璃珠对表面喷丸来清除凹陷处的腐蚀产物。不能使用钢丝棉或钢丝刷清除铝合金表面的腐蚀产物，因为钢材的微粒会留在铝合金中引起更严重的腐蚀。在用研磨剂、铝刷、喷丸等方法清除掉腐蚀产物之后，要用放大 5 倍到 10 倍的放大镜进行仔细检查，以确保所有腐蚀的痕迹都已被清除掉。

防腐

对于已发生严重腐蚀的铝合金可以采用锉刀锉掉腐蚀产物，或浸沾铝氧化物对腐蚀部位进行打磨。在清除腐蚀产物操作时，应注意进行目视检查，争取在去掉最少材料的情况下，把所有腐蚀产物清除掉。清除后用 5～10 倍的放大镜仔细检查，看是否还残留腐蚀的痕迹，如果确定腐蚀产物已被彻底清除掉，就再多打磨掉 2/1000in（1in＝25.2mm）的金属材料，这样做的目的是保证借助放大镜肉眼也观察不到的晶间裂纹的末梢，也能被清除掉。

📝 笔记

腐蚀产物清除以后，先用 280 粒度，再用 400 粒度研磨纸将表面打磨光滑，用清洁剂溶液清洗，再用 5％铬酸溶液进行中和处理。

b. 钢及合金钢腐蚀产物的清除。清除钢或合金钢部件表面锈斑的方法是用研磨砂纸或刷子进行打磨。对于没有电镀层的钢件最好的方法是用细砂、铝氧化物、玻璃珠进行喷砂去掉腐蚀产物，特别是凹坑底部的腐蚀产物。如果钢件有镉或铬镀层，进行喷砂时应小心保护镀层，防止镀层受到损伤。

对于高强度合金钢件，比如起落架、发动机受力构件，清除时要极小心操作使清除腐蚀造成结构件材料损失最少。清除的方法可以使用细油石、细研磨砂纸进行打磨，也可以使用很细的玻璃珠、研磨料进行喷砂去除。但绝不能用钢丝刷来清除，因为刷子会在钢件表面留下划痕，高强度钢对这些划痕非常敏感，很浅的划痕就会产生应力集中，大大削弱钢件的疲劳性能。

钢及合金钢件上的腐蚀产物清除掉以后，用 400 粒度的研磨纸将表面打磨光滑，然后清洗干净。表面干燥后应尽可能快地涂上铬酸锌底漆，保护表面防止再生锈。

c. 镁合金腐蚀产物的清除。因为镁合金非常活泼，清除镁合金腐蚀产物只能用非金属材料的硬毛刷或尼龙擦布，不能使用金属工具。否则金属颗粒残留在镁合金中会造成更大的损伤。对于深凹陷里的腐蚀产物可以用钢或硬质合金刀具、刮削工具来清除。不能使用金刚砂轮或金刚砂纸打磨，以防止电化学腐蚀。如果使用喷砂方来清除镁合金的腐蚀产物，只能使用玻璃珠进行喷砂操作。

（2）化学方法中和腐蚀产物的残留物质

按照上述方法将腐蚀产物清除之后，应用 5％浓度的铬酸溶液中和残留的腐蚀产物盐类，让溶液在清理腐蚀的表面至少停留 5min 后，再用水将溶液冲掉，然后让表面彻底干燥，为表面的防腐处理作好准备。在铝合金表面的阿洛丁涂层除了可以形成保护层之外，也有中和残留的腐蚀产物的作用。

10.2.8　飞机的防腐预防工作

在飞机使用的过程中，飞行环境的恶劣，飞机表面涂层损坏，运输牲畜、海鲜等易产生强电解液体的货物，都会使飞机结构产生腐蚀问题。偶然污染如水银外溢，化学品外溢，厕所、厨房污物外溢和灭火剂残留物等，也都会造成直接或间接的腐蚀。而不负责任的飞机维修和勤务，也会使飞机面临更多的腐蚀问题。

为了能够保证飞机的飞行安全，机务人员应该做好飞机的防腐预防飞机的防腐预防工作，具体做法包括：加强对维护人员的防腐教育和培训，高度重视并自觉做好防腐工作；定期疏通漏排水通道；客舱、货舱、厕所等区域，要经常通风，以排除水蒸气；定期清洁容易污染的区域，并重新喷涂防腐蚀抑制剂；经常性地检查易腐蚀环境结构件，彻底清除腐蚀物，恢复防腐涂层并进行规范的结构修理；确保厨房、厕所及货舱地板接缝处的密封；建议在货舱地板梁和插片螺母之间用聚乙烯胶带隔离；加强对运输活牲畜、活海鲜、果菜的管理，防止腐蚀污物的泄漏；加强对货舱装卸过程的管理，杜绝因野蛮装卸造成的货舱地板、侧壁板损坏，避免腐蚀介质渗入到结构件上；在雨季、高温、潮湿季节中，缩短检查周期，加强防腐措施；汞、强酸、强碱泼溅后，要按照有关手册规定彻底清除干净；除确保油箱排水通畅外，还应在飞机油箱内加入生物杀虫剂，以减缓细菌的生长；严格执行防腐大纲和结构修理中的防腐工艺，最大限度地提高防腐工作质量；深入研究腐蚀起因，制定预防措施并在实施中不断完善和提高。

笔记

10.3　常用航空材料的表面防护

　　航空材料以铝合金、镁合金、钛合金、高强钢等应用较多，对使用中不允许更换以及难以检查或更换的零部件，应尽量选择耐蚀性较好的材料以确保寿命。金属材料中杂质的种类与含量明显地影响其耐蚀性，尤其是对高强度的钢、铝材料，所以对金属材料的成分应严格控制。因为材料经过热处理会改变组织结构，对其耐蚀性也会产生很大影响，尤其是对晶间腐蚀、应力腐蚀敏感性较大的材料，选择适当的热处理制度更为重要。为了进一步提高材料的耐蚀性，对各种材料的零件应采用相应的防护措施。

工程应用典例

　　随着相关技术的发展进步，提高武器装备的抗腐蚀性也不再像"美容术"那么简单。采用表面防护以及再制造等技术可以有效防止或延缓腐蚀，包括高速电弧喷涂防腐技术、纳米电刷镀防腐技术、等离子喷涂防腐技术、非晶态合金化学镀层防腐技术、纳米防腐涂料及涂装技术等新技术层出不穷。就拿隐身战机来说，都用上了隐身涂料这一最新"护肤品"。美国 F-35 "闪电"战斗机使用的涂层更加结实耐用，再也不需要经常"补妆"。

　　近年来，美国一直在防腐蚀涂料领域加以探索。美国海军航空系统司令部正在研制的富铝底漆，可用于对飞机的铝和钢零件进行防护。这种富铝底漆能进一步提高整体防腐蚀性能，目前已经在 H-60 直升机和 C-130 运输机上进行了初步试验，未来极有可能对战机的防腐蚀工作带来变革性影响。此外，美国国防部高级研究计划局还针对舰载机高温尾流喷射带来的甲板变形问题，专门研发出耐高温的抗冲击防腐蚀涂料。

10.3.1　铝合金的表面防护

　　铝是化学性质非常活泼的金属，在自然条件下表面会生成一层氧化铝薄膜，具有较好的耐蚀性。但铝的电位较小，在腐蚀介质中与其他金属材料形成腐蚀电池时，铝总是先遭受腐蚀。不同种类的铝合金在不同的腐蚀环境中会出现不同的腐蚀形态。为了满足工作条件的需要，对铝制零件都应采用相应的防护方法。

　　（1）常用铝合金的腐蚀特性

　　防锈铝有铝-锰、铝-镁系两种合金，共同具有耐蚀性较好的特点。防锈铝也有产生晶间腐蚀的倾向，随合金元素含量增加，其耐蚀性下降。

　　硬铝是飞机制造业中应用最多的材料之一。硬铝为铝-铜-镁系合金，其中的铜、镁含量越高，时效强化效果也越明显，耐蚀性下降。LY12易产生晶间腐蚀、剥蚀和应力腐蚀，对于板材应选用两面包铝的板，各种零件都要经过表面防护处理。

超硬铝是铝-锌-镁-铜系合金，由于合金元素增多，强化效果加大。LC4 是飞机制造业中应用比较成熟、广泛的材料，但耐蚀性较差，尤其是应力腐蚀敏感性大，在设计与制造中应力求减少零件的沟槽、尖角、截面突变和表面划伤，以避免发生应力腐蚀断裂破坏的危险。

铸造铝合金能用来制造各种形状复杂的、锻造难以成型的零件，可以减少工序、降低成本，但铸铝的强度一般均低于变形铝合金。ZL102 是铝-硅系铸造合金，耐蚀性较好。ZL301 是铝-镁合金，有较高的强度和塑性，耐蚀性也好。ZL-201 强度是铸铝中最高者之一，但铸造性和耐蚀性较差，零件必须进行防护处理。

（2）铝合金的防护系统

飞机上的铝制零、部件很多，安装在不同的部位，必须根据应用的目的选择适当的表面处理方法并施加相应的涂层，构成了铝合金零部件的防护系统：

① 包覆纯铝：对于 7075 超硬铝应在外表面包覆含 1％锌的铝锌合金，而不能包纯铝。因为，在电解液中，7075 的电极位比纯铝还要低。

② 表面生成氧化膜：阳极化和阿洛丁。

③ 涂漆层：铬酸锌底漆（黄绿色）＋清漆或瓷釉漆；环氧树脂＋聚氨酯瓷釉。

由于清除腐蚀产物而被损坏的铝合金件表面的保护层，可以采用化学处理的方法进行修复。最常用的方法是在表面涂阿洛丁：先将已清除完腐蚀产物的表面彻底清洁，是否达到要求可用水膜试验进行鉴定。在表面还保持湿润状态下，用刷子或喷涂方法涂一层充足的阿洛丁涂层，让它在表面停留 2～5min。在阿洛丁成形期间一定保持表面湿润，不能让表面干燥，否则形成的保护层会出现条纹而失去保护作用。然后再用水进行冲洗。保护层未干之前很软容易受到损坏，这时要十分小心不要损伤阿洛丁生成的保护层。用水冲洗后让表面干燥。如果涂阿洛丁操作成功，在干燥后，铝合金表面就形成一层均匀的淡黄色或透明无色的闪光薄膜。

在清洁后的铝合金表面涂阿洛丁不但能形成保护层，而且阿洛丁涂料也有中和作用，可以中和表面残留的盐类腐蚀产物。另外，在铝合金表面形成的阿洛丁涂层还为油漆涂层提供了很好的黏接底层。

10.3.2 镁合金的表面防护

镁的密度小只有 1.8 g/cm^3 左右。镁合金的比强度和比刚度大，其数值与一般结构钢相近。当零件质量相同时截面积可增大，从而使结构的刚度增加。镁合金的弹性模量小，在受外力冲击时弹性变形功较大，能承受较大的冲击或振动载荷，所以可用来制造起落架轮毂。镁合金的最大缺点是不耐蚀，镁合金的化学活泼性强、电位负，在酸性、中性、弱碱性介质中都不耐蚀，与其他金属相接触时极易产生电偶腐蚀，并有较大的应力腐蚀敏感性。因此对镁合金零、部件的防护要特别重视，并应在机械加工过程中采用工序间的防锈措施。

（1）常用镁合金的腐蚀特性

MB8 是镁-锰合金，最大的优点是有较好的耐蚀性，应力腐蚀倾向性小。

MB3 是镁-铝-锌系合金，强度高于 MB8，有较好的塑性，适用于锻造成型，而且切削加工性好，又有较好的腐蚀稳定性。

MD15 为镁-锌-锆系合金，是镁合金中具有最高屈服强度和抗拉强度的材料之一，但有发生应力腐蚀断裂的倾向。

ZM5 是镁-铝-锌系合金，是应用最广的铸镁合金，耐蚀性较好。

ZM2 是镁-锌-锆系合金，耐蚀性较好，强度较高，尤其是具有较高的屈服强度和耐热性。

ZM3 是镁-锆-稀土（主要为铈）系合金，主要的特点是气密性好，有较高的热强度，可在 200～300℃下工作，用于制造高气密性零件，如发动机增压机匣、压气机匣、燃烧室罩、进气道等。

（2）镁合金的防护系统

镁合金的耐蚀能力差，限制了在航空制造业中的应用，因此，合金的防护问题更为重要。镁合金表面处理有化学氧化和阳极氧化两种，以化学氧化为最多，但化学氧化膜薄只有 1～3μm，而且膜层较软，在使用过程中易受到划伤，一般在工序间防锈使用。对于镁合金零、部件的防护，化学氧化膜只作为底层，必须加盖多层底漆和面漆之后才有较好的防护能力。

镁合金件表面腐蚀产物清除以后，对表面可用铬酸盐溶液进行处理。用擦拭材料将这种溶液涂在表面，让它停留 10～15min，然后用热水彻底冲洗。也可以采用重铬酸盐进行变换处理，形成更具保护作用的涂层。在表面施加重铬酸盐溶液，让它停留在表面直到形成均匀的金褐色氧化膜，用冷水冲洗表面并吹风让表面干燥。在干燥形成坚硬的氧化膜之前，不要过分地擦拭或触摸，防止氧化膜受到损坏。

表 10-4 介绍了几个国家发动机镁合金零件的涂层系列，其中美国的 Avco 公司和 Allison 公司采用的 HAE 阳极氧化处理所得膜厚为 10～30μm，膜层质地坚硬，耐磨性好，对油漆有很好的吸附能力，涂漆后进行盐雾试验可达 500h。

表 10-4　几种发动机镁合金零件表面防护工艺及涂层系列

发动机名称	国别	表面处理工艺	镁合金涂层系列	干燥温度、时间
斯贝	英国	重铬酸钾/硫酸锰化学处理；(135～150)℃；干燥 1h	1. 第一层内外表面涂黏度(15～25)s 酚醛漆，四层黏度(60～70)s 酚醛漆； 2. 中间层环氧树脂漆； 3. 涂四层聚氨酯磁漆	(150±5)℃　30min (190±5)℃　1h (150±5)℃　30min (190±5)℃　2h
Avco 公司产品	美国	HAE 阳极化处理；(140±5)℃；干燥 1h	1. 一层透明环氧树脂底漆； 2. 一层透明环氧树脂底漆； 3. 一层丙三基酞酸盐磁漆； 4. 一层丙三基酞酸盐磁漆	(150±5)℃　30min (150±5)℃　30min (150±5)℃　≮1h (150±5)℃　≮1h
涡喷八	中国	重铬酸盐化学氧化处理	1. H06-2 锌黄环氧底漆； 2. H06-2 锌黄环氧底漆＋(8～10)％铝粉底漆； 3. C$_{04-42}$ 醇酸磁漆＋(18～20)％铝粉面漆	晾放 10min (150±10)℃(1～1.5)h (160±10)℃(2～2.5)h

10.3.3　钛钛合金的表面防护

在 550℃以下钛表面生成致密的氧化膜，能保护金属内部不再进一步氧化，有较高的热强度，可在飞机的中温环境下工作。钛表面的氧化膜使金属成为钝态，在许多高活性介质中都有很高的耐蚀能力，尤其是能耐潮湿大气、海洋性大气和海水的腐蚀。在一般条件下，钛合金不易出现孔蚀和晶间腐蚀，但有产生应力腐蚀断裂、氢脆、镉脆的倾向。钛合金的缺点是工艺性差，不易切削加工，耐磨性也较差，成本较高。

（1）常用钛合金的腐蚀特性

工业纯钛（TA1，TA2，TA3）为单相组织，强度较低，但冷压性能优良，又可进行各种形式的焊接。通常用于制作 350℃以下受力较小的零件及冲压件或焊接成型的零件，如飞

笔记

机骨架、隔热板、发动机上形状复杂的零件、船舶上耐海水腐蚀的零件等。

钛-铝-锡合金（TA7）为单相 α 固溶体组织，有较高的热强度，用于制造在 500℃ 以下长期工作的零件，如压气机匣、各种模锻件等。钛铝合金 TA6 用于制作 400℃ 以下工作的零件，如蒙皮、骨架、压气机壳体、叶片等。这类合金有较好的工艺性、便于成型，可以进行热处理提高强度，但焊接性较差。钛-铝-钒合金（TC4）是航空工业中应用最多的钛合金，工艺也最成熟，可在 400℃ 以下长期工作，有较高的热强度，可用来制造压气机盘和叶片。如果严格控制合金杂质含量，能使合金在低温（-196℃）下保持良好的塑性，用于制造低温部件。钛-铝-锰合金（TC1，TC2）均可在 400～500℃ 环境下工作。

（2）钛合金的防护系统

由于钛合金表面存在氧化膜，电位较正，与负电位金属接触时易使负电位金属发生电偶腐蚀。钛合金不耐磨，不能经受摩擦，必须进行强化处理，以提高其硬度。为了进一步扩大使用范围，可对零件表面施加相应的防护层，如表 10-5 所示。

表 10-5　钛合金防护方法

使用目的	防护层类别	使用目的	防护层类别
耐 磨	镀铬、化学镀镍	防止热盐应力腐蚀	化学镀镍
防止擦伤或黏结	镀银、镀铜	防止缝隙腐蚀	镀钯
防止接触腐蚀	阳极化、离子镀铝	防着火	镀铜、镀镍、离子镀铝
防止气体污染	阳极化		

对于要求进行涂漆的零件，首先经过吹砂或酸洗处理，并在处理后的 4h 内涂漆，以保持漆膜的良好结合。涂层要求可根据零件的使用部位，选择适当的单层底漆或由底、面漆组成的涂层系统。

10.3.4　航空用钢的表面防护

（1）主要航空钢材的腐蚀特性

① 高强度钢和超高强度钢。一般认为，高强度钢和超高强度钢之间并没有明显的界线，同样化学成分的钢，改变热处理状态就可以得到不同水平的强度值，如上所述的 30CrMnSiA 和 40CrNiMoA 钢，在淬火高温回火状态下 σ_b 为 1100MPa 左右，属高强度钢。若在淬火低温回火状态，σ_b 为 1500MPa 以上，即为超高强度钢了。高强度钢和超高强度钢都有较强的应力腐蚀和氢脆敏感性，必须在设计、加工、实际应用等环节中特别注意这一问题。

② 不锈钢。航空工业中应用最多的不锈钢是马氏体不锈钢和奥氏体不锈钢。

马氏体不锈钢在可获得较高强度的同时，也有较好的耐蚀性，在海水、大气以及氧化性介质中有良好的耐蚀性，但在含氯、硫的介质中耐蚀性较差，并且要选择合理的热处理制度，否则会产生晶间腐蚀和应力腐蚀的倾向。

"18-8" 型铬镍奥氏体不锈钢经过固溶处理，在室温下为单相奥氏体，其冷压、焊接和耐蚀性能都比马氏体不锈钢好，能抵抗 850℃ 以下大气的氧化和 750℃ 以下航空发动机燃气的腐蚀。但如果工作温度在 500～700℃ 范围时，碳化物 $Cr_{23}C_6$ 将沿奥氏体晶粒边界析出，很容易产生晶间腐蚀，随之材料的强度也急剧下降，给构件的应用带来很大的危险。为了降低晶间腐蚀的倾向，在 1Cr18Ni9 钢中加入 Ti，形成 1Cr18Ni9Ti 钢，使钛与碳结合生成 TiC，而不形成碳铬化合物，不使晶界附近的基体形成贫铬区，因此降低了晶间腐蚀敏感性。奥氏体不锈钢还有应力腐蚀敏感性，受力构件在某些腐蚀介质中会发生严重的应力腐蚀断裂。但只要正确地选择合金成分和热处理制度，进行适当的表面处理及合理地使用应力，这些危害是可以避免的。

奥氏体不锈钢在飞机上有很多应用，1Cr18Ni9 用于制造飞机蒙皮、机翼、机身、尾翼等零件，1Cr18NigTi 用于制造热气、燃气的排气管和尾锥体以及其他在潮湿介质中工作的零件。

（2）钢的防护系统

飞机结构上的钢构件一般采用电镀金属保护层、金属喷涂法和涂漆层防护，如表 10-6 所示。对于一般的合金结构钢、铸钢及含铬量低于 14% 的不锈钢，在大气中，特别是在潮湿及海洋性环境中耐蚀性不高，经过适当表面处理后还要采用底漆、面漆系统以增加防护能力，钢铁零件的防护系统为：表面处理（镀锌、镀镉、镀镉-钛，吹砂、磷化、钝化）→底漆（单层或多层）→面漆。

使用温度在 120℃ 以下的一般钢铁零、部件，还包括起落架以及部分前、中机身结构的部件采用 H06-2 铁红环氧酯底漆和 H04-2 各色环氧硝基磁漆作面漆。使用温度高于 120℃ 的钢铁零、部件应采用 H61-83 铁红环氧有机硅聚酰胺耐热底漆和 H61-1 铝色环氧有机硅聚酰胺耐热漆作为面漆。对飞机中、后机身中可能接触到燃油、润滑油和水分的钢铁零、部件（整体油箱内接触燃油的钢件除外），需采用耐燃油性能良好的 X04-52 铝粉缩醛烘干磁漆和 X04-52 缩醛烘干清漆涂层。对于在 500℃ 以下工作的钢件，要求防护层具有良好的耐蚀性能和一定的抗氧化能力。对高强度钢进行防护处理时要特别注意防止产生氢脆性的危险，一般均采用低脆性涂层，对含铬量大于 14% 的不锈钢应进行钝化处理。

表 10-6　钢材在各种环境下的耐蚀防护层

应用目的	防护层种类
常温	锌、镉、离子镀铝、无机盐铝涂层、磷化并涂漆、钝化
中温（500℃）	镍镉扩散层，无机盐铝涂层、离子镀铝、黄铜、乳白铬
60℃ 以上水	镉
海水	镉、镉-锡
油中	发蓝
低氢脆涂层	镉、镉-钛、松孔镉、离子镀铝、无机盐铝涂层、磷化涂漆
油漆底层	磷化

因为防腐保护层对金属构件起着重要的防腐保护作用，所以在做飞机维修工作时，特别要注意保护金属表面保护层，不要擦伤、划伤保护层。如果由于打铆钉孔，修理蒙皮边缘或不小心使保护层受到损伤，应及时采取措施进行修补。

钢及合金钢件腐蚀产物被清除，表面清洁以后，应尽可能快地在钢或合金钢件表面涂上铬酸锌底漆，否则光滑而清洁的钢件表面很容易产生锈蚀。铬酸锌底漆不但保护清洁的表面不产生锈蚀，而且也为油漆涂层提供了很好地黏接基础。铬酸锌底漆涂好后，让它干燥，通常在 1h 后即可以在铬酸锌底漆涂层上施加油漆涂层了。

10.4　飞机的热环境影响及防护

飞机在使用过程中由于热环境的作用，机体结构的强度、刚度将受到影响并逐渐退化，最终将影响到结构的寿命，因此必须考虑这一特殊环境的影响并采取热防护措施。

（1）飞机的热环境及对材料性能的影响

飞机机身处于被外部（除飞机外）的和内部（飞机本身）的热源加热的热环境里。

飞机的外部热源主要是气动加热以及太阳和行星的辐射。所谓气动加热，指的是飞机在飞行时其外表面受到加热的现象。热的产生是因为飞机在空中飞行时，流经飞机表面的空气质点由于摩擦而使其运动受到阻滞，这时，一部分机械能不可逆地变成了所谓空气内能（热能）。然后，飞机外表面通过对流传热过程接受热能而被加热。飞机在任何速度下，表面都存在气动加热现象，但是，在飞行速度较小时，气动加热现象不明显，当飞行速度很高时（超音速），气动加热将变得非常严重。由此可见，飞机表面的气动加热是随飞行速度而变化的。飞机外部加热源中的太阳能辐射，对飞机来说则受到飞行高度、地区纬度、季节、昼夜与太阳的相对位置等因素的控制。

（2）高温防护涂层系统

现代燃气涡轮发动机要求效率高、耗油率小、寿命长、安全可靠。为了达到这一目的，采取的主要措施是提高涡轮进口燃气温度。目前，涡轮进口温度已提高到 $1350\sim1400℃$。显然，在这种情况下，当前的镍基高温合金虽有较好的机械强度，却不能满足高温下的耐腐蚀性能。因为燃气机的耐热部件在高温、高压、高速燃气流之下工作，燃气流中含有大量的氧以及燃烧产物 SO_2、SO_3、H_2S、V_2O_5 等腐蚀性成分，燃气流中还含有大量杂质微粒，随气流以 $600\sim700m/s$ 的速度冲刷在零件表面，在高温下这些腐蚀性介质的作用更为剧烈，使零件遭受严重的破坏。为此，必须在热端部件表面施加一定的防护涂层，以改善材料在高温下的抗氧化性、耐热蚀性、耐冲刷性、耐磨损性以及隔热性和绝缘性等，从而保证零件正常工作。

① 耐热及耐冲刷涂层。发动机要求的耐热涂层，应有抗高温氧化和耐高温燃气腐蚀的两种功能。进入燃气轮机的气体中含有大量的氧和一些其他氧化性介质，在高温下它们与金属表面发生反应生成了金属氧化物，使金属表面破坏，失去了材料原有的力学性能。所以要求抗高温氧化的涂层，必须具有能阻止大气中的氧向基体材料迅速扩散的能力，同时涂层本身的组分也不能向基体材料内部扩散；涂层的熔点应高于零部件的工作温度，涂层稳定，才能有很好的高温防护作用。由于燃气中含有大量的腐蚀性介质，特别是含硫化合物，在高温下参与了金属表面的化学反应，发生了热腐蚀过程，使金属破坏更为严重。所以要求耐热腐蚀涂层的组分应不与硫酸盐反应，并能阻止硫酸盐向基体金属内部扩散。热腐蚀主要发生在涡轮叶片的进、排气部位以及承受高压的叶盆等处。另外，因为燃气中含有大量混入空气的砂粒、尘埃以及燃烧过程中产生的微粒，这些固态物质随高温、高压、高速气流一起冲击在零件表面，产生严重的磨耗腐蚀。磨蚀作用主要发生在涡轮叶片、加热燃烧室筒体收敛部分、稳定器等部位。

事实上，以上三种腐蚀作用在耐热部件上的发生并没有严格的区分，涂层具有的防护功能越多，其使用价值越高。

a. 渗 Al 及 Al-（Cr，Si，Pt）涂层。渗 Al 是应用最早、最广泛的耐热涂层，在镍基、钴基金属表面渗 Al，可获得以 β-NiAl，β-CoAl 相为主的涂层，具有很好的耐热性和力学性能。一般认为：Al 浓度越高、渗层越厚，耐蚀性越好。可用于镍基合金导向叶片和转子叶片的防护。为了进一步提高涂层的性能，加入其他元素进行改进，如 Al-Cr 涂层、Al-Si 涂层、Pt-Al 涂层，各项性能均有改善，尤其是 Pt-Al 涂层的耐热蚀性能有明显的改善。

b. MCrAlY 合金涂层。由于在合金成分中铝的含量较少，而以镍或钴的固溶体为主，因此，这种涂层实际上是一种耐热合金涂层，可采用电子束真空蒸发沉积法、阴极溅射＋电子束蒸发沉积法、低压等离子喷涂法制取，涂层的抗氧化和耐热蚀性能比渗铝、渗铝-铬等改进的涂层可提高几倍。涂层成分和制取方法对性能有很大影响，有实验数据报道证明，以镍为基的 NiCrAlY 涂层的抗高温氧化性能较好，以钴为基的 CoCrAlY 涂层耐高温燃气腐蚀性能较好。在 MCrAlY 涂层中添加铂元素对耐热蚀性能更有提高。

c. 热喷涂层。用等离子喷涂工艺喷涂镍-铬-硼-硅自熔性合金涂层及镍-铬合金＋6％铝粉料为底层、氧化铝陶瓷粉为面层的复合涂层，在高温下有很好的化学稳定性和较高的强度与硬度，同时耐热、耐磨及耐冲刷，适于作发动机零件的热防护层。碳化铬-镍铬合金等金属陶瓷以及氧化锆、氧化铬等金属氧化物陶瓷涂层都有很好的抗氧化、耐磨损性能。喷铝是一种应用广泛的工艺，由于表面有一层比较致密的氧化铝膜可以保护基体不受氧化，并耐含硫或硫化物介质的侵蚀，可作为抗氧化、耐热蚀涂层，但一般用于钢基零件在 850℃ 以下工作的防护层。

d. 高温搪瓷涂层。W-2 搪瓷涂层的主要成分是硅钡酸盐玻璃料、三氧化二铬、黏土等，涂料用浸、喷等方法涂于零件表面，经高温熔烧制成涂层。涂层与基体材料有良好的结合强度，并具有抗氧化、耐热蚀、耐热振、耐冲刷性能，适用于燃气轮机热端部件的防护。用于镍基、钴基高温合金时，可以明显地改善金属表层的贫铬现象。与 W-2 高温搪瓷性能相近的还有 T-1、B-1000 等涂层。但高温搪瓷是无机非金属材料，与金属材料相比，存在着固有的一些缺点。

② 热障涂层。热障涂层是近年来国内外发展起来的有效高温涂层，涂层不仅有良好的耐热性，还有很好的隔热作用，能降低金属表面温度达 200℃，从而明显改善了高温蠕变性能并降低了氧化作用。如果在不改变金属表面温度的情况下，可以提高涡轮进口温度或者使冷却气流的消耗降低 6%。或者在涡轮进口温度不改变的情况下，可以使用性能较低的金属材料。为此，要求涂层热导率低，以减少热量传递并可转移辐射热，还要求有低的蒸气压、低的辐射率和高的反射率。涂层的辐射率越低，其隔热作用越好。同时也要求热障涂层有良好的耐热疲劳和耐热冲击性能。

热障涂层通常是在合金基体上喷涂 MCrAlY 作为结合层，然后再采用等离子喷涂工艺喷一层厚度为 0.3~1.0mm 的氧化物陶瓷涂层，如氧化铝、氧化锆等。用 MCrAlY 作为结合层的目的，是因为此结合层可以提供足够的抗环境腐蚀的能力和使氧化物陶瓷层与基体材料的力学性能相匹配，使涂层之间有很好的结合强度，不产生剥离。热障涂层的氧化物陶瓷层，大多数情况下采用含质量分数为 6%~8% 的 Y_2O_3，部分稳定化的氧化锆涂层，在热循环条件下有很好的抗疲劳开裂能力，是理想的热障涂层材料。

据报道，近年来国外采用物理气相沉积法制取的热障涂层有很好的结合强度，其抗剥落寿命比等离子喷涂法制取的提高了 7~10 倍。这主要是因为物理气相沉积的陶瓷层是由开口的彼此分离的柱状晶所组成，每一个柱状晶都与底涂层牢固结合，应变容量很大，是一个柔性层。涂层结构是可以调节的，根据需要可以涂覆开口柱状晶层与致密的封闭层相间的多层组织的陶瓷层。涂层具有良好的柔性，又有防止腐蚀介质侵入的能力。

热障涂层可用作航空发动机涡轮叶片、导向叶片、燃烧室、加力燃烧室筒体的高温防护层。

复习思考题（10）

10-1　判断题

1. 电化学腐蚀中，电位高的金属容易被腐蚀。　　　　　　　　　　　　　　（　　）
2. 化学腐蚀是金属与环境介质直接发生化学反应而产生的损伤。　　　　　　（　　）
3. 如果腐蚀产物很致密的话，能形成保护膜，减慢腐蚀速度，甚至使腐蚀停止下来。

　　　　　　　　　　　　　　　　　　　　　　　　　　　　　　　　　　（　　）
4. 金属电偶腐蚀，取决于两种相接触金属之间的电位差。　　　　　　　　　（　　）

10-2　简答题

1. 什么是化学腐蚀？什么是电化学腐蚀？
2. 金属的腐蚀有哪些防止方法？
3. 铝合金件的防腐措施有哪些？

第 11 章

飞行器典型零件的选材及加工

工程背景

选材问题对于产品设计人员十分重要，对于一般的工程技术人员和管理人员等也都非常重要。2000 年三峡水电站大坝工程从日本进口了一批 50mm 厚低碳钢板，这批板是用来制造坝底输水管的，要承受很大的压力而且应该是无限长寿命，因此要求材料必须达到一定的强度、塑性指标。但进口检查发现这批板性能不合格，为此中方提出退货、索赔的要求。日方起初根本不承认，后经多次抽样、性能测试，使得日方不得不承认这批板在生产时，工艺有所调整，导致性能不合格，同意退换并赔偿中方所造成的一切经济损失。显然，从事大坝施工的技术人员，与这起对外贸易有关的海关人员、管理人员、律师等都得对于选材原则有所了解。

学习目的

1. 掌握零件选材的一般原则和方法及热处理工序位置的安排；
2. 掌握典型零件的材料选用及加工工艺路线分析。

教学重点

零件选材的原则和方法，热处理工序位置，典型零件材料的选择，成型方法的分析过程。

11.1 零件的失效

（1）概述

失效是指零件在使用过程中，由于尺寸、形状或材料的组织与性能发生变化而失去原设计的效能。零件失效的具体表现：

① 零件完全破坏，不能继续工作。

② 虽能工作，但不能保证安全。

③ 虽保证安全，但已不能完成规定的功能。

零件的失效，特别是那些没有明显征兆的失效，往往会带来巨大的损失，甚至导致严重事故。例如高压容器的紧固螺栓若发生过量变形而伸长，就会使容器渗漏；又如变速箱中的齿轮若产生过量塑性变形，就会使轮齿啮合不良，甚至卡死、断齿，引起设备事故。

工程应用典例

20 世纪 40 年代，我国著名的冶金学家李薰对英国的一架坠毁飞机进行失效分析，初步揭开了金属氢脆的奥秘。20 世纪 50 年代，美国先后发生了数起电站设备的飞裂事故，失效分析使人们对"氢脆"有了进一步认识。为了降低钢中氢的含量，发展了碱性电炉和真空冶炼技术。

例如，20世纪50年代，日本汽车的质量每况愈下，一度以质量低劣闻名于世，汽车公司濒临倒闭。后来，他们系统地分析主要零部件的失效情况，查找质量低劣原因，并同国外优质汽车对比，提出改进措施。不久，各国纷纷传出："车到山前必有路，有路必有日本车"。

（2）失效模式与机理

零件失效的原因很多，涉及设计、材料、加工和安装使用四个方面，图11-1是导致零件失效的主要原因的示意图。

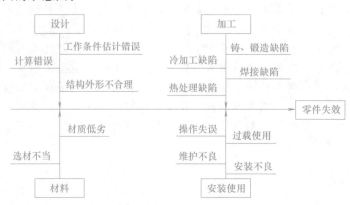

图 11-1　零件失效的主要原因

对零件失进行分析，查出失效原因，提出防止措施是十分重要的。一个零件可能有几种失效模式，但其中只能是一种起决定性作用。一般机器零件常见的基本失效模式、机理与防止措施如下：

① 过量变形（表11-1）。

表 11-1　过量变形失效的机理与防止措施

过量变形分类	过量弹性变形	过量塑性变形
失效机理	零件刚性（刚度）不足	工作应力超过材料屈服强度
防止措施	1. 选用弹性模量高的材料(陶瓷、难熔金属、钢铁) 2. 改进零件结构形状,增大零件截面	1. 增加零件受力面积,减小工作应力 2. 提高材料屈服强度(钢+强化处理)

② 断裂（表11-2）。

表 11-2　断裂失效的机理与防止措施

断裂分类	韧性断裂	低应力脆性断裂	疲劳断裂
失效原因	工作应力高于屈服强度,断裂前发生塑性变形,有先兆	工作应力低于屈服强度,断裂前无塑性变形,无先兆	受交变应力长时作用,断裂前无先兆
防止措施	提高材料屈强比	提高材料韧性(大型、带缺口、高强度件,低温、受冲击件)	提高材料疲劳强度(强度、表面强度、表面压应力、表面质量)

③ 表面损伤（表11-3）。

表 11-3　表面损伤失效的机理与防止措施

表面损伤分类	磨损	表面接触疲劳	腐蚀
失效原因	相对滑动的接触表面因摩擦损耗,引起尺寸、形状变化	滚动摩擦接触表面,因长时交变接触应力作用,出现点状剥落	电化学或化学腐蚀
防止措施	提高材料硬度,组织存在较多耐磨相;配对摩擦副材料不同类,减小摩擦系数,具自润滑	提高材料硬度与表面强度,并具一定塑韧性,材料纯度高	选耐蚀材料:陶瓷、塑料、铜、铝、不锈钢

（3）失效分析过程

失效分析的目的就是要找出零件损伤的原因，并提出相应的改进措施。失效分析是一项系统工程，必须对零件设计、选材、工艺、安装使用等各方面进行系统分析，才能找出失效原因。失效分析的结果对于零件的设计、选材、加工以至使用，都有很大的指导意义。

奇闻轶事：航天飞机失事的原因

美国"挑战者"号航天飞机发生了举世震惊的爆炸事故以后，有关当局投入了 6000 多人和 100 多架（只）飞机和舰船，经过 7 个多月的海底打捞和陆地搜寻，找回了飞机的大部分残骸和碎片。通过失效分析，确认飞机失事的原因是：火箭助推器的连接组件断裂，使密封装置失效引起燃料泄漏而发生爆炸。

失效分析的一般过程为：事故（失效）→收集零件的残骸→失效现场的全面调查（部位、特点、环境、时间）→综合分析（断口分析、性能测试、组织分析、化学分析和无损探伤）→确定失效原因→提出改进措施。

11.2 零件的选材原则与步骤

在机械制造工业中，如果要获得质量高且成本低的零部件，则必须解决三个关键问题：
① 正确设计零部件的结构；
② 合理选择材料；
③ 保证良好的冷、热加工质量。

零部件材料的是其中的一个重要因素，也是一个复杂而至关重要的工作。在正确设计零件结构之后，合理选材与正确确定热处理方法，直接关系到产品的质量和经济效益，必须全面综合考虑。

许多机械工程师把选材看成一种简单而不太重要的任务。当碰到零件的选材问题时，他们一般都是参考相同零件或类似零件的用材方案，选择一种传统上使用的材料（这种方法称为经验选材法）；当无先例可循，同时对材料的性能（如耐腐蚀性能等）又无特殊要求时，他们仅仅根据简单的计算和手册提供的数据，信手选定一种较万能的材料，例如 45 钢。这种简单化的处理方法已日益暴露出种种缺点，并证明是许多重大质量事故的根源。所以，选材正在逐渐变成一种严格地建立在试验与分析基础上的科学方法。掌握这种选材方法的要领，了解正确选材的过程，显然具有很大的实际价值。

11.2.1 选材的原则

机械零件的选材是一项十分重要的工作。选材是否恰当，特别是一台机器中关键零件的选材是否恰当，将直接影响到产品的使用性能、使用寿命及制造成本。选材不当，严重的可能导致零件的完全失效。

判断零件选材是否合理的基本标志是：能否满足必需的使用性能，能否具有良好的工艺性能，能否实现最低成本。选材的任务就是了解我国的资源和生产情况，从实际情况出发，求得三者之间的统一，以保证产品性能优良、成本低廉、经济效益最佳。

（1）使用性原则

使用性能是保证零件工作安全可靠、经久耐用的必要条件，因此是选材考虑的最主要依据。选材的首要任务是准确地判断所要求的主要使用性能，然后根据主要的使用性能指标选择较为合适的材料。对于一般的机械零件和工程构件，则主要以其力学性能作为选材依据；对于一些特殊条件下工作的零件，则必须根据要求考虑到材料的物理、化学性能。

① 以要求较高综合力学性能为主时的选材。在机械制造中有相当多的结构零件，如轴、杆、套类零件等，在工作时均不同程度地承受着静、动载荷的作用，其失效形式可能为变形失效和断裂失效，所以这类零件要求具有较高的强度和较好的塑性与韧性，即良好的综合力学性能。

② 以疲劳强度为主时的选材。疲劳破坏是零件在交变应力作用下最常见的破坏形式，如发动机曲轴、齿轮、弹簧及滚动轴承等零件的失效，大多数是因疲劳破坏引起的。

③ 以抗磨损为主时的选材。可分为两种情况：一是磨损较大、受力较小的零件，其主要失效形式是磨损，故要求材料具有高的耐磨性，如钻套、各种量具、刀具、顶尖等，选用高碳钢或高碳合金钢，进行淬火和低温回火处理，获得高硬度的回火马氏体和碳化物组织，即能满足耐磨的要求。二是同时受磨损及交变应力作用的零件，主要失效形式是磨损，过量的变形与疲劳断裂，如传动齿轮、凸轮等。

为了更准确地了解零件的使用性能，还必须分析零件的失效方式，从而找出对零件失效起主要作用的性能指标，如表 11-4 所示。

表 11-4　常用零件的工作条件、失效形式及所要求的主要力学性能

零件	工作条件			常见的失效形式	要求的主要力学性能
	应力种类	载荷性质	受载状态		
紧固螺栓	拉、剪应力	静载	—	过量变形，断裂	强度，塑性
传动轴	弯、扭应力	循环，冲击	轴颈摩擦，振动	疲劳断裂，过量变形，轴颈磨损	综合力学性能
传动齿轮	压、弯应力	循环，冲击	摩擦，振动	齿折断，磨损，疲劳断裂，接触疲劳（麻点）	表面高强度及疲劳极限，心部强度、韧性
弹簧	扭、弯应力	交变，冲击	振动	弹性失稳，疲劳破坏	弹性极限，屈强比，疲劳极限
冷作模具	复杂应力	交变，冲击	强烈摩擦	磨损，脆断	硬度，足够的强度，韧性

在对零件的工作条件、失效形式进行全面分析，并根据零件的几何形状和尺寸、工作中所受的载荷及使用寿命，通过力学计算确定出零件应具有的主要力学性能指标及其数值后，即可利用手册选材。

（2）工艺性原则

工艺性原则是指所选用的材料能否保证顺利加工制造成零件。工艺性好坏，对零件加工难易程度、生产成本、生产率影响很大。材料的工艺性能包括以下内容：

① 铸造性：如果用铸造成形，最好选择共晶成分或接近共晶成分的合金；

② 锻造性：如果用锻造成形，最好选用组织呈固溶体的合金；

③ 焊接性：如果是焊接成形，最适宜的材料是低碳钢或低碳合金钢；

④ 切削加工性能：为了便于切削加工，可通过热处理来调整其组织和性能，使金属材料硬度控制在（170～230）HBS 之间。

⑤ 热处理工艺性能：碳钢的淬透性差，强度不是很高，加热时易过热而使晶粒长大，淬火时也易变形和开裂。因此，制造高强度、大截面、形状比较复杂的零件，一般应选用合金钢。

与使用性能比较，材料的工艺性能常处于次要地位，但在某些特殊情况下，工艺性能也会成为选材的主要依据。例如，为了提高生产效率，而采用自动机床实行大量生产时，零件

的切削性能可成为选材时考虑的主要问题。此时，应选用易切削钢之类的材料，尽管它的某些性能并不是最好的。

（3）经济性原则

材料的价格在产品的总成本中占有较大的比重，据有关资料统计，在许多工业部门中可占产品价格的 30%～70%，因此，选材在满足前面两条原则的前提下，应注意尽量降低零件的总成本。

零件的总成本包括材料的价格、加工费、管理费及安装、维修费等其他附加费用，因此经济性涉及材料的成本高低，材料的供应是否充足，加工工艺过程是否复杂，成品率的高低以及同一产品中使用材料的品种、规格等。从经济性原则考虑，应尽可能选用价廉、货源充足、加工方便、成本低的材料，以取得最大的经济效益，提高产品在市场上的竞争力，而且尽量减少所选材料的品种与规格以便于采购、运输和管理，减少不必要的附加费用，尽量使用简单设备，减少加工工序数量，采用少切削或无切削加工等措施，以降低加工费用。此外，选用材料还应立足于我国的资源，并考虑我国的生产和供应情况。

通常，在满足零件使用性能的前提下，尽量优先选用价廉的材料，能用非合金钢的，不用合金钢；能用硅锰钢的，不用铬镍钢。碳钢和铸铁的价格比较低廉，加工方便，可降低产品的成本，故在满足零件使用性能的前提下，应尽量选用。低合金钢的强度比碳钢高，工艺性能接近碳钢，选用低合金钢往往经济效益比较显著。有色金属、铬镍不锈钢、高速工具钢价高，应尽量少用。

11.2.2　选材的步骤

选材一般可分为以下几个步骤（图 11-2）：

① 对零件的工作特性和使用条件进行周密的分析，找出主要的失效方式，从而恰当地提出主要性能指标。

② 根据工作条件需要和分析，对该零件的设计制造提出必要的技术要求。

③ 根据所提出的技术要求和工艺性、经济性方面的考虑，对材料进行预选择。材料的预选择通常是凭积累的经验，通过与类似的机器零件的比较和已有实践经验的判断，或者通过各种材料选用手册来进行选择。

④ 对预选方案材料进行计算，以确定是否能满足上述工作条件要求。

⑤ 材料的二次选择。二次选择方案也不一定只是一种方案，也可以是若干种方案。

⑥ 通过实验室试验、台架试验和工艺性能试验，最终确定合理的选材方案。

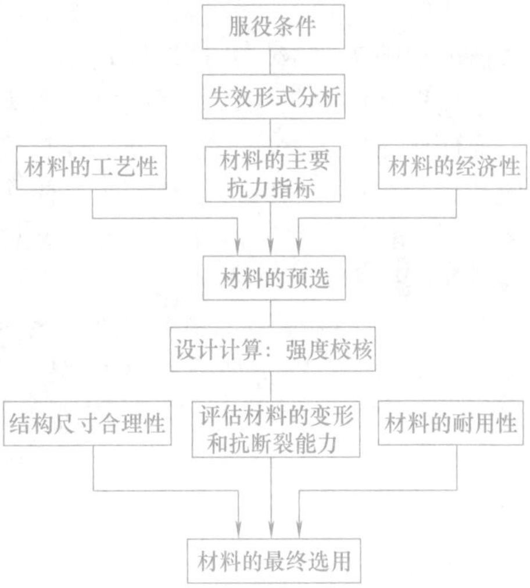

图 11-2　选材步骤图

⑦ 最后，在中、小型生产的基础上，接受生产考验，以检验选材方案的合理性。

11.3　毛坯的选择

用于零件成形的金属材料，一般先要制成与成品零件的形状、尺寸相近的毛坯件，通过切削加工完成最终的成形，把这个毛坯件称为零件的毛坯。不同的加工方法，选用具有适宜的结构工艺性的材料。不同的用途，需要一定的毛坯形状和毛坯的质量等要求。

11.3.1　毛坯的分类

常用机器零件的毛坯，可以根据材制造方法、形状特征及用途等进行分类。按制造方法不同，常用的毛坯有铸件、锻造和冲压件、型材件和焊接件四种。按形状特征和用途不同，常可分为轴类零件、套类零件、轮盘类零件、箱座类零件四类。

（1）按制造方法分类

① 铸件毛坯。铸铁、非铁金属以及碳的质量分数为 $0.45\% \sim 0.5\%$ 的钢，由于具有良好的铸造工艺性能，均可用铸造方法获得铸件毛坯。铸造生产，一次成型，工艺灵活性大，不受零件尺寸形状和重量的限制，应用十分广泛。铸铁件主要用于受力不大或以承压为主的零件，以及要求减振、耐磨零件等。如机床床身、立柱，大型水压机机身、底座等零件，采用铸铁件毛坯主要是因为其具有良好的承压能力和减振性，而煤粉锅炉的粉煤制造设备——球式磨煤机中所用的铸铁球，则是利用了铸铁件具有良好的耐磨性。非铁金属铸件应用，如照相机壳体、发动机壳体、阀体等，受力不大但形状相对复杂。铸钢件则是应用在工作环境恶劣、承受载荷类型复杂的场合，如在选矿机上应用的铸钢链条等。

② 锻造和冲压件毛坯。适宜于锻造方法加工的材料包括非合金钢、合金钢和非铁金属合金。非合金钢因为化学成分与组织结构都比较简单，塑性好、变形抗力小、锻造温度范围较宽，被广泛应用。而合金钢因导热性差、热应力过大，因在晶界存在的较多低熔点杂质，加热时易过烧，以及碳化物偏析等因素，应用受到限制。非铁金属及合金导热性好，但锻造温度范围很狭窄，并且韧性较差，锻造时易产生折叠和裂纹。用作制造冲压件的材料主要是塑性较好的薄板件，如低碳钢、压力加工铝合金、压力加工黄铜、青铜等材料。

锻件所用的原材料，除大型锻件直接用钢锭外，其余均用型材作锻件的原材料。锻件主要用于承受重载、动载或多种载荷共同作用的重要零件。板料冲压多用于压制形状复杂的薄壁零件，并且能使其强度高，刚度大，重量轻，冲压件表面光滑且有足够的尺寸精度，互换性好，如制造客车、轿车的壳体。

③ 型材件毛坯。通过轧制成形的型材称为型材件毛坯件。非合金钢型材件主要以低碳钢和中碳钢为主，因为低碳钢和中碳钢具有良好塑性和较低的变形抗力，利于轧制。部分非合金钢型材件又分为冷轧和热轧两种，如线材、管材等。冷轧件由于有加工硬化现象，强度、硬度较高，但韧性、塑性较差。常用的型材根据断面形状不同，有圆钢、方钢、线材、钢带、型钢、管材、钢板等多种类型。具体的形状、尺寸、供应状态性能国标中有明确的规定。

选用时应根据零件的形状与尺寸，选择相近的型材，以减少加工余量。一般用于中、小型简单零件的毛坯，如销、杆、小轴等。型钢经过简单的机械加工作为机械结构件使用，如支架等，在建筑业中，把型钢作为承载结构使用。管材则主要用于流体的输送。总之，型材作为毛坯被广泛地应用于各行各业。

④ 焊接件毛坯。以焊接工艺作为成形手段的毛坯件称为焊接件毛坯。适用于焊接加工的金属，可以用金属可焊性来评定。低碳钢由于具有良好的可焊性，常作为焊接金属使用，如常使用的低碳钢型材。主要用于钢板组合的罩壳，型钢组合的机架，箱体和某些钢制组合件。焊接毛坯后续机械加工一般比较简单。非铁金属也可以用以制造焊接件毛坯，由于焊接性能较差，常用一些特殊焊接方法。

答疑解惑

　　请为下列零件选择合适的毛坯生产方法：（1）成批大量生产的垫片；（2）成批大量生产的变速箱体；（3）单件生产的机架；（4）形状简单、承载能力较大的轴；（5）家庭用的液化气钢瓶；（6）大批量生产的直径相差不大的轴。

　　答题要点：（1）冲压件；（2）铸造件；（3）焊接件；（4）锻件；（5）锻后焊接件；（6）锻件。

笔记

　　（2）按形状和用途分类

　　① 轴类零件。轴类零件是回转体零件，一般其长度远远大于直径。按其结构形状，可分为光滑轴、阶梯轴、空心轴和曲轴等四类。在机械中，轴类零件主要用来支承传动零件（如齿轮、带轮）和传递转矩。

　　② 套类零件。套类零件的结构特点是，具有同轴度要求较高的内、外旋转表面，壁薄而易变形，端面和轴线要求垂直，零件长度一般大于直径。套类零件材料一般为钢、铸铁、青铜和黄铜。套类零件起支承或导向作用，在工作中承受径向力或轴向力和摩擦力。例如，滑动轴承导向套和油缸等。

　　③ 轮盘类零件。轮盘类零件的轴向尺寸一般小于径向尺寸，或两个方向尺寸相差不大。属于这一类零件的有齿轮、带轮、飞轮、模具、法兰盘、刀架、联轴器和手轮等。一般承受的载荷类型比较复杂，需要良好的综合力学性能。

　　④ 箱座类零件。箱座类零件一般结构复杂，有不规则的外形和内腔，壁厚不均。重量从几千克至数十吨。工作条件也相差很大，如机身、底座等，以承压为主，要求有较好的刚性和减振性。有些机身、支架往往同时承受拉、压和弯曲应力，甚至还有冲击载荷，要求有较好的综合力学性能。工作台和导轨等零件，则要求有较好的耐磨性。而齿轮箱、阀体等箱体类零件一般受力不大，但要求有较好的刚度和密封性。

11.3.2　毛坯质量及经济性

　　金属毛坯的质量主要取决于毛坯的成型方法，在每一种加工方法中，都有一些常见的加工缺陷，可以说这些缺陷直接影响了毛坯的加工性能及最终获得的零件使用性能。毛坯生产方法不同，也决定了毛坯生产过程中的经济性优劣。因此，有必要了解工业生产中各种毛坯的质量和经济性。

　　（1）毛坯的质量

　　毛坯的质量就是其加工性能和使用性能综合表现。分析毛坯的质量就是分析毛坯在加工生产过程中产生的组织、结构等缺陷，以及对毛坯在后续机械加工过程及零件最终成型后使用过程中性能的影响。毛坯内在质量的比较见表 11-5。

表 11-5　毛坯内在质量的比较

成型方法		组织特征	性能特点	改善方法
铸造		铸态组织,晶粒粗大	较差	增加过冷度,变质处理等
锻造		再结晶组织,有锻造流线	较好	
焊接	熔焊	接头组织复杂	不均匀	选择合适焊条、焊丝及热处理等
	压焊	接头具有再结晶或加工硬化组织	较好或不均匀	
	钎焊	接头具有合金铸态组织	不均匀	增加搭接面积,提高承载能力

　　① 铸件毛坯。铸件组织不均匀、存在多种缺陷。铸件表面，特别是突起部分，由于冷

却速度较快，晶粒较细，但容易获得白口组织。而芯部则容易获得粗大的枝状晶。铸件缺陷形成原因比较复杂，有铸件材料、铸件结构、铸造工艺过程等多种原因。常见缺陷有浇不足、冷隔、缩孔、气孔、粘砂、裂纹等类型。

另外，因铸造合金各组元凝固点不同，枝状晶在形成过程中，高熔点的组元在晶粒内部先析出而低熔点的组元在晶界处后析出，而形成了晶粒内部和晶界成分不均匀（偏析）。铸件在冷却过程中，由于组织转变和内外冷速不均匀，也产生了大量组织应力和热应力。因此，铸件的力学性能较低。为了消除白口组织，并使组织和成分均匀，铸件毛坯在机械加工之前，应进行退火处理。

② 锻件。在锻造过程金属除了通过塑性变形来改变形状和尺寸外，还要发生再结晶过程，可以使钢锭和钢坯的晶粒细化，并且使气孔、缩孔、缩松及微裂纹得到焊合，化学成分不均匀（偏析）也有所改善，从而提高钢的力学性能（特别是韧性和塑性）。

锻件组织致密，锻造可以获得符合零件受力要求的纤维组织。有时为使钢中的碳化物细化和均匀分布，即使毛坯形状简单，也需锻造而不直接采用型材件。

锻件在锻造过程中，常由于变形不统一，晶粒粗细不均，或有过热、加工硬化和内应力等存在，因此，锻件毛坯应进行退火成正火处理，以改善锻件的组织结构，消除内应力和改善切削加工性。

③ 型材件。型材毛坯组织致密、力学性能好，选用方便，故对没有成形要求的钢件毛坯均直接选用型材件。型材件也均具有一定的纤维组织，纤维组织方向沿轧制方向。因此，如所选型材的纤维组织不合零件结构要求，或有一定成形要求的毛坯，均不能直接使用型材毛坯。型材件在出厂前已经正火或退火（包括球化退火）处理，故加工前不必再经预备热处理。

和锻造毛坯类似，金属在轧制工艺过程中，金属在高温下发生了塑性变形同时，发生了再结晶过程，可以使钢锭和钢坯的晶粒细化，同时使气孔、缩孔、缩松及微裂纹得到焊合，化学成分不均匀（偏析）也得到改善，从而提高钢的力学性能。如果原始钢坯中存在非金属夹杂物，在轧制过程中，很容易沿夹杂物周围形成裂纹，如应用冷轧钢管作为流体输送管道可能因此产生渗漏。

④ 焊接件。在焊接生产过程中，由于焊接结构设计、焊接工艺参数选择、焊前准备和操作方法等不当原因，往往会产生各种焊接缺陷。焊接缺陷会影响焊接结构使用的可靠性。由于焊缝处可能存在气孔、疏松、裂纹、夹渣等缺陷，降低了焊缝区的力学性能。咬边、未焊透等缺陷，降低了结合区的强度。热影响区晶粒粗大，产生过热，力学性能必然下降。焊接生产过程中，由于局部加热，产生了较大的内应力，焊后很容易产生变形和开裂。故对于重要毛坯件在焊接后应进行退火处理，以改善焊缝及热影响区的组织、性能，消除内应力。

（2）毛坯生产的经济性对比分析

毛坯生产的经济性分析，就是在材料利用率、所需的生产设备、生产周期、适宜的生产批量等方面进行全面分析比较，为正确地选择机械加工毛坯奠定基础。下面根据毛坯成形方法的不同，分别加以说明。

① 铸造毛坯。铸造金属材料利用率较高，可以将舰船和桥梁等，拆除的废钢铁和机械加工产生的铁屑等废旧金属材料回收利用，就连铸造产生的浇口、冒口等也可以再回收利用。所需的生产设备简单，常用的砂型铸造更是如此。生产一次性投资小。如砂型铸造所用的模具多采用木材、塑料等材料制造，加工方便，辅助性工序少，生产周期短。生产规模灵活，可以单件、小批量生产，也可以大批量生产。生产效率低，自动化程度低。

② 锻造和冲压毛坯。自由锻锻件毛坯材料利用率低，一方面毛坯尺寸与零件尺寸差异较大，切削余量较大。另一方面自由锻通常需要反复加热锻打，氧化烧损严重。模锻毛坯材

料利用率相对提高，因为毛坯尺寸与零件尺寸接近，但氧化烧损依然存在。自由锻所用设备简单，生产周期短，效率低，不适合大批量生产。而模锻虽需要加工模具，增加辅助工艺过程，延长了生产周期，但生产效率高，适合于批量生产，易于实现工业自动化。冲压件材料利用率较高，生产效率高，生产周期长，适合于大批量生产。

③ 型材轧制毛坯。型材毛坯件材料利用率高，生产设备投入大，生产效率高，生产批量大。一般由专业厂家生产，材料市场一般有现货供应。形状尺寸、性能质量由国家统一监测，质量容易保证，在毛坯件选择时，方便快捷，是首选的毛坯件。

④ 焊接毛坯。焊接件一般结构比较简单，材料利用率高，焊接设备简单，生产周期短，生产效率高，生产规模灵活，应用十分广泛。

（3）毛坯生产方式的选择原则

毛坯生产方式的选择需要综合考虑金属材料、加工质量、经济性等多方面因素。通常选择毛坯类型及其加工方法时，应考虑以下原则：

① 满足零件的使用要求。零件的使用要求包括对零件形状和尺寸的要求以及工作条件对零件性能的要求。

② 降低制造成本。一个零件的制造成本包括其本身的材料费以及消耗的燃料和动力费用、人工费、各项设备及工具折旧费和其他辅助性费用。

③ 考虑生产条件。根据零件使用要求和制造成本分析所选定的毛坯制造方法，在一个特定的企业部门是否可行。

上述三条原则中，满足零件的使用要求是第一位的，一切产品必须达到质量标准，否则就会造成严重的社会浪费。

11.3.3　典型零件毛坯的选择

（1）轴类零件毛坯

轴是机械工业中重要的基础零件之一，一切作回转运动的零件如齿轮、带轮等都要安装在轴上。

① 工作条件

a. 承受交变弯曲与扭转应力；

b. 轴颈处承受摩擦；

c. 受到一定冲击或过载。

② 失效形式。根据工作特点，轴的失效形式主要包括疲劳断裂、断裂失效、磨损失效、变形失效等几种。疲劳断裂是由交变载荷长期作用，造成疲劳断裂，有扭转疲劳、弯曲疲劳。断裂失效是由于大载荷或冲击载荷的作用，轴发生折断或扭断。磨损失效是由于润滑中的杂质微粒、轴瓦材料选择不当、轴装配间隙不匀等，均造成轴的磨损失效。变形失效是对于在规定弹性变形范围内工作的轴，往往由于刚度不足引起弹性变形失效，或由于强度不足而发生塑性变形失效。

③ 性能要求

a. 优良的综合力学性能；

b. 高的疲劳强度；

c. 轴颈处具高硬度与耐磨性。

在特殊条件下工作的轴，还应有特殊的性能要求。如在高温下工作的轴，则要求有高的蠕变抗力。在腐蚀性介质环境中工作的轴，则要求由耐该介质腐蚀的材料制成。

④ 材料选择。主要考虑材料强度，兼顾韧性和耐磨性。总体来说，作为轴的材料，若选用高分子材料，弹性模量小，刚度不足，极易变形。若用陶瓷材料，则太脆，韧性差。因

此，作为重要的轴，几乎都选用金属材料。承受拉压应力轴可选淬透性好的调质钢；承受弯扭应力轴可选淬透性不很高的调质钢；磨损严重、冲击较大轴可选用渗碳钢；高速传动、精度轴可选用氮化钢；另精密淬硬丝杠可选低合金工具钢；曲轴、凸轮轴等主要考虑刚度及以承受静载荷为主的钢，如采用 QT900-2。选材时，须同时考虑处理工艺。

⑤ 成形工艺的选择

a. 阶梯轴用锻造毛坯：铸造成形的轴最大的不足之处就在于韧性低，在过载或受大的冲击载荷作用时，易产生脆断。因而，对于以强度为设计依据的轴，大多采用锻造成形。锻造成形的轴常用材料为中碳钢或中碳合金调质钢，这类材料锻造性能较好，锻造后配合适当的热处理，可获得良好的综合性能、高的疲劳强度以及耐磨性，从而有效地提高轴抵抗变形、断裂及磨损的能力。

根据所要设计的轴形状，结合生产设备，生产批量，对于形状较为简单的轴，可采用自由锻成形工艺，对于批量生产形状复杂的轴，则以模型锻造为主。其制造工艺路线一般为：下料→锻造→正火→粗加工→调质→精车→表面淬火、低温回火→磨削。

b. 光轴采用轧制圆钢。

c. 形状复杂、尺寸较大轴，可采用铸钢，如 ZG230-450，铸造成形。

d. 球墨铸铁铸造成形：用球墨铸铁铸造成形的轴如曲轴、凸轮轴等，热处理主要采用正火处理，为了提高轴的力学性能也可采用调质或正火后进行表面淬火、等温淬火等工艺。球铁轴和锻钢轴一样均可经碳氮共渗处理，使疲劳极限和耐磨性大幅度提高，和锻钢轴相比不同的是所得碳氮共渗层较浅，硬度较高。球墨铸铁制造的曲轴，一般制造工艺路线为：

铸造→正火（或正火十高温回火）→矫直→清理→粗加工→去应力退火→表面热处理→矫直→精加工。

工程应用典例

减速器传动轴（图 11-3）工作载荷基本平衡，材料为 45 钢，小批量生产。由于该轴工作时不承受冲击载荷，工作性质一般，且各阶梯轴径相差不大，因此，可选用热轧圆钢作为毛坯。下料尺寸为 ϕ45mm×220mm。

减速器传动轴的加工路线为：热轧棒料下料→粗加工→调质处理→精加工→磨削。

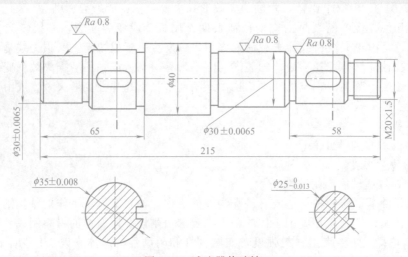

图 11-3 减速器传动轴

（2）齿轮类零件

① 工作条件。齿轮主要是用来传递扭矩，换挡调速，改变运动方向，分度定位。

a. 齿根承受较大交变弯曲应力；

b. 齿面承受较大接触应力，强烈摩擦磨损；

c. 轮齿受到冲击。

② 失效形式

a. 轮齿疲劳断裂与冲断；

b. 齿面接触疲劳麻点与磨损。

③ 性能要求

a. 高的弯曲疲劳强度与接触疲劳强度；

b. 齿面高硬度与耐磨性；

c. 轮齿芯部有足够强度与韧性。

④ 材料选择。较为重要的齿轮，一般都用钢制造。对于由于传递功率大而承受较大接触应力、运转速度高且又受较大冲击载荷的齿轮，如精密机床的主轴传动齿轮、走刀齿轮和变速箱的高速齿轮等，通常选择低碳钢或低碳合金钢，如 20Cr、20CrMnTi 等经锻造成形后，渗碳、淬火处理，最终表面硬度可达 56～62HRC，或调质后进行氮化处理，硬度将进一步提高。对于小功率齿轮，如机床的变速齿轮等，通常选择中碳钢，经过锻造成形，并经表面淬火和低温回火，最终表面硬度要求为 45～50HRC 或 52～58HRC。其中硬度较低的，用于转速较低的齿轮，而硬度较高的，用于转速较高的齿轮。

形状复杂、受力大的大尺寸齿轮，选铸钢，如 ZG340-640；

受低应力、低冲击载荷齿轮，选用灰铸铁、球墨铸铁铸造成形，如 QT500-7、QT600-3、HT200、HT300 等；

受力不大、无润滑条件下工作的齿轮，选工程塑料，如尼龙、聚碳酸酯等，还可以用圆钢直接作齿轮坯，用铸-焊、锻-焊、型材-焊等组合工艺制作齿轮坯。

⑤ 成形工艺的选择。齿轮毛坯的选用常见有下列几种情况。在一些受力不大或无润滑条件下工作的齿轮，可选用高分子材料（如尼龙、聚碳酸酯等）来制造。一些低速运转且受力不大或者在多粉尘环境下开式运转的齿轮，也可用灰铸件作毛坯，如用 HT250、HT300、HT350、QT600-3、QT700-2 等材料通过铸造获得。

在单件或小批量生产条件下，直径 100mm 以下的小齿轮也可以用圆钢自由锻造作毛坯。直径 500mm 以上的大型齿轮，直接锻造比较困难，也可用焊接方式加工大型齿轮毛坯，或者使用锻造和焊接结合工艺。仪器仪表中的齿轮尺寸小，受力小，则可采用冲压件。

（3）箱体类零件

① 零件特点。箱体类零件如床头箱、变速箱、进结箱、溜板箱、内燃机的缸体等是机器中很重要的一类零件。由于箱体结构复杂，有复杂的内腔结构，重量从几公斤到数十吨不等，主要是承受静压力作用，要求足够的强度和高的刚度。所以箱体类零件几乎都是由铸造合金浇铸而成。

② 材料选择。对于个别受力较大、要求高强度、高韧性，甚至在高温下工作的箱体零件，如汽轮机机壳等，应选用铸钢；大多数情况下，受力不大而且主要是承受静力，不受冲击，这类箱体都选用灰铸铁。若该零件在工作时与其他件有相对运动，因为有摩擦、磨损存在，则应选用珠光体基体的灰铸铁；受力不大，要求自重轻，或要求导热好，这时可选用铸造铝合金制造，如汽车发动机的壳体；受力很小，要求自重轻，防静点干扰等，可考虑选用工程塑料制作，如电视机、一些仪表的壳体。

③ 成形工艺的选择。受力较大，但形状简单，这时可选用型钢和钢板焊接而成，焊接

结构箱体类零件的刚度和减振性较差。如风机的壳体、焊接毛坯和铸造毛坯都有应用，但是，铸造毛坯所作的壳体，由于减振性好，产生的噪声小。如选用铸钢，为了消除粗大晶粒组织、成分偏析及铸造应力，对铸钢应进行完全退火或正火。对铸铁件一般要进行去应力退火。对铝合金应根据成分不同，进行退火或淬火时效等处理，消除应力，细化组织。

11.4　热处理工艺的应用

零件所选材料一般应预先制成与成品尺寸形状相近的毛坯，如锻件、铸件、焊接件等，然后再进行加工，零件的加工都是按一定的工艺路线进行的（图 11-4）。热处理是机械制造过程中的重要工序，正确理解热处理的技术条件，合理安排热处理在加工工艺路线中的工序位置，对于改善切削加工性能、保证零件质量具有重要意义。

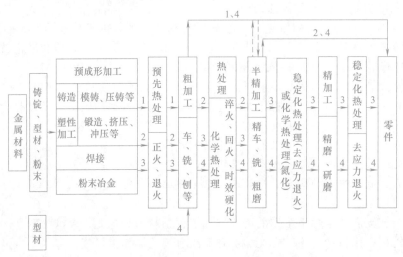

图 11-4　金属材料的加工工艺路线

（1）热处理的技术条件

热处理技术条件的内容主要包括：工件最终的热处理方法、热处理后组织和应达到的力学性能、精度和工艺性能要求。

一般零件均以硬度作为热处理技术条件，但对于某些力学性能要求较高的重要零件，例如动力机械上的关键零件如曲轴、连杆、齿轮等，还应标出强度、塑性、韧性指标，有的还应提出对金相显微组织的要求；对于渗碳件则还应标注出渗碳淬火、回火后表面和芯部的硬度、渗碳的部位（全部或局部）、渗碳层深度等；对于表面淬火零件，在图样上应标出淬硬层的硬度、深度与淬硬部位，有的还应提出对显微组织及限制变形的要求如轴淬火后弯曲度、孔的变形量等。

（2）热处理的图样标注

标注热处理技术条件时，可用文字和数字在图样上简要说明，可也用热处理工艺分类及代号来表示，热处理技术条件一般标注在零件图标题栏的上方。

① 文字和数字说明。一般标注最终热处理方法及其达到的力学性能要求，通常标注硬度值，在标注硬度值时应允许有一个波动范围：一般布氏硬度范围在 30～40 左右，洛氏硬度范围在 5 左右，允许有一定范围，如调质 220～250HBS。重要零件有时提出金相组织或强度、塑性要求，对于渗碳、渗氮件，则要标出渗碳、渗氮深度及淬火后回火的硬度值，表面淬火件还要标出淬硬层深度和硬度值。

② 热处理代号。热处理代号一般由四位数字组织，有时在四位数字后加上分类工艺代号，如退火代号 511，其中球化退火 511-Sp 、去应力退火 511-St。正火代号 512，调质代号 515，淬火和回火代号 514，可参照国家标准（GB/T 12603—2005）具体规定。

（3）热处理的工序位置

根据热处理的目的和工序位置的不同，热处理可分为预先热处理和最终热处理两大类。其工序位置安排的一般规律如下。

① 预先热处理。预先热处理为后续加工或后续热处理服务，包括退火、正火、调质等，其工序位置一般均紧接毛坯生产之后，切削加工之前（如退火、正火）；或粗加工之后，精加工之前（如调质）。

a. 退火、正火。主要作用是消除主坯的缺陷（内应力、晶粒粗大、组织不均匀等）。通常都安排在毛坯生产之后、切削加工之前。对于精密零件，为了消除切削加工的残余应力，在切削加工工序之间还应安排去应力退火。

b. 调质

调质目的是提高综合力学性能为后续热处理作组织准备，一般安排在粗加工之后、精加工或半精加工之前。调质零件的加工路线一般为：

下料→锻造→正火（退火）→切削粗加工→调质→切削精加工。

在实际生产中，灰铸铁件、铸钢件和某些钢轧件、钢锻件经退火、正火或调质后，往往不再进行其他热处理，这时上述热处理也就是最终热处理。

② 最终热处理

最终热处理包括各种淬火、回火及表面热处理等。零件经这类热处理后，获得所需的使用性能，因零件的硬度较高，除磨削加工外，不宜进行其他形式的切削加工，故最终热处理工序均安排在半精加工之后。

a. 淬火、回火

整体淬火、回火与表面淬火的工序位置安排基本相同。淬火件的变形及氧化、脱碳应在磨削中去除，故需留磨削余量。

直径在 200mm、长度在 100mm 以下的淬火件，磨削余量一般为 0.35～0.75mm。表面淬火件的变形小，其磨削余量要比整体淬火件小。

（a）整体淬火零件的加工路线一般为：

下料→锻造→退火（正火）→粗切削加工、半精切削加工→淬火、回火（低、中温）→磨削。

（b）感应加热表面淬火零件的加工路线一般为：

下料→锻造→退火（正火）→粗切削加工→调质→半精切削加工→感应加热表面淬火→低温回火→磨削。

b. 渗碳。渗碳分整体渗碳和局部渗碳两种。当零件局部不允许渗碳处理时，应在图样上予以注明。该部位可镀铜以防渗碳，或采取多留余量的方法，待零件渗碳后淬火前再切削掉该处渗碳层。

（a）整体渗碳件的加工路线一般为：

下料→锻造→正火→粗、半精切削加工→渗碳、淬火、低温回火→精切削加工（磨削）。

（b）局部渗碳件的加工路线一般为：

下料→锻造→正火→粗、半精切削加工→非渗碳部位镀铜（留防渗余量）→渗碳→淬火、低温回火→精加工（磨削）。

c. 渗氮。渗氮温度较低，变形小，渗层硬且薄，故渗氮后只宜精磨。调质主要使芯部获得良好的综合力学性能。渗氮件的加工路线一般为：

下料→锻造→退火→粗加工→调质→半精切削加工→去应力退火→粗磨→渗氮→精磨。

（4）零件工艺路线举例

① 传动件、传力件

a. 车床主轴、塑料注射模、齿轮等。

选材：调质45钢、40Cr，较高强度，表面淬火后表层有好的耐磨性。

加工路线：下料→锻造→正火→粗加工→调质→半精加工→表面淬火＋低温回火→磨削。

b. 汽车减速箱齿轮、模具导向柱、导向套等。

选材：渗碳钢20、20Cr、20CrMnTi。

加工路线：下料→锻造→正火→粗加工→调质→渗C→淬火＋低温回火→磨削。

② 工具、刀具、冷冲模具

选材：T10A、9SiCr、CrWMn，硬而耐磨。

加工路线：下料→锻造→球退→粗加工、粗精加工→淬火＋低温回火→磨削。

③ 耐磨渗氮件、精密零件

选材：38CrMoAlA。

加工路线：下料→锻造→正火→粗加工→调质→半精加工、精加工→渗氮→磨削。

④ 热加工模具、弹簧

选材：5CrMnMo、60Si2Mn、65。

加工路线：下料→锻造→完全退火→粗加工→淬火＋中温回火→精加工。

 答疑解惑

指出下列零件在选材和制定热处理技术条件中的错误，并提出改正意见。

（1）表面耐磨的凸轮，材料用45钢，热处理技术条件：淬火＋回火，50～60HRC；

（2）直径300mm，要求良好综合力学性能的传动轴，材料用40Cr，热处理技术条件40～45HRC；

（3）弹簧（ϕ45mm），材料45钢，热处理技术条件：淬火＋中温回火，55～50HRC；

（4）转速低，表面耐磨及芯部要求不高的齿轮，材料用45钢，热处理技术条件：渗碳、淬火＋低温回火，58～62HRC；

（5）要求拉杆（ϕ70mm）截面上的性能均匀，芯部 $\sigma_b > 900$MPa，材料用40Cr，热处理技术条件为：调质200～300HB。

答题要点：（1）45钢经淬火＋回火后硬度达不到50～60HRC，可以在选材方面进行改进，选用渗碳钢，渗碳后经淬火＋低温回火。（2）对要求良好综合力学性能的直径300mm的传动轴，选用40Cr淬透性不够，应选择高淬透性的调质钢。另外，热处理技术条件40～45HRC也偏高，调质后的硬度应在200～300HB。（3）弹簧选用45钢不合适，应选用弹簧钢（如65钢、60Si2Mn）。（4）材料选用45钢不合适，45钢不适合进行渗碳，应选择渗碳钢（如20钢、20CrMnTi）。（5）40Cr的淬透性不够，经调质处理后，不能满足拉杆截面性能均匀的要求，应选择淬透性更好的材料（如40CrMnMo等）。

11.5　飞机用材及其热处理特点

航空航天的发展也离不开材料，材料构成了各式飞行器的躯体。可以说，是材料把航空航天巨人托上蓝天、太空和宇宙，材料不断满足飞速发展的航空航天要求。如果没有能耐数千摄氏度高温的内烧蚀材料和涂层材料，人类遨游太空的梦想就无法成为现实。透过海湾战争的滚滚烟尘，人们不仅看到了隐形飞机、反辐射导弹、精确制导武器，而且看到了日新月异的结构材料，不断发展的高温材料，高超性能的复合材料及巧妙神奇的功能材料。

11.5.1　航空工程对材料要求的特殊性

航空航天材料服役的环境大大区别于一般机械或地面及水面的运载工具，最大的特点就是在空中运行。在飞行中既不能停下来修理，也不能更换零部件。历史经验表明，材料在服役中出现的毛病往往引起结构零件的损坏，导致严重的飞行事故，甚至机毁人亡。因此在航空航天飞行中，任何一个零部件的可靠性都提高到非常重要的地位，从而必然要求构成零部件的材料必须具有近于绝对的可靠性。

空中或空间飞行器与一般机械差异的另一个重要特点是要千方百计减轻重量。航空航天工程特别重视材料的比强度，即要求材料不但强度高而且密度小，这是飞行条件所决定的。航空航天工业中最为独特的一句口号是"为减轻每一克重量而奋斗"。可见，对航空航天结构材料不但要求强度高，刚度好，而且要求重量轻，这就产生了一个名词叫"比强度"和"比刚度"，即单位重量的强度和刚度。

航空航天飞行器的工作条件十分复杂，而且彼此之间有很大的差异。就飞机而言，军用飞机要求提高机动性、近距格斗和全天候作战的能力；民用飞机则要求安全性、可靠性、舒适性、经济性，相应地要求发展大推比和长寿命的发动机 以及先进的电子设备和仪表系统。所以对航空材料的主要要求是耐高温、高比强度、高比刚度、抗疲劳、耐腐蚀、长寿命和低成本：

（1）强度高

所用材料不但是强度高，而且密度小，这样有利于减轻飞机的重量。

（2）抗疲劳性能好

飞机在起飞、降落、特技飞行中各零、部件都要反复承受激烈的冲击力、扭力、剪力等，因此零件材料不仅要求抗拉强度高，而且要求有足够的冲击强度和疲劳强度。

事实说明，飞机发动机发生的失效事故中，无论是热应力，还是机械应力的原因，所造成的零部件疲劳损伤是常见的，也是主要的失效形式。

（3）抗腐蚀性能优良

由于发动机的使用条件、飞行环境还会使飞机零部件受到腐蚀性气氛的侵蚀、应力腐蚀和化学腐蚀等，从而造成裂纹扩展，因此，要求零件有优良的抗腐蚀能力。

综上所述，安全可靠的、高效能的飞机和发动机都是用优质高性能的结构材料来保证，要求重量轻，即比强度和比刚度高，抗疲劳（应力与应变疲劳、热疲劳）、耐高温（高温强度、抗蠕变能力），此外还要求韧性好和具有良好的工艺性以及其他特定条件下的某些特殊性能要求。

11.5.2　航空零件热处理特点

为了满足这些特殊要求，材料选择是十分重要的，同时要进行适当的热处理，以获得需要的组织和性能，以充分发挥材料的潜力，提高零件的内部质量。金属热处理是重要的航空制造技术之一，对航空产品的性能、质量和寿命起着举足轻重的作用。为了适应航空产品减轻重量、提高使用性能的要求，绝大多数航空金属零件都要进行热处理，以获得高的比强度和良好的综合性能。安全可靠是航空产品追求的另一个目标，热处理质量对航空产品的安全可靠性将产生重大影响，因此，在航空工业生产中热处理占有极其重要的地位。

近年来，随着科学技术的发展，特别是物理冶金、新材料、新设备的发展，热处理技术也有了很大发展。在广泛应用钢铁材料基础上，铝、镁、钛、铜合金及精密合金和贵金属合金的应用日益扩大。以物理冶金理论研究为基础，发展了等温淬火、形变热处理、磁场热处理、循环热处理等新工艺。热处理的技术进步充分利用了新的科学技术，在真空技术基础上发展了真空热处理和离子化热处理，在制氮技术基础上发展了氮基气氛热处理，在激光技术基础上发展了激光热处理和激光表面合金化，在计算机技术基础上发展了微机控制热处理技术等等，从而使热处理提高了质量和效能，降低了成本，节约了材料和能源，减少了污染和公害。

保护气氛热处理、真空热处理是航空热处理的发展方向。航空工业中表面热处理应用较少，广泛采用化学热处理，强化工件表面，提高使用性能。真空热处理具有无氧化、无脱碳（贫化）、脱脂、除气和变形小等优点，是航空热处理重要发展方向。目前航空工业中，真空热处理已由简单的真空退火、真空除气发展到真空油淬，并已用于飞机起落架等大型重要零件，正在研究和发展真空加压气淬和真空化学热处理。研究表明，几乎所有在常压下进行的热处理都可以在真空下进行，真空热处理时的相变规律与常压相同，因此常压下的热处理原理也适用于真空热处理。真空热处理与普通热处理的不同之处在于选择合适的真空度、保温时间及加热和冷却方式等。保护气氛热处理是减少氧化脱碳的简便易行的工艺方法，航空工业中目前应用的主要是单一气体保护热处理，如不锈钢、高温合金、钛合金、精密合金等零件的氩气保护热处理，镁合金热处理用 CO_2 或 SO_2 气氛保护，磁性合金的氢气保护热处理等。采用吸热式气氛或放热式气氛极少，有些工厂采用甲醇裂解气、乙醇＋水裂解气或保护涂料进行高强度钢热处理保护加热。近年来，由于制氮技术的迅速发展，氮气和氮基气氛应用不断扩大，可能成为航空热处理的主要气源。

在航空工业中化学热处理除传统的渗碳（含碳氮共渗）和渗氮（含氮碳共渗）之外，渗金属是提高航空零件抗高温氧化和热腐蚀性能的重要手段，真空化学热处理和高能量密度表面热 处理也有很好的应用前景。

渗金属主要是渗铝及铝与其他元素的多元渗（如 Al-Cr、Al-Si 等），用于发动机的热端部件防护。渗铝工艺常用的有粉末法、气体法、料浆法、物理气相沉积法，以及热浸法、熔盐电解渗法等，选择依据主要是零件特点和技术要求。

综上所述。航空零件热处理主要特点有：

① 大量采用调质处理以承受由复杂振动而引起的交变应力，由弯矩与扭矩产生的拉伸、压缩和剪切应力，由离心力而产生的拉应力等；

② 对于合金结构钢广泛地应用贝氏体等温淬火，以获得较好的综合性能，即高强度和高韧性，并减小淬火畸变；

③ 为了获得高耐磨性和疲劳强度，广泛采用渗碳、渗氮、碳氮共渗等化学热处理工艺；

④ 采用了渗金属（如渗铝，渗铬等）工艺，满足抗高温氧化，抗腐蚀的性能要求。

总之，航空热处理的特点是工艺种类多、生产数量大、技术要求高、质量管理严。根据航空工业对热处理的特殊要求，航空热处理技术发展的方向是少或无氧化脱碳（贫化），减少变形，精确控制，优质高效，节约能源，因此应重点发展真空热处理、保护气氛热处理、可控化学热处理、高能量密度热处理、采用有机淬火介质和新的冷却技术等。

热处理质量控制和检验是航空产品安全可靠性的重要保证，要改变传统的只靠最终检验被动把关的观念，实行热处理全过程的质量控制与严格检验相结合的主动质量管理。热处理质量控制包括环境条件、设备和仪表控制、工艺材料控制、工艺和生产过程控制、生产管理控制，以及工人素质等。热处理检验包括热处理前检验、工序间检验和最终检验。

11.5.3 常用航空材料及其热处理特点

航空航天器用材很广泛，工程塑料、橡胶、陶瓷材料和各种金属，主要有高强度铝合金、钛合金、超高强度合金结构钢和高温合金等。这些材料或是比强度高，或是具有满意的使用性能，如较好的热强性、抗氧化性和耐蚀性。

（1）航空用钢

① 中碳调质钢。30CrMnSiA、30CrMnSiNi2A、40CrMnSiMoVA 等 Cr-Mn-Si 钢，以及40CrNiMoA、34CrNi3MoA 等超高强度钢可用于火箭发动机外壳、喷气涡轮机轴、喷气式客机的起落架、超音速喷气机机体等。

② 高合金耐热钢。1Cr13、2Cr25Ni、0Cr25Ni20、0Cr12Ni20Ti3AlB 等合金耐热钢用于制造涡轮泵及火箭发动机与航空发动机转子和其他零件。

航空用钢主要是合金钢，合金元素对钢组织性能影响是航空用钢热处理的理论基础。钢中合金元素可以固溶于基体中，也可能形成碳化物或金属间化合物，从而影响 Fe-C 平衡图的奥氏体区和临界点，使钢的相变过程减慢，所以航空用钢热处理加热温度较高，保温时间较长。

航空高强度钢热处理生产中广泛采用等温淬火工艺，以减少淬火变形，提高塑性、韧性和疲劳性能。为适应航空零件应力水平高的特点，航空结构钢热处理以 90% 马氏体和贝氏体组织具有的硬度为淬透性标准。氧化脱碳将使航空用钢，特别是超高强度钢性能严重下降，所以在航空用钢热处理加热时应采取保护措施，采用真空热处理炉、可控保护气氛热处理炉，或者采取防氧化脱碳涂镀层保护等。

航空用不锈钢以马氏体不锈钢为主，其次是沉淀硬化不锈钢及奥氏体不锈钢。马氏体不锈钢中主要是由 Cr13 改型发展而来的不锈钢，通过添加 W、Mo、V、Nb 等合金元素达到综合强化的目的，使钢的淬火温度提高（超过 1000℃），回火稳定性增加，并出现二次硬化现象。为保证抗腐蚀性能，一般采用略高于二次硬化峰值温度回火。半奥氏体沉淀硬化不锈钢固溶处理后的组织主要是奥氏体，易于加工成形。成形工件要经过调整热处理，把 M_s 点调整到室温以上，以便在调整处理的冷却过程中和随后的冷处理中得到马氏体。这种热处理必须严格控制，才能达到预期的目的。

航空弹簧钢零件应能适应航空产品长期稳定工作的要求，所以除按普通弹簧钢工艺淬火、回火、退火之外，还要进行加荷时效、机械稳定时效、加温加荷时效或疲劳试验等稳定化处理，以使航空弹簧组织和性能稳定。

（2）高温合金

TD-Ni、TD-NiCr（在镍或镍-20% 铬基体中加入 2% 左右的弥散分布的氧化钍 ThO_2 颗粒，产生弥散强化效果的高温合金），主要用于制造燃气涡轮发动机的燃烧室等高温工作构件和航天飞机的隔热材料。K403（Ni-11Cr-5.25Co-4.65W-4.3Mo-5.6Al）等铸造镍基合金主要用于制造涡轮工作叶片和导向器叶片。

铁基高温合金 GH2018（Fe-42Ni-19.5Cr-2.0W-4.0Mo-0.55Al-2.0Ti）主要用于制造在500～700℃ 下承受较大应力的构件，如机匣、燃烧室外套等。

高温合金热处理强化机理主要是固溶强化、第二相强化、晶界强化和沉淀强化。热处理工艺主要是退火、固溶、时效。为了适应多种工作条件要求，时效工艺种类繁多，如分区时效、二次或三次时效，阶梯时效等。此外为提高航空制件的中温、高温性能，研究发展了形变热处理、弯晶热处理、细化晶粒处理等新工艺。

（3）有色金属及其合金

① 铝及其合金。LF5、LF11、LF21 用于焊接油箱、油管，制造铆钉和中载零件制品。

LY11 用于制造骨架、模锻的固定接头、支柱、螺旋桨叶片、局部镦粗的零件、蒙皮、隔框、肋、梁、螺栓和铆钉等中等强度的结构零件。

LC4、LC6 适宜制造飞机大梁、桁架、加强框、蒙皮接头及起落架等结构中的主要受力件。

LD5 适宜制造形状复杂、中等强度的锻件和模锻件。

LD7、LD10 适合制造高温下工作的复杂锻件，板材可做高温下工作的结构件。

ZL101、ZL104 可铸造飞机零件、壳体、气化器、发动机机匣、气缸体等。

ZL109、ZL201 用于制造较高温度下工作的零件，如活塞、支臂、挂架梁等。

ZL301、ZL401 用于铸造在大气中工作的零件，承受大振动载荷，工作温度不超过200℃，结构形状复杂的飞机零件。

工程应用典例

为进一步减轻质量，空中客车 A350 选用铝锂合金制造机身蒙皮和地板结构等，其用量高达总结构重量的 23%。铝锂合金是含锂元素的多元铝合金，锂是最轻的金属元素，铝合金中每增加 1% 锂元素，密度就可减少 3%，模量就可增加 5%。铝锂合金除了具有质量轻、模量高和强度高的优点外，还具有优良的耐疲劳性能和良好的低温韧性，因此，目前铝锂合金也成为各国研制开发的热点。

② 镁合金。镁的熔点为 651℃，密度仅为 $1.74g/cm^3$，密度比铝还小。镁合金具有较高的比强度和比刚度，并具有高的抗振能力，能承受比铝及其合金更大的冲击载荷，切削加工能力优良，易于铸造和锻压，所以在航天航空工业中获得较大应用。铸造高强镁合 ZM1（Mg-4.5Zn-0.75Zr）和变形耐热镁合金 MB8（Mg-2.0Mn-0.2Ce）应用较多。

③ 钛及其合金。TA7 钛合金用于制造机匣、压气机内环等。

TC4、TC10 合金主要用于制造中央翼盒、机翼转轴、进气道框架、机身桁条、发动机（壳体、支架、机匣、喷管延伸段）、压气机盘、叶片、压力容器、贮箱、卫星蒙皮、构架、航天飞机机身、机翼上表面、尾翼、梁、肋等。

④ 钨、钼、铌及其合金。钨、钼及合金可作为火箭发动机喷管材料，铌为航天方面优先选用的热防护材料和结构材料。

⑤ 镍基耐蚀合金。镍与镍基耐蚀合金是耐高温、高压、高浓度或混有不纯物等各种苛刻腐蚀环境的结构材料。锻造镍（镍200、镍201）韧性、塑性优良，能适应多种腐蚀环境，可用来制造航天器及导弹元件。镍基耐蚀合金，具有优良的力学性能，强度与硬度较高，用于制造泵轴、涡轮等航空发动机零部件。

众多的有色金属热处理是航空热处理的特色之一。铝合金热处理基本工艺是退火、淬火和时效。此外还有变形铝合金的形变热处理，铸造铝合金的冷处理和循环热处理等工艺。铝合金热处理的状态很多，以一定符号和数字表示。铝合金热处理的温度波动和淬火转移时间对航空零件的使用性能影响很大，要求温度波动小于等于±3℃或±5℃，淬火转移时间小于等于 7s、10s、15s、或 25s。为此必须配备炉温均匀性好的设备，并严格按工艺要求操作。为了减少大型铝合金零件的淬火变形和内应力，日益广泛地采用有机淬火介质代替水，此外还普遍使用电导率仪来检查和控制热处理组织状态。

镁合金热处理工艺比较简单，主要是退火、固溶和时效处理。由于镁比较活泼，氧化速度快，所以镁合金热处理加热必须在保护气氛中进行，一般选用 CO_2 或 SO_2 气氛作加热介质。另外，镁合金固溶处理温度较高，一般在固相线之下 $5\sim10\,^{\circ}\mathrm{C}$，所以固溶处理加热温度应严格控制，并要求炉温均匀性不大于 $\pm5\,^{\circ}\mathrm{C}$，以免发生过热过烧。

钛合金的组织类型主要取决于热处理之前的热加工工艺（锻造或铸造），而热处理则可通过调整相的组成和形态来强化（$\alpha+\beta$）或 β 型钛合金。钛合金的退火种类很多，有去应力退火、普通退火、等温退火、双重退火、真空除气退火等，以达到不同目的，满足各种性能的要求。钛合金强化热处理主要是固溶和时效处理，此外还研究和发展了变形钛合金形变热处理、铸造钛合金循环热处理等新工艺。由于钛异常活泼，很容易受碳、氮、氢、氧的污染，使合金性能变坏，所以钛合金热处理时应采用真空炉或氩气保护。如果在微氧化气氛中加热，则应严格控制工件表面形成的氧化层。

笔记

退火是铜合金最常用的热处理工艺，可用于工序中间，也可用于最终热处理。固溶和时效是高硬度、高导电性铜合金的主要强化手段。马氏体淬火、回火工艺可提高铝青铜的硬度和耐磨性。

11.6　典型飞机零件选材与工艺分析

（1）蒙皮

① 工作条件及性能要求。蒙皮的作用是维持飞机外形，使之具有很好的空气动力特性。蒙皮（图 11-5）承受空气动力作用后将作用力传递到相连的机身机翼骨架上，受力复杂，加之蒙皮直接与外界接触，所以不仅要求蒙皮材料强度高、塑性好，还要求表面光滑，有较高的抗蚀能力，因此，蒙皮材料多选择 2xxx 系铝合金，如波音 777、ARJ21、F-35 等机型机身蒙皮选用 2524 铝合金，美国洛克希德 L-1011 型飞机，其机身蒙皮选用的是包铝 2024-T3 合金，高载荷区选用了包铝 2075-T76 合金。

② 材料选择：LY12（2024）。技术要求：$\sigma_b=390\sim410\mathrm{MPa}$，$\sigma_{0.2}=255\sim265\mathrm{MPa}$，$\delta_5\geqslant15\%$。

③ 工艺流程：轧板→退火→清理→固溶处理→拉伸成形→时效→机械加工→表面处理。

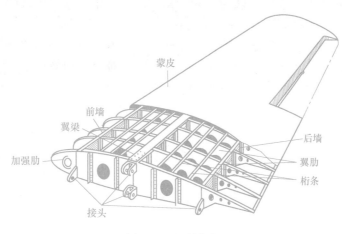

图 11-5　机翼蒙皮

④ 热处理工艺：$495\sim503\,^{\circ}\mathrm{C}$，$0.4\mathrm{h}$ 水冷，室温 $96\mathrm{h}$ 以上。热处理工艺曲线如图 11-6 所示。

（2）飞机主梁

① 工作状况。飞机主梁是机翼与机身连接的主要承力零件。机翼上的载荷通过主梁而传至机身，其主要负荷有：飞行时的空气动力（升力、阻力），机动飞行时产生的惯性力，着落时起落架的冲击力等。这些巨大的负荷使主梁承受弯曲和剪切，同时由于机翼振动产生交变应力还能引起主梁的疲劳。

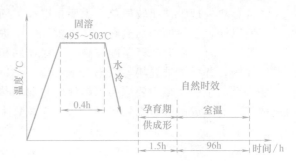

图 11-6　蒙皮的热处理工艺曲线

② 材料选择：30CrMnSiNi2A。在30CrMnSiA 钢的基础上加入 1.6％的镍，由于镍的加入，增加了钢的强度和韧性，也提高了淬透性。30CrMnSiNi2A 是飞机结构中应用最广的钢材，故得名飞机钢。这种钢不含贵重金属，价格较便宜。30CrMnSiNi2A 的性能大大优于 30CrMnSiA 钢，常用作飞机上一些负荷很大和很重要的零件，如起落架的支柱、轮叉、机翼主梁等。

③ 工艺流程：模锻→正火＋不完全退火→机加工→等温淬火及低温回火→精加工→低温回火→表面处理→装配。

④ 热处理工艺。毛坯模锻后晶粒粗大，为了细化晶粒，降低硬度，故采用正火＋不完全退火（加热至 A_{c_1} 以上 20～50℃，保温后缓冷）。

主梁淬火变形是热处理的关键，此零件重量大，各部分厚薄相差悬殊，强度要求又高，因此工厂采用等温淬火及低温回火。

30CrMnSiNi2A 在静载荷下对应力集中有很高的敏感性，为消除加工应力，在精加工之后，再进行一次低温回火。

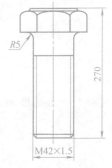

图 11-7　对接螺栓示意图

（3）对接螺栓

① 工作条件及性能要求。对接螺栓是飞机上广泛使用的连接构件，特别是连接机翼和机身的对接螺栓更是十分重要，对接螺栓的示意图见图 11-7。对接螺栓承受拉力、剪切力和一定的冲击载荷，因此对材质的综合性能，特别是塑性、韧性有高的要求。

② 材料选择：40CrNiMoA。技术要求 $\sigma_b \geqslant 1180$MPa，$\delta \geqslant 12\%$，$\psi \geqslant 50\%$，$\alpha_k \geqslant 785$kJ/cm^2。

③ 工艺流程：锻造→正火＋退火→机械加工→淬火＋回火→检验→精加工→探伤→拉力、剪力试验→表面处理。

④ 热处理工艺（图 11-8）

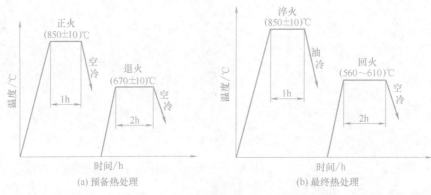

图 11-8　对接螺栓的热处理工艺曲线

对接螺栓的常见热处理缺陷及预防补救措施见表 11-6。

表 11-6　常见热处理缺陷及预防补救措施

热处理缺陷	产生原因	预防措施	补救办法
螺栓断裂	△螺栓根部 R 过小,当强度偏高时易造成应力集中过大而断裂 △装配时配合不好,受力不均,导致应力集中而断裂	△更改图纸,加大 R 尺寸 △采用上限等温温度 △按装配程序,采用定力扳手装螺栓	
强度偏低	△合金元素,特别是含碳量偏低 △为满足塑性和韧性要求,选择回火温度偏高	△按钢的成分调整工艺 △按淬火后的硬度值确定回火温度	采用新的工艺重复热处理

(4) 压气机叶片

飞机发动机的叶片分为导向叶片、涡轮叶片和压气机叶片（图 11-9）等，根据它们所处的位置和最大工作温度的不同，选材和热处理工艺不同。涡轮叶片着重强度指标和承受动载荷的能力，而导向叶片着重热疲劳性能。压气机叶片前几级温度低，一般用铝合金制成，后几级温度高，用强度较高的耐热合金制成，但第一级叶片由于容易受到被吸入的砂子碰撞，须用合金钢制造。

图 11-9　压气机叶片

压气机部件中以转子叶片受力最大、最复杂，脉动疲劳应力是压气机叶片破坏的主要原因。压气机叶片承受本身高速转动产生的离心力，因此要求具有高的比强度；还承受空气动力所产生的扭力、弯曲力和脉动疲劳应力，此外，还要有高的抗应力疲劳和热疲劳能力，良好的抗氧化性和抗大气腐蚀和应力腐蚀的能力。

① 1Cr11Ni2W2MoV 钢制压气机叶片

a. 性能要求：$\sigma_b \geqslant 1079\mathrm{MPa}$，$\sigma_{0.2} \geqslant 883\mathrm{MPa}$。

b. 热处理工艺：淬火加热至 $(1000 \pm 10)\,℃$，保温 $45 \sim 60\mathrm{min}$，空冷。回火加热至 $540 \sim 600\,℃$，保温 $3.6 \sim 4.5\mathrm{h}$。

1Cr11Ni2W2MoV 钢中的合金元素较多，在基体中扩散速度较慢，因此回火时必须有充分的保温时间，才能获得强度和韧性的良好配合。这种钢有两个明显的回火脆性温度范围，即 $350 \sim 530\,℃$ 和 $600 \sim 670\,℃$，所以合适的回火温度范围很窄，若控制不当，很易导致冲击韧性下降。

② TC4 钛合金压气机叶片

a. 性能要求。室温力学性能为 $\sigma_b \geqslant 902\mathrm{MPa}$，$\delta \geqslant 10\%$，$\psi \geqslant 30\%$，$\alpha_k \geqslant 30\mathrm{J/cm^2}$，持久强度的试验温度为 $400\,℃$，应力为 $568\mathrm{MPa}$ 时的持续时间 $\geqslant 100\mathrm{h}$。

b. 热处理工艺。退火 $(800 \pm 10)\,℃$ 时保温 $1 \sim 1.5\mathrm{h}$，（最大截面厚度 $\leqslant 25\mathrm{mm}$ 者保温 $1\mathrm{h}$，最大截面厚度为 $20 \sim 50\mathrm{mm}$ 者保温 $1.25\mathrm{h}$），空冷。机加工后进行去应力处理加热到

（650±10）℃，保温 1h，空冷。

（5）航空发动机齿轮

一般齿部受压小，转速低的齿轮可用 20 钢（或 45 钢）制造；工作条件较繁重的齿轮可采用 20Cr、12CrNi3A、20CrMnTi（或 40Cr）等制造；尺寸大而工作条件又十分繁重的齿轮，则可用 12Cr2Ni4A、18Cr2Ni4WA 等高级渗碳钢来制造。

① 选用材料：12Cr2Ni4A。12Cr2Ni4A 钢合金元素的含量高于 5％，这种钢具有很高的强度、韧性和淬透性，是航空工业上应用较广的一种渗碳钢。

② 技术要求。

齿牙——渗碳层 0.7～0.9mm，渗碳淬火后硬度≥60HRC；

芯部——31～41HRC；

变形——齿间对基准面的跳动量不大于 0.06mm。

③ 工艺流程：模锻→正火＋高温回火→机加工→渗碳、淬火及低温回火→精加工→表面处理→检验装配。

④ 热处理工序。12Cr2Ni4A 淬透性极好，以至在空气中也能获得马氏体组织，使钢具有很高的强度与韧性，为了更好改善切削加工性，均匀组织，消除内应力，航修工厂对 12Cr2Ni4A 钢的预备热处理采用正火（860℃空冷）＋高温回火（600℃）进行软化，使硬度达到 207～321HB。

渗碳（930℃）、淬火（810℃）及低温回火（150℃），保证齿面硬度≥60HRC，芯部 31～41HRC。

（6）涡轮盘

① 工作状况及性能要求。涡轮盘（图 11-10）是航空发动机重要的热端部件之一。每次飞行中，它承受高速旋转的离心力、气动力所引起的应力和涡轮盘中心和轮缘温差引起的热应力的叠加作用。涡轮盘常见的故障是榫齿裂纹、槽底裂纹、封严齿裂纹等。

涡轮盘要求有足够的屈服强度、极限强度和高的塑性，适当的蠕变强度，持久强度和伸长率，以及较高的热疲劳性能。

② 材料选择：铁基高温合金 GH2036（GH36）。GH2036（GH36）属于奥氏体面心立方结构，主要依靠碳化物和金属间化合物 v'相进行强化。合金中含有 0.34～0.4％C，含有 12％Cr 提高合金抗氧化能力。含有 8％Ni、Mn 稳定奥氏体基体，并加入少量 Mo、V，Ti、Nb 等元素提高其热强性。

图 11-10　航空发动机涡轮盘

合金在固溶处理（淬火）＋时效状态下使用，适用于制造 600～700℃工作的零部件，如涡轮盘、外环、隔板、连接件、紧固件等。

常温力学性能为 $\sigma_b \geq 785MPa$，$\sigma_{0.2} \geq 588MPa$，$\delta \geq 12％$，$\psi \geq 16％$，$\alpha_k = 20J/cm^2$，硬度为 HB（d）3.45～3.65，在试验温度为 650℃，应力为 314MPa 的条件下，持续时间≥100h。

③ 热处理工艺（见表 11-7）。

a. 固溶热处理。目的是溶解碳化物相，使合金成分均匀化，获得过饱和固溶体（奥氏体组织），为时效强化作准备。固溶处理温度一般为 1140℃，固溶处理温度的选择，要使碳化物相充分溶解在固溶体中。

工件放入≤700℃的炉中，以≤80℃/h的速度升至850℃，保温2h，再升温到980℃，保温2h，以促使碳化物溶解，然后升温到1050℃保温2h，以便消除锻造的热机械加工效应，最后快速升温至（1140±10）℃，保温3h，使VC、$Cr_{23}C_6$基本溶解完，水冷，得到过饱和奥氏体。淬火是在流动水中冷却，最好水温不超过30℃，因为冷却水温偏高时，对大截面零件则易淬不透，表面与中心硬度不同，反映在$\sigma_{0.2}$和高温持久性能偏低，控制冷却速度对稳定综合性能有利。

b. 时效。目的是将硬化物强化相（VC、$Cr_{23}C_6$）重新析出，使合金强化。

合金固溶处理后，要经双时效处理才能保证合金具有室温和高温的良好的综合性能。合金第一次时效析出均匀分布的细小的强化相，硬度值最高。然后第二次时效，强化相继续析出的同时产生VC及$Cr_{23}C_6$的一定聚集。这时合金的强度下降，塑性增加，生产实践证明，第一次时效温度采用（670±10）℃，第二次时效温度采用（780±10）℃较为适宜。

表 11-7　GH2036（GH36）合金热处理工艺参数

时效方法	固溶处理	时效制度
普通时效	（1140±10）℃　80min 水冷	一次时效：（670±10）℃12～14h升温到 二次时效：（780±10）℃10～12h空冷
快速时效	（1140±10）℃　80min 水冷	一次时效：（670±10）℃　4～6h 二次时效：810～820℃　4～6h，空冷

工件放入≤600℃的炉中，升温到（680±10）℃保温16h，析出弥散碳化物（主要是VC，亦有少量$Cr_{23}C_6$），然后升到（780±10）℃，保温16h，进一步消除应力，降低硬度，改善合金的塑性，降低缺口敏感性。

（7）起落架支柱外筒

① 工作状况。起落架是飞机的一个主要承受力的部件，供飞机起飞、着陆，在陆地上滑跑、滑行和停放等。不仅承受静载荷，而且还承受很大的冲击力和疲劳载荷，直接影响飞机的使用和安全。因此对材料，不仅要求较高的抗拉强度，而且要求具有足够的冲击韧性和抗疲劳性能，为了减轻结构的重量，就要采用比强度高，抗裂纹扩张能力强的材料。一般多采用超高强度钢或高强度铝合金制成。

起落架主要有支柱式（图 11-11）和摇臂式（图 11-12）两类构造形式。支柱式的支柱就是由外筒和活塞杆套接起来的减振支柱，而摇臂式的特点是机轮不与减振支柱直接连接，而是通过摇臂同减振器相连。

支柱式起落架的支柱外筒主要承受压力、弯矩，滑行过程中受阻还要承受一部分扭力。由于支

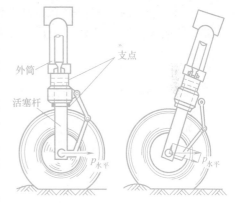

图 11-11　支柱式起落架

柱与减振器合一，起落架外筒就是减振器的一个组件，因此着陆时，由于充气，使外筒承受较大的内压力。

② 材料选择：超硬铝合金LC9（7A09）。LC9是铝锌镁铜系合金，经固溶热处理，人工时效后，抗拉强度可达490MPa以上。采用过时效处理改进了缺口敏感性、应力腐蚀开裂敏感性，从而广泛用于飞机结构的主要受力件。

③ 热处理工艺

a. 固溶热处理。加热到（465±5）℃，保温7h，在40～60℃水中冷却，2min后立即转入10～30℃水中冷却，直到冷透，其转移时间不得超过25s；

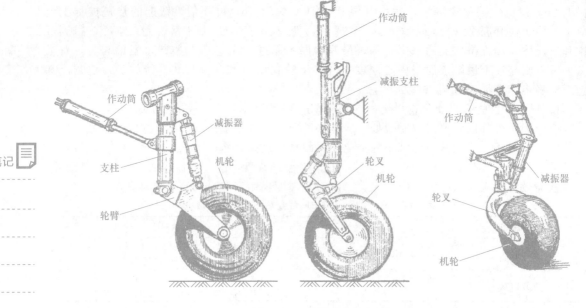

图 11-12　摇臂式起落架

b. 过时效处理。加热到 110±5℃，保温 9h 后，随炉升温至 177±5℃，保温 10h，出炉空冷到室温；

c. 检验。首先检查处理工序，然后 100％检查电导率，再检验力学性能，要求 $\sigma_b \geqslant$ 451MPa，$\sigma_{0.2} \geqslant 382$MPa，$\delta_5 \geqslant 6\%$。100％检验布氏硬度。

（8）油泵活门

① 工作条件：分油活门与套筒组成的液压式放大元件用于直接接收各类传感器发出的信号并将其放大，用以操纵液压执行元件。分油活门通常起分流作用，其结构如图 11-13 所示。

② 使用材料及技术要求。9Cr18，硬度 $\geqslant$55HRC。

③ 工艺流程：下料→预备热处理→机械加工→淬火＋冰冷处理＋回火→精加工→消除应力回火。

④ 热处理工艺：（1070±10）℃，0.5～1h 油淬；－75℃，30min 空冷；（160±10）℃，2～3h 空冷。

分油活门热处理工艺曲线如图 11-14 所示。

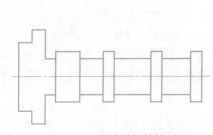

图 11-13　分油活门结构图

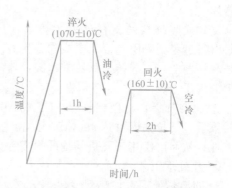

图 11-14　分油活门热处理工艺曲线

复习思考题（11）

1. 航空零件热处理有何特点？

2. 直径为 25mm 的 40CrNiMo 棒料毛坯，经正火处理后硬度高很难切削加工，这是什么原因？设计一个最简单的热处理方法以提高其机械加工性能。

3. 某工厂生产一种柴油机的凸轮，其表面要求具有高硬度（50＜HRC），而零件芯部要求具有良好的韧性（α_k＞50J/cm^2），本来是采用 45 钢经调质处理后再在凸轮表面上进行高频淬火，最后进行低温回火。现因工厂库存的 45 钢已用完，只剩下 15 钢，试说明以下几个问题。

① 原用 45 钢各热处理工序的目的；

② 改用 15 钢后，仍按 45 钢的上述工艺路线进行处理，能否满足性能要求？为什么？

③ 改用 15 钢后，应采用怎样的热处理工艺才能满足上述性能要求？为什么？

4. 经固溶处理的 LY12 合金在室温下成型为形状复杂的零件，该零件要求具有高的抗拉强度，问下述两种热处理方案哪个较为合理？

① 成型后的零件随后进行高于室温的热处理。

② 成型后的零件随后不进行高于室温的热处理。

5. 某航修厂的机加车间有一台 C618 车床，变速箱里有一个齿轮在工作过程中发生了断齿现象，不能正常工作，请问如何解决这个问题？说出解决问题的思路。

6. 拟用 T12 钢制成锉刀，其工艺路线如下：锻打→热处理→机械加工→热处理→精加工。试写出各热处理工序的名称，并制定最终热处理工艺。

参 考 文 献

[1] 康进兴，马康民. 航空材料学 [M]. 北京：国防工业出版社，2013.

[2] 王道荫. 迈向 21 世纪的航空科学技术 [M]. 北京：航空工业出版社，1994.

[3] 胡赓祥. 材料科学基础 [M]. 上海：上海交通大学出版社，2004.

[4] 邓文英，宋力宏. 金属工艺学 [M]. 北京：高等教育出版社，1990.

[5] 王笑天. 金属材料学 [M]. 北京：机械工业出版社，1987.

[6] 李瑞昌. 热加工工艺基础 [M]. 长沙：中南工业大学出版社，1991.

[7] 王运炎，叶尚川. 机械工程材料 [M]. 北京：机械工业出版社，2000.

[8] 侯旭明. 工程材料及成型工艺 [M]. 北京：化学工业出版社，2003.

[9] 凌爱林. 工程材料及成形技术基础 [M]. 北京：机械工业出版社，2005.

[10] 王正品，张路，要玉宏. 金属功能材料 [M]. 北京：化学工业出版社，2004.

[11] 韩永生. 工程材料性能与选用 [M]. 北京：化学工业出版社，2004.

[12] 成大先. 机械设计手册 [M]. 北京：化学工业出版社，2002.

[13] 师昌绪，陆达，荣科. 中国高温合金四十年 [M]. 北京：中国科学技术出版社，1996.

[14] 郭双雷，韩磊，尚新库. 先进航空工程材料的性能特点及其应用 [J]. 中国西部科技，2011 (17).

[15] 高晓雁. 问题式教学模式的创新与实施 [J]. 中国高等教育，2008 (24).

[16] 吴锵，郭毓. 理工科基础课探究式教学的反思 [J]. 南京理工大学学报，2012，25 (1).

[17] 刘延辉，林文松，王慧萍，等. 航空材料课程建设的探索 [J]. 大学教育. 2013，2 (4).

[18] 徐吉林，罗军明. 航空材料类课程的教学内容整合及教学方法探讨 [J]. 大学教育，2013 (4).

[19] 刘传生. 高职院校《航空工程材料》课程教学改革探讨 [J]. 内江科技，2013 (3).

笔记